高等学校统计学专业系列教材

U0652568

随机过程

SUIJI GUOCHENG

薄立军　李文迪　编著

西安电子科技大学出版社

内 容 简 介

随机过程作为概率论的重要分支,其理论与方法目前已在金融工程、物理学、生理学、计算机科学、化学与环境科学等领域得到了广泛应用。作为高等学校数学类专业本科生学习随机过程的基础和提升教材,本书侧重于讲述随机过程的基本概念与方法,介绍了高斯过程、布朗运动、点过程、平稳过程、鞅过程、马尔可夫链等现代科学技术中常见的经典随机过程,并将实际应用与理论方法相结合。本书作者在系统的数学理论中融入了自己多年来科研工作的应用体会,力图让学生结合具体的应用背景掌握随机过程的基本理论,并因此得到一些启发,产生学习兴趣。

本书可供已具备概率论、高等数学、线性代数等知识并立志于在概率统计、管理运筹、机器学习、金融工程等专业方向进一步深造的高年级本科生、数学拔尖班学生以及相关专业的研究生学习使用,是一本适用于本硕贯通式人才培养课程的教材。

图书在版编目(CIP)数据

随机过程 / 薄立军,李文迪编著. -- 西安:西安电子科技大学出版社,2025. 6. -- ISBN 978-7-5606-7558-9

Ⅰ. O211.6

中国国家版本馆 CIP 数据核字第 2025M25U14 号

策   划 刘小莉
责任编辑 刘小莉
出版发行 西安电子科技大学出版社(西安市太白南路 2 号)
电   话 (029) 88202421 88201467   邮   编 710071
网   址 www. xduph. com   电子邮箱 xdupfxb001@163.com
经   销 新华书店
印刷单位 陕西天意印务有限责任公司
版   次 2025 年 6 月第 1 版   2025 年 6 月第 1 次印刷
开   本 787 毫米×1092 毫米 1/16   印   张 13.5
字   数 316 千字
定   价 47.00 元
ISBN 978-7-5606-7558-9

XDUP 7859001-1

＊＊＊如有印装问题可调换＊＊＊

前　言

作为概率论的一个重要分支，随机过程是用来建模、分析并预测现实世界中各种动态随机行为的主要数学工具，其应用已遍布各个领域（主要包括金融工程、物理学、生物学、计算机科学、化学与环境科学等）。例如，在金融工程领域，随机过程可用来描述金融市场中风险资产（如股票）的价格波动，比如著名的 Black-Scholes 股票价格模型（参见本书例4.4）；在金融衍生品定价中，著名的风险中性定价理论的核心思想就是应用鞅过程的概念（参见本书第 7 章）和对冲的方式对期权等衍生品进行无套利定价，从而诞生了 Black-Scholes-Merton 期权定价公式，这也是 1997 年诺贝尔经济学奖的主要获奖成果。在物理学领域，随机过程可用来帮助描述物理系统中粒子的运动和相互作用，如用于模拟粒子在介质中的扩散过程，典型的就是布朗运动（参见本书第 4 章）。在统计物理中，随机过程可以用来解释物理系统在热动平衡下的行为，进而可以应用马尔可夫链蒙特卡洛方法（参见本书 8.7 节）对系统进行模拟。在生物学领域，种群动态变化行为和疾病的传播或物种的演化（参见例 9.3）都可以用随机过程来建模。随机过程在生物信息学中还可以帮助分析 DNA 序列的变异和蛋白质的折叠动态。在计算机科学领域，网络流量、网页重要性排序（参见例8.14）和数据传输中的误差控制等常通过随机过程来建模和优化。在机器学习中，随机过程如高斯过程被广泛应用于回归分析和动态预测中（参见第 5 章）。在化学反应动力学中，随机过程通常用来反映路径和速率的变化；而在环境科学中，随机过程可用于模拟污染物在环境中的传播和降解过程。因此，作为数学工具，随机过程在现代科学和工程技术中扮演着举足轻重的角色。从通信工程中的噪声分析到物理学中的布朗运动，从生物学中的群体遗传学到经济学中的市场风险波动，随机过程无处不在，其理论与方法为诸多应用领域中的相关问题提供了数学模型和求解方案。随着科学技术的快速发展，尤其是信息时代的到来，随机过程已经成为理工科类本科生必须深入理解和掌握的重要数学理论之一。

本教材的主要目标是为理工科类本科生提供一个基础、全面和系统的关于随机过程理论和方法的学习材料。我们期望学生通过对本教材内容的学习，不仅能够理解随机过程的基本概念与性质，还能够掌握经典和实用的随机过程，如布朗运动、泊松过程、点过程、高斯过程、鞅过程和马尔可夫链等，并能够运用这些基础过程来建模和分析实际问题。为了更好地学习本教材的内容，学生需要具有一定高等数学、线性代数和概率论与数理统计的基础。

本教材共分为 9 章，内容组织遵循由浅入深、循序渐进的原则。第 1 章回顾必备的概率论的基础知识，为后续的随机过程学习打下坚实的基础。第 2 章介绍随机过程的基本概念，包括随机过程的定义、有限维分布、适应性与等价性和数字特征等。第 3～7 章分别深入介绍平稳过程、布朗运动、高斯过程、点过程、鞅过程以及它们之间的联系。最后两章则聚焦于马尔可夫链理论及其在相关领域中的应用。

在教学方法上，本教材强调理论与实践相结合。每章都通过直观的例子来引入或解释数学概念，然后逐步展开理论讲解，每章末提供一定数量的习题以加深学生对理论知识的理解、应用和拓展。我们鼓励学生积极参与到课堂讨论中，通过问题驱动的方式来提升主动学习能力。

教师在使用本教材时，可根据学生的专业背景和对预备知识的掌握程度来适当调整教学内容和难度。对于数学和物理背景较强的学生，可以增加一些拓展内容和深入讨论；对于应用科学和工程专业的学生，可以更多地关注随机过程在实际应用中的案例分析和问题解决方法。学生在学习过程中，应注重理论与实践的结合，通过计算机操作、算法实现和参与项目来提高解决实际问题的能力。

在本教材的编写过程中，我们得到了许多同行的宝贵意见和帮助，他们在随机过程的理论和教学方面给予了有价值的指导和建议。我们也要感谢所有参与试读本书的学生和教师，特别是博士生常伟强和教师李童庆、王世花，他们的反馈对于完善教材内容和形式具有重要的价值。此外，我们还要感谢西安电子科技大学出版社的编辑团队，他们的专业工作使得本教材得以顺利出版。

由于作者水平有限，书中难免会有不足之处，恳请读者批评指正。

作　者
2025 年 2 月

目　录

第1章

预 备 知 识

内 容 提 要

本章主要回顾概率论的 Kolmogorov 公理化体系和在此公理化体系下衍生的重要概念。作为研究概率论的工具，如下概念将在学习随机过程理论中被频繁用到：概率空间（1.1 节）、随机变量（1.2 节）、数学期望（1.3 节）、复值随机变量（1.4 节）、条件期望（1.5 节）、高斯分布（1.6 节）、随机变量列的收敛（1.7 节）、一致可积（1.8 节）和概率测度的弱收敛（1.9 节）。

1.1 概 率 空 间

随机过程的基础是概率论。为此，本章将回顾概率论中的几个最重要的基本概念。众所周知，概率论是研究随机事件的不确定性及数量规律的一个数学分支。1933 年，俄罗斯数学家 A. N. Kolmogorov（1903—1987）在其出版的著作《概率论的基本概念》中首次为概率论建立了以集合论和测度论为基础的公理化体系，至此概率论被建立在了测度论的数学基础之上。

1.1.1 事件域

Kolmogorov 提出的概率论公理化体系的核心是关于概率空间的数学定义，而概率空间可用来建模一个所谓的"随机试验"。为此，我们首先回顾概率论中随机试验的概念。事实上，随机试验的结果事先不能被准确地预言，但具有如下三个特征：
- 可以在相同的条件下重复进行；
- 每次试验的结果不止一个，但预先知道试验的所有可能的结果；
- 每次试验前不能确定哪个结果会出现。

我们把随机试验所有可能发生的结果所组成的集合称为该试验的样本空间，一般记为 Ω，而样本空间 Ω 中的元素 $\omega \in \Omega$ 称为样本点或基本事件。

然而，对于一个随机现象（试验）而言，人们比较关心更加复杂事件的概率。因此，数学上如何定义事件是非常必要的。Kolmogorov 关于概率论的公理化体系从集合论的角度通过公理给出了概率论中事件的定义。具体的想法是：将事件看成样本空间 Ω 中的某些子集，特别地，称样本空间 Ω 为必然事件，而称空集 $\varnothing$ 为不可能事件。如果样本空间中的某个子集 A 是一个事件，那么其补集 $A^c = \Omega \setminus A$ 也应该是一个事件，我们称之为事件 A 的反（逆）

事件。进一步，如果存在一列事件，那直观上认为这列事件的并也应该是一个事件。于是，从集合论的观点，集合的运算（如并、交、差、上极限、下极限和极限等）也都适用于事件。于是，Kolmogorov 的概率论公理化体系将随机试验中所考虑的事件形成一个集合（集合的集合），我们称之为事件域，并定义事件域为一个 σ-代数（或 σ-域）。

定义 1.1（事件域（σ-代数））

设 $\mathscr{F}$ 为样本空间 Ω 中某些子集所形成的集合，如果其满足如下条件：

(1) $\Omega \in \mathscr{F}$（或用 $\varnothing$ 取代），

(2) $A \in \mathscr{F} \Rightarrow A^c \in \mathscr{F}$（补封闭），

(3) $A_i \in \mathscr{F}, i=1, 2, \cdots, \Rightarrow \bigcup_{i=1}^{\infty} \in A_i \in \mathscr{F}$（可列并封闭），

则称 $\mathscr{F}$ 为一个事件域（或 σ-代数），称事件域 $\mathscr{F}$ 中的任意一个元素 $A \in \mathscr{F}$ 为一个事件。 ♣

根据定义 1.1，容易验证 $\mathscr{F}_{\min} = \{\varnothing, \Omega\}$ 是最小的事件域，而 $\mathscr{F}_{\max} = 2^{\Omega}$（$\Omega$ 中所有子集的全体）是最大的事件域。进一步，我们还有：

- $\varnothing, \Omega \in \mathscr{F}$；
- 如果 $A, B \in \mathscr{F}$，则 $A \backslash B := A \bigcap B^c \in \mathscr{F}$；
- 设 $A_i \in \mathscr{F}, i=1, 2, \cdots$，那么，对任意正整数 $n \geqslant 2$，$\bigcup_{i=1}^{n} A_i$，$\bigcap_{i=1}^{n} A_i$ 和 $\bigcap_{i=1}^{\infty} A_i \in \mathscr{F}$。

那么，为什么不取 Ω 的子集全体 2^{Ω} 作为事件域呢？这是因为集合 2^{Ω} 太大，有时包含了太多我们并不能观测的事件或不可能达到的事件，而对这些不可达的事件所发生概率的刻画在实际中并不容易实现。

在实际的随机试验建模中，人们经常会用到一类特殊的事件域，即 Borel σ-域。

例 1.1（Borel σ-域） 设样本空间 $\Omega = \mathbb{R}$，定义集类 $\mathcal{O} = \{O \subset \Omega; O \text{ 为开集}\}$，即实数域中所有开集的全体。根据定义 1.1，集类 $\mathcal{O}$ 并不是一个 σ-域。事实上，对任意 $O \in \mathcal{O}$，其补集 O^c 为闭集，因此，O^c 并不在 $\mathcal{O}$ 中。然而，我们可以给 $\mathcal{O}$ 中添加足够多的元素使其成为一个 σ-域。我们把在 $\mathcal{O}$ 中添加最少元素使其成为的 σ-域称为 Borel σ-域，记为 $\mathscr{B}(\mathbb{R})$（或记为 $\sigma(\mathcal{O})$）。$\mathscr{B}(\mathbb{R})$ 中的元素称为 Borel 集。根据 $\mathscr{B}(\mathbb{R})$ 元素的构成，对于实数 $a < b$，形如 $[a, b], (a, b), [a, b), (a, b]$ 这样的区间均为 Borel 集。

例 1.2（代数） 定义 1.1 中的条件 (3) 要求可列无穷个事件的并也是事件。如果把条件 (3) 变弱为：(3') $A_i \in \mathscr{F}, i=1, 2, \cdots, n \Rightarrow \bigcup_{i=1}^{n} A_i \in \mathscr{F}$（有限并封闭），则称这样的集类 $\mathscr{F}$ 为一个代数。显然，σ-代数一定是代数，但代数并不一定是 σ-代数。下面让我们看一个反例。

设 $\Omega = (0, 1]$，定义下面的集类：

$$\mathscr{F} := \left\{ \bigcup_{i=1}^{n} (a_i, b_i]; 0 \leqslant a_1 < b_1 < \cdots < a_n < b_n \leqslant 1, n=0, 1, 2, \cdots \right\} \qquad (1.1)$$

记 $\bigcup_{i=1}^{0} (a_i, b_i] = \varnothing$，那么 $\mathscr{F}$ 是一个代数，但并不是一个 σ-代数。事实上，我们只需注意到如下关系式：

$$\bigcup_{i=1}^{\infty} \left(0, \frac{i-1}{i}\right] = (0, 1) \notin \mathscr{F}$$

1.1.2　概率测度

1.1.1 节给出了事件域的公理化定义, 接下来我们需要刻画一个事件发生的概率。如何用数学的方式来表示一个事件的概率呢? 例如, 现在有一根绳子, 要知道它的长度, 人们自然地会想到拿一把尺子去丈量它。于是, 我们可以用绳子类比一个事件, 用绳子的长度类比事件的概率, 而丈量长度的尺子就是度量事件概率的工具。生产尺子的厂家会通过标记刻度来生产尺子, 那用来度量事件概率的工具(称为概率测度)的原理又是什么呢? Kolmogorov 通过公理化的方式给出了概率测度的原理。

在引入概率测度的公理化定义之前, 我们首先给出测度的概念。

定义 1.2(测度)

> 设 Ω 为一个样本空间, $\mathscr{F}$ 为一个事件域。考虑一个函数 $\mu: \mathscr{F} \mapsto [0, \infty]$, 如果对事件 $A_i \in \mathscr{F}, i = 1, 2, \cdots$, 满足 $A_i \bigcap A_j = \varnothing, i \neq j$, 且满足 $\mu(\varnothing) = 0$ 和
>
> $$\mu\left(\bigcup_{n=1}^{\infty} A_n\right) = \sum_{n=1}^{\infty} \mu(A_n) \tag{1.2}$$
>
> 则称函数 $\mu: \mathscr{F} \mapsto [0, \infty]$ 是一个测度。进一步, 我们有:
>
> - 如果 $\mu(\Omega) < \infty$, 则称 μ 是一个有限测度;
> - 如果存在 Ω 的一个划分 $\{A_i\}_{i=1}^{\infty} \subset \mathscr{F}$(即 $\Omega = \bigcup_{i=1}^{\infty} A_i$ 且 $A_i \bigcap A_j = \varnothing, i \neq j$)
>
> 满足 $\mu(A_i) < \infty, i = 1, 2, \cdots$, 则称 μ 是一个 σ-有限测度。♣

对于一个测度 $\mu: \mathscr{F} \mapsto [0, +\infty]$, 从函数的角度看, μ 的定义为 $\mathscr{F}$, 即集合的集合, 这不同于普通的函数, 其是定义在欧氏空间(如实数域)上的。为此, 我们称 μ 这样的函数为集函数, 而称定义 1.2 中的式(1.2)为可列可加性或 σ-可加性。换言之, 测度就是一个满足可列可加性的集函数。测度是一个单增函数。事实上, 对于任意 $A, B \in \mathscr{F}$ 且满足 $A \subset B$, 有 $B \backslash A = B \bigcap A^c \in \mathscr{F}$ 且 $A \bigcap (B \backslash A) = \varnothing$, 于是应用式(1.2)得到:

$$\mu(B) = \mu(A \bigcup (B \backslash A)) = \mu(A) + \mu(B \backslash A)$$

这等价于

$$\mu(B) - \mu(A) = \mu(B \backslash A) \geqslant 0 \tag{1.3}$$

这说明 $\mathscr{F} \ni A \mapsto \mu(A)$ 是单增的。换言之, 集合(可测集合)越大, 其对应的测度值(度量值)就越大, 这是符合实际的。

例 1.3(Lebesgue 测度)　设样本空间 $\Omega = \mathbb{R}$, 事件域 $\mathscr{F} = \mathscr{B}(\mathbb{R})$, 即 Borel σ-域, 考虑 $m: \mathscr{F} \mapsto [0, \infty]$ 是一个 Lebesgue 测度, 那么测度 m 满足定义 1.2 中的式(1.2)且其还满足如下特征: 对任意实数 $a < b$, 有

$$m((a, b)) = b - a$$

也就是说, Lebesgue 测度对开区间的度量就是其区间的长度。类似地, 设样本空间 $\Omega = \mathbb{R}^2$, 事件域 $\mathscr{F} = \mathscr{B}(\mathbb{R}^2)$, 考虑 $m: \mathscr{F} \mapsto [0, \infty]$ 是一个 Lebesgue 测度, 那么测度 m 满足定义 1.2 中的式(1.2)且其还满足如下特征: 对任意实数 $a < b$ 和 $c < d$, 有

$$m((a, b) \times (c, d)) = (b - a)(d - c)$$

也就是说，Lebesgue 测度对矩形的度量就是其矩形的面积。进一步来看，Lebesgue 测度是一个 σ-有限测度，该测度是欧氏空间上最常见的一类测度，与概率论有着紧密的联系。

例 1.4(计数测度) 设样本空间 $\Omega = \{\omega_1, \cdots, \omega_n\}$ 是一个含有 n 个元素的有限集合，事件域 $\mathscr{F} = 2^\Omega$。让我们定义如下的集函数 $\mu: \mathscr{F} \mapsto \{1, \cdots, n\}$，且

$$\mu(A) = \sharp(A), \ \forall A \in \mathscr{F} \tag{1.4}$$

其中，$\sharp(A)$ 表示集合 A 中元素的个数。那么，由式(1.4)所定义的集函数是一个测度，我们称之为计数测度。显然，计数测度是一个有限测度，因为 $\mu(\Omega) = n$。

有了测度的定义，我们就可以引入概率测度的概念了。对一个事件 $A \in \mathscr{F}$，其发生的概率值一定在 $[0, 1]$ 中。于是，可以用集函数 $P: \mathscr{F} \mapsto [0, 1]$ 来表示对事件概率的度量。A. N. Kolmogorov 从本质上将概率测度定义为归一的测度，其具体定义可表述如下：

定义 1.3(概率测度)

> 设 $\mathscr{F}$ 为一个事件域，考虑一个集函数 $P: \mathscr{F} \mapsto [0, 1]$，如果 P 是一个归一的测度，即其满足：
> - $P(\varnothing) = 0$，$P(\Omega) = 1$，
> - 对任意 $A_i \in \mathscr{F}$，$i = 1, 2, \cdots$ 和 $A_i \bigcap A_j = \varnothing$，$i \neq j$，则
>
> $$P\left(\bigcup_{n=1}^{\infty} A_n\right) = \sum_{n=1}^{\infty} P(A_n)$$
>
> 那么称 $P: \mathscr{F} \mapsto [0, 1]$ 是定义在事件域 $\mathscr{F}$ 上的一个概率测度。 ♣

从定义 1.3 中可以得到：对任意事件 $A \in \mathscr{F}$，其反事件的概率 $P(A^c) = 1 - P(A)$。

例 1.5 设样本空间 $\Omega = \{\omega_1, \cdots, \omega_n\}$ 是一个有限集，事件域 $\mathscr{F} = 2^\Omega$，让我们定义如下 $\mathscr{F}$ 上的集函数：

$$P(A) = \frac{\sharp(A)}{\sharp(\Omega)} = \frac{\sharp(A)}{n}, \ \forall A \in \mathscr{F} \tag{1.5}$$

不难验证，由式(1.5)定义的集函数 $P: \mathscr{F} \mapsto [0, 1]$ 是一个归一的测度，因此其是一个概率测度。作为进一步的拓展，如果 $\mu: \mathscr{F} \mapsto [0, \infty)$ 是一个有限测度，那么如下关于测度 μ 的规范化集函数：

$$P(A) = \frac{\mu(A)}{\mu(\Omega)}, \ \forall A \in \mathscr{F}$$

是一个概率测度。

例 1.6(Dirac 测度) 设样本空间 $\Omega = \mathbb{R}$，事件域 $\mathscr{F} = \mathscr{B}(\mathbb{R})$，对任意实数 $x \in \mathbb{R}$，我们定义如下 $\mathscr{F}$ 上的集函数：

$$\delta_x(A) = \mathbf{1}_A(x), \ \forall A \in \mathscr{F} \tag{1.6}$$

其中，$\mathbf{1}_A$ 表示事件 A 的示性函数(indicator)。也就是说，如果 $x \in A$，那么 $\mathbf{1}_A(x) = 1$；如果 $x \notin A$，那么 $\mathbf{1}_A(x) = 0$。对任意 $x \in \mathbb{R}$，不难验证由式(1.6)定义的集函数 $\delta_x: \mathscr{F} \mapsto [0, 1]$ 是一个概率测度。有时人们也称其为集中在 x 点的 Dirac 测度。现在有 n 个实数 $x_i \in \mathbb{R}$，$i = 1, 2, \cdots, n$，定义 $\mathscr{F}$ 上的集函数如下：

$$P(A) = \frac{1}{n} \sum_{i=1}^{n} \delta_{x_i}(A), \ \forall A \in \mathscr{F} \tag{1.7}$$

不难验证，由式(1.7)定义的集函数 $P:\mathscr{F} \mapsto [0,1]$ 也是一个概率测度，我们称其为经验测度(empirical measure)。

例 1.7　设样本空间 $\Omega = (0,1]$ 和事件域 $\mathscr{F} = \mathscr{B}(\Omega)$，考虑 $m:\mathscr{F} \mapsto [0,1]$ 为 Lebesgue 测度，那么 $m:\mathscr{F} \mapsto [0,1]$ 是一个概率测度，这是因为 $m(\Omega) = m((0,1]) = 1 - 0 = 1$。

1.1.3　测度空间

对于给定的样本空间 Ω，我们可以选择样本空间的某些子集所形成的 σ-代数，即事件域 $\mathscr{F}$。在测度论中，我们将二元对 $(\Omega, \mathscr{F})$ 称为一个可测空间。对于样本空间的一个子集 $A \subset \Omega$，若满足 $A \in \mathscr{F}$，则称 A 是一个 $\mathscr{F}$-可测集。从概率论的角度分析，$\mathscr{F}$-可测集就是事件。考虑一个测度 $\mu:\mathscr{F} \mapsto [0, +\infty]$，于是形成一个三元组 $(\Omega, \mathscr{F}, \mu)$。从测度论的角度，我们称其为一个测度空间。其具体定义如下：

定义 1.4（测度空间）

> 我们称三元组 $(\Omega, \mathscr{F}, \mu)$ 为测度空间。进一步，有：
> - 如果 μ 是一个有限测度，则称三元组 $(\Omega, \mathscr{F}, \mu)$ 为有限测度空间；
> - 如果 $\mu = P$ 是一个概率测度，则称三元组 $(\Omega, \mathscr{F}, P)$ 是一个概率空间；
> - 如果 μ 是一个 σ-有限测度，则称三元组 $(\Omega, \mathscr{F}, \mu)$ 是一个 σ-有限测度空间。　　♣

概率空间 $(\Omega, \mathscr{F}, P)$ 是 Kolmogorov 概率论公理化体系的核心内容，是描述一个随机现象(试验)的数学基础。例如，分析一个掷硬币的随机试验，设该试验的样本空间 $\Omega = \{0,1\}$，即如果试验结果为硬币正面朝上，则记为 1，而如果硬币反面朝上，则记为 0，也就是说，掷硬币这个随机试验的结果只有 0 和 1。考虑事件域 $\mathscr{F} = 2^{\Omega} = \{\{0\}, \{1\}, \varnothing, \Omega\}$，那么，子集 $\{0\}$ 表示硬币反面朝上这个事件，而子集 $\{1\}$ 则表示硬币正面朝上这个事件。假设子集 $\{0\}$ 和子集 $\{1\}$ 的发生是等概率的，于是，我们采用式(1.5)来定义 $\mathscr{F}$ 上的概率测度 P，即 $P(\{0\}) = P(\{1\}) = \frac{1}{2}$。由此建立的概率空间 $(\Omega, \mathscr{F}, P)$ 称为古典概型。事实上，古典概型可拓展为如下更一般的形式：

定义 1.5（古典概型）

> 古典概型是一个满足如下条件的概率空间 $(\Omega, \mathscr{F}, P)$：
> - 样本空间 $\Omega = \{\omega_1, \cdots, \omega_n\}$；
> - 事件域 $\mathscr{F} = 2^{\Omega}$；
> - 概率测度 $P(A) = \dfrac{\#(A)}{n}, \ \forall A \in \mathscr{F}$(等概率)。　　♣

一类经典的古典概型是 n-重 Bernoulli 试验。在介绍 n-重 Bernoulli 试验之前，我们先引入 1-重 Bernoulli 试验。所谓 1-重 Bernoulli 试验，是指一个随机试验只有两个结果，分别记为1(成功)和0(失败),它们发生的概率分别为 $p \in (0, 1)$ 和 $1 - p$。将 1-重 Bernoulli 试验在相同的条件下独立重复地做 n 次就形成了 n-重 Bernoulli 试验。下面我们来表述 n-重 Bernoulli 试验的概率空间。首先,样本空间可写为

$$\Omega = \{\omega = (\omega_1, \cdots, \omega_n); \omega_i \in \{0, 1\}, i = 1, \cdots, n\}$$

事件域取 $\mathscr{F} = 2^\Omega$。对任意的样本点(基本事件),$\omega = (\omega_1, \cdots, \omega_n) \in \Omega$,设 ω 中有 $k(k \leqslant n)$ 个1,那么就有 $n - k$ 个0。于是,该基本事件发生的概率 $P(\{\omega\}) = p^k(1 - p)^{n-k}$。这样,对任意事件 $A \in \mathscr{F}$(即 $A \subset \Omega$ 为样本空间的任意子集),其发生的概率为

$$P(A) = \sum_{\omega \in A} P(\{\omega\})$$

古典概型的样本空间是有限的。也就是说,古典概型所建模的随机试验可能发生结果的数目是有限的,因此可以通过式(1.5)来定义等概率。但如果一个随机试验所发生的结果并不是有限的,那么是否有方式来表述这种意义下的等概率呢?下面我们引入所谓的均匀分布概型:

定义 1.6(均匀分布概型)

> 均匀分布概型的概率空间 $(\Omega, \mathscr{F}, P)$ 满足:
> - 样本空间 $\Omega = (a, b)$(设 $a, b \in \mathbb{R}$ 且 $a < b$);
> - 事件域 $\mathscr{F} = \mathscr{B}(\Omega)$;
> - 概率测度 $P = \dfrac{1}{b - a} m$,其中 m 为 Lebesgue 测度。 ♣

对于均匀分布概型的概率空间 $(\Omega, \mathscr{F}, P)$,考虑一个事件 $I \in \mathscr{F}$,其发生的概率为

$$P(I) = \frac{1}{b - a} m(I) = \frac{|I|}{b - a} \tag{1.8}$$

其中,$|I|$ 表示集合 I 的长度。换言之,如果事件 $I = (c, d) \in \mathscr{F}$,那么其发生的概率就是区间 (c, d) 的长度与样本空间区间总长度的比值,即

$$P((c, d)) = \frac{d - c}{b - a}$$

1.2 随机变量

1.1 节引入了概率空间,即三元组 $(\Omega, \mathscr{F}, P)$。本节将讨论定义在概率空间上的随机变量,即定义在样本空间上的可测函数。

定义 1.7(随机变量)

> 设 $(\Omega, \mathscr{F}, P)$ 是一个概率空间,称定义在样本空间上的函数 $\xi(\omega): \Omega \mapsto \mathbb{R}$ 是一个实值随机变量(random variable, RV),如果对任意 $B \in \mathscr{B}(\mathbb{R})$,我们有:
>
> $$\xi^{-1}(B) := \{\omega \in \Omega; \xi(\omega) \in B\} \in \mathscr{F} \tag{1.9}$$
>
> ♣

由式(1.9)所定义的样本空间的子集 $\xi^{-1}(B)$ 称为 ξ 关于集合 B 的原像。那么,ξ 是一

个实值随机变量，等价于其所有的原像都是事件。从测度论的角度，我们也称 ξ 是 $\mathscr{F}$-可测的。定义随机变量为什么要限定样本空间上的函数是可测的呢（即式(1.9)成立）？可测这一要求主要是为了定义随机变量分布和数学期望。事实上，设 ξ 是概率空间 $(\Omega, \mathscr{F}, P)$ 上的一个实值随机变量，取 $B = (-\infty, x](x \in \mathbb{R})$，于是 $B \in \mathscr{B}(\mathbb{R})$。这样，根据式(1.9)，我们有 $\xi^{-1}((-\infty, x]) = \{\omega \in \Omega; \xi(\omega) \leqslant x\}$，是一个事件。对该事件取概率，可得到：

$$F_\xi(x) = P(\xi^{-1}((-\infty, x])) = P(\xi \leqslant x), \ \forall x \in \mathbb{R} \tag{1.10}$$

即为随机变量 ξ 的分布函数。试想，如果对随机变量的定义中并无可测的要求（即式(1.9)并不成立），那么原像 $\xi^{-1}((-\infty, x])$ 就不一定是个事件，对其取概率也就不一定有意义，这是因为概率测度 P 是定义在事件域上的集函数。

例 1.8(常数随机变量)　考虑样本空间上的函数 $\xi(\omega) \equiv c \in \mathbb{R}$，那么 $\xi: \Omega \mapsto \mathbb{R}$ 是一个随机变量。事实上，对任意 $B \in \mathscr{B}(\mathbb{R})$，我们有 $\xi^{-1}(B) = \{\omega \in \Omega; c \in B\} = \varnothing$ 或 Ω，故 $\xi^{-1}(B) \in \mathscr{F}$，于是 $\{\xi^{-1}(B); B \in \mathscr{B}(\mathbb{R})\} = \{\varnothing, \Omega\} \subset \mathscr{F}$ 也是一个 σ-代数，记作 $\sigma(\xi) = \{\xi^{-1}(B); B \in \mathscr{B}(\mathbb{R})\}$。

例 1.9(示性随机变量)　考虑一个事件 $A \in \mathscr{F}$，定义关于事件 A 的示性函数：

$$\mathbf{1}_A(\omega) = \begin{cases} 1, & \omega \in A \\ 0, & \omega \notin A \end{cases}$$

那么 $\mathbf{1}_A: \Omega \mapsto \mathbb{R}$ 是一个随机变量，我们称其为示性随机变量。事实上，由于 $A \in \mathscr{F}$，因此有：

$$\sigma(\mathbf{1}_A) = \{\mathbf{1}_A^{-1}(B); B \in \mathscr{B}(\mathbb{R})\} = \{\Omega, \varnothing, A, A^c\} \subset \mathscr{F} \tag{1.11}$$

这样从式(1.11)中可以看到 $\sigma(\mathbf{1}_A)$ 也是一个 σ-代数。

例 1.10(简单随机变量)　设 $\{A_i\}_{i=1}^n \subset \mathscr{F}$ 是样本空间 Ω 的一个划分。对任意非零、互不相同的常数 $a_1, \cdots, a_n \in \mathbb{R}$，定义样本空间上的函数如下：

$$\xi(\omega) := \sum_{i=1}^n a_i \mathbf{1}_{A_i}(\omega), \ \omega \in \Omega \tag{1.12}$$

则 $\xi(\omega): \Omega \mapsto \mathbb{R}$ 是一个实值随机变量，也可称其为简单随机变量。事实上，由于 $\{A_i\}_{i=1}^n \subset \mathscr{F}$，因此有：

$$\sigma(\xi) = \{\xi^{-1}(B); B \in \mathscr{B}(\mathbb{R})\} = \{\bigcup_{i \in I} A_i; I \subset \{1, \cdots, n\}\}$$

若 $I = \varnothing$，则记 $\bigcup_{i \in I} A_i = \varnothing$。注意到如下关系成立：

$$\{\bigcup_{i \in I} A_i; I \subset \{1, \cdots, n\}\} = \sigma(\{A_1, \cdots, A_n\})$$

其中，$\sigma(\{A_1, \cdots, A_n\})$ 表示由集类 $\sigma(\xi) = \{A_1, \cdots, A_n\}$ 生成的最小 σ-代数，故集类 $\{\xi^{-1}(B); B \in \mathscr{B}(\mathbb{R})\}$ 也是一个 σ-代数。

上面三个例子中的随机变量均满足：对于一个实值随机变量 $\xi: \Omega \mapsto \mathbb{R}$，其原像的全体 $\sigma(\xi) \subset \mathscr{F}$ 也是一个 σ-代数。这个结论可以通过定义 1.1 得到证明。进一步定义：

$$P_\xi(B) = P(\xi^{-1}(B)), \ \forall B \in \mathscr{B}(\mathbb{R}) \tag{1.13}$$

利用定义 1.3，可以证明式(1.13)定义的 $P_\xi: \mathbb{R} \mapsto [0, 1]$ 也是一个概率测度，称 P_ξ 为随机变量的分布。显然，根据式(1.10)，关系式 $F_\xi(x) = P_\xi((-\infty, x]), \ \forall x \in \mathbb{R}$ 成立。于是，随机变量 $\xi: \Omega \mapsto \mathbb{R}$ 可以将原始概率空间变换成一个新的概率空间，这种变换如下：

$$(\Omega, \mathscr{F}, P) \xrightarrow{\xi: \Omega \mapsto \mathbb{R}} (\mathbb{R}, \mathscr{B}(R), P_\xi) \tag{1.14}$$

1.3 数 学 期 望

从 Kolmogorov 概率论的公理化角度来看，一个随机变量的数学期望就是该随机变量关于概率测度的积分，其定义步骤如下：设 $(\Omega, \mathscr{F}, P)$ 是一个概率空间且 $\xi: \Omega \mapsto \mathbb{R}$ 为一个实值随机变量。我们分以下几个步骤来定义随机变量 $\xi: \Omega \mapsto \mathbb{R}$ 关于概率测度 P 的积分，这里用 $E[\xi]$ 或 $\int_{\Omega} \xi(\omega) P(\mathrm{d}\omega)$ 来表示这个积分。

(1) 设 ξ 是一个示性随机变量（见例 1.9），即存在一个事件 $A \in \mathscr{F}$ 使得 $\xi = \mathbf{1}_A$，那么我们定义：

$$E[\xi] = E[\mathbf{1}_A] = \int_{\Omega} \mathbf{1}_A(\omega) P(\mathrm{d}\omega) = P(A) \tag{1.15}$$

(2) 设 ξ 是一个非负简单随机变量，即存在 Ω 的一个划分 $\{A_i\}_{i=1}^n \subset \mathscr{F}$ 和非负实数权重 $\{b_i\}_{i=1}^n$ 使得 $\xi(\omega) = \sum_{i=1}^n b_i \mathbf{1}_{A_i}(\omega)$，于是由步骤(1)我们可以定义 ξ 关于 P 的积分为

$$E[\xi] = \int_{\Omega} \xi(\omega) P(\mathrm{d}\omega) = \sum_{i=1}^n b_i P(A_i) \tag{1.16}$$

(3) 设 ξ 是任意一个非负随机变量（见例 1.10），那么，根据文献[8]，可知存在一列单增非负简单随机变量列 $\{\xi_k\}_{k=1}^{\infty}$ 满足 $0 \leqslant |\xi_k(\omega) - \xi(\omega)| \leqslant 2^{-k}$，$\forall \omega \in \Omega$。根据步骤(2)可以定义积分 $E[\xi_k]$，并得到 $k \mapsto E[\xi_k]$ 是单增的。因此，我们可以定义 ξ 关于 P 的积分如下：

$$E[\xi] = \sup\{E[\eta]; \eta \text{ 是非负简单随机变量且 } \eta \leqslant \xi\} \in [0, +\infty] \tag{1.17}$$

如果非负的 $E[\xi] = +\infty$，则称 ξ 的数学期望不存在。

(4) 对任意实值随机变量 ξ，有 $\xi = \xi^+ - \xi^-$，其中 $\xi^+ = \max\{\xi, 0\}$ 和 $\xi^- = \max\{-\xi, 0\}$ 分别表示 ξ 的正部和负部，那么 ξ 关于 P 的积分定义为

$$E[\xi] = \int_{\Omega} \xi(\omega) P(\mathrm{d}\omega) = E[\xi^+] - E[\xi^-] \tag{1.18}$$

根据上面数学期望的定义（见式(1.18)），可以得到：当且仅当 $E[|\xi|] < +\infty$ 时，$E[\xi]$ 存在。此时，称随机变量 ξ 是可积的。进一步，应用等式 $\xi^+ = \frac{1}{2}(|\xi| + \xi)$ 和 $\xi^- = \frac{1}{2}(|\xi| - \xi)$ 得到当且仅当 ξ^+ 和 ξ^- 均是可积的时，ξ 是可积的。

我们下面回顾一下数学期望所满足的一些基本性质。假设下面出现的随机变量都定义在同一概率空间 $(\Omega, \mathscr{F}, P)$ 上。

(1) 设 ξ，η 为两个可积实值随机变量，那么对任意常数 $a, b \in \mathbb{R}$，$a\xi + b\eta$ 也是可积的且 $E[a\xi + b\eta] = aE[\xi] + bE[\eta]$。

(2) 设 ξ 为可积随机变量且 $\xi \geqslant 0$, a.s.（即 $P(\xi \geqslant 0) = 1$），则 $E[\xi] \geqslant 0$。特别地，如果 $\xi = 0$, a.s.，则 $E[\xi] = 0$。

性质(1)和(2)可由上面数学期望的定义直接验证。

(3) 设 ξ，η 为两个可积随机变量且 $\xi \leqslant \eta$, a.s.，则 $E[\xi] \leqslant E[\eta]$。显然，这是性质(2)的一个推论。

（4）设 ξ，η 为两个可积随机变量，那么 $|\xi+\eta|$ 也是可积的且 $E[|\xi+\eta|]\leqslant E[|\xi|]+E[|\eta|]$。事实上，由不等式 $|\xi+\eta|\leqslant|\xi|+|\eta|$ 和性质（3）可证得该性质。

（5）设随机变量 ξ 可积，则 $|E[\xi]|\leqslant E[|\xi|]$。事实上，应用不等式 $-|\xi|\leqslant\xi\leqslant|\xi|$ 和性质（3）可证得该性质。

（6）设随机变量 ξ 可积且事件 $A\in\mathscr{F}$，如果存在常数 a,b 使得 $a\leqslant\xi(\omega)\leqslant b,\forall\omega\in A$，那么 $aP(A)\leqslant E[\xi\mathbf{1}_A]\leqslant bP(A)$。该性质可由性质（3）验证得到。

（7）设随机变量 ξ 可积且 $\xi\geqslant0$，a.s.，可定义：

$$\mu(A)=E[\xi\mathbf{1}_A]=\int_A\xi(\omega)P(\mathrm{d}\omega),\ \forall A\in\mathscr{F} \tag{1.19}$$

则 μ 是 $\mathscr{F}$ 上的一个有限测度。进一步，如果 $E[\xi]=1$，那么 μ 为 $\mathscr{F}$ 上的一个概率测度。

例 1.11　设 $\xi:\Omega\mapsto\mathbb{R}$ 是概率空间 $(\Omega,\mathscr{F},P)$ 上的一个可积实值随机变量，则有：

$$\sum_{n=1}^\infty nP(n\leqslant|\xi|<n+1)=\sum_{n=1}^\infty P(|\xi|\geqslant n) \tag{1.20}$$

特别地，如果 ξ 是取值于自然数的离散型可积随机变量，那么根据式（1.20）可得到：

$$E[\xi]=\sum_{n=1}^\infty nP(\xi=n)=\sum_{n=1}^\infty nP(n\leqslant\xi<n+1)=\sum_{n=1}^\infty P(\xi\geqslant n)$$

类似地，如果 ξ 为非负可积随机变量，则可得到：

$$\begin{aligned}E[\xi]&=\int_\Omega\xi(\omega)P(\mathrm{d}\omega)=\int_\Omega\left(\int_0^\infty\mathbf{1}_{\xi(\omega)\geqslant t}\mathrm{d}t\right)P(\mathrm{d}\omega)\\&=\int_0^\infty\left(\int_\Omega\mathbf{1}_{\xi(\omega)\geqslant t}P(\mathrm{d}\omega)\right)\mathrm{d}t\\&=\int_0^\infty P(\xi\geqslant t)\mathrm{d}t\end{aligned} \tag{1.21}$$

例 1.12（概率测度的绝对连续）　设 $\xi:\Omega\mapsto\mathbb{R}$ 为概率空间 $(\Omega,\mathscr{F},P)$ 上的一个非负可积实值随机变量，对任意 $A\in\mathscr{F}$ 且 $P(A)=0$，有 $E[\xi\mathbf{1}_A]=0$，进一步，如果 $E[\xi]=1$，则由数学期望的性质（7）可得到：由式（1.19）定义的测度 $\mu(A)=E[\xi\mathbf{1}_A]$，$\forall A\in\mathscr{F}$，是一个 $\mathscr{F}$ 上的概率测度。于是有：如果对任意 $A\in\mathscr{F}$ 满足 $P(A)=0$，则有 $\mu(A)=0$。此时，称概率测度 μ 关于概率测度 P 是绝对连续的，记为 $\mu\ll P$。

例 1.13（概率测度的等价）　设 $\xi:\Omega\mapsto\mathbb{R}$ 是概率空间 $(\Omega,\mathscr{F},P)$ 上一个可积随机变量，一个事件 $A\in\mathscr{F}$ 满足 $P(A\cap\{\xi\leqslant0\})=0$（或记为 $\xi>0$，a.s. on $A\in\mathscr{F}$），如果 $E[\xi\mathbf{1}_A]=0$，那么 $P(A)=0$。根据例 1.12 和式（1.19）所定义的测度 μ，如果 $\xi>0$，a.s. 且满足 $E[\xi]=1$，那么 $\mu\ll P$。另外一方面，对任意 $A\in\mathscr{F}$ 且满足 $\mu(A)=E[\xi\mathbf{1}_A]=0$，应用上面的结论，则有 $P(A)=0$，即证明了 $P\ll\mu$。此时，我们称 μ 与 P 是"等价"的，记为 $\mu\sim P$。

例 1.14　设 $\alpha\in\mathbb{R}$，$\sigma>0$，定义在概率空间 $(\Omega,\mathscr{F},P)$ 上的高斯随机变量 $\eta\sim N(\alpha,\sigma^2)$，那么随机变量 η 的概率密度函数为

$$f_{\alpha,\sigma^2}(x)=\frac{1}{\sqrt{2\pi\sigma^2}}\exp\left(-\frac{|x-\alpha|^2}{2\sigma^2}\right),\ \forall x\in\mathbb{R}$$

对任意的 $\alpha_1\in\mathbb{R}$ 和 $\sigma_1>0$，定义函数如下：

$$\phi(x) := \frac{f_{\alpha_1, \sigma_1^2}(x)}{f_{\alpha, \sigma^2}(x)} = \sqrt{\frac{\sigma^2}{\sigma_1^2}} \exp\left(-\frac{|x - \alpha_1|^2}{2\sigma_1^2} + \frac{|x - \alpha|^2}{2\sigma^2}\right), \quad \forall x \in \mathbb{R}$$

进一步, 引入随机变量 $\xi := \phi(\eta)$, 于是有:

- $\xi > 0$。

- $E[\xi] = 1$。 事实上, $E[\xi] = \int_{\mathbb{R}} \phi(x) f_{\alpha, \sigma^2}(x) \mathrm{d}x = \int_{\mathbb{R}} f_{\alpha_1, \sigma_1^2}(x) \mathrm{d}x = 1$。

于是, 由式(1.19)可知, 所定义的测度 μ（即 $\mu(A) := E[\xi \mathbf{1}_A]$, $\forall A \in \mathscr{F}$) 是一个概率测度, 并由例 1.13 知 $\mu \sim P$。

设 E^μ 表示在概率测度 μ 下的数学期望, 则对任意 $t \in \mathbb{R}$ 和虚数单位 $\mathrm{i} = \sqrt{-1}$, 有

$$E^\mu[\mathrm{e}^{\mathrm{i}t\eta}] = \int_\Omega \mathrm{e}^{\mathrm{i}t\eta} \mathrm{d}\mu = E[\xi \mathrm{e}^{\mathrm{i}t\eta}] = E[\phi(\eta) \mathrm{e}^{\mathrm{i}t\eta}] = \int_{\mathbb{R}} \phi(x) \mathrm{e}^{\mathrm{i}tx} f_{\alpha, \sigma^2}(x) \mathrm{d}x$$

$$= \int_{\mathbb{R}} \mathrm{e}^{\mathrm{i}tx} f_{\alpha_1, \sigma_1^2}(x) \mathrm{d}x = \exp\left(\mathrm{i}\alpha_1 t - \frac{\sigma_1^2}{2} t^2\right)$$

换言之, 在概率测度 μ 下, 随机变量 $\eta \sim N(\alpha_1, \sigma_1^2)$。 这实现了随机变量 η 在等价概率测度下服从不同均值和方差的高斯分布, 即

$$(\Omega, \mathscr{F}, P) \xrightarrow{\mu(A) = \int_A \xi(\omega) P(\mathrm{d}\omega)} (\Omega, \mathscr{F}, \mu)$$

$$\eta \sim N(\alpha, \sigma^2) \qquad\qquad\qquad \eta \sim N(\alpha_1, \sigma_1^2)$$

1.4 复值随机变量

顾名思义, 复值随机变量的直观解释为取复值的随机变量。对任意复数 $x \in \mathbb{C}$, 其可表示为 $x = y + \mathrm{i}z(\mathrm{i} = \sqrt{-1})$, 其中 $y, z \in \mathbb{R}$ 分别表示复数 x 的实部和虚部。若令 $\xi: \Omega \mapsto \mathbb{C}$ 为概率空间 $(\Omega, \mathscr{F}, P)$ 上的一个复值随机变量, 则其可表示为 $\xi = \xi^R + \mathrm{i}\xi^I$, 其中 $\xi^R: \Omega \mapsto \mathbb{R}$ 和 $\xi^I: \Omega \mapsto \mathbb{R}$ 为 $(\Omega, \mathscr{F}, P)$ 上的两个实值随机变量。如果其实部随机变量 $\xi^R: \Omega \mapsto \mathbb{R}$ 和虚部随机变量 $\xi^I: \Omega \mapsto \mathbb{R}$ 都是可积的, 那么称 $\xi: \Omega \mapsto \mathbb{C}$ 也是可积的。此时, 应用数学期望的线性化特性, 复值随机变量 ξ 的数学期望可定义为

$$E[\xi] = E[\xi^R + \mathrm{i}\xi^I] = E[\xi^R] + \mathrm{i}E[\xi^I] \tag{1.22}$$

那如何定义复值随机变量 ξ 的分布呢? 显然, 我们并不能像定义实值随机变量的分布函数那样来定义复值随机变量的分布函数, 这是因为两个复数并不能比较大小。为了定义复值随机变量 ξ 的分布, 我们假设 $f_\xi(y, z)$, $(y, z) \in \mathbb{R}^2$, 表示复值随机变量 ξ 的概率密度函数, 于是对于可积的 ξ, 根据式(1.22)有:

$$E[\xi] = \int_{\mathbb{R}^2} (y + \mathrm{i}z) f_\xi(y, z) \mathrm{d}y \mathrm{d}z$$

$$= \int_{\mathbb{R}^2} y f_\xi(y, z) \mathrm{d}y \mathrm{d}z + \mathrm{i} \int_{\mathbb{R}^2} z f_\xi(y, z) \mathrm{d}y \mathrm{d}z$$

$$= E[\xi^R] + \mathrm{i}E[\xi^I] = \int_{\mathbb{R}} y f_{\xi^R}(y) \mathrm{d}y + \mathrm{i} \int_{\mathbb{R}} z f_{\xi^I}(z) \mathrm{d}z$$

其中, $f_{\xi^R}(y)$ 和 $f_{\xi^I}(z)$ 分别表示实部随机变量 ξ^R 和虚部随机变量 ξ^I 的概率密度函数。这

意味着复值随机变量 ξ 的概率密度函数 $f_\xi(y,z)$ 就是 (ξ^R, ξ^I) 的联合概率密度函数。

例 1.15(复高斯随机变量)　我们可以参考实值高斯随机变量的定义来定义复值高斯随机变量。事实上，对于复值随机变量 $\xi: \Omega \mapsto \mathbb{C}$，如果其概率密度函数满足如下形式：

$$f_\xi(x) = \frac{1}{2\pi\sigma^2}\exp\left(-\frac{|x-E[\xi]|^2}{2\sigma^2}\right), \ \forall\, x \in \mathbb{C} \tag{1.23}$$

则由于 $|x-E[\xi]|^2 = |(y-E[\xi^R])+i(z-E[\xi^I])|^2 = |y-E[\xi^R]|^2 + |z-E[\xi^I])|^2$，其中 $x = y+iz$，$y, z \in \mathbb{R}$，因此应用式(1.23)可得到：

$$\begin{aligned} f_\xi(x) &= \frac{1}{2\pi\sigma^2}\exp\left(-\frac{|x-E[\xi]|^2}{2\sigma^2}\right)\\ &= \frac{1}{\sqrt{2\pi\sigma^2}}\exp\left(-\frac{|y-E[\xi^R]|^2}{2\sigma^2}\right) \times \frac{1}{\sqrt{2\pi\sigma^2}}\exp\left(-\frac{|z-E[\xi^I]|^2}{2\sigma^2}\right) \end{aligned}$$

这意味着：对于复值高斯随机变量，其实部随机变量 $\xi^R \sim N(E[\xi^R], \sigma^2)$，虚部随机变量 $\xi^I \sim N(E[\xi^I], \sigma^2)$ 且 ξ^R 与 ξ^I 相互独立。然而，在式(1.23)中，σ^2 是复值随机变量 ξ 的方差吗？如果按照实值随机变量方差的定义，那么复值随机变量 ξ 的方差应为

$$\begin{aligned} E[|\xi-E[\xi]|^2] &= E[|(\xi^R-E[\xi^R])+i(\xi^I-E[\xi^I])|^2]\\ &= E[|\xi^R-E[\xi^R]|^2] + iE[|\xi^I-E[\xi^I]|^2]\\ &= \mathrm{Var}(\xi^R) + \mathrm{Var}(\xi^I) = 2\sigma^2 \end{aligned}$$

这是 σ^2 的两倍。为了使式(1.23)中定义的方差与 σ^2 相对应，可以稍微修正一下上面复值随机变量 ξ 方差的定义：

$$\mathrm{Var}(\xi) = \frac{1}{2}E[|\xi-E[\xi]|^2] = \frac{1}{2}\mathrm{Var}(\xi^R) + \frac{1}{2}\mathrm{Var}(\xi^I) \tag{1.24}$$

1.5　条件期望

本节回顾条件期望的定义及相关性质。为此，我们首先从离散随机变量入手来引入条件期望。设 (ξ,η) 是概率空间 $(\Omega, \mathscr{F}, P)$ 上的取值于 $\{(a_i, b_j); i=1,\cdots,m; j=1,\cdots,n\}$（其中 $a_i, b_j \in \mathbb{R}$）的二维离散随机变量。考虑如下的条件概率：

$$P(\xi=a_i \mid \eta=b_j) = \frac{P(\xi=a_i, \eta=b_j)}{P(\eta=b_j)} = \frac{p_{ij}}{\sum\limits_{i=1}^{m} p_{ij}}$$

其中，$p_{ij} = P(\xi=a_i, \eta=b_j)$ $(i=1,\cdots,m; j=1,\cdots,n)$ 表示 (ξ,η) 的联合分布律。对于 $y \in \{b_j\}_{j=1}^{n}$，定义 $\varphi(y) = E[\xi \mid \eta=y]$，它为随机变量 ξ 关于随机变量 η 的条件期望，也称为回归函数(regression function)，则有：

$$\varphi(b_j) = E[\xi \mid \eta=b_j] = \sum_{i=1}^{m} a_i P(\xi=a_i \mid \eta=b_j) = \frac{\sum\limits_{i=1}^{m} a_i p_{ij}}{\sum\limits_{i=1}^{m} p_{ij}} \tag{1.25}$$

下面讨论随机变量 $\varphi(\eta)$ 的一个有意思的性质。首先，设 $G_j = \{\eta=b_j\}$，$j=1,\cdots,n$，则 $G_j \in \mathscr{F}$，即事件。进一步，$\{G_j\}_{j=1}^{n}$ 形成样本空间 Ω 的一个划分，即 $\bigcup\limits_{i=1}^{n} G_j = \Omega$ 和

$G_j \bigcap G_k = \varnothing (j \neq k)$。于是，$\eta(\omega) = \sum_{j=1}^{n} b_j \mathbf{1}_{G_j}(\omega)$，故可将 η 视为一个简单随机变量。这样，从例 1.9 中可以得到：

$$\sigma(\eta) = \sigma(\{G_1, \cdots, G_n\}) = \{\bigcup_{j \in J} G_j; J \subset \{1, 2, \cdots, n\}\} \tag{1.26}$$

其中，J 可取 $\varnothing$，此时定义 $\bigcup_{j \in \varnothing} G_j = \varnothing$。应用式 (1.26) 可得到：对任意 $G \in \sigma(\eta)$，存在一个集合 $J \subset \{1, 2, \cdots, n\}$ 使 $G = \bigcup_{j \in J} G_j$。于是，利用式 (1.25) 可得到：

$$
\begin{aligned}
E[\varphi(\eta)\mathbf{1}_G] &= \sum_{j \in J} E[\varphi(\eta)\mathbf{1}_{G_j}] = \sum_{j \in J} E[\varphi(b_j)\mathbf{1}_{\eta = b_j}] \\
&= \sum_{j \in J} \varphi(b_j) E[\mathbf{1}_{\eta = b_j}] = \sum_{j \in J} \varphi(b_j) P(\eta = b_j) \\
&= \sum_{j \in J} \sum_{i=1}^{m} a_i p_{ij}
\end{aligned}
$$

而如下等式成立：

$$
\begin{aligned}
E[\xi \mathbf{1}_G] &= \sum_{j \in J} E[\xi \mathbf{1}_{G_j}] = \sum_{j \in J} E[\xi \mathbf{1}_{\eta = b_j}] \\
&= \sum_{j \in J} \sum_{i=1}^{m} (a_i \cdot 1) P(\xi = a_i, \mathbf{1}_{\eta = b_j} = 1) \\
&= \sum_{j \in J} \sum_{i=1}^{m} a_i P(\xi = a_i, \eta = b_j) \\
&= \sum_{j \in J} \sum_{i=1}^{m} a_i p_{ij}
\end{aligned}
$$

上面两个等式意味着：对于任意 $G \in \sigma(\eta)$，$E[\varphi(\eta)\mathbf{1}_G] = E[\xi \mathbf{1}_G]$。我们用符号 $E[\xi \mid \sigma(\eta)]$ 或 $E[\xi \mid \eta]$ 来表示随机变量 $\varphi(\eta)$，并称 $E[\xi \mid \sigma(\eta)]$ 为随机变量 ξ 关于 $\sigma(\eta)$ 的条件期望，上面的等式可表述为

$$E[E[\xi \mid \sigma(\eta)]\mathbf{1}_G] = E[\xi \mathbf{1}_G], \forall G \in \sigma(\eta) \tag{1.27}$$

（式 1.27）引入的条件期望 $E[\xi \mid \sigma(\eta)]$ 针对的仅是离散型随机变量。如果 ξ 是概率空间 $(\Omega, \mathscr{F}, P)$ 上的一个一般的实值可积随机变量，$\mathscr{G} \subset \mathscr{F}$ 为一个一般的 σ-代数（$\mathscr{G}$ 也被称为一个子事件域），那么是否存在唯一的 $\mathscr{G}$-可测随机变量（用 $E[\xi \mid \mathscr{G}]$ 来表示）使其满足式 (1.27) 呢？也就是：

$$E[E[\xi \mid \mathscr{G}]\mathbf{1}_G] = E[\xi \mathbf{1}_G], \forall G \in \mathscr{G} \tag{1.28}$$

上述问题的答案是肯定的，其可由下面的定理给出。由于该定理的证明非常复杂，我们这里略去证明，感兴趣的读者可参考文献[8]。

定理 1.1（条件期望的存在唯一性）

　　设 ξ 为概率空间 $(\Omega, \mathscr{F}, P)$ 上的一个实值可积随机变量，$\mathscr{G} \subset \mathscr{F}$ 为一个 σ-代数，那么，存在一个 $\mathscr{G}$-可测（可积）随机变量（用 $E[\xi \mid \mathscr{G}]$ 来表示）满足式 (1.28)。进一步，如果存在另一个 $\mathscr{G}$-可测（可积）随机变量 η 满足式 (1.28)，那么 $P(E[\xi \mid \mathscr{G}] = \eta) = 1$。♣

　　形如 $E[\xi \mid \mathscr{G}]$ 的条件期望在描述鞅过程的定义中起着至关重要的作用。为此，下面我

们着重回顾一下条件期望的性质，这些性质将会在学习第 7 章鞅过程时被频繁用到。设下面所涉及的随机变量均定义在概率空间 $(\Omega, \mathscr{F}, P)$ 上，而 $\mathscr{G} \subset \mathscr{F}$ 为一子事件域。如果一个随机变量 ξ 是 $\mathscr{G}$-可测的，可记作 $\xi \in \mathscr{G}$。

(1) 设可积的随机变量 $\xi \in \mathscr{G}$，则有 $E[\xi \mid \mathscr{G}] = \xi$。事实上，由于 $\xi \in \mathscr{G}$，因此直接验证式(1.28)成立即可。特别地，对任意常数 $C \in \mathbb{R}$，我们有 $E[C \mid \mathscr{G}] = C$，这是因为任何常数都是任意 σ-代数可测的。

(2) 设 $\eta : (\Omega, \mathscr{G}) \mapsto (\mathbb{R}, \mathscr{B}(\mathbb{R}))$ 为一个随机变量(即 $\eta \in \mathscr{G}$)，而 $\kappa : (\Omega, \mathscr{F}) \mapsto (\mathbb{R}, \mathscr{B}(\mathbb{R}))$ 为独立于 $\mathscr{G}$ 的随机变量(记为 $\kappa \in \mathscr{F}$ 且 $\kappa \perp \mathscr{G}$)。设 $\phi : (\mathbb{R}^2, \mathscr{B}(\mathbb{R}^2)) \mapsto (\mathbb{R}, \mathscr{B}(\mathbb{R}))$ 是一个可测函数且满足 $\phi(\eta, \kappa)$ 是可积的，则有：

$$E[\phi(\eta, \kappa) \mid \mathscr{G}] = g(\eta), \quad g(y) = E[\varphi(y, \kappa)], \quad \forall y \in \mathbb{R} \tag{1.29}$$

为证式(1.29)，只需证明 $E[\phi(\eta, \kappa) \xi] = E[g(\eta) \xi]$，其中 $\xi = \mathbf{1}_G, G \in \mathscr{G}$。由题设知：$\kappa$ 与 $\mathscr{G}$ 独立，而 $\xi, \eta \in \mathscr{G}$，故 κ 与 (ξ, η) 独立。于是，得到：

$$
\begin{aligned}
E[\phi(\eta, \kappa) \xi] &= \int_{\Omega} \xi(\omega) \phi(\eta, \kappa)(\omega) P(\mathrm{d}\omega) \\
&= \int_{\mathbb{R}^3} x \phi(y, z) P(\xi \in \mathrm{d}x, \eta \in \mathrm{d}y, \kappa \in \mathrm{d}z) \\
&= \int_{\mathbb{R}^2} x \left(\int_{\mathbb{R}} \phi(y, z) P(\kappa \in \mathrm{d}z) \right) P(\xi \in \mathrm{d}x, \eta \in \mathrm{d}y) \\
&= \int_{\mathbb{R}^2} x g(y) P(\xi \in \mathrm{d}x, \eta \in \mathrm{d}y) = E[g(\eta) \xi]
\end{aligned}
$$

此为式(1.29)。

例 1.16 设可测函数 $\phi(y, z) = f(y) h(z)$，那么，当 $\eta \in \mathscr{G}$ 和 $\kappa \perp \mathscr{G}$ 时，结合性质(1)和式(1.29)可得到：

$$E[f(\eta) h(\kappa) \mid \mathscr{G}] = f(\eta) E[h(\kappa)] \tag{1.30}$$

特别地，如果 $f \equiv 1$，则有 $E[h(\kappa) \mid \mathscr{G}] = E[h(\kappa)]$；而如果 $h \equiv 1$，那么 $E[f(\eta) \mid \mathscr{G}] = f(\eta)$。

(3) 设可积的随机变量 $\xi \in \mathscr{F}$，则 $E[\xi] = E[E[\xi \mid \mathscr{G}]]$。进一步，如果 $\xi \geqslant 0, \text{a.s.}$，则 $E[\xi \mid \mathscr{G}] \geqslant 0, \text{a.s.}$。事实上，根据式(1.28)以及 $G = \Omega \in \mathscr{G}$，那么 $E[\xi] = E[E[\xi \mid \mathscr{G}]]$。应用式(1.28)可得到：对任意 $G \in \mathscr{G}$，$E[\xi \mathbf{1}_G] = E[E[\xi \mid \mathscr{G}] \mathbf{1}_G]$。由于 $\xi \geqslant 0, \text{a.s.}$，则 $\xi \mathbf{1}_G \geqslant 0, \text{a.s.}$，因此，应用例 1.12 可得

$$E[E[\xi \mid \mathscr{G}] \mathbf{1}_G] \geqslant 0, \quad \forall G \in \mathscr{G} \tag{1.31}$$

定义事件 $G_0 := \{\omega \in \Omega; E[\xi \mid \mathscr{G}](\omega) < 0\}$。由于 $E[\xi \mid \mathscr{G}] \in \mathscr{G}$，故 $G_0 \in \mathscr{G}$ 和 $E[\xi \mid \mathscr{G}] \mathbf{1}_{G_0} \leqslant 0, \text{a.s.}$，于是 $E[E[\xi \mid \mathscr{G}] \mathbf{1}_{G_0}] \leqslant 0$，再由式(1.31)可得到 $E[E[\xi \mid \mathscr{G}] \mathbf{1}_{G_0}] \geqslant 0$，因此 $E[E[\xi \mid \mathscr{G}] \mathbf{1}_{G_0}] = 0$。由于 $-E[\xi \mid \mathscr{G}] > 0 \text{ on } G_0$，因此应用例 1.13 可得到 $P(G_0) = 0$，即 $P(E[\xi \mid \mathscr{G}] \geqslant 0) = 1$，也就是 $E[\xi \mid \mathscr{G}] \geqslant 0, \text{a.s.}$。

(4) 设可积随机变量 $\xi, \eta \in \mathscr{F}$，则对任意 $\alpha, \beta \in \mathbb{R}$，$E[\alpha\xi + \beta\eta \mid \mathscr{G}] = \alpha E[\xi \mid \mathscr{G}] + \beta E[\eta \mid \mathscr{G}]$。事实上，定义 $Z_1 := E[\xi \mid \mathscr{G}]$ 和 $Z_2 := E[\eta \mid \mathscr{G}]$，那么，应用定理 1.1，$Z_1, Z_2 \in \mathscr{G}$ 是可积的，因此 $\alpha Z_1 + \beta Z_2 \in \mathscr{G}$ 也是可积的，于是对任意 $G \in \mathscr{G}$，由数学期望的线性化特性可得到：

$$E[(\alpha Z_1 + \beta Z_2)\mathbf{1}_G] = \alpha E[Z_1\mathbf{1}_G] + \beta E[Z_2\mathbf{1}_G] = \alpha E[\xi\mathbf{1}_G] + \beta E[\eta\mathbf{1}_G]$$
$$= E[(\alpha\xi + \beta\eta)\mathbf{1}_G]$$

这意味着 $E[\alpha\xi + \beta\eta \mid \mathscr{G}] = \alpha Z_1 + \beta Z_2 = \alpha E[\xi \mid \mathscr{G}] + \beta E[\eta \mid \mathscr{G}]$。

（5）设可积随机变量 $\xi, \eta \in \mathscr{F}$ 和 $\xi \leqslant \eta$, a.s.，则 $E[\xi \mid \mathscr{G}] \leqslant E[\eta \mid \mathscr{G}]$, a.s.。事实上，由题设知，$\eta - \xi \geqslant 0$, a.s. 和 $\eta - \xi \in \mathscr{F}$ 是可积的，于是，由性质（3）可得到 $E[\eta - \xi \mid \mathscr{G}] \geqslant 0$, a.s.。

（6）设可积随机变量 $\xi \in \mathscr{F}$ 和 $\mathscr{H} \subset \mathscr{G}$ 是一个 σ-代数，那么我们有：

$$E[\xi \mid \mathscr{H}] = E[E[\xi \mid \mathscr{G}] \mid \mathscr{H}] \tag{1.32}$$

人们通常称式（1.32）为条件期望的塔性质（tower property）。事实上，若定义 $Y := E[\xi \mid \mathscr{G}]$ 和 $Z := E[Y \mid \mathscr{H}]$，则 $Y \in \mathscr{G}$ 和 $Z \in \mathscr{H}$ 是可积的。首先，由 $Z = E[Y \mid \mathscr{H}]$ 可得到：对任意 $H \in \mathscr{H}$，$E[Y\mathbf{1}_H] = E[Z\mathbf{1}_H]$。又因为 $\mathscr{H} \subset \mathscr{G}$，故 $H \in \mathscr{G}$。因此，根据 $Y = E[\xi \mid \mathscr{G}]$ 可得到 $E[\xi\mathbf{1}_H] = E[Y\mathbf{1}_H]$，进而可得到 $E[\xi\mathbf{1}_H] = E[Z\mathbf{1}_H]$，$\forall H \in \mathscr{H}$，即 $Z = E[\xi \mid \mathscr{H}]$。

应用上述条件期望的性质，我们可以得到如下平方可积随机变量的一种分解。

例 1.17（线性回归） 设平方可积随机变量 $\xi \in \mathscr{F}$（即 $E[|\xi|^2] < \infty$）和 $\mathscr{G} \subset \mathscr{F}$ 为 σ-代数，那么 ξ 满足如下的分解：

$$\xi = E[\xi \mid \mathscr{G}] + \eta \tag{1.33}$$

其中，随机变量 η 满足：① $E[\eta] = 0$；② 对任意平方可积随机变量 $V \in \mathscr{G}$，$E[\eta V] = 0$。事实上，由于 $\eta = \xi - E[\xi \mid \mathscr{G}]$，故由条件期望的性质（3）可得到 $E[\eta] = E[\xi] - E[\xi] = 0$。进一步，对任意 $G \in \mathscr{G}$，有

$$E[\eta\mathbf{1}_G] = E[(\xi - E[\xi \mid \mathscr{G}])\mathbf{1}_G] = E[\xi\mathbf{1}_G] - E[E[\xi \mid \mathscr{G}]\mathbf{1}_G] = 0$$

因为 $\eta = \eta^+ - \eta^-$，所以

$$E[\eta^+ \mathbf{1}_G] = E[\eta^- \mathbf{1}_G], \quad \forall G \in \mathscr{G} \tag{1.34}$$

式（1.34）意味着：对任意平方可积 $\mathscr{G}$-可测非负简单随机变量 V，满足（必要时应用单调收敛定理）$E[\eta^+ V] = E[\eta^- V]$。此外，存在一列非负平方可积 $\mathscr{G}$-可测简单随机变量 $\{V_n\}_{n=1}^{\infty}$ 使得 $V_n(\omega) \uparrow V(\omega)$, $\forall \omega \in \Omega$。于是，$E[\eta^+ V_n] = E[\eta^- V_n]$, $\forall n \geqslant 1$。那么，应用单调收敛定理可得到 $E[\eta^+ V] = E[\eta^- V]$。对于一般的平方可积随机变量 $V \in \mathscr{G}$，考虑 $V = V^+ - V^-$，因此，对于 V^+ 和 V^-，条件②成立。再由条件期望的线性特性可得到题设中的条件②成立。特别地，取子事件域 $\mathscr{G} = \sigma(\kappa)$，其中 $\kappa \in \mathscr{F}$ 是一个实值随机变量，那么 $E[\xi \mid \mathscr{G}] = E[\xi \mid \sigma(\kappa)] = \varphi(\kappa)$，其中 $\varphi(x) = E[\xi \mid \kappa = x]$（$x \in \mathbb{R}$）是所谓的回归函数。如果回归函数是线性的，即 $\varphi(x) = \alpha x + \beta$, $\alpha, \beta \in \mathbb{R}$，那么式（1.33）可写为

$$\xi = \alpha\kappa + \beta + \eta \tag{1.35}$$

这样，式（1.35）就成了线性回归模型。通常，应用最小二乘法可给出未知参数 α, β 的最小二乘法估计量。

例 1.18 设 N 和 $\{\eta_i\}_{i=1}^{\infty}$ 是概率空间 $(\Omega, \mathscr{F}, P)$ 上的一列随机变量，其中 N 服从参数为 $\lambda > 0$ 的泊松分布，而 $\{\eta_i\}_{i=1}^{\infty}$ 是独立同分布（i.i.d.）的实值可积随机变量列且与 N 独立。定义随机变量 $\xi = \sum_{i=1}^{N} \eta_i$（其中记 $\sum_{i=1}^{0} \cdot = 0$）。下面计算随机变量 ξ 的数学期望。事实上，

应用条件期望的性质(3)可得到：

$$E[\xi] = E\left[E\left[\sum_{i=1}^{N}\eta_i \mid \sigma(N)\right]\right] = E[g(N)] = \sum_{n=0}^{\infty}g(n)P(N=n)$$

这里，$P(N=n) = \dfrac{\lambda^n}{n!}\mathrm{e}^{-\lambda}$，$g(n) = E\left[\sum_{i=1}^{N}\eta_i \mid N=n\right]$，$n=0,1,\cdots$，表示回归函数。下

面计算回归函数 $g(n)$。事实上，我们有：

$$g(n) = E\left[\sum_{i=1}^{N}\eta_i \mid N=n\right] = E\left[\sum_{i=1}^{n}\eta_i \mid N=n\right] = E\left[\sum_{i=1}^{n}\eta_i\right] = nE[\eta_1]$$

这样可得到：

$$E[\xi] = \sum_{n=0}^{\infty}g(n)P(N=n) = \left(\sum_{n=0}^{\infty}nP(N=n)\right)E[\eta_1] = E[N]E[\eta_1]$$

例 1.19　设 $(\Omega,\mathscr{F},P)$ 是一个概率空间，$\mathscr{G}\subset\mathscr{F}$ 是一个子事件域，引入空间 $L^p(\mathscr{G}) = \{\mathrm{r.v.}\ \xi; E[|\xi|^p]<\infty\}$，$\forall p\geqslant 1$。对给定的 $\xi\in L^2(\mathscr{F})$，计算如下优化问题的最小值：

$$m_\xi := \inf_{\eta\in L^2(\mathscr{G})}E[|\xi-\eta|^2] \tag{1.36}$$

对任意 $\eta\in L^2(\mathscr{G})$，考虑计算：

$$\begin{aligned}
E[|\xi-\eta|^2] &= E[|\xi-E[\xi\mid\mathscr{G}]+E[\xi\mid\mathscr{G}]-\eta|^2]\\
&= E[|\xi-E[\xi\mid\mathscr{G}]|^2]+E[|E[\xi\mid\mathscr{G}]-\eta|^2]+\\
&\quad\ 2E[(\xi-E[\xi\mid\mathscr{G}])(E[\xi\mid\mathscr{G}]-\eta)]
\end{aligned} \tag{1.37}$$

对于式(1.37)中的交叉项，设 $\kappa := E[\xi\mid\mathscr{G}]-\eta$，则 $\kappa\in\mathscr{G}$，于是，应用例 1.16 和条件期望的性质(3)可得到：

$$\begin{aligned}
E[(\xi-E[\xi\mid\mathscr{G}])(E[\xi\mid\mathscr{G}]-\eta)] &= E[(\xi-E[\xi\mid\mathscr{G}])\kappa]\\
&= E[E[(\xi-E[\xi\mid\mathscr{G}])\kappa\mid\mathscr{G}]]\\
&= E[\kappa E[(\xi-E[\xi\mid\mathscr{G}])\mid\mathscr{G}]]\\
&= E[\kappa(E[\xi\mid\mathscr{G}]-E[\xi\mid\mathscr{G}])]\\
&= 0
\end{aligned}$$

这样式(1.37)可写为

$$\begin{aligned}
E[|\xi-\eta|^2] &= E[|\xi-E[\xi\mid\mathscr{G}]|^2]+E[|E[\xi\mid\mathscr{G}]-\eta|^2]\\
&\geqslant E[|\xi-E[\xi\mid\mathscr{G}]|^2]
\end{aligned}$$

其中，当 $\eta=E[\xi\mid\mathscr{G}]$ 时，上面不等式中的"等号"成立。这意味着：

$$m_\xi = \inf_{\eta\in L^2(\mathscr{G})}E[|\xi-\eta|^2] = E[|\xi-E[\xi\mid\mathscr{G}]|^2] \tag{1.38}$$

换言之，随机变量 $\xi\in L^2(\mathscr{F})$ 在 $\mathscr{G}$-投影下的 L^2-最优逼近就是该随机变量关于 $\mathscr{G}$ 的条件期望。

1.6　高斯分布

设 ξ 是概率空间 $(\Omega,\mathscr{F},P)$ 上的一个实值随机变量，称 ξ 是服从均值为 $\mu\in\mathbb{R}$、方差为 $\sigma^2>0$ 的高斯分布(或正态分布)，如果其分布函数满足：

$$F_\xi(x) = P(\xi \leqslant x) = \int_{-\infty}^{x} f(y)\,\mathrm{d}y$$

$$= \int_{-\infty}^{x} \frac{1}{\sqrt{2\pi\sigma^2}} \exp\left(-\frac{|y-\mu|^2}{2\sigma^2}\right)\mathrm{d}y, \ \forall x \in \mathbb{R}$$

那么，称 $f(x) = \dfrac{1}{\sqrt{2\pi\sigma^2}} \exp\left(-\dfrac{|x-\mu|^2}{2\sigma^2}\right)$，$\forall x \in \mathbb{R}$，为高斯随机变量 ξ 的概率密度函数，记为 $\xi \sim N(\mu, \sigma^2)$。对于 $\xi \sim N(\mu, \sigma^2)$，其特征函数具有解析的形式：

$$\Phi_\xi(\theta) = E[\mathrm{e}^{\mathrm{i}\theta\xi}] = \mathrm{e}^{\mathrm{i}\mu\theta - \frac{\sigma^2\theta^2}{2}}, \ \forall \theta \in \mathbb{R}$$

下面引入多维高斯分布。假设 $\xi = (\xi_1, \cdots, \xi_n)$ 是概率空间 $(\Omega, \mathscr{F}, P)$ 上的一个 n 维随机变量。

定义 1.8（多维高斯分布）

设向量 $\boldsymbol{\mu} = (\mu_1, \cdots, \mu_n)^{\mathrm{T}} \in \mathbb{R}^n$，$\boldsymbol{C} = (c_{ij})_{i,j=1}^{n}$ 为一个 n 维半正定矩阵，也就是说，对任意向量 $\boldsymbol{\theta} = (\theta_1, \cdots, \theta_n)^{\mathrm{T}} \in \mathbb{R}^n$，$\langle \boldsymbol{\theta}, \boldsymbol{C\theta} \rangle := \sum_{i,j=1}^{n} \theta_i C_{ij} \theta_j \geqslant 0$。我们称 ξ 服从均值向量为 $\boldsymbol{\mu}$、协方差矩阵为 $\boldsymbol{C}$ 的高斯分布，记为 $\xi \sim N(\boldsymbol{\mu}, \boldsymbol{C})$，其特征函数为

$$\Phi_\xi(\boldsymbol{\theta}) = E[\exp(\mathrm{i}\langle \boldsymbol{\theta}, \xi \rangle)] = \exp\left(\mathrm{i}\langle \boldsymbol{\theta}, \boldsymbol{\mu} \rangle - \frac{1}{2}\langle \boldsymbol{\theta}, \boldsymbol{C\theta} \rangle\right), \ \forall \boldsymbol{\theta} \in \mathbb{R}^n \quad \clubsuit$$

如果 $\boldsymbol{C}$ 是可逆的（即 $\boldsymbol{C}$ 是正定的），则称 $\xi \sim N(\boldsymbol{\mu}, \boldsymbol{C})$ 为非退化的。如果 $\boldsymbol{C}$ 是非可逆的，则称 $\xi \sim N(\boldsymbol{\mu}, \boldsymbol{C})$ 为退化的。例如，$\xi = \boldsymbol{\mu}$ 是一个退化的高斯随机变量。若 $\xi \sim N(\boldsymbol{\mu}, \boldsymbol{C})$ 为非退化的，则 ξ 具有如下的概率密度函数：

$$f(x) = \frac{1}{(2\pi)^{n/2}|\boldsymbol{C}|^{1/2}} \mathrm{e}^{-\frac{1}{2}\langle x-\mu, \boldsymbol{C}^{-1}(x-\mu)\rangle}, \ \forall x \in \mathbb{R}^n \tag{1.39}$$

因此，对于 $i, j = 1, \cdots, n$，我们有：

$$\begin{cases} \mu_i = E[\xi_i] \\ c_{ij} = \mathrm{Cov}(\xi_i, \xi_j) = E[(\xi_i - \mu_i)(\xi_j - \mu_j)] \end{cases}$$

显然，从定义 1.8 中可以看到：对于任意高斯分布，其具体的分布形式只由其均值向量和协方差矩阵来决定。在定义 1.8 中，高斯分布是通过特征函数来定义的。采用特征函数的好处是并不需要协方差矩阵是否可逆的信息。在此定义方式下，常数向量 $\xi = \boldsymbol{\mu} \in \mathbb{R}^n$ 也可以被称为一个（退化）高斯随机变量。这样的好处是所有（退化和非退化）高斯随机变量所形成的集合在 L^2-意义下是闭的。

命题 1.1（高斯随机变量集的闭性）

设 $\{\xi_k\}_{k=1}^{\infty}$ 是一列 n-维高斯随机变量，即 $\xi_k \sim N(\mu_k, C_k)$，$\forall k \geqslant 1$。如果存在一个 n 维平方可积随机变量 ξ 满足 $\lim_{k \to \infty} E[|\xi_k - \xi|^2] \mapsto 0$，那么 $\xi \sim N(\boldsymbol{\mu}, \boldsymbol{C})$，其中 $\boldsymbol{\mu} = \lim_{k \to \infty} \mu_k$ 和 $\boldsymbol{C} = \lim_{k \to \infty} C_k$。 $\quad \clubsuit$

证明　对任意 $i,j=1,\cdots,n$，应用 Cauchy-Schwarz 不等式可得到：

$$E\left[\,|\,\xi_k^{(i)}\xi_k^{(j)}-\xi^{(i)}\xi^{(j)}\,|\,\right]\leqslant E\left[\,|\,\xi^{(i)}(\xi_k^{(j)}-\xi^{(j)})\,|\,\right]+E\left[\,|\,\xi^{(j)}(\xi_k^{(i)}-\xi^{(i)})\,|\,\right]+$$
$$E\left[\,|\,\xi_k^{(i)}-\xi^{(i)}\,|\,|\,\xi_k^{(j)}-\xi^{(j)}\,|\,\right]$$
$$\leqslant\sqrt{E\left[\,|\,\xi^{(i)}\,|^2\,\right]E\left[\,|\,\xi_k^{(j)}-\xi^{(j)}\,|^2\,\right]}+$$
$$\sqrt{E\left[\,|\,\xi^{(j)}\,|^2\,\right]E\left[\,|\,\xi_k^{(i)}-\xi^{(i)}\,|^2\,\right]}+$$
$$\sqrt{E\left[\,|\,\xi_k^{(i)}-\xi^{(i)}\,|^2\,\right]E\left[\,|\,\xi_k^{(j)}-\xi^{(j)}\,|^2\,\right]}$$

由题设的收敛条件可得到 $\xi_k^{(i)}\xi_k^{(j)}\overset{L^1}{\longmapsto}\xi^{(i)}\xi^{(j)}$，$k\longmapsto\infty$，于是 $E\left[\xi_k^{(i)}\xi_k^{(j)}\right]\longmapsto E\left[\xi^{(i)}\xi^{(j)}\right]$，$E\left[\xi_k^{(i)}\right]\longmapsto E\left[\xi^{(i)}\right]$，$k\longmapsto\infty$。因此，当 $k\longmapsto\infty$ 时，$\mu_k^{(i)}\longmapsto\mu^{(i)}$ 且

$$C_k^{(i,j)}=E\left[\xi_k^{(i)}\xi_k^{(j)}\right]-E\left[\xi_k^{(i)}\right]E\left[\xi_k^{(j)}\right]\longmapsto E\left[\xi^{(i)}\xi^{(j)}\right]-E\left[\xi^{(i)}\right]E\left[\xi^{(j)}\right]$$
$$=C^{(i,j)},\ \forall i,j=1,\cdots,n$$

下面证明 ξ 服从高斯分布。事实上，根据 $\xi_k^{(i)}\xi_k^{(j)}\overset{L^1}{\longmapsto}\xi^{(i)}\xi^{(j)}$，$k\longmapsto\infty$，可以得到：对任意 $\theta\in\mathbb{R}^n$，$\langle\theta,\xi_k\rangle\overset{P}{\longmapsto}\langle\theta,\xi\rangle$，$k\longmapsto\infty$，于是特征函数 $\Phi_{\xi_k}(\theta)\longmapsto\Phi_\xi(\theta)$，$\forall\theta\in\mathbb{R}^n$，$k\longmapsto\infty$。由于 $\xi_k\sim N(\mu_k,C_k)$，因此 $\Phi_{\xi_k}(\theta)=\mathrm{e}^{\mathrm{i}\langle\theta,\mu_k\rangle-\frac{1}{2}\langle\theta,C_k\theta\rangle}$。再由上面已证得的 $\mu_k^{(i)}\longmapsto\mu^{(i)}$ 和 $C_k^{(i,j)}\longmapsto C^{(i,j)}$，$k\longmapsto\infty$ 可知，$\Phi_\xi(\theta)=\mathrm{e}^{\mathrm{i}\langle\theta,\mu\rangle-\frac{1}{2}\langle\theta,C\theta\rangle}$，即 $\xi\sim N(\mu,C)$。这样，我们就完成了该命题的证明。　　　　　　$\square$

下面的例子给出了多维高斯分布仿射变换后的正态性。

例 1.20(高斯分布的仿射变换)　设 n-维高斯随机变量 $\xi\sim N(\boldsymbol{\mu},\boldsymbol{C})$，对于给定的矩阵 $\boldsymbol{A}\in\mathbb{R}^{m\times n}$ 和常数向量 $\boldsymbol{b}\in\mathbb{R}^m$，我们有

$$\boldsymbol{A}\xi+\boldsymbol{b}\sim N(\boldsymbol{A\mu}+\boldsymbol{b},\boldsymbol{ACA}^\mathrm{T})\tag{1.40}$$

事实上，设 $\boldsymbol{\eta}=\boldsymbol{A}\xi+\boldsymbol{b}$，那么 $\boldsymbol{\eta}$ 的特征函数为

$$\Phi_{\boldsymbol{\eta}}(\boldsymbol{\theta})=E\left[\mathrm{e}^{\mathrm{i}\langle\boldsymbol{\theta},\boldsymbol{\eta}\rangle}\right]=E\left[\mathrm{e}^{\mathrm{i}\langle\boldsymbol{\theta},\boldsymbol{A}\xi+\boldsymbol{b}\rangle}\right]=\mathrm{e}^{\mathrm{i}\langle\boldsymbol{\theta},\boldsymbol{b}\rangle}E\left[\mathrm{e}^{\mathrm{i}\langle\boldsymbol{\theta},\boldsymbol{A}\xi\rangle}\right]$$
$$=\mathrm{e}^{\mathrm{i}\langle\boldsymbol{\theta},\boldsymbol{b}\rangle}\mathrm{e}^{\mathrm{i}\langle\boldsymbol{\theta},\boldsymbol{A\mu}\rangle-\frac{1}{2}\langle\boldsymbol{\theta},\boldsymbol{ACA}^\mathrm{T}\boldsymbol{\theta}\rangle}$$
$$=\mathrm{e}^{\mathrm{i}\langle\boldsymbol{\theta},\boldsymbol{A\mu}+\boldsymbol{b}\rangle-\frac{1}{2}\langle\boldsymbol{\theta},\boldsymbol{ACA}^\mathrm{T}\boldsymbol{\theta}\rangle}$$

于是，式(1.40)可由定义 1.8 得到。

1.7　随机变量列的收敛

本节将回顾随机变量列的四种概率收敛，为此设 $\{\xi_n\}_{n=1}^\infty$ 和 ξ 为定义在同一概率空间 $(\Omega,\mathscr{F},P)$ 上的一列实值随机变量。我们首先引入随机变量列的第一个概率收敛——几乎处处收敛(almost surely, a.s.)。

定义 1.9(几乎处处收敛)

如果 $P\left(\lim\limits_{n\to\infty}\xi_n=\xi\right)=1$，则称随机变量列 $\{\xi_n\}_{n=1}^\infty$ 几乎处处收敛到随机变量 ξ。

我们记这种收敛为 $\xi_n\overset{\mathrm{a.s.}}{\longmapsto}\xi$，$n\longmapsto\infty$。　　　　♣

为了进一步刻画几乎处处收敛这种概率收敛，我们先回顾这样一个事实：实数列 $x_n \mapsto x$，$n \mapsto \infty$，当且仅当

$$\forall m \in \mathbb{N}, \exists N \in \mathbb{N}, \forall n \geqslant N: |x_n - x| \leqslant m^{-1}$$

于是根据定义 1.9，有如下等价关系成立：

$$\xi_n \overset{\text{a.s.}}{\mapsto} \xi, n \mapsto \infty \Leftrightarrow P\left(\varlimsup_{n \mapsto \infty} \{|\xi_n - \xi| > m^{-1}\}\right) = 0, \forall m \in \mathbb{N} \tag{1.41}$$

这里对于一列事件 $\{A_n\}_{n=1}^{\infty} \subset \mathscr{F}$，该列事件的上极限和下极限定义如下：

$$\varlimsup_{n \mapsto \infty} A_n := \bigcap_{m=1}^{\infty} \bigcup_{n=m}^{\infty} A_n \in \mathscr{F}, \varliminf_{n \mapsto \infty} A_n := \bigcup_{m=1}^{\infty} \bigcap_{n=m}^{\infty} A_n \in \mathscr{F} \tag{1.42}$$

显然，$\varliminf_{n \mapsto \infty} A_n \subset \varlimsup_{n \mapsto \infty} A_n$ 和 $\varlimsup_{n \mapsto \infty} A_n^c := (\varliminf_{n \mapsto \infty} A_n)^c$。人们之所以将事件列的上下极限定义为式(1.42)，是因为如下关系式成立：

$$\mathbf{1}_{\varliminf_{n \mapsto \infty} A_n}(\omega) = \varliminf_{n \mapsto \infty} \mathbf{1}_{A_n}(\omega)$$

$$\mathbf{1}_{\varlimsup_{n \mapsto \infty} A_n}(\omega) = \varlimsup_{n \mapsto \infty} \mathbf{1}_{A_n}(\omega)$$

基于式(1.41)，随机变量列的几乎处处收敛还有另外一种等价刻画。

定理 1.2(几乎处处收敛的等价刻画)

$$\xi_n \overset{\text{a.s.}}{\mapsto} \xi, n \mapsto \infty \Leftrightarrow P\left(\varlimsup_{n \mapsto \infty} \{|\xi_n - \xi| > \varepsilon\}\right) = 0, \forall \varepsilon > 0 \qquad \clubsuit$$

例 1.21 应用定理 1.2 和 Borel-Cantelli 引理，则有：

$$\sum_{n=1}^{\infty} P(|\xi_n - \xi| > \varepsilon) < +\infty, \forall \varepsilon > 0 \Rightarrow \xi_n \overset{\text{a.s.}}{\mapsto} \xi, n \mapsto \infty$$

如果一个无穷级数 $\sum_{n=1}^{\infty} x_n$ 收敛，那么 $\lim_{n \mapsto \infty} x_n = 0$。于是，令 $x_n = P(|\xi_n - \xi| > \varepsilon)$，则 $\sum_{n=1}^{\infty} x_n$ 收敛，这意味着 $\lim_{n \mapsto \infty} P(|\xi_n - \xi| > \varepsilon) = 0$，此即下面要引入的随机变量列的依概率收敛。

定义 1.10(依概率收敛)

如果对任意 $\varepsilon > 0$，$\lim_{n \mapsto \infty} P(|\xi_n - \xi| > \varepsilon) = 0$，则称 $\{\xi_n\}_{n=1}^{\infty}$ 依概率收敛到 ξ，记为 $\xi_n \overset{P}{\mapsto} \xi, n \mapsto \infty$。 $\qquad \clubsuit$

应用 Fatou 引理，下面的定理证明了几乎处处收敛暗含着依概率收敛：

定理 1.3(几乎处处收敛⇒依概率收敛)

$$\xi_n \overset{\text{a.s.}}{\mapsto} \xi, n \mapsto \infty \Rightarrow \xi_n \overset{P}{\mapsto} \xi, n \mapsto \infty \qquad \clubsuit$$

定理 1.3 的逆命题并不成立。事实上，$\xi_n \overset{P}{\mapsto} \xi, n \mapsto \infty$ 当且仅当对任意 $\{\xi_n\}_{n=1}^{\infty}$ 的子列都包含一个几乎处处收敛到 ξ 的子列。根据例 1.21 和定理 1.3，我们有：

$$\sum_{n=1}^{\infty} P(|\xi_n - \xi| > \varepsilon) < +\infty, \forall \varepsilon > 0 \Rightarrow \xi_n \overset{\text{a.s.}}{\mapsto} \xi, n \mapsto \infty \Rightarrow \xi_n \overset{P}{\mapsto} \xi, n \mapsto \infty \tag{1.43}$$

下面引入随机变量列的第三种概率收敛，即 L^p-收敛。

定义 1.11(L^p-收敛)

设 $p \geqslant 1$，如果收敛关系 $\lim\limits_{n \to \infty} E[|\xi_n - \xi|^p] = 0$ 成立，则称随机变量列 $\{\xi_n\}_{n=1}^{\infty}$ $\subset L^p(\mathscr{F})$ 在 L^p 意义下收敛到随机变量 $\xi \in L^p(\mathscr{F})$，记为 $\xi_n \xrightarrow{L^p} \xi$，$n \mapsto \infty$。特别地，对于 $p = 2$，则称 $\xi_n \xrightarrow{L^2} \xi$，$n \mapsto \infty$ 为均方收敛。 ♣

上面的 L^p-收敛暗含着依概率收敛。事实上，设 $\xi_n \xrightarrow{L^p} \xi$，$n \mapsto \infty$，应用 Markov 不等式可得到：对任意 $\varepsilon > 0$，

$$0 \leqslant P(|\xi_n - \xi| > \varepsilon) \leqslant \frac{E[|\xi_n - \xi|^p]}{\varepsilon^p} \mapsto 0, \ n \mapsto \infty$$

于是 $P(|\xi_n - \xi| > \varepsilon) \mapsto 0$，$n \mapsto \infty$，即 $\xi_n \xrightarrow{P} \xi$，$n \mapsto \infty$。另外，$L^p$ 收敛还意味着 p-阶矩的收敛，也就是说：设 $p \geqslant 1$ 和 $\xi_n \xrightarrow{L^p} \xi$，$n \mapsto \infty$，那么 $E[|\xi_n|^p] \mapsto E[|\xi|^p]$ 或 $E[\xi_n^p] \mapsto E[\xi^p]$，$n \mapsto \infty$。事实上，应用 Minkovski 不等式可得到：

$$\{E[|\xi_n|^p]\}^{\frac{1}{p}} = \{E[|\xi_n - \xi + \xi|^p]\}^{\frac{1}{p}} \leqslant \{E[|\xi_n - \xi|^p]\}^{\frac{1}{p}} + \{E[|\xi|^p]\}^{\frac{1}{p}}$$

由于 $\{E[|\xi_n - \xi|^p]\}^{\frac{1}{p}} \mapsto 0$，$n \mapsto \infty$，故 $\{E[|\xi_n|^p]\}^{\frac{1}{p}} \mapsto \{E[|\xi|^p]\}^{\frac{1}{p}}$，$n \mapsto \infty$，因此 $E[|\xi_n|^p] \mapsto E[|\xi|^p]$，$n \mapsto \infty$。

例 1.22　设 $\xi_n \xrightarrow{P} \xi$，$n \mapsto \infty$，存在一个非负随机变量 $\eta \in L^p(\mathscr{F})$ 满足如下条件：

$$|\xi_n| \leqslant \eta, \ \text{a. s.}, \ \forall n \geqslant 1 \tag{1.44}$$

那么 $\xi_n \xrightarrow{L^p} \xi$，$n \mapsto \infty$。事实上，根据本章习题 23，已知 $|\xi| \leqslant \eta$，a. s.，不失一般性，让我们假设 $\xi \equiv 0$，于是

$$E[|\xi_n|^p] = E[|\xi_n|^p \mathbf{1}_{|\xi_n| \leqslant \varepsilon}] + E[|\xi_n|^p \mathbf{1}_{|\xi_n| > \varepsilon}]$$
$$\leqslant \varepsilon^p P(|\xi_n| \leqslant \varepsilon) + E[\eta^p \mathbf{1}_{|\xi_n| > \varepsilon}]$$
$$\leqslant \varepsilon^p + E[\eta^p \mathbf{1}_{|\xi_n| > \varepsilon}]$$

由于 $\xi_n \xrightarrow{P} 0$，$n \mapsto \infty$，因此对任意 $\varepsilon > 0$，有 $P(|\xi_n| > \varepsilon) \mapsto 0$，$n \mapsto \infty$。于是，由数学期望的性质可得到 $E[\eta^p \mathbf{1}_{|\xi_n| > \varepsilon}] \mapsto 0$，$n \mapsto \infty$。再令 $\varepsilon \mapsto 0$，又可得到 $\lim\limits_{n \to \infty} E[|\xi_n|^p] = 0$。

下面引入随机变量列依分布收敛的概念。

定义 1.12(依分布收敛)

设 $\{\xi_n\}_{n=1}^{\infty}$ 和 ξ 是一列实值随机变量，$\{F_n(x)\}_{n=1}^{\infty}$ 和 $F(x)$ 为相应的分布函数。定义如下集合：

$$C_F := \{x \in \mathbb{R}; x \text{ 为 } F \text{ 的连续点}\} \tag{1.45}$$

如果 F_n 在 C_F 上逐点收敛到 F，也就是说，$\lim\limits_{n \to \infty} F_n(x) = F(x)$，$\forall x \in C_F$，则称 ξ_n 依分布收敛于 ξ，记为 $\xi_n \xrightarrow{d} \xi$ 或 $F_n \Rightarrow F$，$n \mapsto \infty$。 ♣

这里需要强调的是依分布收敛并非分布函数在整个实数域上的逐点收敛。具体可参考如下的例子。

例 1.23 对任意 $n \in \mathbb{N}$，定义 $F_n(x) = \dfrac{e^{nx}}{1 + e^{nx}}$，$\forall x \in \mathbb{R}$，那么不难验证 $\{F_n\}_{n=1}^{\infty}$ 是一列分布函数。进一步，当 $n \mapsto \infty$ 时，我们有：

$$F_n(x) \mapsto F(x) := \mathbf{1}_{x \geqslant 0}, \ \forall x \in C_F \tag{1.46}$$

显然，$F(x) := \mathbf{1}_{x \geqslant 0}$，$x \in \mathbb{R}$ 是常数 0 的分布函数。然而，F_n 在实数域上的逐点收敛极限为：当 $n \mapsto \infty$，有

$$F_n(x) \mapsto \widetilde{F}(x) = \mathbf{1}_{x > 0} + \frac{1}{2} \mathbf{1}_{x=0}, \ \forall x \in \mathbb{R}$$

但是 $\widetilde{F}(x)$，$x \in \mathbb{R}$ 并不是一个分布函数，这是因为其在 $x = 0$ 处并不是右连续的。不过，式(1.46)已经足以说明 $F_n \Rightarrow F$，$n \mapsto \infty$。

下面的定理给出了依概率收敛与依分布收敛之间的关系，其证明可参考文献[10]：

定理 1.4(依概率收敛与依分布收敛的关系)

设 $\{\xi_n\}_{n=1}^{\infty}$ 与 ξ 为概率空间 $(\Omega, \mathscr{F}, P)$ 上的一列实值随机变量。如果 $\xi_n \overset{P}{\mapsto} \xi$，$n \mapsto \infty$，则 $\xi_n \overset{d}{\mapsto} \xi$，$n \mapsto \infty$；如果 $\xi \equiv c \in \mathbb{R}$，则 $\xi_n \overset{P}{\mapsto} \xi$，$n \mapsto \infty$ 当且仅当 $\xi_n \overset{d}{\mapsto} \xi$，$n \mapsto \infty$。 ♣

1.8 一致可积

本节将介绍随机变量列(族)一致可积的概念。为了说明随机变量列的一致可积性在随机变量列收敛中所扮演的角色，让我们先回顾一下例 1.22 中的结论：如果一列有界的实值随机变量 $\{\xi_n\}_{n=1}^{\infty}$ 依概率收敛到某个随机变量 ξ，那么 $E[\xi_n] \mapsto E[\xi]$，$n \mapsto \infty$。然而，为了得到一阶矩的收敛，其随机变量的有界性条件实际上可以被减弱为所谓的一致可积条件。下面解释具体原因，为此要先引入随机变量列一致可积性的定义。

定义 1.13(一致可积)

设 $\{\xi_n\}_{n=1}^{\infty}$ 是概率空间 $(\Omega, \mathscr{F}, P)$ 上的一列实值随机变量，如果其满足如下条件：

$$\lim_{M \mapsto \infty} \sup_{n \geqslant 1} E\left[|\xi_n| \mathbf{1}_{|\xi_n| > M}\right] = 0 \tag{1.47}$$

那么称随机变量列 $\{\xi_n\}_{n=1}^{\infty}$ 是一致可积的。 ♣

显然，一致可积的定义 1.13 也可以拓展到随机变量族的情况。事实上，设 $\{\xi_\alpha\}_{\alpha \in I}$ 为概率空间 $(\Omega, \mathscr{F}, P)$ 上的一族随机变量，其中 I 是索引集合，其可以是不可数的，如果其满足 $\lim\limits_{M \mapsto \infty} \sup\limits_{\alpha \in I} E\left[|\xi_\alpha| \mathbf{1}_{|\xi_\alpha| > M}\right] = 0$，则称随机变量族 $\{\xi_\alpha\}_{\alpha \in I}$ 是一致可积的。

例 1.24 有界的随机变量列是一致可积的，也就是说，如果 $|\xi_n| \leqslant \eta$，a.s.，其中 η 是一个可积的随机变量，那么 $\{\xi_n\}_{n=1}^{\infty}$ 是一致可积的。事实上，对任意 $M > 0$，我们有

$\sup\limits_{n\geqslant 1}E\big[\,|\,\xi_n\,|\,\mathbf{1}_{|\,\xi_n\,|>M}\big]\leqslant E\big[\,\eta\mathbf{1}_{\eta>M}\big]$。　由于 η 是非负可积的，因此根据单调收敛定理可得到 $E\big[\,\eta\mathbf{1}_{\eta>M}\big]\mapsto 0,M\mapsto\infty$，即可证得式(1.47)。因此，具有有限个元素的可积随机变量列一定是一致可积的。事实上，设 $\{\xi_k\}_{k=1}^n$ 为 n 个可积随机变量，那么 $|\,\xi_n\,|\leqslant\eta=\sum\limits_{k=1}^n|\,\xi_i\,|$ 且 η 是可积的，故 $\{\xi_k\}_{k=1}^n$ 是一致可积的。

下面的引理给出了随机变量列一致可积的一个等价定义，其证明过程将留作本章习题。

引理 1.1(一致可积的等价定义)

设 $\{\xi_n\}_{n=1}^\infty$ 是概率空间 $(\Omega,\mathscr{F},P)$ 上的一列实值随机变量，当且仅当如下条件成立时其是一致可积的：

(1) $\{\xi_n\}_{n=1}^\infty$ 为一致 L^1-有界的，也就是说，$\sup\limits_{n\geqslant 1}E\big[\,|\,\xi_n\,|\,\big]<\infty$；

(2) 对任意 $\varepsilon>0$，存在常数 $\delta=\delta(\varepsilon)>0$，使得对任意 $A\in\mathscr{F},P(A)<\delta\Rightarrow$ $\sup\limits_{n\geqslant 1}E\big[\,|\,\xi_n\,|\,\mathbf{1}_A\big]<\varepsilon$。　♣

下面将引入判别一致可积的一个充分必要条件。为此，我们首先定义一致可积测试函数。

定义 1.14(一致可积测试函数)

设 $\phi:(0,\infty)\mapsto(0,\infty)$ 是一个满足如下条件的可测函数：

$$\lim_{x\to\infty}\frac{\phi(x)}{x}=+\infty \tag{1.48}$$

则称 ϕ 是一致可积测试函数。　♣

根据式(1.48)可知，一致可积测试函数实际上就是一个超线性(superlinear)函数。经典的一致可积测试函数为：对任意 $\varepsilon>0,\phi(x)=x^{1+\varepsilon},\forall x>0$。下面我们通过该函数说明在一定条件下如何用一致可积测试函数来判别随机变量族的一致可积性。事实上，根据一致可积的定义 1.13，为了验证随机变量族 $\{\xi_\alpha\}_{\alpha\in I}$ 的一致可积性，注意到：对任意 $M>0$ 和 $\varepsilon>0$，有

$$\sup_{\alpha\in I}E\big[\,|\,\xi_\alpha\,|\,\mathbf{1}_{|\,\xi_\alpha\,|>M}\big]\leqslant\sup_{\alpha\in I}E\bigg[\,|\,\xi_\alpha\,|\,\mathbf{1}_{|\,\xi_\alpha\,|>M}\frac{|\,\xi_\alpha\,|^\varepsilon}{M^\varepsilon}\bigg]$$

$$=\frac{1}{M^\varepsilon}\sup_{\alpha\in I}E\big[\,|\,\xi_\alpha\,|^{1+\varepsilon}\mathbf{1}_{|\,\xi_\alpha\,|>M}\big]$$

$$\leqslant\frac{1}{M^\varepsilon}\sup_{\alpha\in I}E\big[\,|\,\xi_\alpha\,|^{1+\varepsilon}\big]$$

于是，我们假设一致可积测试函数 $\phi(x)=x^{1+\varepsilon},\forall x>0$，满足 $\sup\limits_{\alpha\in I}E\big[\phi(|\,\xi_\alpha\,|)\big]<\infty$，那么 $\{\xi_\alpha\}_{\alpha\in I}$ 是一致可积的。因此，可得出判别一致可积的一个简单结论：设 $p>1$，如果随机变量族 $\{\xi_\alpha\}_{\alpha\in I}$ 是一致 L^p-有界的，即 $\sup\limits_{\alpha\in I}E\big[\,|\,\xi_\alpha\,|^p\big]<+\infty$，则 $\{\xi_\alpha\}_{\alpha\in I}$ 是一致可积的。事实上，等价判别一致可积的条件如下：

定理 1.5(一致可积的等价判别)

> 设 $\{\xi_a\}_{a \in I}$ 是概率空间 $(\Omega, \mathscr{F}, P)$ 上的一族随机变量,当且仅当存在一个一致可积测试函数 ϕ 使得 $\sup\limits_{a \in I} E[\phi(|\xi_a|)] < +\infty$ 时,$\{\xi_a\}_{a \in I}$ 是一致可积的。如果 $\{\xi_a\}_{a \in I}$ 是一致可积的,则可以找到一个单增且凸的一致可积测试函数 ϕ 使得 $\sup\limits_{a \in I} E[\phi(|\xi_a|)] < +\infty$ 成立。 ♣

通常也称由定理 1.5 给出的等价一致可积判别为 de la Vallee-Poussin 判别准则。

例 1.25 设 ξ 是概率空间 $(\Omega, \mathscr{F}, P)$ 上的可积实值随机变量,$\mathbb{C}$ 为包含某些子事件域的非空集合,那么随机变量族 $\{E[\xi \mid \mathscr{G}]\}_{\mathscr{G} \in \mathbb{C}}$ 是一致可积的。事实上,由于任意可积的随机变量都是一致可积的,因此由定理 1.5 有:存在一个单增、凸的一致可积测试函数 ϕ 满足 $E[\phi(|\xi|)] < +\infty$。于是,由 Jensen 不等式可得到:

$$\sup_{\mathscr{G} \in \mathbb{C}} E[\phi(|E[\xi \mid \mathscr{G}]|)] \leqslant \sup_{\mathscr{G} \in \mathbb{C}} E[E[\phi(|\xi|) \mid G]] = \sup_{G \in \mathbb{C}} E[\phi(|\xi|)]$$
$$= E[\phi(|\xi|)] < +\infty$$

因此,再由定理 1.5 可证得 $\{E[\xi \mid \mathscr{G}]\}_{\mathscr{G} \in \mathbb{C}}$ 是一致可积的。

最后给出本节的主要结论——Vitali 收敛定理,其证明参见文献[1]。

定理 1.6(Vitali 收敛定理)

> 设 $p \geqslant 1$,$\{\xi_n\}_{n=1}^{\infty}$ 和 ξ 是概率空间 $(\Omega, \mathscr{F}, P)$ 上的一列实值随机变量且满足 $\xi_n \in L^p(\mathscr{F})$,如果 $\xi_n \xrightarrow{P} \xi$,$n \mapsto \infty$,那么有如下等价条件:
>
> (1) 随机变量列 $\{|\xi_n|^p\}_{n=1}^{\infty}$ 是一致可积的;
>
> (2) $\xi_n \xrightarrow{L^p} \xi$,$n \mapsto \infty$;
>
> (3) $E[|\xi_n|^p] \mapsto E[|\xi|^p]$,$n \mapsto \infty$,其中 $\xi \in L^p(\mathscr{F})$。 ♣

1.9 概率测度的弱收敛

概率测度的弱收敛与随机变量列的依分布收敛具有紧密的联系。由定义 1.12 所定义的依分布收敛针对的是实值随机变量,因此该定义是采用分布函数在极限随机变量分布函数的连续点集上的逐点收敛来定义依分布收敛的。然而,如果随机变量的取值并不是实数域,而是更一般的空间,那么我们并不能用分布函数来刻画随机变量的分布,取而代之的是用所谓的分布,也就是式(1.13),此时的分布成为概率测度。事实上,一般空间值随机变量的依分布收敛就可以定义为其相应分布(作为概率测度)的弱收敛。

首先定义概率测度弱收敛。设 S 为一个拓扑空间,$C_b(S)$ 表示定义在 S 上的所有有界实值连续函数的全体,$\mathscr{P}(S)$ 为 S 上的概率测度的全体。对任意 $f \in C_b(S)$ 和 $\mu \in \mathscr{P}(S)$,定义 $\mu(f) = \int_S f \mathrm{d}\mu$,则有:

定义 1.15（概率测度列的弱收敛）

> 设 $\{\mu_n\}_{n=1}^{\infty} \subset \mathscr{P}(S)$ 和 $\mu \in \mathscr{P}(S)$，如果对任意 $f \in C_b(S)$ 满足极限等式 $\lim\limits_{n \to \infty}\mu_n(f) = \mu(f)$，则称概率测度列 $\{\mu_n\}_{n=1}^{\infty}$ 弱收敛到概率测度 μ，记为 $\mu_n \Rightarrow \mu$，$n \mapsto \infty$。 ♣

　　设 $\{\xi_n\}_{n=1}^{\infty}$ 和 ξ 是概率空间 $(\Omega, \mathscr{F}, P)$ 上的一列 S-值随机变量，P_{ξ_n} 和 P_{ξ} 分别表示随机变量 ξ_n 和 ξ 的分布（参见式(1.13)），那么根据定义 1.15 和变量变换公式（参见本章习题 21），我们有：当且仅当 $E[f(\xi_n)] \mapsto E[f(\xi)]$，$n \mapsto \infty$，$\forall f \in C_b(S)$ 时，$P_{\xi_n} \Rightarrow P_{\xi}$，$n \mapsto \infty$。

　　例 1.26（Dirac 测度的弱收敛）　设 $S = \mathbb{R}$，$\{x_n\}_{n=1}^{\infty} \subset S$ 和 $x^* \in S$，那么，对于 $\xi_n = x_n$，$\forall n \geqslant 1$ 和 $\xi \equiv x^*$，确定性随机变量 ξ_n 和 ξ 的分布分别为 $P_{\xi_n} = \delta_{x_n}$ 和 $P_{\xi} = \delta_{x^*}$。根据定义 1.15，$\delta_{x_n} \Rightarrow \delta_{x^*}$，$n \mapsto \infty \Leftrightarrow f(x_n) \mapsto f(x^*)$，$n \mapsto \infty$，$\forall f \in C_b(\mathbb{R})$。于是，如果 $\lim\limits_{n \to \infty} x_n = x^*$，则对任意 $f \in C_b(\mathbb{R})$，我们有 $\mu_n(f) = f(x_n) \mapsto f(x^*) = \mu(f)$，$n \mapsto \infty$。于是 $\delta_{x_n} \Rightarrow \delta_{x^*}$，$n \mapsto \infty$。

　　下面的结果说明：实值随机变量列的依分布收敛等价于其相应分布列的弱收敛。

定理 1.7（依分布收敛与概率测度弱收敛的等价性）

> 设 $\{\xi_n\}_{n=1}^{\infty}$ 和 ξ 为定义在概率空间 $(\Omega, \mathscr{F}, P)$ 上的一列实值随机变量，那么
>
> 当且仅当 $P_{\xi_n} \Rightarrow P_{\xi}$，$n \mapsto \infty$ 时，$\xi_n \xrightarrow{d} \xi$，$n \mapsto \infty$
>
> 其中，P_{ξ_n} 和 P_{ξ} 分别表示随机变量 ξ_n 和 ξ 的分布（视为 $P(\mathbb{R})$ 中的元素）。 ♣

　　定理 1.7 说明：当状态空间 $S = \mathbb{R}$ 时，随机变量列的依分布收敛是等价于其相应分布列（视为 $P(\mathbb{R})$ 中的元素）的弱收敛。于是，我们可以将非实值随机变量列的依分布收敛定义为其对应分布的弱收敛。

定义 1.16（非实值随机变量的依分布收敛）

> 设 $\{\xi_n\}_{n=1}^{\infty}$ 和 ξ 是概率空间 $(\Omega, \mathscr{F}, P)$ 上的 S 值随机变量。如果 $P_{\xi_n} \Rightarrow P_{\xi}$，$n \mapsto \infty$，则称随机变量 ξ_n 依分布收敛到 ξ，记为 $\xi_n \xrightarrow{d} \xi$，$n \mapsto \infty$。 ♣

　　根据定义 1.16，考虑如下的依分布收敛问题。设 $\{\xi_n\}_{n=1}^{\infty}$，$\{\eta_n\}_{n=1}^{\infty}$ 和 ξ 为定义在概率空间 $(\Omega, \mathscr{F}, P)$ 上的实值随机变量，设 $\xi_n \xrightarrow{d} \xi$ 和 $\eta_n \xrightarrow{d} C \in \mathbb{R}$，$n \mapsto \infty$，则 $(X_n, Y_n) \xrightarrow{d} (X, C)$，$n \mapsto \infty$。该结论被称为 Slutzky 定理。事实上，设实值函数 $f \in C_b(\mathbb{R}^2)$，定义 $g(x) := f(x, C)$，$\forall x \in \mathbb{R}$，因此 $g \in C_b(\mathbb{R})$。由于 $\xi_n \xrightarrow{d} \xi$，$n \mapsto \infty$，因此 $E[g(\xi_n)] \mapsto E[g(\xi)]$，$n \mapsto \infty$。这等价于 $E[f(\xi_n, C)] \mapsto E[f(\xi, C)]$，$n \mapsto \infty$。再根据定义 1.16 可得到：

$$(X_n, C) \xrightarrow{d} (X, C), \quad n \mapsto \infty \tag{1.49}$$

　　由于 $\eta_n \xrightarrow{d} C$，$n \mapsto \infty$，因此 $\eta_n \xrightarrow{P} C$，$n \mapsto \infty$，那么 $|\eta_n - C| \xrightarrow{P} 0$，$n \mapsto \infty$。由于

$|(\xi_n, \eta_n) - (\xi_n, C)| = |\eta_n - C|$，因此 $|(\xi_n, \eta_n) - (\xi_n, C)| \xrightarrow{P} 0, n \mapsto \infty$。应用本章习题 22 可得到 $(\xi_n, \eta_n) \xrightarrow{d} (\xi, C), n \mapsto \infty$。利用连续映射定理（参见文献[8]），取 $\mathbb{R}^2$ 上的连续函数 $g(x, y) = x + y, xy, x/y$，则当 $n \mapsto \infty$ 时，有

$$\xi_n + \eta_n \xrightarrow{d} \xi + C, \quad \xi_n \eta_n \xrightarrow{d} C\xi, \quad \xi_n \backslash \eta_n \xrightarrow{d} \xi \backslash C, \quad C \neq 0$$

下面的例子是 Slutzky 定理的一个应用。

例 1.27 设 $\{\xi_n\}_{n=1}^{\infty}$ 是概率空间 $(\Omega, \mathscr{F}, P)$ 上的一列独立同分布随机变量列且 $\mu = E[\xi_1] \in \mathbb{R}$ 和 $\sigma^2 = \mathrm{Var}(\xi_1) > 0$，于是 $\hat{\sigma}_n^2 = \dfrac{1}{n} \sum\limits_{i=1}^{n} (\xi_i - \bar{\xi}_n)^2 \xrightarrow{P} \sigma^2, n \mapsto \infty$，那么根据连续映射定理可得到 $\sqrt{\dfrac{\hat{\sigma}_n^2}{\sigma^2}} \xrightarrow{P} 1, n \mapsto \infty$。另外，根据 Khinchine 中心极限定理有 $\dfrac{\bar{\xi}_n - \mu}{\sqrt{\sigma^2/n}} \xrightarrow{d} \eta \sim N(0, 1), n \mapsto \infty$，应用 Slutzky 定理可得到：

$$\frac{\bar{\xi}_n - \mu}{\sqrt{\hat{\sigma}_n^2/n}} = \frac{\bar{\xi}_n - \mu}{\sqrt{\sigma^2/n}} \Big/ \left(\sqrt{\frac{\hat{\sigma}_n^2}{\sigma^2}}\right) \xrightarrow{d} \eta/1 = \eta \sim N(0, 1), \quad n \mapsto \infty \tag{1.50}$$

练 习

1. 设 ξ 和 η 为具有相同参数 p 的独立几何随机变量，对于 $n \in \mathbb{N}$ 和 $i = 1, \cdots, n$，计算概率值 $P(\xi = i \mid \xi + \eta = n)$。

2. 验证例 1.6 中定义的 Dirac 测度和经验测度是概率测度。

3. 设 N 和 $\{\eta_i\}_{i=1}^{\infty}$ 为定义在例 1.18 中的随机变量，假设 $a := \sqrt{E[|\eta_1|^2]} < \infty$，计算随机变量 $\xi = \sum\limits_{i=1}^{N} \xi_i$ 的方差。

4. 设随机变量 ξ 和 η 都是取值于 $\{1, 2, 3\}$ 的离散随机变量，定义 $p(i, j) = P(\xi = i, \eta = j), i, j \in \{1, 2, 3\}$，即 (ξ, η) 的联合分布律。已知该分布律满足：

$$p(1, 1) = \frac{1}{9}, \quad p(2, 1) = \frac{1}{3}, \quad p(3, 1) = \frac{1}{9}$$

$$p(1, 2) = \frac{1}{9}, \quad p(2, 2) = 0, \quad p(3, 2) = \frac{1}{18}$$

$$p(1, 3) = 0, \quad p(2, 3) = \frac{1}{6}, \quad p(3, 3) = \frac{1}{9}$$

对于 $i = 1, 2, 3$，计算 $E[\xi \mid \eta = i]$ 的值。

5. 设随机变量 (ξ, η) 的联合概率密度为：对任意 $(x, y) \in \mathbb{R}^2$，有

$$f(x, y) = \frac{y^2 - x^2}{8} e^{-y}, \quad 0 < y < \infty, \quad -y \leqslant x \leqslant y$$

证明：对任意 $y > 0$，$E[\xi \mid \eta = y] = 0$。

6. 设随机变量 (ξ, η) 的联合概率密度为：对任意 $(x, y) \in \mathbb{R}^2$，有

$$f(x, y) = \frac{e^{-x/y} e^{-y}}{y}, \quad 0 < x < \infty, \quad 0 < y < \infty$$

证明：对任意 $y > 0$，$E[\xi \mid \eta = y] = y$。

7. 设 ξ 服从均值为 $1/\lambda (\lambda > 0)$ 的指数分布，即 $f(x) = \lambda e^{-\lambda x}$，$\forall x > 0$，计算 $E[\xi \mid \xi > 1]$。

8. 设 ξ 为 $(0, 1)$ 上的均匀分布，即 $\xi \sim U(0, 1)$，计算 $E\left[\xi \,\middle|\, \xi < \dfrac{1}{2}\right]$。

9. 设随机变量 (ξ, η) 的联合概率密度为：对任意 $(x, y) \in \mathbb{R}^2$，有

$$f(x, y) = \frac{e^{-y}}{y}, \quad 0 < x < y, \ 0 < y < \infty$$

对任意 $y > 0$，计算 $E[\xi^2 \mid \eta = y]$。

10. 设 $\xi_i (i = 0, 1, \cdots)$ 为一列独立同分布取值于 $S = \{1, \cdots, n\}$ 的随机变量，其分布律为 $P(\xi_1 = j) = p_j \in (0, 1)$，$\forall j \in S$。设 $N = \min\{i > 0; \xi_i = \xi_0\}$，计算数学期望 $E[N]$。

11. 设 ξ 是一个平方可积的实值随机变量，其中 $\mu = E[\xi] = \mu$ 和 $\mathrm{Var}(\xi) = \sigma^2 > 0$，已知 $p_0 = P(\xi = 0) \in (0, 1)$，计算 $E[\xi \mid \xi \neq 0]$ 和 $\mathrm{Var}(\xi \mid \xi \neq 0)$。

12. 一份手稿被送到一家由三个打字员 A、B、C 组成的公司。如果送给 A，则错误数是均值为 2.6 的泊松随机变量；如果送给 B，则错误数是均值为 3 的泊松随机变量；如果送给 C，则它是一个均值为 3.4 的泊松随机变量。设 ξ 表示打字文稿中的错误数。假设每个打字员做这项工作犯错误的概率是相同的，计算数学期望 $E[\xi]$ 和方差 $\mathrm{Var}(\xi)$。

13. 设 ξ，η 是平方可积的随机变量，证明 $\mathrm{Cov}(\xi, \eta) = \mathrm{Cov}(\xi, E[\eta \mid \xi])$。假设对于常数 a 和 b，$E[\eta \mid \xi] = a + b\xi$，证明 $b = \mathrm{Cov}(\xi, \eta)/\mathrm{Var}(\xi)$。

14. 设 ξ，η 是平方可积的随机变量且 $\mathrm{Var}(\xi\eta)$ 存在，如果 $E[\eta \mid \xi] = 1$，证明 $\mathrm{Var}(\xi\eta) \geqslant \mathrm{Var}(\xi)$。

15. 设 ξ 和 η 是具有概率密度函数 f_ξ 和 f_η 的独立实值随机变量，给出 $P(\xi + \eta < \xi)$ 的一维积分表达式。

16. 设 $\xi_i (i \in \mathbb{N})$ 为取值于 $(0, 1)$ 上的独立随机变量，定义如下随机变量：
$$N = \min\{n \geqslant 1; \xi_n < \xi_{n-1}\}$$
其中，$\xi_0 = x \in \mathbb{R}$。因此，N 依赖于 x，定义 $f(x) = E[N]$。

(1) 通过对 ξ_1 的条件推导出 $f(x)$ 的积分形式；

(2) 给出对(1)两边求导所得的方程；

(3) 求解(2)得到的方程。

17. 仿照例 1.14 讨论泊松分布的情况。

18. 设定义在同一概率空间 $(\Omega, \mathscr{F}, P)$ 上的随机变量列 $\{\xi_n\}_{n=1}^\infty$ 和 $\{\eta_n\}_{n=1}^\infty$ 分别满足 $\limsup\limits_{a \to \infty} \sup\limits_{n \geqslant 1} P(|\xi_n| \geqslant a) = 0$ 和 $\eta_n \xrightarrow{P} 0$，$n \to \infty$，证明 $\xi_n \eta_n \xrightarrow{P} 0$，$n \to \infty$。

19. 设 $\xi_n \xrightarrow{P} \xi$，$n \to \infty$，如果 $P(|\xi_n| \leqslant \eta) = 1$，其中非负 $\eta \in L^1(\mathscr{F})$，那么 $P(|\xi| \leqslant \eta) = 1$。

20. 证明定理 1.3、定理 1.4 和引理 1.1。

21. 证明变量变换公式：设 ξ 为概率空间 $(\Omega, \mathscr{F}, P)$ 上的一个 S 值随机变量，g 为定义

在 S 上的一个实值可测函数 $E\big[\,|\,g(\xi)\,|\,\big]<\infty$，则有 $E\big[g(\xi)\big]=\int_{S}g(x)P_{\xi}(\mathrm{d}x)$。特别地，如果 $S=\mathbb{R}^{d}$，则有 $E\big[g(\xi)\big]=\int_{\mathbb{R}^{d}}g(x)F_{\xi}(\mathrm{d}x)$。

22. 设 $\{\xi_{n}\}_{n=1}^{\infty}$，$\{\eta_{n}\}_{n=1}^{\infty}$ 和 ξ，η 为定义在 $(\Omega,\mathscr{F},P)$ 上的实值随机变量，如果 $|\xi_{n}-\eta_{n}|\xrightarrow{P}0$，$\xi_{n}\xrightarrow{d}\xi$，$n\mapsto\infty$，则 $\eta_{n}\xrightarrow{d}\xi$，$n\mapsto\infty$。

23. 当且仅当对任意 $a_{ij}\in\mathbb{R}$，$i=1,\cdots,n$，$j=1,\cdots,m$ 时，一个 n 维随机变量 $\xi=(\xi_{1},\cdots,\xi_{n})$ 为高斯随机变量，证明 $\Big(\sum_{i=1}^{n}a_{ij}\xi_{i};j=1,\cdots,m\Big)$ 是一个 m 维高斯随机变量。

24. 设两个相互独立的 n 维随机向量 $\boldsymbol{\xi}$ 和 $\boldsymbol{\eta}$ 分别服从 $N(\mu_{1},C_{1})$ 和 $N(\mu_{2},C_{2})$，证明：$\boldsymbol{\xi}+\boldsymbol{\eta}\sim N(\mu_{1}+\mu_{2},C_{1}+C_{2})$。

第 2 章

随机过程的基本概念

>o>•>o 内容提要

随机过程本质上是定义在同一概率空间上的一族随机变量（或称为动态的随机变量）。本章引入随机过程的基本概念，给出随机过程的分类和基本特征：2.1 节介绍随机过程的定义，2.2 节引入随机过程关于过滤的适应性，2.3 节给出刻画随机过程统计特性的有限维分布族的概念，2.4 节讨论随机过程的等价性，2.5 节提供随机过程的数字特征函数的概念。

2.1 随机过程的定义

概率论课程的学习主要聚焦对一维或多维实值随机变量的统计规律的刻画。然而，在许多实际问题中，人们通常会遇到依赖于时间指标或时空指标的一列或一族随机变量，如何研究这样的随机变量族的统计规律是具有非常重要的实际意义的。例如，随机过程课程的任课教师想要用概率模型来建模该课程在这一学期中每次课程的到课学生人数。显然，在课程开始之前，任课教师并不知道将来每次上课学生的到课情况，因此可将此看成一个随机试验。设 $t_i(i=1,2,\cdots,n)$ 表示第 i 次课的上课时间，其中 n 为这学期的总课程数。用随机变量 $X_{t_i}:\Omega\mapsto\mathbb{N}$ 表示第 i 次课的到课学生数，那么这一学期该课程的学生到课人数形成一列随机变量 $X=\{X_{t_1},X_{t_2},\cdots,X_{t_n}\}=\{X_t\}_{t\in\mathbb{T}}$，其中 $\mathbb{T}=\{t_1,t_2,\cdots,t_n\}$ 被称为时间索引集合。我们把这一列随机变量 X 称为随机过程，其数学上的定义表述如下：

定义 2.1（随机过程）

> 设 $\mathbb{T}$ 是一个时间索引集合，对任意 $t\in\mathbb{T}$，$X_t:\Omega\mapsto S$ 是概率空间 $(\Omega,\mathscr{F},P)$ 上的一个 S-值随机变量，这里 S 为一个拓扑空间，那么称 $X=\{X_t;t\in\mathbb{T}\}$（或记为 $X=\{X_t\}_{t\in\mathbb{T}}$）为概率空间 $(\Omega,\mathscr{F},P)$ 上的一个随机过程，而称空间 S 是该随机过程的状态空间。 ♣

根据时间索引集合 $\mathbb{T}$ 和状态空间 S 的特征，可将随机过程 $X=\{X_t;t\in\mathbb{T}\}$ 分为如下类别：

• 时间索引集合 $\mathbb{T}$ 和状态空间都是离散的，称相应的过程为离散时间-离散状态随机过程。例如：上面提到的"随机过程"课程在一个学期内的学生到课人数就是一个离散时间-离散状态随机过程，其对应的状态空间 $S=\{0,1,2,\cdots,m\}$，其中 m 表示选课学生总人数。作为经典的离散时间-离散状态随机过程，我们将在第 8 章中介绍离散时间马尔可夫链。

· 时间索引集合 $\mathbb{T}$ 是离散的，而状态空间是连续的，称相应的过程为离散时间-连续状态随机过程。例如：一个人在连续 24 小时的每个小时的血压值变化 $X=\{X_t; t\in\mathbb{T}\}$，其中 $\mathbb{T}=\{1,2,\cdots,24\}$ 和 $S=[v,V]$，这里 $V>v>0$ 表示最大和最小血压值。作为经典的离散时间-连续状态随机过程，我们将在第 4 章中介绍随机游动。

· 时间索引集合 $\mathbb{T}$ 是连续的，而状态空间是离散的，称相应的过程为连续时间-离散状态随机过程。例如：对于 $t\in\mathbb{T}=[0,T]$，设 X_t 为电话接线员在 $[0,t]$ 时间段内接听电话的次数，那么对应的过程 $X=\{X_t; t\in\mathbb{T}\}$ 就是连续时间-离散状态随机过程，其中状态空间 $S=\mathbb{N}$。作为经典的连续时间-离散状态随机过程，我们将在第 6 章中引入泊松过程。

· 时间索引集合 $\mathbb{T}$ 是连续的，状态空间也是连续的，称相应的过程为连续时间-连续状态随机过程。例如：对于 $t\in\mathbb{T}=[0,T]$，设 X_t 为水在 t 时刻的温度，那么对应的过程 $X=\{X_t; t\in\mathbb{T}\}$ 就是连续时间-连续状态随机过程，其中状态空间 $S=[0,100]$。作为经典的连续时间-连续状态随机过程，我们将在第 4 章中引入布朗运动。

例 2.1 医生在诊断一位患者是否患有高血压时，需要给这位患者佩戴一个血压动态监测仪。假设血压动态监测仪在一天 24 小时内每隔一小时测量患者的血压值。对于 $t=1$, $2,\cdots,T(T=24)$，记 X_t 表示患者第 t 次测量的血压值。这样形成一个随机过程 $X=\{X_t\}_{t\in\mathbb{T}}$，其中时间索引集合 $\mathbb{T}=\{1,2,\cdots,T\}$。那么医生往往用这些血压值的平均值

$$\overline{X}_T=\frac{1}{T}\sum_{t=1}^{T}X_t$$ 来判断该患者是否患有高血压。假设血压动态监测仪可以连续测量血压值，

这样对应的时间索引为 $\mathbb{T}=[0,T]$。于是，在 24 小时之内的平均血压值 $\overline{X}_T=\dfrac{1}{T}\int_0^T X_t\,\mathrm{d}t$。

显然，要想知道平均血压值，我们需要得到 $t\mapsto X_t$ 的整体信息，我们把随机过程关于时间 t 的函数称为该过程的样本轨道，见如下定义。

定义 2.2（样本轨道）

设 $\mathbb{T}$ 是一个度量空间和 $X=\{X_t; t\in\mathbb{T}\}$ 是概率空间 $(\Omega,\mathscr{F},P)$ 上的一个 S-值随机过程，对任意 $\omega\in\Omega$，称关于时间索引的函数 $t\mapsto X_t(\omega)$ 为随机过程 X 的一条样本轨道。进一步，定义如下函数空间：

$C_s(\mathbb{T}):=\{f:\mathbb{T}\mapsto S; f$ 是连续的 $\}$;

$D_s^+(\mathbb{T}):=\{f:\mathbb{T}\mapsto S; f$ 是右连续的且 $f(t-)=\lim\limits_{s\uparrow t}f(s)$ 是有限的，$f(0)=f(0-)\}$;

$D_s^-(\mathbb{T}):=\{f:\mathbb{T}\mapsto S; f$ 是左连续的且 $f(t+)=\lim\limits_{s\downarrow t}f(s)$ 是有限的 $\}$

那么，P_{-}a.s.

（1）如果 $t\mapsto X_t(\omega)\in C_s(\mathbb{T})$，则称过程 X 是连续随机过程。

（2）如果 $t\mapsto X_t(\omega)\in D_s^+(\mathbb{T})$，则称过程 X 是右连左极的（RCLL 或 càdlàg）随机过程。

（3）如果 $t\mapsto X_t(\omega)\in D_s^-(\mathbb{T})$，则称过程 X 是左连右极的（LCRL 或 càglàd）随机过程。

图 2.1 给出了定义 2.2 中所指的三类随机过程样本轨道正则性的示意图。

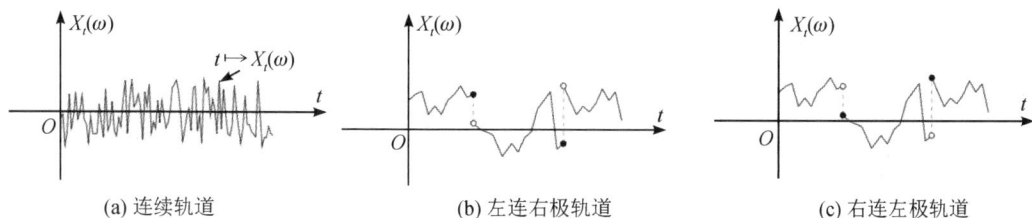

(a) 连续轨道　　　　　　　　(b) 左连右极轨道　　　　　　　　(c) 右连左极轨道

图 2.1　随机过程样本轨道正则性的类型

下面具有特殊时间索引和状态空间的随机过程在实际问题的建模中也被频繁用到：

· 复值随机过程：设 $Y=\{Y_t; t\in\mathbb{T}\}$ 和 $Z=\{Z_t; t\in\mathbb{T}\}$ 是同一概率空间 $(\Omega,\mathscr{F},P)$ 上的实值随机过程，对任意 $t\in\mathbb{T}$，定义 $X_t=Y_t+\mathrm{i}Z_t$，则称 $X=\{X_t; t\in\mathbb{T}\}$ 是一个复值随机过程。

· 随机场：随机场是指随机过程的索引集合 $\mathbb{T}$ 具有乘积空间的形式。例如，$\mathbb{T}=[0,\infty)\times\mathbb{R}$，常被用来表述时-空索引。高斯随机场、随机偏微分方程的解都可以被视为随机场的重要例子。

· 随机测度：设时间索引 $\mathbb{T}=\mathscr{B}(I)$（其中 I 是一个拓扑空间），对任意 $A\in\mathbb{T}$，$X_A(\omega)$：$\Omega\mapsto\mathbb{R}$ 是概率空间 $(\Omega,\mathscr{F},P)$ 上的随机变量，这样就形成一个随机过程 $X=\{X_A; A\in\mathbb{T}\}$。如果过程 X 的样本轨道是 $\mathbb{T}$ 上的 σ-有限测度，则称 X 是 $(\Omega,\mathscr{F},P)$ 上的一个随机测度。进一步，如果对任意两两不交的 $A_1,\cdots,A_n\in\mathbb{T}$，随机变量 $X_{A_1},\cdots,X_{A_n}$ 是相互独立的，则称 X 为概率空间 $(\Omega,\mathscr{F},P)$ 上的完全随机测度。经典的随机测度有高斯随机测度和泊松随机测度，这将分别在第 5.2 节和第 6.2.2 节作详细介绍。

· 测度值过程：对任意 $t\in\mathbb{T}=[0,\infty)$，设 X_t 是一个随机测度，那么称 $X=\{X_t; t\in\mathbb{T}\}$ 是一个测度值过程。例如，考虑如下形式的随机过程：

$$X_t:=\frac{1}{n}\sum_{i=1}^{n}\delta_{Y_t^i},\ \forall\,t\in\mathbb{T} \tag{2.1}$$

其中，$Y^i=\{Y_t^i; t\in\mathbb{T}\}$，$i=1,\cdots,n$ 是 n 个实值随机过程，则称 $X=\{X_t; t\in\mathbb{T}\}$ 为经验测度值过程。显然，过程 X 的状态空间 $S=\mathscr{H}(\mathbb{R})$（即所有实数域上的概率测度的全体）。

根据定义 2.1，从函数的角度，可以把随机过程 $X=\{X_t; t\in\mathbb{T}\}$ 看成一个二元函数，即 $X_t(\omega)$：$[0,T]\times\Omega\mapsto S$。类似于随机变量的定义，那自然就有人会问该二元函数是否可测？于是就出现了随机过程可测性的定义：

定义 2.3（可测随机过程）

設 $\mathbb{T}, S$ 都为拓扑空间和 $X=\{X_t; t\in\mathbb{T}\}$ 是 $(\Omega,\mathscr{F},P)$ 上的一个 S-值随机过程，作为二元函数，如果 $X_t(\omega)$：$\mathbb{T}\times\Omega\mapsto S$ 是可测的，则称 X 为可测随机过程。也就是说，对任意 $B\in\mathscr{B}(S)$，原像 $X^{-1}(B)=\{(t,\omega)\in\mathbb{T}\times\Omega; X(t,\omega)\in B\}\in\mathscr{B}(\mathbb{T})\otimes\mathscr{F}$。♣

在随机过程理论中，由定义 2.3 表述的随机过程的可测性是研究随机过程最基本的要求。

2.2 适应随机过程

本节将引入适应随机过程的概念。适应随机过程依赖于整个事件域 $\mathscr{F}$ 中的一个子信息流（或称为过滤），随机过程的适应性意味着该随机过程在每个时刻的信息仅包含在过滤所对应时刻的信息中。

首先介绍过滤（或称信息流）的概念，设时间索引集 $\mathbb{T}=[0,\infty)$。

设 $(\Omega,\mathscr{F},P)$ 是一个概率空间，对任意 $t\in\mathbb{T}=[0,\infty)$，设 $\mathscr{F}_t\subset\mathscr{F}$ 为 σ-代数（或称子事件域）。如果这一族子事件域 $\{\mathscr{F}_t;t\in\mathbb{T}\}$ 为单调不减的，也就是说：$\mathscr{F}_s\subset\mathscr{F}_t,\forall 0\leqslant s<t<\infty$，那么称 $\mathbb{F}=\{\mathscr{F}_t;t\in\mathbb{T}\}$ 为一个过滤（filtration）。特别地，定义 $\mathscr{F}_\infty:=\sigma(\bigcup_{t\geqslant 0}\mathscr{F}_t)$。 ♣

从定义 2.4 可以看出：过滤就是一族单增的子事件域，其往往用来表述某个个体随时间所掌握的信息，而单增性则意味着个体随着时间的推移所掌握的信息会越来越多，但不一定完全掌握全局信息 $\mathscr{F}$，即最大的事件域。在通常情况下，一般取 $\mathscr{F}_0=\{\varnothing,\Omega\}$，即平凡 σ-代数，并称 $(\Omega,\mathscr{F},\mathbb{F}=\{\mathscr{F}_t;t\geqslant 0\},P)$ 为过滤概率空间。进一步，我们定义：

$$\mathscr{F}_{t-}:=\sigma(\bigcup_{s<t}\mathscr{F}_s),\ t>0,\ \mathscr{F}_{0-}=\mathscr{F}_0,\ \mathscr{F}_{t+}:=\bigcap_{\varepsilon>0}\mathscr{F}_{t+\varepsilon} \tag{2.2}$$

如果对任意 $t\geqslant 0,\mathscr{F}_t=\mathscr{F}_{t+}$（或 $\mathscr{F}_t=\mathscr{F}_{t-}$），则称过滤 $\mathbb{F}=\{\mathscr{F}_t;t\geqslant 0\}$ 为右连续的（或左连续的）；如果过滤 $\mathbb{F}=\{\mathscr{F}_t;t\geqslant 0\}$ 是右连续的且 $\mathscr{F}_0$ 包含所有零事件（即 $\mathscr{N}:=\{A\in\mathscr{F};P(A)=0\}\subset\mathscr{F}_0$），则称过滤 $\mathbb{F}$ 满足通常条件（usual conditions）。设 $X=\{X_t;t\geqslant 0\}$ 为概率空间 $(\Omega,\mathscr{F},P)$ 上的一个随机过程，定义：

$$\mathbb{F}^X:=\{\mathscr{F}_t^X;t\geqslant 0\}=\{\sigma(X_s;s\leqslant t);t\geqslant 0\} \tag{2.3}$$

为由过程 X 生成的自然 σ-代数流（或称自然过滤）。对任意 $t\in[0,\infty]$，让我们定义：

$$\mathscr{N}_t^X:=\{B\subset\Omega;\exists A\in\mathscr{F}_t^X \text{满足} A\supset B \text{和} P(A)=0\} \tag{2.4}$$

其中，$\mathscr{F}_\infty^X:=\sigma(\bigcup_{t\geqslant 0}\mathscr{F}_t^X)$，那么称 $\mathscr{N}_\infty^X$ 中的每个元素为"P-零集"。进一步，对任意 $t\geqslant 0$，定义：

$$\mathscr{F}_t^{X,a}:=\sigma(\mathscr{F}_t^X\bigcup\mathscr{N}_\infty^X) \tag{2.5}$$

则称 $\mathbb{F}^{X,a}=\{\mathscr{F}_t^{X,a};t\geqslant 0\}$ 为过滤 $\mathbb{F}^X$ 的扩张（augmentation）。

有了过滤的概念，那么就可以引入（关于过滤）适应随机过程的概念了。

设 $(\Omega,\mathscr{F},\mathbb{F}=\{\mathscr{F}_t;t\geqslant 0\},P)$ 是一个过滤概率空间和 $X=\{X_t;t\geqslant 0\}$ 是 $(\Omega,\mathscr{F},P)$ 上的一个 S-值随机过程。如果对任意 $t\geqslant 0,X_t$ 是 $\mathscr{F}_t$-可测的，也就是说：对任意 $B\in\mathscr{B}(S)$，原像 $X_t^{-1}(B)=\{\omega\in\Omega;X_t^{-1}(\omega)\in B\}\in\mathscr{F}_t$，则称 X 是 $\mathbb{F}$-适应的随机过程。 ♣

任意随机过程 $X=\{X_t;t\geqslant 0\}$ 都是本身自然过滤 $\mathbb{F}^X$ 适应的。比适应过程更强的一类

过程被称为循序可测(progressively measurable)过程,其具体定义表述如下:

定义 2.6(循序可测随机过程)

> 设 $(\Omega, \mathscr{F}, \mathbb{F}=\{\mathscr{F}_t; t \geqslant 0\}, P)$ 为一个过滤概率空间和 $X = \{X_t; t \geqslant 0\}$ 是 $(\Omega, \mathscr{F}, P)$ 上的一个 S-值随机过程。如果对任意 $t \geqslant 0$, $X_t: \Omega \mapsto S$ 是 $\mathscr{F}_t$-可测的,也就是说:对任意 $B \in \mathscr{B}(S)$,原像 $X_t^{-1}(B) = \{(s, \omega) \in [0, t] \times \Omega; X_t^{-1}(\omega) \in B\} \in \mathscr{B}([0, t]) \otimes F_t, \forall t \geqslant 0$,则称 X 为循序可测随机过程。 ♣

循序可测随机过程一定是可测和 $\mathbb{F}$-适应的,而右连续或左连续适应过程则一定是循序可测随机过程。我们后续学习的各种随机过程,绝大多数都是循序可测过程。

2.3　随机过程的有限维分布

随机变量的统计特性完全是由其分布来刻画的。由于随机过程是一族随机变量,为了刻画随机过程的分布,本节将引入任意有限时间点对应随机变量所形成的有限维随机向量的分布,也就是随机过程的有限维分布。

下面将给出随机过程有限维分布族的定义:

定义 2.7(随机过程的有限维分布族)

> 设 $X = \{X_t; t \in \mathbb{T}\}$ 是概率空间 $(\Omega, \mathscr{F}, P)$ 上的一个 S-值随机过程,对任意 $n \in \mathbb{N}$,设 $t_1, \cdots, t_n \in \mathbb{T}$ 为 n 个互不相同的时间,定义:
> $$\mu^X_{t_1, \cdots, t_n}(C) = P((X_{t_1}, \cdots, X_{t_n}) \in C), \forall C \in \mathscr{B}(s^n)$$
> 那么,称 $\mu^X_{t_1, \cdots, t_n}$ 是过程 X 的有限维分布,而称 $\{\mu^X_{t_1, \cdots, t_n}; t_1, \cdots, t_n \in \mathbb{T}, n \in \mathbb{N}\}$ 为过程 X 的有限维分布族。特别地,如果 $S = \mathbb{R}$,则
>
> - 称 $F^X_{t_1, \cdots, t_n}(x_1, \cdots, x_n) = \mu^X_{t_1, \cdots, t_n}\left(\prod_{i=1}^n (-\infty, x_i]\right), \forall x_1, \cdots, x_n \in \mathbb{R}$
>
> 为过程 X 的 n 维分布函数;
>
> - 称 $\{F^X_{t_1, \cdots, t_n}; t_1, \cdots, t_n \in \mathbb{T}, n \in \mathbb{N}\}$ 是实值过程 X 的有限维分布函数族;
>
> - 进一步,如果 $F^X_{t_1, \cdots, t_n}(x_1, \cdots, x_n)$ 存在密度函数 $f^X_{t_1, \cdots, t_n}(x_1, \cdots, x_n)$,即
> $$F^X_{t_1, \cdots, t_n}(x_1, \cdots, x_n) = \int_{-\infty}^{x_1} \cdots \int_{-\infty}^{x_n} f^X_{t_1, \cdots, t_n}(y_1, \cdots, y_n) \mathrm{d}y_1 \cdots \mathrm{d}y_n$$
> 则称 $f^X_{t_1, \cdots, t_n}(x_1, \cdots, x_n)$ 为实值过程 X 的 n 维概率密度函数。 ♣

下面给出了计算离散时间随机过程有限维分布的一个简单例子。

例 2.2(独立随机序列的有限维分布) 设 $X_k, k \in \mathbb{Z}$ 是概率空间 $(\Omega, \mathscr{F}, P)$ 上的独立实值随机变量,记 X_k 的分布函数为 $F_k(x), \forall x \in \mathbb{R}$,那么过程 $X = \{X_k; k \in \mathbb{Z}\}$ 的有限维分布函数具有如下形式:设 $n \in \mathbb{N}$ 和 $k_1, \cdots, k_n \in \mathbb{Z}$,有

$$F_{k_1, \cdots, k_n}^X(x_1, \cdots, x_n) = P(X_{k_1} \leqslant x_1, \cdots, X_{k_n} \leqslant x_n)$$

$$= \prod_{j=1}^n P(X_{k_j} \leqslant x_j) = \prod_{j=1}^n F_{k_j}(x_j), \ \forall (x_1, \cdots, x_n) \in \mathbb{R}^n$$

例 2.3（Bernoulli 序列的有限维分布） 独立重复地进行某项试验，假设每次试验成功的概率为 $p \in (0, 1)$，失败的概率为 $1-p$。用 X_n 表示前 n 次试验成功的次数，则随机过程 $X = \{X_n; n \in \mathbb{N}\}$ 是一个所谓的平稳独立增量过程，则我们称 X 为 Bernoulli 序列。事实上，设 $\xi_i \in \{0, 1\}$ 表示第 i 次实验成功或失败的示性随机变量，也就是说，"$\xi_i = 1$"表示第 i 次试验成功，而"$\xi_i = 0$"表示第 i 次试验失败。因此，$\xi_i, i \in \mathbb{N}$，是独立同分布的随机变量且共同的分布为 $P(\xi_i = 1) = p = 1 - P(\xi_i = 0)$，$\forall i \in \mathbb{N}$；进一步，我们有 $X_n = \sum_{i=1}^n \xi_i$，$\forall n \in \mathbb{N}$。对任意互不相同的 $k_1, \cdots, k_n \in \mathbb{N}$，不失一般性，假设 $k_1 < k_2 < \cdots < k_n$，则对任意自然数 $m_i \leqslant k_i (i = 1, \cdots, n)$，有

$$\begin{aligned} F_{k_1, \cdots, k_n}^X(m_1, \cdots, m_n) &= P(X_{k_1} = m_1, X_{k_2} = m_2, \cdots, X_{k_n} = m_n) \\ &= P(X_{k_1} = m_1, X_{k_2} - X_{k_1} = m_2 - m_1, \cdots, X_{k_n} - X_{k_{n-1}} = m_n - m_{n-1}) \\ &= P(X_{k_1} = m_1) P(X_{k_2} - X_{k_1} = m_2 - m_1) \times \cdots \times \\ &\quad P(X_{k_n} - X_{k_{n-1}} = m_n - m_{n-1}) \\ &= P(X_{k_1} = m_1) P(X_{k_2-k_1} = m_2 - m_1) \times \cdots \times \\ &\quad P(X_{k_n-k_{n-1}} = m_n - m_{n-1}) \end{aligned}$$

注意到 X_n 服从二项分布，也就是说，对任意 $k = 1, \cdots, n$，有

$$P(X_n = k) = C_n^k p^k (1-p)^{n-k}$$

于是，过程 X 的有限维分布为

$$\begin{aligned} F_{k_1, \cdots, k_n}^X(m_1, \cdots, m_n) &= P(X_{k_1} = m_1) P(X_{k_2-k_1} = m_2 - m_1) \times \cdots \times \\ &\quad P(X_{k_n-k_{n-1}} = m_n - m_{n-1}) \\ &= C_{k_1}^{m_1} p^k (1-p)^{k_1-m_1} C_{k_2-k_1}^{m_2-m_1} p^k (1-p)^{k_2-m_2-(k_1-m_1)} \times \\ &\quad \cdots \times C_{k_n-k_{n-1}}^{m_n-m_{n-1}} p^k (1-p)^{k_n-m_n-(k_{n-1}-m_{n-1})} \end{aligned}$$

上述的计算过程实际上用到了 Bernoulli 序列的平稳独立增量性，而平稳独立增量过程将在后面的第 4 章中介绍。

对于实值随机过程 $X = \{X_t; t \in \mathbb{T}\}$，其 n 维分布函数也可以通过如下的 n 维特征函数来刻画：

$$\Phi_{t_1, \cdots, t_n}^X(\boldsymbol{\theta}) = E\left[\exp(\mathrm{i}\langle(X_{t_1}, \cdots, X_{t_n}), \boldsymbol{\theta}\rangle)\right] = E\left[\exp\left(\mathrm{i}\sum_{i=1}^n \theta_i X_{t_i}\right)\right], \quad (2.6)$$

$$\forall \boldsymbol{\theta} = (\theta_1, \cdots, \theta_n) \in \mathbb{R}^n$$

在计算随机过程有限维分布时，有时应用特征函数的方法要比直接计算分布函数更加方便，具体可参见下面的例子。

例 2.4 设 $(\xi, \eta) \sim N(\boldsymbol{\mu}, \boldsymbol{C})$，其中 $\boldsymbol{\mu} = (\mu_1, \mu_2)^\mathrm{T} \in \mathbb{R}^2$ 和 $\boldsymbol{C} \in \mathbb{R}^{2\times2}$ 是正定矩阵，对任意 $t \in \mathbb{T} = \mathbb{R}$，定义随机变量 $X_t = \xi + t\eta$。这样 $X = \{X_t; t \in \mathbb{T}\}$ 就是一个连续时间-连续状态的随机过程。下面计算过程 X 的 n 维特征函数。对任意 $t_1, \cdots, t_n \in \mathbb{T}$ 和 $\boldsymbol{\theta} = (\theta_1, \cdots, \theta_n) \in \mathbb{R}^n$，应用式(2.6)，有

$$\Phi^X_{t_1, \cdots, t_n}(\boldsymbol{\theta}) = E\left[\mathrm{e}^{\mathrm{i}\sum_{i=1}^n \theta_i X_{t_i}}\right] = E\left[\mathrm{e}^{\mathrm{i}\sum_{i=1}^n \theta_i(\xi + t_i \eta)}\right] = E\left[\mathrm{e}^{\mathrm{i}\left(\sum_{i=0}^n \theta_i\right)\xi + \left(\sum_{i=0}^n \theta_i t_i\right)\eta}\right] = \mathrm{e}^{\mathrm{i}A_n(\xi, \eta)^\mathrm{T}}$$

其中，$\boldsymbol{A}_n = \left(\sum_{i=1}^n \theta_i, \sum_{i=1}^n \theta_i t_i\right) = \boldsymbol{\theta B}_n \in \mathbb{R}^{1 \times 2}$，并且矩阵 $\boldsymbol{B}_n \in \mathbb{R}^{n \times 2}$ 具有如下形式：

$$\boldsymbol{B}_n = \begin{bmatrix} 1 & t_1 \\ 1 & t_2 \\ \vdots & \vdots \\ 1 & t_n \end{bmatrix}$$

应用例 1.20 中的式(1.40)可得到：$\boldsymbol{A}_n(\xi, \eta)^\mathrm{T} \sim N(\boldsymbol{A}_n \boldsymbol{\mu}, \boldsymbol{A}_n \boldsymbol{CA}_n^\mathrm{T})$。 于是，根据定义 1.8，有：

$$\Phi^X_{t_1, \cdots, t_n}(\theta) = \mathrm{e}^{\mathrm{i}A_n(\xi, \eta)^\mathrm{T}} = \mathrm{e}^{\mathrm{i}A_n\boldsymbol{\mu} - \frac{1}{2}A_n CA_n^\mathrm{T}} = \mathrm{e}^{\mathrm{i}\boldsymbol{\theta B}_n\boldsymbol{\mu} - \frac{1}{2}\boldsymbol{\theta B}_n CB_n^\mathrm{T}\boldsymbol{\theta}^\mathrm{T}}$$

这说明过程 X 的 n 维分布为多维高斯分布 $N(\boldsymbol{B}_n \boldsymbol{\mu}, \boldsymbol{B}_n \boldsymbol{CB}_n^\mathrm{T})$。

对于复值的随机过程，根据第 1.4 节的介绍，我们可用实部和虚部的实值随机过程的有限维分布来刻画其有限维分布。更具体地说，设 $X_t = Y_t + \mathrm{i}Z_t, \forall t \in \mathbb{T}$是概率空间 $(\Omega, \mathscr{F}, P)$ 上的复值随机过程，其中 $Y = \{Y_t; t \in \mathbb{T}\}$ 和 $Z = \{Z_t; t \in \mathbb{T}\}$ 是概率空间 $(\Omega, \mathscr{F}, P)$ 上的两个实值过程。那么，复值过程 X 的 n 维分布函数可定义为

$$F^X_{t_1, \cdots, t_n}((y_1, z_1), \cdots, (y_n, z_n)) = P(Y_{t_1} \leqslant y_1, Z_{t_1} \leqslant z_1, \cdots, Y_{t_n} \leqslant y_n, Z_{t_n} \leqslant z_n) \tag{2.7}$$

其中 $t_1, \cdots, t_n \in \mathbb{T}$和 $(y_i, z_i) \in \mathbb{R}^2, \forall i = 1, \cdots, n$。

2.4 等价随机过程

本节引入在不同意义下等价随机过程的概念。等价随机过程在研究随机过程在不同意义下的可替代性方面起着重要的作用。

定义 2.8(随机过程的等价)

设 $X = \{X_t; t \in \mathbb{T}\}$ 和 $Y = \{X_t; t \in \mathbb{T}\}$ 是概率空间 $(\Omega, \mathscr{F}, P)$ 上的 S-值随机过程，那么

(1) 如果对任意 $t \in \mathbb{T}, P(X_t = Y_t) = 1$，则称过程 X 与过程 Y 互为修正 (modification)；

(2) 如果 $P(X_t = Y_t, \forall t \in \mathbb{T}) = 1$，则称过程 X 与过程 Y 是无区别的 (indistinguishable)；

(3) 如果过程 X 和过程 Y 具有相同的有限维分布，即对任意 $n \in \mathbb{N}$ 和互不相同的时刻 $t_1, \cdots, t_n \in \mathbb{T}, \mu^X_{t_1, \cdots, t_n} = \mu^Y_{t_1, \cdots, t_n}$，则称 X, Y 互为版本(version)。 ♣

注意到：对于互为版本的两个随机过程，可以定义在不同的概率空间上。对于定义在同一概率空间上的两个随机过程，根据定义 2.8，首先应有如下的关系：

过程 X, Y 无区别 $\Rightarrow$ 过程 X, Y 互为修正 $\Rightarrow$ 过程 X, Y 互为版本

如果随机过程 X，Y 无区别，则 X，Y 具有相同的轨道性质。因此 X，Y 是互为修正的，于是 X，Y 具有相同的有限维分布。事实上，对任意 $C \in \mathscr{B}(s^n)$，有

$$P\left(\{(X_{t_1}, \cdots, X_{t_n}) \in C\} \cap \left(\bigcap_{i=1}^{n} \{X_{t_i} = Y_{t_i}\}\right)\right) = P\left(\{(Y_{t_1}, \cdots, Y_{t_n}) \in C\} \cap \right.$$
$$\left. \left(\bigcap_{i=1}^{n} \{X_{t_i} = Y_{t_i}\}\right)\right)$$

由于如下不等式成立：

$$P\left(\{(X_{t_1}, \cdots, X_{t_n}) \in C\} \cap \left(\bigcap_{i=1}^{n} \{X_{t_i} = Y_{t_i}\}\right)^c\right) \leqslant P\left(\bigcup_{i=1}^{n} \{X_{t_i} = Y_{t_i}\}^c\right) = 0$$

$$P\left(\{(Y_{t_1}, \cdots, Y_{t_n}) \in C\} \cap \left(\bigcap_{i=1}^{n} \{X_{t_i} = Y_{t_i}\}\right)^c\right) \leqslant P\left(\bigcup_{i=1}^{n} \{X_{t_i} = Y_{t_i}\}^c\right) = 0$$

因此 $\mu_{t_1, \cdots, t_n}^{X}(C) = \mu_{t_1, \cdots, t_n}^{Y}(C)$。然而，同一概率空间下具有相同有限维分布的过程也不一定是互为修正的，具体可参考下面的例子。

例 2.5 设 ξ，η 是独立同分布的随机变量，其分布满足：

$$P(\xi = 0) = P(\eta = 0) = P(\xi = 1) = P(\eta = 1) = \frac{1}{2}$$

然而，有：

$$P(\xi = \eta) = P(\xi = 0, \eta = 0) + P(\xi = 1, \eta = 1) = \frac{1}{2} < 1$$

于是过程 $X_t \equiv \xi$ 和 $Y_t \equiv \eta$，$\forall t \in \mathbb{T}$ 不是互为修正的。

下面的例子说明了互为修正的过程不一定是无区别的。

例 2.6 设 m 为 $\mathscr{B}(\mathbb{R})$ 上的 Lebesgue 测度，那么 $(\Omega, \mathscr{F}, P) = ([0, 1], \mathscr{B}([0, 1]), m)$ 是一个概率空间。在该概率空间上，定义如下两个随机过程：对任意 $\omega \in \Omega = [0, 1]$，有

$$X_t(\omega) = \begin{cases} 1, & \omega = t \\ 0, & \omega \neq t \end{cases} \text{ 和 } Y_t(\omega) = 0, \ \forall t \in [0, 1] \qquad (2.8)$$

对任意 $t \in [0, 1]$，引入事件 $A_t = \{\omega \in \Omega; X_t(\omega) \neq Y_t(\omega)\}$。根据式 (2.8)，则有 $A_t = \{t\}$。于是，可得到：

$$P(A_t) = m(A_t) = m(\{t\}) = 0, \ \forall t \in [0, 1]$$

因此，对任意 $t \in [0, 1]$，$P(X_t = Y_t) = 1 - P(A_t) = 1$，即说明随机过程 X，Y 是互为修正的，并且 X，Y 具有相同的有限维分布函数。然而，过程 $X = \{X_t; t \in [0, 1]\}$ 的样本轨道是不连续的，但 $Y = \{Y_t; t \in [0, 1]\}$ 的轨道则是连续的。特别地，$P(\sup_{t \in [0, 1]} X_t \neq 0) = P(\Omega) = 1$ 和 $P(\sup_{t \in [0, 1]} Y_t \neq 0) = 0$，故 X，Y 不是无区别的。

例 2.7 设 $\tau: \Omega \mapsto [0, \infty)$ 为概率空间 $(\Omega, \mathscr{F}, P)$ 上的一个连续型随机变量，对任意 $t \geqslant 0$，我们定义 $X_t = 0$ 和 $Y_t = \mathbf{1}_{t = \tau}$。显然，过程 X，Y 并不具有相同的样本轨道。然而，对任意 $t \geqslant 0$，我们有 $P(X_t \neq Y_t) = P(\tau = t) = 0$，也就是说，$X$，$Y$ 是互为修正的。

下面的结论表明右连续互为修正的过程是无区别的。

引理 2.1（修正 + 右连续 ⇒ 无区别）

> 设时间索引集合 $\mathbb{T} \subset \mathbb{R}$，$X = \{X_t ; t \in \mathbb{T}\}$ 和 $Y = \{Y_t ; t \in \mathbb{T}\}$ 是互为修正的且具有右连续的样本轨道，那么过程 X，Y 是无区别的。　♣

证明　由于过程 X，Y 互为修正，故 $P(X_t = Y_t, \ \forall t \in \mathbb{T} \cap \mathbb{Q}) = 1$，其中 $\mathbb{Q}$ 是所有有理数的全体。那么，根据轨道 $t \mapsto X_t - Y_t$ 的右连续性和概率测度的连续性可得到 X，Y 是无区别的。

下面的定理来自文献[5]的第 68 页，其内容是关于随机过程等价性的更一般的结果。

定理 2.1（Meyer[5]）

> 设 $(\Omega, \mathscr{F}, \mathbb{F} = \{\mathscr{F}_t ; t \geqslant 0\}, P)$ 是一个过滤概率空间和 $X = \{X_t ; t \geqslant 0\}$ 为该概率空间下的一个 $\mathbb{F}$-适应的 S-值随机过程，那么就存在一个循序可测的过程 $Y = \{Y_t ; t \geqslant 0\}$ 使得 X 和 Y 是互为修正的。　♣

在实际问题的研究中，往往并不清楚所给过程的轨道性质。此时，如果人们可以找到一个与初始过程等价的且具有较好轨道性质的随机过程，那么在某些概率意义下，就可以用这个具有较好轨道性质的等价过程来代替原始过程对相关问题进行研究了。下面给出的 Kolmogorov 连续性定理（其证明可参见文献[4]）提供了一个充分条件来确保这样等价过程的存在性。

定理 2.2（Kolmogorov 连续性定理）

> 设 $\mathbb{T} = [0, T]$，$T > 0$ 和 $X = \{X_t ; t \in \mathbb{T}\}$ 是概率空间 $(\Omega, \mathscr{F}, P)$ 上的一个实值随机过程。如果存在常数 α，β，$C > 0$，使得：对任意 $s, t \in \mathbb{T}$，
> $$E\big[|X_t - X_s|^{\alpha}\big] \leqslant C\,|t - s|^{1+\beta} \tag{2.9}$$
> 则存在一个与过程 X 互为修正且轨道是局部 $\gamma \in (0, \beta/\alpha)$-Hölder 连续的随机过程，也就是说，存在一个常数 $C > 0$ 和一个随机变量 $h : \Omega \mapsto (0, \infty)$ 满足：
> $$P\left(\left\{\omega \in \Omega ; \sup_{s,\,t \in [0,\,T],\,0 < |s-t| < h(\omega)} \frac{|Y_t(\omega) - Y_s(\omega)|}{|t - s|^{\gamma}} < C\right\}\right) = 1 \qquad ♣$$

上面定理 2.2 考虑的是时间索引集 $\mathbb{T}$ 是一维的情形。对于多维的情形，设时间索引集合 $\mathbb{T} = [0, T]^d$，其中维数 $d \in \mathbb{N}$，考虑实值随机场 $X = \{X_t ; t \in \mathbb{T}\}$。如果存在常数 α，β，$C > 0$，使得：对任意 $s, t \in \mathbb{T}$，有
$$E\big[|X_t - X_s|^{\alpha}\big] \leqslant C\,\|t - s\|^{d+\beta} \tag{2.10}$$
那么就存在一个轨道是局部 $\gamma \in (0, \beta/\alpha)$-Hölder 连续的且与过程 X 互为修正的过程 $Y = \{Y_t ; t \in \mathbb{T}\}$，也就是说，存在常数 $C > 0$ 和一个随机变量 $h : \Omega \mapsto (0, \infty)$ 满足：
$$P\left(\left\{\omega \in \Omega ; \sup_{s,\,t \in [0,\,T],\,0 < \|s-t\| < h(\omega)} \frac{|Y_t(\omega) - Y_s(\omega)|}{\|t - s\|^{\gamma}} < C\right\}\right) = 1$$
这里的 $\|\cdot\|$ 表示欧氏范数。

上面定理 2.2 中的条件式(2.9)中的参数 β 不能等于 0,否则 Kolmogorov 连续性定理的结论并不一定成立。这可以构造如下的反例来进行证明。

例 2.8 设概率空间 $(\Omega, \mathscr{F}, P) = ([0, 1], \mathscr{B}([0, 1]), m)$,其中 m 为 Lebesgue 测度,引入随机过程 $X_t(\omega) = \mathbf{1}_{[0, t]}(\omega)$,$\forall (t, \omega) \in [0, 1] \times \Omega$,那么对任意 $\omega \in \Omega$,样本轨道 $t \mapsto X_t(\omega)$ 是右连续的。进一步有:对任意的 $\alpha > 0$,有

$$E[|X_t - X_s|^\alpha] \leqslant |t - s|, \quad \forall s, t \in [0, 1]$$

故可以断言:过程 X 并不存在一个轨道连续的修正。事实上,用反证法,假设存在一个轨道连续过程 $Y = \{Y_t; t \in [0, 1]\}$ 与过程 X 互为修正。由于 X, Y 的轨道都是右连续的,故应用引理 2.1 可得 X, Y 是无区别的,也就是说 $P(X_t = Y_t, \forall t \in [0, 1]) = 1$。然而,由于 X 是右连续,但非连续的,故 $P(X_t = Y_t, \forall t \in [0, 1]) = 1$ 并不成立。

2.5　随机过程的数字特征

类似于随机变量,人们可以用数字特征来刻画随机过程的某些统计特性。然而与随机变量数字特征不同之处在于,我们需要考虑随机过程数字特征关于时间索引的变化。本节将讨论随机过程聚焦于复值随机过程。所谓的复值随机过程是指:设 $Y = \{Y_t; t \in \mathbb{T}\}$ 和 $Z = \{Z_t; t \in \mathbb{T}\}$ 是概率空间 $(\Omega, \mathscr{F}, P)$ 上的两个实值过程,定义 $X_t = Y_t + iZ_t$,$\forall t \in \mathbb{T}$,则称 $X = \{X_t; t \in \mathbb{T}\}$ 是概率空间 $(\Omega, \mathscr{F}, P)$ 上的复值随机过程。如果 $E[|X_t|^2] < \infty$ (通常称二阶矩 $E[|X_t|^2]$ 为过程 X 的平均能量),$\forall t \in \mathbb{T}$,则称该过程为二阶矩过程。例如,由例 2.4 所给出的过程就是一个实值二阶矩过程。

对于随机变量,其数字特征包括数学期望(或称均值)、方差和协方差等。我们将这些数字特征拓展到复值二阶矩过程中。

定义 2.9(基本数字特征)

设 $X = \{X_t; t \in \mathbb{T}\}$ 是概率空间 $(\Omega, \mathscr{F}, P)$ 上的复值二阶矩过程,定义:

$$m_X(t) := E[X_t] \text{ 和 } R_X(s, t) := E[\overline{X_s} X_t], \quad \forall s, t \in \mathbb{T} \qquad (2.11)$$

那么,称 $m_X(t)$ 和 $R_X(s, t)$ 分别为过程 X 的均值函数和相关函数。　♣

我们把随机过程的均值函数和相关函数称为基本数字特征,由这两个基本数字特征可以衍生出随机过程的其他数字特征。事实上,复值二阶矩过程 $X = \{X_t; t \in \mathbb{T}\}$ 还有如下的数字特征。

- 方差函数:$D_X(t) = \text{Var}(X_t) = R_X(t, t) - |m_X(t)|^2$,$\forall t \in \mathbb{T}$。
- 协方差函数:$C_X(s, t) = \text{Cov}(\overline{X_s}, X_t) = R_X(s, t) - \overline{m}_X(s) m_X(t)$,$\forall s, t \in \mathbb{T}$。事实上,有:

$$
\begin{aligned}
C_X(s, t) &= \text{Cov}(\overline{X_s}, X_t) = E[\overline{(X_s - m_X(s))}(X_t - m_X(t))] \\
&= E[\overline{X_s} X_t - \overline{X_s} m_X(t) - \overline{m}_X(s) X_t + \overline{m}_X(s) m_X(t)] \\
&= R_X(s, t) - \overline{m}_X(s) m_X(t)
\end{aligned}
$$

其中,数学期望和"共轭"的关系式为 $\overline{E[X_t]} = E[\overline{X_t}]$。

- 相关系数函数：$\rho(s, t) = \dfrac{C_X(s, t)}{\sqrt{D_X(s)}\ \sqrt{D_X(t)}}$，$\forall s, t \in \mathbb{T}$。

对于复值二阶矩过程 $X = \{X_t; t \in \mathbb{T}\}$ 满足表示 $X_t = Y_t + \mathrm{i}Z_t$，$t \in \mathbb{T}$，这里的 $Y = \{Y_t; t \in \mathbb{T}\}$ 和 $Z = \{Z_t; t \in \mathbb{T}\}$ 是同一概率空间上的实值过程。根据定义 2.9，有：

$$m_X(t) = m_Y(t) + \mathrm{i}m_Z(t), \quad \forall t \in \mathbb{T} \tag{2.12}$$

对于相关函数，则有：

$$
\begin{aligned}
R_X(s, t) &= E\left[\overline{Y_s + \mathrm{i}Z_s}(Y_t + \mathrm{i}Z_t)\right] = E\left[(Y_s - \mathrm{i}Z_s)(Y_t + \mathrm{i}Z_t)\right] \\
&= R_Y(s, t) + R_Z(s, t) + \mathrm{i}(R_{YZ}(s, t) - R_{ZY}(s, t)), \quad \forall s, t \in \mathbb{T}
\end{aligned}
\tag{2.13}
$$

其中，$R_{YZ}(s, t) = E[\overline{Y_s}Z_t]$，$\forall s, t \in \mathbb{T}$ 表示过程 Y 与 Z 的互相关函数。

随机过程数字特征具有如下性质。

（1）对任意 $t \in \mathbb{T}$，$|m_X(t)|^2 \leqslant R_X(t, t)$。事实上，应用 Jensen 不等式可得到

$$|m_X(t)|^2 = |E[X_t]|^2 \leqslant E[|X_t|^2] = R_X(t, t)$$

（2）对任意 $t \in \mathbb{T}$，$R_X(t, t) \geqslant 0$。事实上，$R_X(t, t) = E[|X_t|^2] \geqslant 0$。

（3）对任意 $s, t \in \mathbb{T}$，$\overline{R_X(s, t)} = R_X(t, s)$。事实上，

$$\overline{R_X(s, t)} = \overline{E[\overline{X_s}X_t]} = E[\overline{\overline{X_s}X_t}] = E[\overline{X_t}X_s] = R_X(t, s)$$

于是，如果过程 X 是实值，那么 $R_X(s, t) = R_X(t, s)$，$\forall s, t \in \mathbb{T}$。

（4）对任意 $s, t \in \mathbb{T}$，$|R_X(s, t)| \leqslant \sqrt{R_X(s, s)}\ \sqrt{R_X(t, t)}$。事实上，应用 Cauchy-Schwarz 不等式可得到

$$
\begin{aligned}
|R_X(s, t)| &= |E[\overline{X_s}X_t]| \leqslant E[|X_s||X_t|] \leqslant \sqrt{E[|X_s|^2]}\ \sqrt{E[|X_t|^2]} \\
&= \sqrt{R_X(s, s)}\ \sqrt{R_X(t, t)}
\end{aligned}
$$

（5）对任意 $s, t \in \mathbb{T}$，$|C_X(s, t)| \leqslant \sqrt{D_X(s)}\ \sqrt{D_X(t)}$。类似于性质（4），同样应用 Cauchy-Schwarz 不等式可得到该不等式。

（6）对任意 $n \in \mathbb{N}$，$t_1, \cdots, t_n \in \mathbb{T}$ 和任意 $c_1, \cdots, c_n \in \mathbb{C}$，$\displaystyle\sum_{i, j=1}^{n} \overline{c}_i R_X(t_i, t_j) c_j \geqslant 0$。

事实上，有：

$$
\begin{aligned}
\sum_{i, j=1}^{n} \overline{c}_i R_X(t_i, t_j) c_j &= \sum_{i, j=1}^{n} \overline{c}_i E[\overline{X_{t_i}}X_{t_j}] c_j = E\left[\sum_{i, j=1}^{n} \overline{X_{t_i}c_i}X_{t_j}c_j\right] \\
&= E\left[\left|\sum_{i=1}^{n} X_{t_i}c_i\right|^2\right] \geqslant 0
\end{aligned}
$$

上面的性质（1）和（4）表明：二阶矩过程的基本数字特征是一定存在的，这是因为对于二阶矩过程 $R_X(t, t) \in [0, \infty)$，$\forall t \in \mathbb{T}$；性质（5）表明相关系数函数满足 $|\rho(s, t)| \leqslant 1$，$\forall s, t \in \mathbb{T}$。上面相关函数的性质（6）则意味着由相关函数所构成的如下复值方阵是非负定的：

$$
\begin{bmatrix}
R_X(t_1, t_1) & R_X(t_1, t_2) & \cdots & R_X(t_1, t_n) \\
R_X(t_2, t_1) & R_X(t_2, t_2) & \cdots & R_X(t_2, t_n) \\
\vdots & \vdots & & \vdots \\
R_X(t_n, t_1) & R_X(t_n, t_2) & \cdots & R_X(t_n, t_n)
\end{bmatrix}
$$

下面是例2.9，例2.10两个计算实值二阶矩过程数字特征的例子。

例 2.9(随机调和函数) 设 $\xi \sim U(0, 2\pi)$，定义 $X_t = \cos(t + \xi)$，$\forall t \in \mathbb{R}$，那么称 $X = \{X_t; t \in \mathbb{R}\}$ 为随机调和函数。首先计算 X 的均值函数为

$$m_X(t) = E[\cos(t + \xi)] = \frac{1}{2\pi} \int_0^{2\pi} \cos(t + x) dx = 0, \ \forall t \in \mathbb{R}$$

过程 X 的相关函数则为

$$R_X(s, t) = E[\cos(s + \xi)\cos(t + \xi)]$$

$$= \frac{1}{2} E[\cos(s + t + 2\xi) + \cos(s - t)]$$

$$= \frac{1}{2} \cos(t - s), \ \forall s, t \in \mathbb{R}$$

例 2.10 设 ξ 和 η 是两个相互独立的实值随机变量且满足 $E[\xi] = E[\eta] = 0$，$\mathrm{Var}(\xi) = \mathrm{Var}(\eta) = \sigma^2 > 0$，对于 $\theta \in \mathbb{R}$，定义 $X_t = \xi\cos(\theta t) + \eta\sin(\theta t)$，$\forall t \in \mathbb{R}$。下面计算过程 $X = \{X_t; t \in \mathbb{R}\}$ 的均值函数和相关函数。事实上，我们有

$$m_X(t) = E[\xi\cos(\theta t) + \eta\sin(\theta t)] = \cos(\theta t)E[\xi] + \sin(\theta t)E[\eta] = 0$$

对于 X 的相关函数，应用 ξ, η 的独立性可得到：

$$C_X(s, t) = R_X(s, t) = E[(\xi\cos(\theta s) + \eta\sin(\theta s))(\xi\cos(\theta t) + \eta\sin(\theta t))]$$

$$= \cos(\theta s)\cos(\theta t)E[\xi^2] + \sin(\theta s)\sin(\theta t)E[\eta^2]$$

$$= \sigma^2 \cos[(t - s)\theta], \ \forall s, t \in \mathbb{R}$$

下面的例子是关于复值过程数字特征的计算。

例 2.11 设 ξ 和 η 是相互独立的实值随机变量，其中 $E[\xi] = \mathrm{Var}(\xi) = 1$，而 η 是服从均值为 $1/\lambda(\lambda > 0)$ 的指数分布(见第1章习题7)。对任意 $t \geq 0$，定义 $X_t = \xi e^{i\eta t}$。下面计算复值过程 $X = \{X_t; t \geq 0\}$ 的基本数字特征，对于均值函数，有：

$$m_X(t) = E[\xi e^{i\eta t}] = E[\xi]E[e^{i\eta t}] = \Phi_\eta(t) = \frac{\lambda}{\lambda - it}, \ \forall t \geq 0$$

对于相关函数，则有：

$$R_X(s, t) = E[\overline{\xi e^{i\eta s}} \xi e^{i\eta t}] = E[\xi^2 e^{i\eta(t-s)}] = E[\xi^2]E[e^{i\eta(t-s)}]$$

$$= 2\Phi_\eta(t - s) = \frac{2\lambda}{\lambda - i(t - s)}, \ \forall s, t \geq 0$$

特征函数也可用来计算实值二阶矩过程的基本数字特征。事实上，有：

引理 2.2(实值二阶矩过程数字特征计算的特征函数法)

> 设 $X = \{X_t; t \in \mathbb{T}\}$ 是一个实值二阶矩过程，对任意 $s, t \in \mathbb{T}$，设 $\Phi_t^X(\theta_1)$ 和 $\Phi_{s,t}^X(\theta_1, \theta_2)$，$\forall \theta_1, \theta_2 \in \mathbb{R}$ 是由式(2.6)所定义的过程 X 的一维和二维特征函数，那么如下关系成立：
>
> $$m_X(t) = -i \frac{d\Phi_t^X(\theta_1)}{d\theta_1}\bigg|_{\theta_1=0}, \quad R_X(s, t) = -\frac{\partial^2 \Phi_{s,t}^X(\theta_1, \theta_2)}{\partial\theta_1 \partial\theta_2}\bigg|_{\theta_1=\theta_2=0} \quad \clubsuit$$

这样看来，由例2.4给出的实值二阶矩过程完全可由上面引理2.2来计算其数字特征。

练　习

1. 从 $t=0$ 开始每隔 $\frac{1}{2}$ 秒抛掷一枚均匀的硬币作试验，那么让我们定义如下的随机过程：对于 $t \in \mathbb{T} = \left\{ 0, \frac{1}{2}, 1, \frac{3}{2}, \cdots \right\}$，有

$$X_t = \begin{cases} \cos(\pi t), & t \text{ 时刻抛得正面} \\ 2t, & t \text{ 时刻抛得反面} \end{cases}$$

计算随机过程 $X = \{X_t ; t \in \mathbb{T}\}$ 的一维分布函数 $F^X_{\frac{1}{2}}(x)$ 和 $F^X_1(x)$，$\forall x \in \mathbb{R}$；二维分布函数 $F^X_{\frac{1}{2}, 1}(x_1, x_2)$，$\forall x_1, x_2 \in \mathbb{R}$ 和基本数字特征。

2. 对任意 $n \in \mathbb{N}$，定义 $X_n = \sum_{i=1}^{n} \xi_i$，其中 $\xi_i \in \mathbb{N}$，是独立同分布的随机变量且满足 $P(\xi_i = 1) = p = 1 - P(\xi_i = 0)$，$p \in (0, 1)$。计算过程 $X = \{X_n ; n \in \mathbb{N}\}$ 的协方差函数和相关系数函数。

3. 对于 $t \in \mathbb{T} = \mathbb{R}$，定义 $X_t = \xi\cos(wt) + \eta\sin(wt)$，其中 $w \in \mathbb{R}$，ξ, η 是相互独立且服从 $N(0, \sigma^2)$ 的随机变量（$\sigma^2 > 0$）。计算随机过程 $X = \{X_t ; t \in \mathbb{T}\}$ 的均值和相关函数。

4. 设复值随机过程 $X = \{X_t ; t \in \mathbb{T}\}$ 的均值函数为 $m_X(t)$ 和协方差函数为 $C_X(s, t)$，$\forall s, t \in \mathbb{T}$，而 $\varphi : \mathbb{T} \mapsto \mathbb{C}$ 为一个确定性函数，定义 $Y_t = X_t + \varphi(t)$，$\forall t \in \mathbb{T}$，计算过程 $Y = \{Y_t ; t \in \mathbb{T}\}$ 的基本数字特征。

5. 设 $X_t = a\sin(wt + \Theta)$，$\forall t \in \mathbb{T}$，其中 $a, w \in \mathbb{R}$，而 Θ 是服从 $(-\pi, \pi)$ 上均匀分布的随机变量。定义 $Y_t = X_t^2$，$\forall t \in \mathbb{T}$，计算 $R_Y(s, t)$ 和 $R_{XY}(s, t)$，$\forall s, t \in \mathbb{T}$。

6. 设 $\mathbb{T} = \mathbb{R}$，定义 $X_t = \xi + \eta t + \kappa t^2$，其中 ξ, η, κ 是相互独立的实值随机变量且它们的均值都为 0，方差都为 1。计算随机过程 $X = \{X_t ; t \in \mathbb{T}\}$ 的协方差函数。

7. 设 $X = \{X_t ; t \in \mathbb{T}\}$ 是一个实随机过程，对任意实数 $x \in \mathbb{R}$，可定义：

$$Y_t = \begin{cases} 1, & X_t \leqslant x \\ 0, & X_t > x \end{cases}$$

证明过程 $Y = \{Y_t ; t \in \mathbb{T}\}$ 的均值函数和相关函数分别为过程 X 的一维和二维分布函数。

8. 设 $f : \mathbb{R} \mapsto \mathbb{R}$ 是一个周期为 T 的周期函数，而随机变量 ξ 服从 $(0, T)$ 上的均匀分布，定义 $X_t = f(t - Y)$，$\forall t \in \mathbb{R}$，假设 $X = \{X_t ; t \in \mathbb{R}\}$ 是一个二阶矩过程，证明随机过程 $X = \{X_t ; t \in \mathbb{T}\}$ 满足：

$$E[X_t X_{t+\tau}] = \frac{1}{T} \int_0^T f(t) f(t + \tau) \mathrm{d}t, \ \forall \tau \in \mathbb{R}$$

9. 应用特征函数方法计算由例 2.4 给出的实值二阶矩过程的基本数字特征。

10. 设二维随机变量 $(\xi, \eta) \sim N(\mu, C)$，其中 $\mu \in \mathbb{R}^2$ 和 $C \in \mathbb{R}^{2\times2}$ 是一个正定矩阵，定义随机过程 $X_t = \xi + \eta t$，$\forall t \geqslant 0$。计算过程 $X = \{X_t ; t \geqslant 0\}$ 的特征函数族。

11. 构造两个随机过程 $X = \{X_t ; t \in \mathbb{T}\}$ 和 $Y = \{Y_t ; t \in \mathbb{T}\}$ 满足 $X_t \overset{\mathrm{d}}{=} Y_t$，$\forall t \in \mathbb{T}$，

但过程 X 与 Y 并不是互为版本的。

12. 设随机变量 $\xi \sim N(\mu, \sigma^2)$，其中 $\mu \in \mathbb{R}$ 和 $\sigma^2 > 0$，而随机变量 η 是定义在同一概率空间上与 ξ 独立且服从参数为 $\lambda > 0$ 的泊松分布。定义过程 $X_t = \xi + \eta t$，$\forall\, t \geqslant 0$。 计算过程 $X = \{X_t; t \geqslant 0\}$ 的有限维分布函数族和特征函数族。

13. 设 $X = \{X_t; t \in \mathbb{T}\}$ 和 $Y = \{Y_t; t \in \mathbb{T}\}$ 是概率空间 $(\Omega, \mathscr{F}, P)$ 上状态空间为 $S = \{0, 1\}$ 的随机过程。证明：当且仅当对任意 $n \in \mathbb{N}$ 和 $t_1, \cdots, t_n \in \mathbb{T}$ 时过程 X 和 Y 互为版本，即

$$P\left(\sum_{i=1}^{n} X_{t_i} > 0\right) = P\left(\sum_{i=1}^{n} Y_{t_i} > 0\right)$$

14. 请构造三个随机过程使其样本轨道分别为右连左极、左连右极和连续的，并分别画出其中的一条样本轨道。

15. 设 $X = \{X_t; t \in \mathbb{T}\}$ 和 $Y = \{Y_t; t \in \mathbb{T}\}$ 是概率空间 $(\Omega, \mathscr{F}, P)$ 上两个相互独立的二阶矩实值过程。用 X 和 Y 的基本数字特征来表示如下随机过程 $Z = \{Z_t; t \geqslant 0\}$ 的基本数字特征：

(1) $Z_t := X_t \vee Y_t$，$\forall\, t \in \mathbb{T}$；

(2) $Z_t := X_t \wedge Y_t$，$\forall\, t \in \mathbb{T}$。

16. 作为本章习题 15 的进一步拓展，设正整数 $n \geqslant 3$ 和 $X^i = \{X_t^i; t \in \mathbb{T}\}$，$i = 1, \cdots, n$ 是概率空间 $(\Omega, \mathscr{F}, P)$ 上的 n 个相互独立的二阶矩实值过程，用 X^i，$i = 1, \cdots, n$ 的基本数字特征来表示如下随机过程 $Z = \{Z_t; t \geqslant 0\}$ 的基本数字特征为

(1) $Z_t := \bigvee_{i=1}^{n} X_t^i$，$\forall\, t \in \mathbb{T}$；

(2) $Z_t := \bigwedge_{i=1}^{n} X_t^i$，$\forall\, t \in \mathbb{T}$。

17. 设 $X^i = \{X_t^i; t \in \mathbb{T}\}$，$i = 1, \cdots, n$ 是概率空间 $(\Omega, \mathscr{F}, P)$ 上的 n 个相互独立的实值二阶矩过程。考虑如下的经验测度值过程：

$$X_t := \frac{1}{n} \sum_{i=1}^{n} \delta_{X_t^i}, \quad \forall\, t \in \mathbb{T}$$

回答下列问题：

(1) 对固定的 $A \in \mathscr{B}(\mathbb{R})$，计算实值过程 $X(A) = \{X_t(A); t \in \mathbb{T}\}$ 的基本数字特征；

(2) 对固定的 $t \in \mathbb{T}$ 和两两不交的集合 $A_1, \cdots, A_k (k \in \mathbb{N})$，计算 k 维向量 $(X_t(A_1), \cdots, X_t(A_k))$ 的分布。

18. 设 $\{\xi_k\}_{k=1}^{\infty}$ 是概率空间 $(\Omega, \mathscr{F}, P)$ 上一列相互取值于 $S = \{0, 1, 2, \cdots\}$ 的独立同分布随机变量列，对于随机变量 ξ_1，其分布律为 $p_n = P(\xi_1 = n)$，$\forall\, n \in S$ 和其矩母函数为

$$P_{\xi_1}(s) := \sum_{n \in S} s^n P(\xi_1 = n) = \sum_{n \in S} s^n p_n, \quad \forall\, |s| \leqslant 1$$

考虑 $N: \Omega \mapsto S$ 是一个独立于 $\{\xi_k\}_{k=1}^{\infty}$ 的随机变量，定义随机变量 $X := \sum_{k=0}^{N} \xi_k$。 证明下列关于矩母函数的等式成立：

$$P_X(s) = P_N(P_{\xi_1}(s)), \quad \forall\, |s| \leqslant 1$$

19. 设 $X = \{X_t; t \in \mathbb{T}\}$ 是概率空间 $(\Omega, \mathscr{F}, P)$ 上的一个 S-值随机过程，由定义 2.7

所定义的其有限维分布为：对任意 $n \in \mathbb{N}$ 和互不相同的时刻 $t_1, \cdots, t_n \in \mathbb{T}$，有

$$\mu^X_{t_1, \cdots, t_n}(C) = P((X_{t_1}, \cdots, X_{t_n}) \in C), \quad \forall C \in \mathscr{B}(s^n)$$

证明上面的有限维分布满足如下的性质：

- （排列不变性）设 $\pi: \{1, \cdots, n\} \mapsto \{1, \cdots, n\}$ 是排列映射，那么对任意 $n \in \mathbb{N}$ 和互不相同的时刻 $t_1, \cdots, t_n \in \mathbb{T}$，有

$$\mu^X_{t_1, \cdots, t_n}(B_1 \times \cdots \times B_n) = \mu^X_{t_{\pi(1)}, \cdots, t_{\pi(n)}}(B_{t_{\pi(1)}} \times \cdots \times B_{t_{\pi(n)}}), \quad \forall B_1, \cdots, B_n \in \mathscr{B}(S)$$

- （投影不变性）对任意 $n \in \mathbb{N}$ 和互不相同的时刻 $t_1, \cdots, t_n, t_{n+1} \in \mathbb{T}$，有

$$\mu^X_{t_1, \cdots, t_n, t_{n+1}}(B_1 \times \cdots \times B_n \times S) = \mu^X_{t_1, \cdots, t_n}(B_1 \times \cdots \times B_n), \quad \forall B_1, \cdots, B_n \in \mathscr{B}(S)$$

上面关于有限维分布族的性质与所谓的 Kolmogorov 存在性定理紧密关联。事实上，Kolmogorov 存在性定理是说：如果一族 S 上的概率测度 $\{\mu_{t_1, \cdots, t_n}; t_1, \cdots, t_n \in \mathbb{T}\}$ 满足上面的排列不变性和投影不变性，那么就存在一个概率空间 $(\Omega, \mathscr{F}, P)$ 和其上的 S-值的随机过程 $X = \{X_t; t \in \mathbb{T}\}$ 使其有限维分布族为 $\{\mu^X_{t_1, \cdots, t_n, t_{n+1}}; t_1, \cdots, t_n \in \mathbb{T}\}$。

第 3 章

平 稳 过 程

>>•>> 内容提要

在第 2.1 节中，根据时间索引指标集合和状态空间的类别对随机过程进行了分类。然而还有其他的标准也可以对随机过程分类。本章将根据随机过程的有限维分布和基本数字特征随时间的平稳性对随机过程进行分类，从而引入两种平稳过程。第 3.1 节将介绍严平稳过程，也就是有限维分布随着时间的推移保持不变的随机过程。第 3.2 节将引入基本数字特征随时间推移保持不变的二阶矩过程，即宽平稳过程。第 3.3 节将建立宽平稳过程相关函数的谱分解表示。最后，第 3.4 节将讨论宽平稳过程的均值遍历性问题。

3.1 严平稳过程

本节将根据随机过程的有限维分布随时间的平稳性来引入所谓的严平稳过程，其具体定义如下所述。

定义 3.1（严平稳过程）

> 设 $\mathbb{T} \subset \mathbb{R}$ 和 $X = \{X_t; t \in \mathbb{T}\}$ 是概率空间 $(\Omega, \mathscr{F}, P)$ 上的一个状态空间为 S 的随机过程，对任意 $n \in \mathbb{N}$，任意时刻 $t_1, \cdots, t_n \in \mathbb{T}$ 和 $\tau \in \mathbb{R}$ 满足 $t_i + \tau \in \mathbb{T}(i = 1, \cdots, n)$，如果过程 X 的有限维分布 $\mu^X_{t_1, \cdots, t_n} = \mu^X_{t_1 + \tau, \cdots, t_n + \tau}$，则称 X 是一个严平稳过程。 ♣

从定义 3.1 来看，严平稳过程是其有限维分布随着时间推移保持不变的随机过程。特别地讲，如果状态空间 $S = \mathbb{R}$，严平稳过程的定义可以通过其有限维分布函数来刻画：

$$F^X_{t_1, \cdots, t_n}(x_1, \cdots, x_n) = F^X_{t_1 + \tau, \cdots, t_n + \tau}(x_1, \cdots, x_n), \ \forall x_1, \cdots, x_n \in \mathbb{R}$$

$$(3.1)$$

特别地，严平稳过程的一维分布独立于时间指标，而二维分布只依赖于时间间隔。对于复值随机过程 $X_t = Y_t + iZ_t, \ \forall t \in \mathbb{T}$，根据式（2.7），其 n 维分布函数可定义为：对任意 $(y_i, z_i) \in \mathbb{R}^2, \ \forall i = 1, \cdots, n$，有

$$F^X_{t_1, \cdots, t_n}((y_1, z_1), \cdots, (y_n, z_n)) = P(Y_{t_1} \leqslant y_1, Z_{t_1} \leqslant z_1, \cdots, Y_{t_n} \leqslant y_n, Z_{t_n} \leqslant z_n)$$

于是，如果 $F_{t_1, \cdots, t_n}^X((y_1, z_1), \cdots, (y_n, z_n)) = F_{t_1+\tau, \cdots, t_n+\tau}^X((y_1, z_1), \cdots, (y_n, z_n))$，则称复值随机过程 X 是严平稳的。

严平稳二阶矩过程的基本数字特征具有如下性质。

引理 3.1(严平稳二阶矩过程的基本数字特征)

> 设 $\mathbb{T} \subset \mathbb{R}$ 和 $X = \{X_t ; t \in \mathbb{T}\}$ 是概率空间 $(\Omega, \mathscr{F}, P)$ 上的一个复值二阶矩过程，如果 X 是严平稳过程，那么其基本的数字特征应满足：
> $$m_X(t) = m_X \in \mathbb{C}, \ \forall t \in \mathbb{T}, R_X(s, t) = R_X(t-s), \ \forall s, t \in \mathbb{T} \quad (3.2)$$
> ♣

证明 任取 $\tau_0 \in \mathbb{T}$，那么对任意 $t \in \mathbb{T}$，选取 $\tau(t) = \tau_0 - t$。根据严平稳过程的定义 3.1 可得到：对任意 $t \in \mathbb{T}$，$F_t^X(y_1, z_1) = F_{t+\tau(t)}^X(y_1, z_1) = F_{\tau_0}^X(y_1, z_1)$，$\forall y_1, z_1 \in \mathbb{R}$。因此，应用例 1.15，对任意 $t \in \mathbb{T}$，有

$$m_X(t) = E[X_t + iY_t] = \int_{\mathbb{R}^2} (y_1 + iz) F_t^X(dy_1, dz_1)$$

$$= \int_{\mathbb{R}^2} (y_1 + iz) F_{\tau_0}^X(dy_1, dz_1) = m_X(\tau_0) = m_X \in \mathbb{C}$$

另外一方面，对任意 $s, t \in \mathbb{T}$，根据定义 3.1 可得到：

$$F_{s, t}^X(y_1, z_1, y_2, z_2) = F_{s+\tau(s), t+\tau(s)}^X(y_1, z_1, y_2, z_2)$$
$$= F_{\tau_0, \tau_0+t-s}(y_1, z_1, y_2, z_2)$$

于是，对任意 $s, t \in \mathbb{T}$，有

$$R_X(s, t) = E[(Y_s - iZ_s)(Y_t + iZ_t)]$$

$$= \int_{\mathbb{R}^2} \int_{\mathbb{R}^2} (y_1 - iz_1)(y_2 + iz_2) F_{s, t}^X(d(y_1, z_1), d(y_2, z_2))$$

$$= \int_{\mathbb{R}^2} \int_{\mathbb{R}^2} (y_1 - iz_1)(y_2 + iz_2) F_{\tau_0, \tau_0+t-s}^X(d(y_1, z_1), d(y_2, z_2))$$

$$= R_X(t-s)$$

至此引理得证。 □

引理 3.1 说明：严平稳二阶矩过程的均值函数是一个复常数，而相关函数仅依赖于时间间隔。

例 3.1(严白噪声) 设 X_n，$n \in \mathbb{Z}$ 是一列独立同分布的实值随机变量，那么 $X = \{X_n ; n \in \mathbb{Z}\}$ 是一个严平稳过程，称其为严白噪声。事实上，对任意 $n \in \mathbb{N}$ 和 $k_1, \cdots, k_n \in \mathbb{Z}$ 和 $\tau \in \mathbb{Z}$，有

$$F_{k_1, \cdots, k_n}^X(x_1, \cdots, x_n) = P(X_{k_1} \leqslant x_1, \cdots, X_{k_n} \leqslant x_n)$$

$$= \prod_{i=1}^n P(X_{k_i} \leqslant x_i)$$

$$= \prod_{i=1}^n P(X_{k_i+\tau} \leqslant x_i)$$

$$= P(X_{k_1+\tau} \leqslant x_1, \cdots, X_{k_n+\tau} \leqslant x_n)$$

$$= F_{k_1+\tau, \cdots, k_n+\tau}^X(x_1, \cdots, x_n), \ \forall x_1, \cdots, x_n \in \mathbb{R}$$

例 2.9 引入的随机调和函数实际上就是一个严平稳过程。

例 3.2(随机调和函数) 让我们重返例 2.9,也就是考虑过程 $X_t = \cos(t+\xi)$, $\forall\, t \in \mathbb{R}$, 其中随机变量 $\xi \sim U(0, 2\pi)$,那么随机调和函数 $X = \{X_t; t \in \mathbb{R}\}$ 是一个严平稳过程。事实上,对于固定的 $t \in \mathbb{R}$ 和 $x \in (-1, 1)$,有如下事件的表示(见图 3.1):

$$\{\cos(t+\xi) \leqslant x\} = \{\xi \in \bigcup_{k \in \mathbb{Z}} [2k\pi + \arccos(x) - t, 2k\pi + 2\pi - \arccos(x) - t]\}$$

由于 ξ 的支撑 $\mathrm{supp}(\xi) = (0, 2\pi)$,故 $\cos(t+\xi) \leqslant x$ 意味着存在唯一的 $k_0 \in \mathbb{Z}$ 使得 $\xi \in [2k_0\pi + \arccos(x) - t, 2k_0\pi + 2\pi - \arccos(x) - t]$,因此 X 的一维分布函数为,对任意 $x \in (-1, 1)$,有

$$\begin{aligned}
F_t^X(x) &= P(X_t \leqslant x) \\
&= P(\xi \in [2k_0\pi + \arccos(x) - t, 2k_0\pi + 2\pi - \arccos(x) - t]) \\
&= \frac{\pi - \arccos(x)}{\pi}
\end{aligned}$$

于是过程 X 的一维概率密度函数为

$$f_t(x) = \frac{1}{\pi\sqrt{1-x^2}}, \ \forall\, x \in (-1, 1)$$

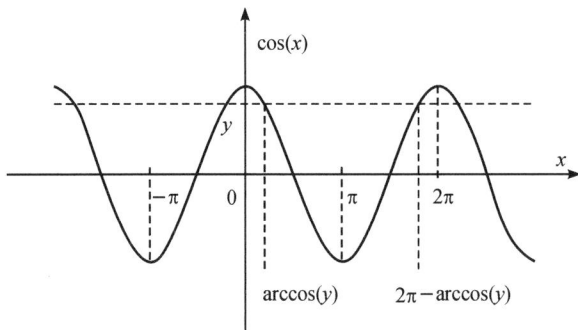

图 3.1 余弦函数 $x \mapsto \cos(x)$ 的像

显然,上面的概率密度函数独立于时间 $t \in \mathbb{R}$,故 X 的一维分布关于时间是平移不变的。对于过程 X 的二维分布,设 $-\infty < t_1 < t_2 < +\infty$ 和 $x_1, x_2 \in (-1, 1)$,有如下事件的表示:

$$\{\cos(t_1+\xi) \leqslant x_1\} = \{\xi \in [2k_0\pi + \arccos(x_1) - t_1, 2k_0\pi + 2\pi - \arccos(x_1) - t_1]\}$$

$$\{\cos(t_2+\xi) \leqslant x_2\} = \{\xi \in [2k_1\pi + \arccos(x_2) - t_2, 2k_1\pi + 2\pi - \arccos(x_2) - t_2]\}$$

其中,$k_0, k_1 \in \mathbb{Z}$。于是过程 X 的二维分布函数为:对任意 $x_1, x_2 \in (-1, 1)$,有

$$\begin{aligned}
F_{t_1, t_2}^X(x_1, x_2) = \frac{1}{2\pi} \times \big| [2k_0\pi + \arccos(x_1) - t_1, 2k_0\pi + 2\pi - \arccos(x_1) - t_1] \bigcap \\
[2k_1\pi + \arccos(x_2) - t_2, 2k_1\pi + 2\pi - \arccos(x_2) - t_2] \big|
\end{aligned}$$

由此可得到 $F_{t_1, t_2}^X(x_1, x_2)$ 只依赖于 $t_2 - t_1$。类似地,也可以证明过程 X 的任意有限维分布关于时间是平移不变的。

3.2　宽平稳过程

3.1 节引入了严平稳过程，其有限维分布随时间推移是保持不变的。分布决定着数字特征，这导致严平稳二阶矩过程的均值函数独立于时间，而相关函数仅依赖于时间间隔（引理 3.1）。然而，对于二阶矩过程，引理 3.1 的逆命题并不成立，见下面的例子。

例 3.3　设 $\xi_n (n \in \mathbb{N})$ 是独立同分布于 $N(0,1)$ 的高斯随机变量。对任意 $n \in \mathbb{N}$，引入如下随机变量：

$$X_n = \begin{cases} \xi_n, & n \text{ 为偶数} \\ \dfrac{1}{\sqrt{2}} (\xi_{n-1}^2 - 1), & n \text{ 为奇数} \end{cases}$$

于是实值过程 $X = \{X_n; n \in \mathbb{N}\}$ 的均值函数为：对任意 $n \in \mathbb{N}$，有

$$m_X(n) = E[X_n] = \begin{cases} 0, & n \text{ 为偶数} \\ \dfrac{1}{\sqrt{2}} (E[\xi_{n-1}^2] - 1) = 0, & n \text{ 为奇数} \end{cases}$$

进一步，实值过程 $X = \{X_n; n \in \mathbb{N}\}$ 的相关函数为：对任意 $m, n \in \mathbb{N}$ 和 $m \leqslant n$，有
$R_X(m, n) = E[X_m X_n]$

$$= \begin{cases} E[\xi_m \xi_n] = 0, & m, n \text{ 为偶数}, n - m \neq 0 \\ 0, & m, n \text{ 为奇数}, n - m \neq 0 \\ E[\xi_n^2] = 1, & m, n \text{ 为偶数}, n - m = 0 \\ \dfrac{1}{2} E[\xi_{n-1}^4 - 2\xi_{n-1} - 1] = 1, & m, n \text{ 为奇数}, n - m = 0 \\ \dfrac{1}{\sqrt{2}} E[\xi_m^3 - \xi_m] = 0, & m \text{ 为奇数}, n \text{ 为偶数}, n = m - 1 \\ 0, & m \text{ 为奇数}, n \text{ 为偶数}, n \neq m - 1 \\ 0, & m \text{ 为偶数}, n \text{ 为奇数}, n = m - 1 \\ 0, & m \text{ 为偶数}, n \text{ 为奇数}, n \neq m - 1 \end{cases}$$

于是过程 X 的均值函数为常数，而相关函数仅仅依赖于时间间隔 $n - m$。接下来我们计算实值过程 X 的一维分布函数。对任意 $n \in \mathbb{N}$，有

$$F_n^X(x) = \begin{cases} P(\xi_n \leqslant x), & n \text{ 为偶数} \\ P(|\xi_{n-1}| \leqslant \sqrt{1 + \sqrt{2}\, x}), & n \text{ 为奇数} \end{cases}$$

其中，$x > -\dfrac{1}{\sqrt{2}}$，取 $x = 0$。当 n 为偶数时，$F_n(0) = 0.5$；而当 n 为奇数时，$F_n(0) = 0.6826$。这意味着 X 的一维分布函数在奇、偶时刻是不同的，故 X 不可能是严平稳过程，这是因为严平稳过程的一维分布函数是独立于时间指标索引的。

我们把具有引理 3.1 中的基本数字特征的复值二阶矩过程称为宽平稳过程，其具体定义表述如下：

定义 3.2(宽平稳过程)

设 $X=\{X_t; t \in \mathbb{T}\}$ 是概率空间 $(\Omega, \mathscr{F}, P)$ 上的一个复值二阶矩过程。如果对任意 $s, t \in \mathbb{T}$，过程 X 的数字特征满足式(3.2)，也就是过程 X 的数字特征满足：

$$m_X(t)=m_X \in \mathbb{C}, \forall t \in \mathbb{T}$$

$$R_X(s, t)=R_X(t-s), \forall s, t \in \mathbb{T}$$

则称 X 为宽平稳过程，或简称为平稳过程。 ♣

宽平稳过程的相关函数 $R_X(\tau)$ 是一元函数，这比初始的二元相关函数 $R_X(s, t)$ 要好研究得多。同样，宽平稳过程的协方差函数也成了一元函数 $C_X(\tau)=C_X(t, t+\tau)$。结合 2.5 节讨论的一般二阶矩过程相关函数的性质，我们有如下关于宽平稳过程的相关函数 $R_X(\tau)$ 的更加特殊的性质：设 $X=\{X_t; t \in \mathbb{T}\}$ 是概率空间 $(\Omega, \mathscr{F}, P)$ 上的一个复值"宽平稳"二阶矩过程，则

(1) $|m_X|^2 \leqslant R_X(0)=E[|X_t|^2] \geqslant 0, \forall t \in \mathbb{T}$，即 $R_X(0)$ 为宽平稳过程 X 的平均能量。事实上，对任意 $t \in \mathbb{T}$，$E[|X_t|^2]=E[\overline{X_t}X_t]=R_X(t, t)=R_X(t-t)=R_X(0)$。

(2) $\overline{R_X(\tau)}=R_X(-\tau)$，即 $\overline{R_X(\tau)}=\overline{E[\overline{X_t}X_{t+\tau}]}=E[\overline{X_{t+\tau}}X_t]=R_X(-\tau)$。特别地，如果 X 是实值的，那么相关函数 $\tau \mapsto R_X(\tau)$ 是一个偶函数。

(3) 对任意 $t \in \mathbb{T}$，$|R_X(\tau)| \leqslant R_X(0)$，也就是说，宽平稳过程相关函数的模不会超过其能量平均。事实上，由于 $|R_X(s, t)|=\sqrt{R_X(s, s)}\sqrt{R_X(t, t)}, \forall s, t \in \mathbb{T}$，因此，在宽平稳过程的意义下，这等价于 $|R_X(\tau)| \leqslant \sqrt{R_X(0)}\sqrt{R_X(0)}=R_X(0)$。

(4) 相关函数 $\tau \mapsto R(\tau)$ 是非负定的，即对任意 $n \in \mathbb{N}, t_1, \cdots, t_n \in \mathbb{T}$ 和任意 $c_i \in \mathbb{C}$ $(i=1, \cdots, n)$，有 $\sum\limits_{k, l=1}^{n} \overline{c_k}c_l R_X(t_k-t_l) \geqslant 0$。

(5) 相关系数函数 $\rho(\tau)=\dfrac{C_X(\tau)}{C_X(0)}$，即宽平稳过程的相关系数函数为

$$\rho(t, t+\tau)=\frac{C_X(t, t+\tau)}{\sqrt{D(t)}\sqrt{D(t+\tau)}}=\frac{C_X(\tau)}{C_X(0)}$$

显然，根据引理 3.1，严平稳二阶矩过程一定是宽平稳过程，反之则不成立。对应于严白噪声，下面给出所谓宽白噪声的定义。

例 3.4(宽白噪声) 设 $X_n, n \in \mathbb{Z}$ 是一列两两互不相关的实值随机变量序列且满足：对任意 $n \in \mathbb{Z}$，$E[X_n]=0$ 和 $\mathrm{Var}(X_n)=\sigma^2 > 0$。显然，过程 $X=\{X_n; n \in \mathbb{Z}\}$ 的均值函数为 $m_X(n)=0, \forall n \in \mathbb{Z}$。进一步，对任意 $m, n \in \mathbb{Z}$，有

$$R_X(m, n)=E[X_m X_n]=\begin{cases} \sigma^2, & n-m=0 \\ 0, & n-m \neq 0 \end{cases}$$

因此，根据定义 3.2，过程 X 是一个宽平稳过程，称其为宽白噪声。

例 3.5(q-阶移动平均过程) 设 $X=\{X_n; n \in \mathbb{Z}\}$ 是一个宽白噪声。定义如下的 q-阶移动平均过程：设 $q \in \mathbb{N}$，对给定的常数序列 $a_1, \cdots, a_q \in \mathbb{R}$，有

$$Y_n=X_n+a_1 X_{n-1}+a_2 X_{n-1}+\cdots+a_q X_{n-q}, \forall n \in \mathbb{Z}$$

称实值过程 $Y = \{X_n; n \in \mathbb{Z}\}$ 为 q-阶移动平均过程。首先计算 Y 的均值函数。事实上，有：

$$m_Y(n) = E[X_n] + a_1 E[X_{n-1}] + a_2 E[X_{n-1}] + \cdots + a_q E[X_{n-q}] = 0, \quad \forall n \in \mathbb{Z}$$

对于 Y 的相关函数，重写 $Y_n = \sum_{k=0}^{q} a_k X_{n-k}, \forall n \in \mathbb{Z}$，其中 $a_0 = 1$。于是可得到：

$$R_Y(m, n) = E\left[\left(\sum_{k=0}^{q} a_k X_{m-k}\right)\left(\sum_{l=0}^{q} a_l X_{n-l}\right)\right] = \sum_{k, l=0}^{q} a_k a_l E[X_{m-k} X_{n-l}]$$

$$= \sum_{k, l=0}^{q} a_k a_l \sigma^2 \mathbf{1}_{m-k=n-l}$$

$$= \sigma^2 \sum_{l-k=n-m} a_k a_l = R_Y(n - m)$$

其中，$R_Y(\tau) = \sum_{k=0}^{q} a_k a_{k+\tau}$ 和记 $a_\tau = 0, \forall \tau > q$ 或 $\tau < 0$，记 q-阶移动平均过程为 MA(q)。对于 MA(2)，则相应的相关函数可写为：对于 $\tau \in \mathbb{Z}$，有

$$R_Y(\tau) = \sigma^2 \sum_{k=0}^{2} a_k a_{k+\tau}$$

$$= \sigma^2 (a_0 a_\tau + a_1 a_{1+\tau} + a_2 a_{2+\tau}) = \begin{cases} \sigma^2 (1 + a_1^2 + a_2^2), & \tau = 0 \\ \sigma^2 (a_1 + a_1 a_2), & \tau = \pm 1 \\ \sigma^2 a_2, & \tau = \pm 2 \\ 0, & |\tau| > 2 \end{cases}$$

由于 Y 的均值函数为常数 0，故 Y 的协方差函数 $C_X(\tau) = R_X(\tau)$。这样，过程 Y 的相关系数函数为：对任意 $\tau \in \mathbb{Z}$，有

$$\rho_Y(\tau) = \frac{R_Y(\tau)}{R_Y(0)} = \begin{cases} 1, & \tau = 0 \\ \dfrac{a_1 + a_1 a_2}{1 + a_1^2 + a_2^2}, & \tau = \pm 1 \\ \dfrac{a_2}{1 + a_1^2 + a_2^2}, & \tau = \pm 2 \\ 0, & |\tau| > 2 \end{cases}$$

3.3　相关函数的谱分解

这一节将建立平稳过程相关函数的谱分解表示，其核心内容是一个(宽)平稳过程的相关函数可以写为其功率谱密度(如果存在)的反傅里叶变换。为此，我们首先介绍一个可积函数(时域信号)的傅里叶变换。设 $f: \mathbb{R} \mapsto \mathbb{R}$ 是一个可积函数，即 $\int_{\mathbb{R}} |f(t)| \, \mathrm{d}t < \infty$，那么该函数(信号)的傅里叶变换可定义为

$$\mathscr{F}(f)(\tau) = \int_{\mathbb{R}} f(t) \mathrm{e}^{-\mathrm{i}\tau t} \, \mathrm{d}t, \quad \forall \tau \in \mathbb{R} \tag{3.3}$$

傅里叶变换 $\mathscr{F}(f)(\tau)$ 中的变量 τ 被称为频率(frequency)，也称 $\mathscr{F}(f)(\tau)$ 为频域信号，也就是说，傅里叶变换可以把一个时域信号变换为一个频域信号。根据式(3.3)，给定频域

信号 $\mathscr{F}(f)(\tau)$，就可以通过如下的反傅里叶变换将频域信号变换为时域信号：

$$f(t) = \frac{1}{2\pi} \int_{\mathbb{R}} \mathscr{F}(f)(\tau) \mathrm{e}^{\mathrm{i}\tau t} \mathrm{d}\tau, \ \forall\, t \in \mathbb{R} \tag{3.4}$$

我们把傅里叶变换和反傅里叶变换称为互为对偶。

考虑一个单位脉冲或 Dirac-delta 函数 $\delta: \mathbb{R} \mapsto [0, +\infty]$，其形式可定义为：对任意 $\tau \in \mathbb{R}$，有

$$\delta(\tau) = \begin{cases} +\infty, & \tau = 0 \\ 0, & \tau \neq 0 \end{cases}$$

且满足 $\int_{\mathbb{R}} \delta(\tau) \mathrm{d}\tau = 1$。在数学上，当方差 σ^2 趋于零的极限时，广义函数 $\delta: \mathbb{R} \mapsto [0, +\infty]$ 可定义为 $N(0, \sigma^2)$ 的概率密度函数，也就是说：

$$\delta(\tau) = \lim_{\sigma^2 \mapsto 0} \frac{1}{\sqrt{2\pi\sigma^2}} \exp\left(-\frac{\tau^2}{2\sigma^2}\right), \ \forall\, \tau \in \mathbb{R}$$

上述 Dirac-delta 函数用高斯密度函数逼近的示意图如图 3.2 所示。

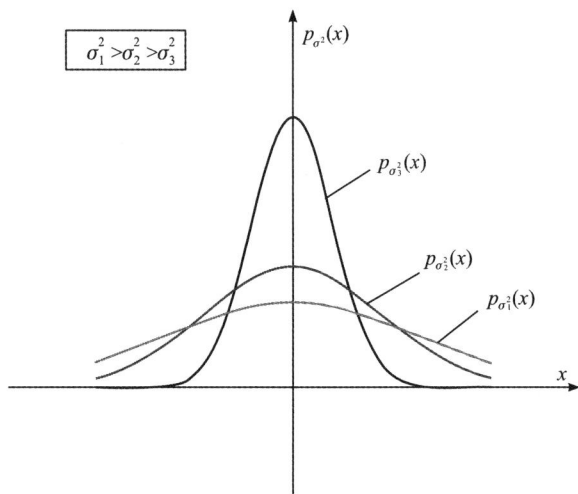

图 3.2 均值为零、方差为 $\sigma^2 > 0$ 的高斯概率密度函数 $x \mapsto p(x)$ 的
图像随方差 σ^2 逐渐减少的变化趋势

上面的 Dirac-delta 函数在进行常数信号的傅里叶变换时起着重要的作用。事实上，对任意函数 $g: \mathbb{R} \mapsto \mathbb{R}$，根据 Dirac-delta 函数的转移性质有 $\int_{\mathbb{R}} \delta(\tau - \tau_0) g(\tau) \mathrm{d}\tau = g(\tau_0)$，$\forall\, \tau_0 \in \mathbb{R}$。于是 $\frac{1}{2\pi} \int_{\mathbb{R}} \delta(\tau - \tau_0) \mathrm{e}^{\mathrm{i}\tau t} \mathrm{d}\tau = \frac{1}{2\pi} \mathrm{e}^{\mathrm{i}\tau_0 t}$，$\forall\, \tau_0 \in \mathbb{R}$。这样根据式(3.3)～式(3.4) 可得到：对任意 $c \in \mathbb{R}$，有

$$\mathscr{F}(c\,\mathrm{e}^{\mathrm{i}\tau_0 t})(\tau) = \mathscr{F}\left(2\pi c\, \frac{1}{2\pi} \mathrm{e}^{\mathrm{i}\tau_0 t}\right)(\tau) = 2\pi c\, \delta(\tau - \tau_0), \ \forall\, \tau \in \mathbb{R} \tag{3.5}$$

特别地，在式(3.5)中取 $\tau_0 = 0$，则常信号 $\frac{1}{2\pi}$ 的傅里叶变换为 Dirac-delta 函数。于是对于常数信号 $f(t) = c \in \mathbb{R}$，$\forall\, t \in \mathbb{R}$，则有

$$\mathscr{F}(c)(\tau) = \mathscr{F}\left(2\pi c\, \frac{1}{2\pi}\right)(\tau) = 2\pi c\, \delta(\tau), \ \forall\, \tau \in \mathbb{R} \tag{3.6}$$

例 3.6　考虑信号 $f(t)=\cos(\tau_0 t)$，$\forall\, t\in\mathbb{R}$，其中 $\tau_0\in\mathbb{R}$，于是利用式(3.5)，该信号的傅里叶变换为

$$
\begin{aligned}
\mathscr{F}(f)(\tau) &= \int_{\mathbb{R}} f(t)\mathrm{e}^{-\mathrm{i}\tau t}\,\mathrm{d}t = \int_{\mathbb{R}} \cos(\tau_0 t)\,\mathrm{e}^{-\mathrm{i}\tau t}\,\mathrm{d}t \\
&= \int_{\mathbb{R}} \left(\frac{1}{2}\mathrm{e}^{\mathrm{i}\tau_0 t} + \frac{1}{2}\mathrm{e}^{-\mathrm{i}\tau_0 t} \right)\mathrm{e}^{-\mathrm{i}\tau t}\,\mathrm{d}t \\
&= \frac{1}{2}\mathscr{F}(\mathrm{e}^{\mathrm{i}\tau_0 t})(\tau) + \frac{1}{2}\mathscr{F}(\mathrm{e}^{-\mathrm{i}\tau_0 t})(\tau) \\
&= \frac{1}{2}2\pi\delta(\tau-\tau_0) + \frac{1}{2}2\pi\delta(\tau+\tau_0) \\
&= \pi(\delta(\tau-\tau_0)+\delta(\tau+\tau_0))
\end{aligned}
$$

下面证明一个(宽)平稳过程的功率谱密度(power spectrum density)是该平稳过程相关函数的傅里叶变换，此结果被称为 Wiener-Khinchin 定理。为此，首先引入平稳过程功率谱密度的概念。

定义 3.3(平稳过程的功率谱密度)

　　设 $X=\{X_t;\, t\in\mathbb{R}\}$ 是概率空间 $(\Omega,\mathscr{F},P)$ 上的一个宽平稳过程，如果下列极限存在：

$$
S_X(a) = \lim_{T\to\infty} \frac{1}{2T}E\left[\left|\int_{-T}^{T} X_t \mathrm{e}^{-\mathrm{i}at}\,\mathrm{d}t\right|^2\right], \quad \forall\, a\in\mathbb{R} \tag{3.7}
$$

则称 $S_X(a)$，$a\in\mathbb{R}$ 为宽平稳过程 X 的功率谱密度。　　♣

根据功率谱密度的定义 3.3，如果功率谱密度 $S_X(a)$ 存在，则 $a\mapsto S_X(a)$ 是一个实值非负函数。下面的 Wiener-Khinchin 定理说明平稳过程的功率谱密度实际上是其相关函数的傅里叶变换。

定理 3.1(Wiener-Khinchin 定理)

　　设 $X=\{X_t;\, t\in\mathbb{R}\}$ 是一个连续时间宽平稳过程，如果平稳过程 X 的相关函数 $R_X(\cdot)$ 可积，也就是说，$\int_{\mathbb{R}}|R_X(\tau)|\,\mathrm{d}\tau<+\infty$，则 X 的功率谱密度是相关函数的傅里叶变换，故 X 的相关函数是功率谱密度的反傅里叶变换，即

$$
S_X(a)=\int_{-\infty}^{\infty} R_X(\tau)\mathrm{e}^{-\mathrm{i}a\tau}\,\mathrm{d}\tau,\ \forall\, a\in\mathbb{R},\ R_X(\tau)=\frac{1}{2\pi}\int_{-\infty}^{\infty} S_X(a)\mathrm{e}^{\mathrm{i}a\tau}\,\mathrm{d}a,\ \forall\,\tau\in\mathbb{R}
$$

♣

证明　由于 $R_X(\cdot)$ 是可积的，于是根据式(3.7)，可得到：对任意 $a\in\mathbb{R}$，有

$$
\begin{aligned}
S_X(a) &= \lim_{T\to\infty} \frac{1}{2T}E\left[\left|\int_{-T}^{T} X_t \mathrm{e}^{-\mathrm{i}at}\,\mathrm{d}t\right|^2\right] = \lim_{T\to\infty} \frac{1}{2T}E\left[\int_{-T}^{T}\int_{-T}^{T} \overline{X}_s X_t \mathrm{e}^{-\mathrm{i}a(t-s)}\,\mathrm{d}s\,\mathrm{d}t\right] \\
&= \lim_{T\to\infty} \frac{1}{2T}\int_{-T}^{T}\int_{-T}^{T} R_X(t-s)\mathrm{e}^{-\mathrm{i}a(t-s)}\,\mathrm{d}s\,\mathrm{d}t = \lim_{T\to\infty}\int_{-2T}^{2T}\left(1-\frac{|\tau|}{2T}\right)R_X(\tau)\mathrm{e}^{-\mathrm{i}a\tau}\,\mathrm{d}\tau \\
&= \int_{-\infty}^{\infty} R_X(\tau)\mathrm{e}^{-\mathrm{i}a\tau}\,\mathrm{d}\tau \tag{3.8}
\end{aligned}
$$

至此该定理得证。　　　　　　　　　　　　　　　　　　　　　　　　　　　　　　　　□

下面例子是关于离散时间平稳过程的 Wiener-Khinchin 定理 3.1 的版本。

例 3.7(Wiener-Khinchin 定理) 类似于连续时间宽平稳过程，设 $X = \{X_n ; n \in \mathbb{Z}\}$ 是一个离散时间宽平稳过程，如果 X 的相关函数 $R_X(\cdot)$ 是绝对收敛的，也就是 $\sum_{m \in \mathbb{Z}} |R_X(m)| < \infty$，则有

$$S_X(a) = \sum_{m \in \mathbb{Z}} R_X(m) e^{-iam}, \ \forall a \in [-\pi, \pi], \ R_X(m) = \frac{1}{2\pi} \int_{-\pi}^{\pi} S_X(a) e^{iam} da, \ \forall m \in \mathbb{Z}$$

从上面的定理 3.1 可以看出：如果宽平稳过程的相关函数可积，则相关函数的傅里叶变换是非负的。于是，Wiener-Khinchin 定理还可以被用来验证平稳过程相关函数 $R_X(\cdot)$ 的非负定性。事实上，根据定理 3.1，我们可以通过验证相关函数 $R_X(\cdot)$ 的傅里叶变换的非负性来得到相关函数的非负定性。利用定理 3.1，如果宽平稳过程的相关函数 $R_X(\cdot)$ 是可积的，则其为功率谱密度的反傅里叶变换，也就是说：

$$R_X(\tau) = \frac{1}{2\pi} \int_{-\infty}^{\infty} S_X(a) e^{ia\tau} da, \ \forall \tau \in \mathbb{R} \tag{3.9}$$

于是对任意 $t_1, \cdots, t_n \in \mathbb{R}(n \in \mathbb{N})$ 和任意 $c_1, \cdots, c_n \in \mathbb{C}$，有

$$\begin{aligned}
\sum_{k,l=1}^{n} \overline{c_k} R_X(t_k - t_l) c_l &= \frac{1}{2\pi} \int_{-\infty}^{\infty} S_X(a) \left(\sum_{k,l=1}^{n} \overline{c_k} e^{ia(t_k - t_l)} c_l \right) da \\
&= \frac{1}{2\pi} \int_{-\infty}^{\infty} S_X(a) \left(\sum_{k,l=1}^{n} \overline{e^{-iat_k} c_k} e^{-iat_l} c_l \right) da \\
&= \frac{1}{2\pi} \int_{-\infty}^{\infty} S_X(a) \left| \sum_{k=1}^{n} e^{-iat_k} c_k \right|^2 da \geqslant 0
\end{aligned} \tag{3.10}$$

其用到了宽平稳过程功率谱密度 $S_X(a)$ 的非负性，这也验证了相关函数 $R_X(\cdot)$ 的非负定性。

例 3.8 设宽平稳过程的相关函数具有如下不同的形式：对任意 $\tau \in \mathbb{R}$，有

$$R_X(\tau) = e^{-\alpha|\tau|}, \ R_X(\tau) = \frac{\alpha^2}{2} \cos(w\tau), \ \alpha > 0, \ w \in \mathbb{R}$$

那么，应用定理 3.1，对应相关函数 $R_X(\tau) = e^{-\alpha|\tau|}$ 的功率谱密度为：对任意 $a \in \mathbb{R}$，有

$$\begin{aligned}
S_X(a) &= \int_{-\infty}^{+\infty} e^{-\alpha|\tau|} e^{-ia\tau} d\tau = \int_{0}^{+\infty} e^{-(\alpha+ia)\tau} d\tau + \int_{-\infty}^{0} e^{(\alpha-ia)\tau} d\tau \\
&= \frac{1}{\alpha + ia} + \frac{1}{\alpha - ia} = \frac{2\alpha}{\alpha^2 + a^2}
\end{aligned}$$

应用例 3.6，对应相关函数 $R_X(\tau) = \frac{\alpha^2}{2} \cos(w\tau)$ 的功率谱密度为：对任意 $a \in \mathbb{R}$，有

$$S_X(a) = \int_{-\infty}^{+\infty} \frac{\alpha^2}{2} \cos(w\tau) e^{-ia\tau} d\tau = \frac{\pi}{2} \alpha^2 (\delta(\tau - w) + \delta(\tau + w))$$

根据定理 3.1，如果宽平稳过程相关函数 $R_X(\cdot)$ 可积，则 $\int_{-\infty}^{\infty} S_X(a) da = 2\pi R_X(0) \in [0, \infty)$。如果 $R_X(0) = 0$，这意味着 $E[|X_t|^2] = 0, \ \forall t \in \mathbb{R}$，故过程 $X \equiv 0$。下面假设 $R_X(0) > 0$，在此情形下，定义如下函数：

$$F_X(a) = \frac{1}{2\pi R_X(0)} \int_{-\infty}^{a} S_X(y) dy, \ \forall a \in \mathbb{R}$$

则函数 $a \mapsto F_X(a)$ 是一个单增、绝对连续函数且满足 $F_X(-\infty) = \lim\limits_{a \downarrow -\infty} F_X(a) = 0$ 和

$F_X(+\infty) = \lim\limits_{a \uparrow +\infty} F_X(a) = \dfrac{1}{2\pi R_X(0)} \int_{-\infty}^{\infty} S_X(y)\mathrm{d}y = \dfrac{2\pi R_X(0)}{2\pi R_X(0)} = 1$，这意味着 $a \mapsto F_X(a)$ 是一

个分布函数。根据 Kolmogorov 定理，存在一个概率空间 $(\Omega, \mathscr{F}, P)$ 和其上的一个实值随

机变量 $\xi: \Omega \mapsto \mathbb{R}$ 使得 $F_X(a) = P(\xi \leqslant a)$，$\forall a \in \mathbb{R}$。于是，可得到：对任意 $\tau \in \mathbb{R}$，有

$$\frac{R_X(\tau)}{R_X(0)} = \frac{1}{2\pi R_X(0)} \int_{-\infty}^{\infty} S_X(a)\mathrm{e}^{\mathrm{i}a\tau}\mathrm{d}a = \int_{-\infty}^{\infty} \mathrm{e}^{\mathrm{i}\tau a}\mathrm{d}F_X(a) = E\left[\mathrm{e}^{\mathrm{i}\tau\xi}\right] \tag{3.11}$$

这证明了 $\Phi_\xi(\tau) = \dfrac{R_X(\tau)}{R_X(0)}$，$\forall \tau \in \mathbb{R}$，是一个特征函数，也就是说，其满足如下性质：

(1) $\Phi_\xi(\tau)$ 在 $\tau = 0$ 处连续；

(2) $\Phi_\xi(0) = 1$；

(3) $\tau \mapsto \Phi_\xi(\tau)$ 是非负定的。

反之，Bochner 定理(参见文献[3])告诉我们：如果一个函数 $\Phi_\xi: \mathbb{R} \mapsto \mathbb{C}$ 满足(1)～

(3)，则 Φ_ξ 一定是一个特征函数。然而，证明 $\Phi_\xi(\tau) = \dfrac{R_X(\tau)}{R_X(0)}$，$\forall \tau \in \mathbb{R}$，是一个特征函数

的事实是完全基于相关函数 $R_X(\cdot)$ 是可积的这个假设条件。那如果相关函数 $R_X(\cdot)$ 是可

积的这个条件并不成立，函数 $\Phi_\xi(\tau) = \dfrac{R_X(\tau)}{R_X(0)}$ 是否还有像式(3.11)这样的表示？这就是下

面将要引入的相关函数的谱分解。假设 $R_X(0) > 0$，否则平稳过程 X 成为 0 值过程，所对

应的结论是平凡的。

定理 3.2(相关函数的谱分解)

> 　　设 $X = \{X_t; t \in \mathbb{R}\}$ 是一个宽平稳过程且其相关函数 $R_X(\cdot)$ 在 $\tau = 0$ 处连续，
> 那么相关函数 $R_X(\tau)$ 满足如下的分解：
>
> $$\frac{R_X(\tau)}{R_X(0)} = \int_{-\infty}^{\infty} \mathrm{e}^{\mathrm{i}\tau a}\mathrm{d}F_X(a) = E\left[\mathrm{e}^{\mathrm{i}\tau\xi}\right], \quad \forall \tau \in \mathbb{R}$$
>
> 其中，$a \mapsto F_X(a)$ 是一个分布函数，也就是说，$F_X(\cdot)$ 是一个单增和右连续函数且满
> 足 $F_X(-\infty) = 0$ 和 $F_X(+\infty) = 1$。这里，ξ 是概率空间 $(\Omega, \mathscr{F}, P)$ 上分布函数为
> $F_X(\cdot)$ 的一个实值随机变量。　　♣

定理 3.2 将相关函数可积的条件换成了相关函数在零点连续的条件。该条件等价于宽

平稳过程 $X = \{X_t; t \in \mathbb{R}\}$ 是均方连续的，也就是说，对任意 $t \in \mathbb{R}$，$X_s \overset{L^2}{\mapsto} X_t$。事实上，对

任意 $s, t \in \mathbb{R}$，有

$$\begin{aligned}
E\left[|X_s - X_t|^2\right] &= E\left[(\overline{X}_s - \overline{X}_t)(X_s - X_t)\right] \\
&= R_X(s, s) + R_X(t, t) - 2R_X(s, t) \\
&= 2R_X(0) - 2R_X(t - s)
\end{aligned}$$

于是，$\lim\limits_{s \mapsto t} E\left[|X_s - X_t|^2\right] = 0$ 等价于 $\lim\limits_{\tau \mapsto 0} R_X(\tau) = 0$。在相关函数在零点连续的条件下所得

到的分布函数 $F_X(\cdot)$ 未必是绝对连续的(当相关函数可积时，所对应的分布函数 $F_X(\cdot)$ 是

绝对连续的，其概率密度函数为 $f_X(x) = \dfrac{1}{2\pi R_X(0)} S_X(x)$)。

证明 由于 $R_X(0) > 0$，故 $\Phi_\xi(\tau) = \dfrac{R_X(\tau)}{R_X(0)}$，$\forall \tau \in \mathbb{R}$，满足如下条件：

(1) $\Phi_\xi(\tau)$ 在 $\tau = 0$ 处连续，

(2) $\Phi_\xi(0) = 1$，

(3) $\tau \mapsto \Phi_\xi(\tau)$ 是非负定的，

那么，根据 Bochner 定理，$\tau \mapsto \Phi_\xi(\tau)$ 是一个特征函数。因此，存在一个分布函数 $a \mapsto F_X(a)$ 使得 $\Phi_\xi(\tau) = \dfrac{R_X(\tau)}{R_X(0)} = \displaystyle\int_{\mathbb{R}} \mathrm{e}^{\mathrm{i}a\tau}\,\mathrm{d}F_X(a)$。进一步，根据 Kolmogorov 定理，存在一个概率空间 $(\Omega, \mathscr{F}, P)$ 和其上的一个实值随机变量 ξ 使得 $F_X(x) = P(\xi \leqslant x)$，即 $\Phi_\xi(\tau) = \dfrac{R_X(\tau)}{R_X(0)} = \displaystyle\int_{\mathbb{R}} \mathrm{e}^{\mathrm{i}a\tau}\,\mathrm{d}F_X(a) = E\left[\mathrm{e}^{\mathrm{i}\tau\xi}\right]$。至此定理得证。 □

3.4 平稳过程的均值遍历性

平稳过程的均值遍历性（mean ergodicity）是指：当时间足够长的时候，平稳过程的时间平均是否可以近似该过程的统计平均。例如：在例 2.1 中，一个人在时间段 $\mathbb{T} = [0, T]$（$T > 0$）的血压值变化形成了一个连续时间随机过程 $X = \{X_t; t \in \mathbb{T}\}$。对固定的 $w \in \Omega$，样本轨道 $t \mapsto X_t(\omega)$ 可理解为固定的一天该人在时间段 $[0, T]$ 内的血压值（比如：对固定 $\omega_i \in \Omega$，$t \mapsto X_t(\omega_i)$ 表示第 i 天在时间段 $\mathbb{T}$ 的血压值变化），而对固定的时刻 $t \in \mathbb{T}$，$X_t : \Omega \mapsto (0, \infty)$ 可直观认为是该人在时刻 t 某一天的血压值（因此是个随机变量）。如果该过程是平稳的，均值遍历性就意味着，当 $T \mapsto \infty$，其时间平均 $\dfrac{1}{T}\displaystyle\int_0^T X_t\,\mathrm{d}t$ 是否在某种概率意义下收敛到其统计平均 $E[X_t] \equiv m_X$（如果 X 是一个平稳过程）。

下面给出（宽）平稳过程均值遍历性的具体定义。

定义 3.4（均值遍历性）

设 $\mathbb{T} = \mathbb{R}$ 和 $X = \{X_t; t \in \mathbb{T}\}$ 是概率空间 $(\Omega, \mathscr{F}, P)$ 上的一个宽平稳过程。对任意 $T > 0$，定义过程 X 的时间平均为 $\overline{X}_T = \dfrac{1}{2T}\displaystyle\int_{-T}^{T} X_t\,\mathrm{d}t$。如果 $\overline{X}_T \mapsto m_X$，$T \mapsto \infty$，则称平稳过程 X 具有均值遍历性。 ♣

对于平稳过程的时间平均 $\overline{X} = \{\overline{X}_T; t > 0\}$ 形成的时间平均过程，其均值函数为：

$$m_{\overline{X}}(T) = E[\overline{X}_T] = \frac{1}{2T}E\left[\int_{-T}^{T} X_t\,\mathrm{d}t\right] = \frac{1}{2T}\int_{-T}^{T} E[X_t]\,\mathrm{d}t = m_X, \quad \forall\, T > 0 \quad (3.12)$$

例 3.9 对于宽平稳过程 $X = \{X_t; t \in \mathbb{T}\}$，其可能有其他的时间索引集合 $\mathbb{T}$。例如：$\mathbb{T} = [0, \infty)$，其对应的时间平均定义为 $\overline{X}_T = \dfrac{1}{T}\displaystyle\int_0^T X_t\,\mathrm{d}t$，$\forall\, T > 0$；对于 $\mathbb{T} = \mathbb{Z}$，此时 X 是离散时间平稳过程，其对应的时间平均定义为 $\overline{X}_n = \dfrac{1}{2n}\displaystyle\sum_{i=-n}^{n} X_i$，$\forall\, n \in \mathbb{N}$；如果 $\mathbb{T} = \mathbb{N}$，则对应

的时间平均为 $\overline{X}_n = \dfrac{1}{n}\sum\limits_{i=1}^{n} X_i,\ \forall\, n \in \mathbb{N}$。

例 3.10(随机调和函数的均值遍历性) 考虑例 3.2 中的随机调和函数，即 $X_t = \cos(t+\xi)$，$\forall\, t \in \mathbb{R}$，其中 $\xi \sim U(0, 2\pi)$。我们知道 $X = \{X_t;\ t \in \mathbb{R}\}$ 是平稳过程且其基本数字特征为 $m_X = 0$ 和 $R_X(\tau) = \dfrac{1}{2}\cos(\tau),\ \forall\, \tau \in \mathbb{R}$。那么，随机调和函数的时间平均为

$$\overline{X}_T = \frac{1}{2T}\int_{-T}^{T}\cos(t+\xi)\mathrm{d}t = \frac{\cos(\xi)\sin(T)}{T},\ \forall\, T > 0$$

于是有

$$
\begin{aligned}
\lim_{T \to \infty} E\big[\,|\,\overline{X}_T - m_X\,|^2\,\big] &= \lim_{T \to \infty} \frac{\sin^2(T)}{T^2} E\big[\,|\cos(\xi)|^2\,\big] \\
&= \lim_{T \to \infty} \frac{\sin^2(T)}{T^2} \int_0^{2\pi} \frac{\cos^2(x)}{2\pi}\mathrm{d}x \\
&= 0
\end{aligned}
$$

因此，根据定义 3.4 可得到随机调和函数具有均值遍历性。

例 3.11 设 $X = \{X_n;\ n \in \mathbb{N}\}$ 是一个离散时间实值宽平稳过程，那么过程 X 的时间平均为 $\overline{X}_n = \dfrac{1}{n}\sum\limits_{i=1}^{n} X_i,\ \forall\, n \in \mathbb{N}$。这样，利用式 (3.12)，对任意 $n \in \mathbb{N}$，有

$$
\begin{aligned}
E\big[\,|\,\overline{X}_n - m_X\,|^2\,\big] &= E\left[\,\left|\,\frac{1}{n}\sum_{i=1}^{n}(X_i - m_X)\,\right|^2\,\right] = \frac{1}{n^2}\sum_{i,j=1}^{n} E\big[(X_i - m_X)(X_j - m_X)\big] \\
&= \frac{1}{n^2}\sum_{i,j=1}^{n} C_X(j-i) = \frac{C_X(0)}{n} + \frac{2}{n^2}\sum_{i<j} C_X(j-i) \\
&= \frac{C_X(0)}{n} + \frac{2}{n^2}\sum_{i=1}^{n}\sum_{j=i+1}^{n} C_X(j-i) \\
&= \frac{C_X(0)}{n} + \frac{2}{n^2}\sum_{k=1}^{n}\sum_{i=1}^{n-k} C_X(k) \\
&= \frac{C_X(0)}{n} + \frac{2}{n^2}\sum_{k=1}^{n}(n-k)C_X(k)
\end{aligned}
$$

因此，根据定义 3.4，当且仅当 $\dfrac{1}{n^2}\sum\limits_{k=1}^{n}(n-k)C_X(k) \mapsto 0,\ n \mapsto \infty$，过程 X 具有均值遍历性。

由于随机调和函数的表示简单，故例 3.10 可以通过定义 3.4 和等式 (3.12) 来直接验证随机调和函数的均值遍历性。事实上，我们可以通过定义 3.4 和等式 (3.12) 来得到一般平稳过程具有均值遍历性的等价判别形式。

定理 3.3(均值遍历性的等价判别)

设 $X = \{X_t;\ t \in \mathbb{R}\}$ 是一个宽平稳过程，那么当且仅当 $\lim\limits_{T \to \infty}\mathrm{Var}(\overline{X}_T) = 0$ 时，过程 X 具有均值遍历性。进一步还有：

$$\mathrm{Var}(\overline{X}_T) = \frac{1}{2T}\int_{-2T}^{2T}\left(1 - \frac{|\tau|}{2T}\right)C_X(\tau)\mathrm{d}\tau,\ \forall\, T > 0$$ ♣

证明 根据定义 3.4 和等式(3.12)，可直接得到：

$$E\left[\,|\,\overline{X}_T - m_X\,|^2\,\right] = E\left[\,|\,\overline{X}_T - E\,[\,\overline{X}_T\,]\,|^2\,\right] = \mathrm{Var}(\overline{X}_T) = \frac{1}{4T^2} E\left[\,\left|\int_{-T}^{T}(X_t - m_X)\,\mathrm{d}t\,\right|^2\,\right]$$

$$= \frac{1}{4T^2} E\left[\iint_{-T}^{T}\int_{-T}^{T}\overline{X_s - m_X}(X_t - m_X)\,\mathrm{d}s\,\mathrm{d}t\right]$$

$$= \frac{1}{4T^2}\int_{-T}^{T}\int_{-T}^{T} C_X(t-s)\,\mathrm{d}s\,\mathrm{d}t$$

利用等式(3.8)，也就是说：

$$\frac{1}{2T}\int_{-T}^{T}\int_{-T}^{T} R_X(t-s)\mathrm{e}^{-\mathrm{i}a(t-s)}\,\mathrm{d}s\,\mathrm{d}t = \int_{-T}^{T}\left(1 - \frac{|\tau|}{T}\right)R_X(\tau)\mathrm{e}^{-\mathrm{i}a\tau}\,\mathrm{d}\tau$$

可获得

$$E\left[\,|\,\overline{X}_T - m_X\,|^2\,\right] = \mathrm{Var}(\overline{X}_T) = \frac{1}{4T^2}\int_{-T}^{T}\int_{-T}^{T} C_X(t-s)\,\mathrm{d}s\,\mathrm{d}t$$

$$= \frac{1}{2T}\int_{-2T}^{2T}\left(1 - \frac{|\tau|}{2T}\right)C_X(\tau)\,\mathrm{d}\tau$$

至此，该定理得证。□

考虑一个协方差函数为 $C_X(\tau) = \mathrm{e}^{-a|\tau|}$，$\forall\,\tau \in \mathbb{R}$ 的宽平稳过程 $X = \{X_t\,;\,t \in \mathbb{R}\}$，其中 $\alpha > 0$。那么，根据定理 3.3，可计算：对任意 $T > 0$，有

$$\mathrm{Var}(\overline{X}_T) = \frac{1}{2T}\int_{-2T}^{2T}\left(1 - \frac{|\tau|}{2T}\right)C_X(\tau)\,\mathrm{d}\tau = \frac{1}{2T}\int_{-2T}^{2T}\left(1 - \frac{|\tau|}{2T}\right)\mathrm{e}^{-\alpha|\tau|}\,\mathrm{d}\tau$$

$$= \frac{1}{2T}\int_{0}^{2T}\left(1 - \frac{\tau}{2T}\right)\mathrm{e}^{-\alpha\tau}\,\mathrm{d}\tau + \frac{1}{2T}\int_{-2T}^{0}\left(1 + \frac{\tau}{2T}\right)\mathrm{e}^{\alpha\tau}\,\mathrm{d}\tau$$

$$= \frac{1}{T}\int_{0}^{2T}\left(1 - \frac{\tau}{2T}\right)\mathrm{e}^{-\alpha\tau}\,\mathrm{d}\tau$$

$$= \frac{1}{T}\left(1 + \frac{1}{2\alpha T}\right)\int_{0}^{2T}\mathrm{e}^{-\alpha\tau}\,\mathrm{d}\tau - \frac{1}{\alpha T}\mathrm{e}^{-2\alpha T} \longmapsto 0,\ T \longmapsto \infty$$

故上述宽平稳过程具有均值遍历性。事实上，由于 $\alpha > 0$，故 $\lim\limits_{|\tau| \mapsto \infty} C_X(\tau) = \lim\limits_{|\tau| \mapsto \infty}\mathrm{e}^{-a|\tau|} = 0$，应用本章习题 6 直接可以得到 X 的均值遍历性。另一方面，通过上面的计算可以得到：如果宽平稳过程的协方差函数是实值偶函数，则有

$$\mathrm{Var}(\overline{X}_T) = \frac{1}{T}\int_{0}^{2T}\left(1 - \frac{\tau}{2T}\right)C_X(\tau)\,\mathrm{d}\tau,\ \forall\,T > 0$$

下面例子考虑的是时间索引集合为时间正半轴的情形下平稳过程均值遍历性的等价判别条件。

例 3.12 设 $\mathbb{T} = [0, \infty)$ 和 $X = \{X_t\,;\,t \in \mathbb{T}\}$ 是一个宽平稳过程，于是过程 X 的时间平均定义为 $\overline{X}_T = \frac{1}{T}\int_{0}^{T} X_t\,\mathrm{d}t$，$\forall\,T > 0$。因此，对任意 $T > 0$，有

$$E\left[\,|\,\overline{X}_T - m_X\,|^2\,\right] = \frac{1}{T^2} E\left[\,\left|\int_{0}^{T}(X_t - m_X)\,\mathrm{d}t\,\right|^2\,\right]$$

$$= \frac{1}{T^2} E\left[\iint_{0}^{T}\int_{0}^{T}\overline{X_s - m_X}(X_t - m_X)\,\mathrm{d}s\,\mathrm{d}t\right]$$

$$= \frac{1}{T^2}\int_{0}^{T}\int_{0}^{T} C_X(t-s)\,\mathrm{d}s\,\mathrm{d}t$$

引入变量 $u = t - s$ 和 $v = t + s$，则 $s = \dfrac{v - u}{2}$ 和 $t = \dfrac{v + u}{2}$。对应的 Jacob 行列式为

$J = -\dfrac{1}{2}$。这样，通过该变量代换，初始积分区域 $[0, T] \times [0, T]$ 被变换为如下区域（见图 3.3）：

$$D = \{(u, v) \in \mathbb{R}^2; 0 \leqslant v + u \leqslant 2T, 0 \leqslant v - u \leqslant 2T\}$$

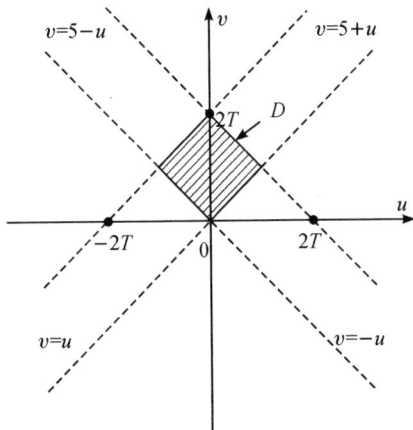

图 3.3　区域 D

因此，可得到

$$
\begin{aligned}
E\big[\,|\overline{X}_T - m_X|^2\,\big] &= \frac{1}{T^2}\int_0^T\int_0^T C_X(t - s)\,\mathrm{d}s\,\mathrm{d}t = \frac{1}{t^2}\int_D C_X(u)\,|\,J\,|\,\mathrm{d}u \\
&= \frac{1}{2T^2}\int_D C_X(u)\,\mathrm{d}u\,\mathrm{d}v \\
&= \frac{1}{2T^2}\left(\int_0^T C_X(u)(2T - 2u)\,\mathrm{d}u + \int_{-T}^0 C_X(u)(2T + 2u)\,\mathrm{d}u\right) \\
&= \frac{1}{T}\left(\int_0^T\left(1 - \frac{u}{T}\right)C_X(u)\,\mathrm{d}u + \int_{-T}^0\left(1 + \frac{u}{T}\right)C_X(u)\,\mathrm{d}u\right) \\
&= \frac{1}{T}\int_{-T}^T\left(1 - \frac{|u|}{T}\right)C_X(u)\,\mathrm{d}u
\end{aligned}
$$

这说明当且仅当如下极限等式成立时，宽平稳过程 $X = \{X_t; t \geqslant 0\}$ 具有均值遍历性：

$$\lim_{T \to \infty}\frac{1}{T}\int_{-T}^T\left(1 - \frac{|\tau|}{T}\right)C_X(\tau)\,\mathrm{d}\tau = 0 \tag{3.13}$$

仿照平稳过程均值遍历性的定义 3.4，我们还可以讨论平稳过程相关函数的遍历性，下面将其定义和相关判别留作本章练习 7。

练　习

1. 如果宽平稳过程 $X = \{X_t; t \in \mathbb{T}\}$ 是 T-周期的，即 $P(X_t = X_{t+T}) = 1$，$\forall t \in \mathbb{T}$，那么其相关函数 $R_X(\cdot)$ 也是 T-周期的。

2. 设 $X = \{X_n; n \in \mathbb{Z}\}$ 是一个宽白噪声，让我们定义如下一阶自回归模型：

$$Y_n = a_0 + a_1 Y_{n-1} + X_n, \quad \forall n \in \mathbb{Z}$$

其中，$a_0 \in \mathbb{R}$，而常数 $a_1 \in \mathbb{R}$ 满足 $|a_1| < 1$，则称过程 $Y = \{Y_n; n \in \mathbb{Z}\}$ 为一阶自回归模型，记为 AR(1)。证明 AR(1) 是一个宽平稳过程，并写出其基本数字特征。

3. 设离散时间宽平稳过程的相关函数分别为 $R_X(m) = c > 0$ 和 $R_X(m) = 2^{-|m|}$，$\forall m \in \mathbb{Z}$。根据例 3.7，计算相应的功率谱密度。

4. 证明：如果一个实值宽平稳过程的相关函数可积，那么其对应的功率谱密度 $a \mapsto S_X(a)$ 是一个非负偶函数。

5. 参考例 3.12，通过变量代换的方法证明等式(3.8)。

6. 对于宽平稳过程，如果其协方差函数 $C_X(\cdot)$ 满足 $\lim\limits_{|\tau| \to \infty} C_X(\tau) = 0$，那么该平稳过程具有均值遍历性。

7. 仿照平稳过程均值遍历性定义 3.4 给出宽平稳过程相关函数遍历性的定义并思考是否在定义中对宽平稳过程要求满足一定的假设条件。基于所给出的定义，建立相应的等价判别条件并举例。

8. 设 $X = \{X_t; t \in \mathbb{R}\}$ 是概率空间 $(\Omega, \mathscr{F}, P)$ 上的正态随机过程且其均值函数为 $m_X(t) = E[X_t] = 0$，$\forall t \in \mathbb{R}$。证明：对任意不同的时刻 $t_1, t_2, t_3, t_4 \in \mathbb{R}$，如下等式均成立：

$$E[X_{t_1} X_{t_2} X_{t_3} X_{t_4}] = E[X_{t_1} X_{t_2}] E[X_{t_3} X_{t_4}] + E[X_{t_2} X_{t_3}] E[X_{t_1} X_{t_4}] + $$
$$E[X_{t_1} X_{t_3}] E[X_{t_2} X_{t_4}]$$

9. 设 ξ_n，$n = 1, 2, \cdots$ 是一列一维正态随机变量且其均方收敛于随机变量 ξ，证明极限的随机变量 ξ 也是正态随机变量。

10. 设 $X = \{X_t; t \in \mathbb{R}\}$ 是概率空间 $(\Omega, \mathscr{F}, P)$ 上的平稳随机过程且其二维概率密度函数为 $p(t_1, t_2; x_1, x_2)$，$\forall t_1, t_2 \in \mathbb{R}$ 和 $x_1, x_2 \in \mathbb{R}$。回答下列问题：

(1) 证明：对任意 $t, \tau \in \mathbb{R}$ 和 $a > 0$，$P(|X_{t+\tau} - X_t| \geqslant a) \leqslant 2(R_X(0) - R_X(\tau))/a^2$。

(2) 对任意 $t, \tau \in \mathbb{R}$ 和 $a > 0$，计算 $P(|X_{t+\tau} - X_t| \geqslant a)$。

11. 设 $\mathbb{T} = \mathbb{R}$，$X = \{X_t; t \in \mathbb{T}\}$ 和 $Y = \{Y_t; t \in \mathbb{T}\}$ 是概率空间 $(\Omega, \mathscr{F}, P)$ 上的两个平稳过程，对任意 $s, t \in \mathbb{T}$，称 $R_{XY}(s, t) = E[\overline{X_s} Y_t]$ 是平稳过程 X 和 Y 的互相关函数。如果 $R_{XY}(s, t) = R_{XY}(t - s)$，$\forall s, t \in \mathbb{T}$，则称平稳过程 X, Y 是联合平稳的。对于联合平稳的平稳过程 X, Y，可定义：

$$\rho_{XY}(\tau) = \frac{R_{XY}(\tau) - m_X m_Y}{\sqrt{C_X(0)} \sqrt{C_Y(0)}}, \quad \forall \tau \in \mathbb{T}$$

则称 $\tau \mapsto \rho_{XY}(\tau)$ 是联合平稳的平稳过程 X, Y 的互相关系数。基于以上的定义，证明下列问题：

(1) $R_{XY}(\tau) = \overline{R_{YX}(-\tau)}$，$\forall \tau \in \mathbb{R}$。

(2) 对任意 $\tau \in \mathbb{T}$，$\max\{|R_{XY}(\tau)|^2, |R_{YX}(\tau)|^2\} \leqslant R_X(0) R_Y(0)$，$\forall \tau \in \mathbb{R}$。

(3) 对任意 $a, b \in \mathbb{C}$，定义 $Z_t = a X_t + b Y_t$，$\forall t \in \mathbb{T}$，则 $Z = \{Z_t; t \in \mathbb{T}\}$ 是一个平稳过程。

12. 对于 $a, b > 0$，设 $X = \{X_t; t \in \mathbb{R}\}$ 是一个均值函数为 $m_X(t) = 0$ 和相关函数 $R_X(\tau) = a e^{-\beta|\tau|}(1 + b|\tau|)$，$\forall t, \tau \in \mathbb{R}$ 的平稳过程。讨论该平稳过程是否具有时间遍

历性。

13. 已知平稳过程 $X = \{X_t; t \in \mathbb{R}\}$ 的功率谱密度为：对于 $a_0 > 0$，正实数序列 $\{a_k\}_{k=1}^n$ 和 $\{b_k\}_{k=1}^n$，有

$$S_X(a) = \sum_{k=1}^n \frac{a_k}{a^2 + b_k^2}, \ S_X(a) = \begin{cases} 1, & |a| \leqslant a_0 \\ 0, & |a| > a_0 \end{cases} \quad \forall a \in \mathbb{R}$$

分别计算平稳过程 X 的相关函数和平均功率。

14. 设 $X_t = \xi \sin(t) + \eta \cos(t), \ \forall t \in \mathbb{R}$，其中 ξ, η 是相互独立的均值为 0 和方差为 $\sigma^2 > 0$ 的随机变量。讨论过程 $X = \{X_t; t \geqslant 0\}$ 是否为平稳过程，如果是，讨论过程 X 的均值遍历性。

15. 设 ξ, η 是两个独立的随机变量，其中 $\eta \in U(0, 2\pi)$，而 ξ 服从瑞利分布，也就是说，ξ 的概率密度函数为：对于 $\sigma > 0$，有

$$p(x) = \begin{cases} \dfrac{x}{\sigma^2} \mathrm{e}^{-\frac{x^2}{2\sigma^2}}, & x > 0 \\ 0, & x \leqslant 0 \end{cases}$$

对于 $a > 0$，定义如下随机过程：

$$X_t = \xi \cos(at + \eta), \ \forall t \in \mathbb{R}$$

证明过程 $X = \{X_t; t \in \mathbb{R}\}$ 是一个平稳过程。进一步讨论该过程 X 的均值遍历性。

16. 已知平稳过程 $X = \{X_t; t \in \mathbb{R}\}$ 的相关函数为：对于 $a, \sigma^2, T > 0$ 和 $b \in \mathbb{R}$，有

$$R_X(\tau) = \mathrm{e}^{-\frac{\tau^2}{2\sigma^2}}, \ R_X(\tau) = \mathrm{e}^{-a|\tau|} \cos(b\tau), \ R_X(\tau) = \begin{cases} 1 - \dfrac{|\tau|}{T}, & |\tau| < T \\ 0, & |\tau| \geqslant T \end{cases}$$

$$R_X(\tau) = \frac{\sin(b\tau)}{\pi\tau}, \ R_x(\tau) \equiv 1, \ R_X(\tau) = \cos(b\tau), \ \forall \tau \in \mathbb{R}$$

参考 3.3 节，计算对应于相关函数的功率谱密度。如有可能，请将相关函数和对应的功率谱密度分别用图表示出来。

17. 设 $b \in \mathbb{R}$ 和随机变量 $\eta \in U(0, 2\pi)$，定义如下的随机过程：

$$X_t = \cos(bt + \eta), \ Y_t = \sin(bt + \eta), \ \forall t \in \mathbb{R}$$

参考本章练习 11，讨论上述过程 $X = \{X_t; t \in \mathbb{R}\}$ 和 $Y = \{Y_t; t \in \mathbb{R}\}$ 的联合平稳性。

18. (简单简谐振动的无限叠加) 设 $Z = \{Z_n; n = 0, 1, 2, \cdots\}$ 是一个离散时间复值二阶矩随机过程且其基本数字特征为

$$m_Z(n) = 0, \ R_Z(m, n) = \sigma_m^2 \mathbf{1}_{m=n}, \ \forall m, n = 0, 1, 2, \cdots$$

其中，$\sum_{m=0}^{\infty} \sigma_m^2 < +\infty$。对于任意正实数列 $\{a_n\}_{n=0}^{\infty}$，定义如下随机过程：

$$X_t = \sum_{n=0}^{\infty} Z_n \mathrm{e}^{\mathrm{i}a_n t}, \ \forall t \in \mathbb{R}$$

证明：过程 $X = \{X_t; t \in \mathbb{R}\}$ 是一个平稳过程。进一步讨论过程 X 的均值遍历性。

19. 设 $a, b \in \mathbb{R}$ 和 $\{\xi_k\}_{k \in \mathbb{Z}}$ 是概率空间 $(\Omega, \mathscr{F}, P)$ 上均值为零与方差是 $\sigma^2 > 0$ 的同分布互补相关的实值随机变量列。定义：$X_n = a + bn + \xi_n, \ \forall n \in \mathbb{Z}$。回答下列的问题：

（1）计算过程 $X = \{X_n; n \in \mathbb{Z}\}$ 的基本数字特征。

（2）对任意 $n \in \mathbb{Z}$，定义 $\Delta X_n := X_n - X_{n-1}$，判别 $\Delta X = \{\Delta X_n; n \in \mathbb{Z}\}$ 是否一个宽平稳过程。

（3）如果 $\{\xi_k\}_{k \in \mathbb{Z}}$ 是均值函数为 $m \in \mathbb{R}$ 和相关函数为 $n \mapsto R(n)$ 的宽平稳过程，判别 $\Delta X = \{\Delta X_n; n \in \mathbb{Z}\}$ 是否一个宽平稳过程。

20. 设 $W = \{W_t; t \geqslant 0\}$ 是概率空间 $(\Omega, \mathscr{F}, P)$ 上的标准布朗运动，对任意非负 $f \in L^1(\mathbb{R})$ 且满足 $\int_{\mathbb{R}} f(x)\mathrm{d}x = 1$，定义如下的随机过程：

$$X_t = \frac{1}{\sqrt{t}} \int_0^T f(W_s)\, \mathrm{d}s, \quad \forall\, t \geqslant 0$$

回答下列的问题：

（1）证明过程 $X = \{X_t; t \geqslant 0\}$ 的均值函数和方差函数满足下列的极限：

$$\lim_{t \to \infty} m_X(t) = \sqrt{\frac{2}{\pi}}, \quad \lim_{t \to \infty} \mathrm{Var}_X(t) = \frac{\pi - 2}{\pi}$$

（2）对任意 $p \in \mathbb{N}$，有

$$\lim_{t \to \infty} E[X_t^p] = \frac{2(p-1)!}{(2\pi)^{\frac{p}{2}}} \frac{\Gamma\left(\frac{1}{2}\right)^p}{\Gamma\left(\frac{p}{2}\right)}$$

21. 设 $X = \{X_t; t \in \mathbb{R}\}$ 是概率空间 $(\Omega, \mathscr{F}, P)$ 上的高斯平稳过程且其均值函数为零和方差函数为 $R(\tau) = 4\mathrm{e}^{-|\tau|}, \forall \tau \in \mathbb{R}$。对任意 $t \in \mathbb{R}$，计算数学期望 $E[|X_{t+2} - X_{t-2}|^2]$。

第 4 章

布 朗 运 动

>>>•>> 内容提要

作为一类被广泛应用于统计物理、金融工程、排队论、生命科学、人工智能等领域的数学建模与分析中的重要随机过程，本章将介绍布朗运动的基本定义和关键数学性质。4.1 节将引入布朗运动的定义；4.2 节将讨论布朗运动的有限维分布族、数字特征以及与热方程之间的联系；4.3 节将引入布朗运动轨道不可微性、重对数律和二次变差；4.4 节将刻画布朗运动首穿时的分布，进而 4.5 节将可以研究布朗运动的双边退出时的分布；最后，4.6 节将证明布朗运动的反射原理。

4.1　布朗运动的定义

1827 年，苏格兰植物学家 Robert Brown(1773－1858)用显微镜观察到悬浮在液体中的花粉粒子会作大量无规则运动，后来人们把这种物理现象称为布朗运动。1905 年，德国物理学家 Albert Einstein(1879－1955)在他的博士论文中首次对布朗运动作出了定量的理论解释，在理论上给出了分子热运动的统计力学模型。布朗运动严格的数学定义是由美国数学家、控制论之父 Norbert Wiener(1894－1964)在 1923 年所提出的，其将布朗运动在数学上表述为一个随机过程，并做了一系列工作极大地促进了布朗运动数学理论的发展，因此布朗运动也被称为维纳过程。基于 Wiener 的数学模型，布朗运动已经被广泛用于统计物理、金融风险、排队论、生命科学、人工智能等领域的数学建模与分析中。

在引出布朗运动定义之前，首先来看一个简单例子。

例 4.1　考虑一个物理粒子所谓的对称随机游动。设该粒子在每个时间间隔 δt 内以同样的概率向左或向右移动距离 δx（见图 4.1），对任意 $k \in \mathbb{N}$，用 ξ_k 表示粒子第 k 步向左或向右移动了距离 δx 的示性随机变量，也就是说，对任意 $k \in \mathbb{N}$，有

$$\xi_k = \begin{cases} +1, & \text{粒子第 } k \text{ 步向右移动了距离 } \delta x \\ -1, & \text{粒子第 } k \text{ 步向左移动了距离 } \delta x \end{cases}$$

于是，ξ_k，$k \in \mathbb{N}$ 是独立同分布随机变量且满足共同的分布律 $P(\xi_k = 1) = P(\xi_k = -1) = \dfrac{1}{2}$。

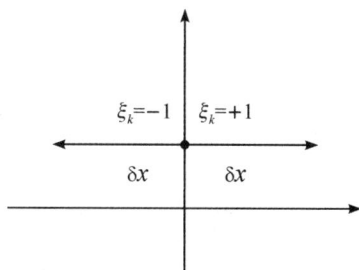

图 4.1　一个粒子随机游动

设 $\mathbb{T}=[0,\infty)$ 和 X_t 表示在 $t\in\mathbb{T}$ 时刻粒子所在的位置，于是

$$X_0=0$$

$$X_t=\delta x\sum_{k=1}^{\left[\frac{t}{\delta t}\right]}\xi_k,\ \forall t>0 \tag{4.1}$$

其中，$\left[\dfrac{t}{\delta t}\right]$ 表示对 $\dfrac{t}{\delta t}$ 向下取整。下面计算粒子位置过程的均值函数和方差函数。事实上，由于 $E[\xi_k]=0$ 和 $\mathrm{Var}(\xi_k)=1,\ \forall k\in\mathbb{N}$，则位置过程 $X=\{X_t;t\in\mathbb{T}\}$ 的均值函数和方差函数分别为

$$m_X(t)=E[X_t]=0,\ D_X(t)=\mathrm{Var}(X_t)=(\delta x)^2\left[\frac{t}{\delta t}\right],\ \forall t\in\mathbb{T}$$

考虑粒子的位移和对应时间间隔具有关系式 $\delta x=\sigma\sqrt{\delta t}$，其中 $\sigma>0$，那么，当时间间隔充分小时（即 $\delta t\mapsto 0$），可得到如下过程 X 的基本数字特征：

$$m_X(t)=0,\ D_X(t)=\mathrm{Var}(X_t)\mapsto\sigma^2 t,\ \forall t\in\mathbb{T}$$

下面给出当时间间隔 $\delta t\mapsto 0$ 时，位置过程 $X=\{X_t;t\in\mathbb{T}\}$ 的相关性质。

（1）根据中心极限定理，对任意 $t>0$，位置随机变量 $X_t\sim N(0,\sigma^2 t)$。

（2）对任意 $s,t\in\mathbb{T}$ 且 $s<t$，称 X_t-X_s 为位置过程 X 的一个增量。那么，应用表示式 (4.1)，位置过程 X 具有独立增量。也就是说，对任意 $t_0<t_1<t_2<\cdots<t_n(n\geqslant 2)$，下面 n 个增量是相互独立的，即

$$X_{t_1}-X_{t_0},\ X_{t_2}-X_{t_1},\ \cdots,\ X_{t_n}-X_{t_{n-1}}$$

（3）应用式 (4.1)，位置过程的增量是平稳的。也就是说，对任意 $s,t\in\mathbb{T}$ 且 $t>s$，随机变量 $X_t-X_s\overset{\mathrm{d}}{=}X_{t-s}$。

如果一个实值过程 $X=\{X_t;t\in\mathbb{T}\}$ 满足性质 (2)，则称 X 为独立增量过程；如果 X 满足性质 (2) 和 (3)，那么称 X 为平稳独立增量过程。

美国数学家、控制论之父 Norbert Wiener(1894－1964) 在 1923 年基于上述三个性质 (1)～(3) 正式给出了布朗运动的严格数学定义。

定义 4.1(布朗运动或维纳过程)

设 $W=\{W_t;t\geqslant 0\}$ 是概率空间 $(\Omega,\mathscr{F},P)$ 上一个轨道连续的实值随机过程，如果其满足如下条件：

（1）$W_0=0$，

（2）对任意 $t>0$，$W_t\sim N(0,t)$，

（3）过程 W 是平稳独立增量过程，

那么称过程 W 为标准布朗运动或维纳过程。♣

如果 $W=\{W_t;t\geqslant 0\}$ 是一个标准布朗运动，那么例 4.1 中的位置过程 $X_t=\sigma W_t$，$\forall t\geqslant 0$。其中 $\sigma>0$。图 4.2 给出了布朗运动的一条样本轨道图。标准布朗运动意味着布朗运动初始时刻是从 0 点出发的。对于 $x\in\mathbb{R}$，定义 $W_t^x=x+W_t,\ \forall t\geqslant 0$，那么称 $W^x=\{W_t^x;t\geqslant 0\}$ 是初始时刻从 x 点出发的布朗运动。

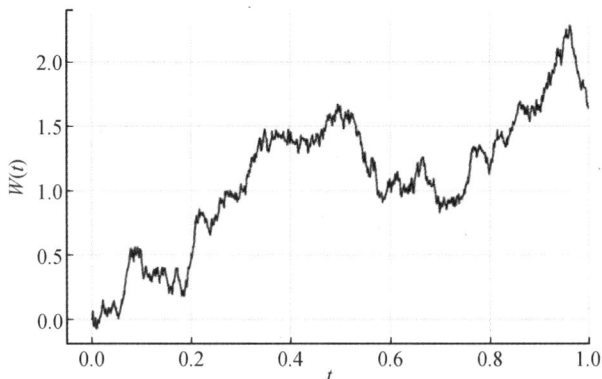

图 4.2　布朗运动的一条样本轨道

例 4.2　对于布朗运动的独立增量性(3)，取两个时刻 $s,t,t \geqslant 0$ 且 $t > s$，视时刻 s 为现在，时刻 t 为将来，而将小于时刻 s 的时刻视为过去，那么，布朗运动的性质(3)意味着布朗运动的增量 $W_t - W_s (s < t)$ 与布朗运动的现在和过去都是独立的。回顾 $\mathbb{F}^W = \{\mathscr{F}_t^W; t \geqslant 0\}$ 表示由布朗运动生成的自然过滤见式(2.3)，于是 $W_t - W_s$ 独立于 $\mathscr{F}_s^W$（或简写为 $W_t - W_s \perp \mathscr{F}_s^W$）[①]。这样，对任意有界可测函数 $f: \mathbb{R} \mapsto \mathbb{R}$，有

$$E\left[f(W_t) \mid \mathscr{F}_s^W\right] = E\left[f(W_t) \mid W_s\right], \text{ a. s.} \tag{4.2}$$

其中，定义 $\xi := W_t - W_s$ 和 $\eta = W_s$，因此 $\eta \in \mathscr{F}_s^W$ 和 $\xi \perp \mathscr{F}_s^W$。那么，根据 1.5 节中关于条件期望的性质(2)，对任意有界可测函数 $f: \mathbb{R} \mapsto \mathbb{R}$，有

$$E\left[f(W_t) \mid \mathscr{F}_s^W\right] = E\left[f(\xi + \eta) \mid \mathscr{F}_s^W\right] = E\left[f(\xi + y)\right]\big|_{y=\eta}$$

同理，$E\left[f(W_t) \mid W_s\right] = E\left[f(\xi + \eta) \mid \sigma(\eta)\right] = E\left[f(\xi + y)\right]\big|_{y=\eta}$。这验证了等式(4.2)成立。等式(4.2)说明布朗运动具有马氏性(Markov Property)。事实上，从上面关于等式(4.2)的推导来看，任意实值独立增量过程都是马氏过程。另外一方面，我们还可以从等式(4.2)的推导中看到布朗运动的一个有意思的性质，那就是：对任意 $s,t \geqslant 0$ 且 $s < t$，有

$$E\left[W_t \mid \mathscr{F}_s^W\right] = E\left[\xi + \eta \mid \mathscr{F}_s^W\right] = E\left[\xi \mid \mathscr{F}_s^W\right] + E\left[\eta \mid \mathscr{F}_s^W\right]$$
$$= E\left[W_{t-s}\right] + W_s = W_s, \text{ a. s.} \tag{4.3}$$

我们把式(4.3)称为布朗运动的鞅性，或称布朗运动是一个鞅(Martingale)。关于鞅的有关具体定义和相关性质可参见第 7 章。

设 $W = \{W_t; t \geqslant 0\}$ 是一个标准布朗运动，根据布朗运动的定义 4.1，由布朗运动 W 可以衍生出新的布朗运动性质：

(1) 对任意 $t \geqslant 0$，定义 $X_t = -W_t, \forall t \geqslant 0$，则 $X = \{X_t; t \geqslant 0\}$ 是一个布朗运动。

(2) 固定 $u > 0$，定义 $X_t = W_{t+u} - W_u, \forall t \geqslant 0$，则 $X = \{X_t; t \geqslant 0\}$ 也是一个布朗运动。

[①] 这里涉及了一个随机变量与一个子事件域的独立性。这种独立性可具体定义为：设 ξ 是概率空间 $(\Omega, \mathscr{F}, P)$ 上的一个随机变量和 $\mathscr{G} \subset \mathscr{F}$ 是一个子事件域。如果对任意 $A \in \sigma(\xi)$ 和 $B \in \mathscr{G}$，事件 A 和 B 是相互独立的，也就是 $P(A \cap B) = P(A)P(B)$，我们称 $\xi \perp \mathscr{G}$。

(3) 对任意 $\lambda > 0$, 定义 $X_t = \dfrac{1}{\sqrt{\lambda}} W_{\lambda t}$, $\forall\, t \geqslant 0$, 则 $X = \{X_t\, ; t \geqslant 0\}$ 也是一个布朗运动。

(4) 设 $T > 0$, 定义 $X_t = W_T - W_{T-t}$, $\forall\, t \in [0, T]$, 则 $X = \{X_t\, ; t \in [0, T]\}$ 也是一个布朗运动。

(5) 定义 $X_t = t W_{\frac{1}{t}}$, $\forall\, t \geqslant 0$, 其中定义 $X_0 = 0$, 则 $X = \{X_t\, ; t \in [0, T]\}$ 也是一个布朗运动。

由性质(1)~(4)中所定义为布朗运动的过程可由定义 4.1 直接证明, 把此作为本章习题 1。性质(1)称为布朗运动的对称性; 性质(2)称为布朗运动的时间平移不变性; 性质(3)称为布朗运动的 $\dfrac{1}{2}$-自相似性, 而性质(4)则称为布朗运动的时间反转不变性。对于性质(5)的证明, 首先要验证 $t \mapsto X_t = t W_{\frac{1}{t}}$ 的样本轨道是连续的, 这需要验证过程 X 在 $t = 0$ 处是连续的, 也就是说, P -a.s.

$$\lim_{t \to 0^+} t W_{\frac{1}{t}} = 0 \tag{4.4}$$

事实上, 对于时刻 $t = n \in \mathbb{N}$, 对任意 $n \geqslant 2$, $\xi_k = W_k - W_{k-1} \sim N(0, 1)$, $k = 1, \cdots$, n 是 n 个独立同分布的标准高斯随机变量, 故由经典的强大数定律知: 当 $n \mapsto \infty$, 有

$$\frac{W_n}{n} = \frac{\sum_{k=1}^{n} \xi_k}{n} \overset{\text{a.s.}}{\longmapsto} E[\xi_1] = 0$$

对任意 $t > 0$, 需要应用 Doob 最大值不等式(参见文献[8])可得到: 对任意 $\varepsilon > 0$, 有

$$P\left(\sup_{2^n \leqslant t \leqslant 2^{n+1}} \frac{|W_t|}{t} > \varepsilon\right) \leqslant \frac{8}{\varepsilon^2} 2^{-n}, \ \forall\, n \geqslant 1 \tag{4.5}$$

那么, 由 Borel-Cantelli 引理可得到如下关于布朗运动的强大数定律:

$$\lim_{t \to \infty} \frac{W_t}{t} = 0, \ \text{a.s.} \tag{4.6}$$

于是 $\lim\limits_{t \to 0^+} t W_{1/t} = \lim\limits_{t \to 0^+} \dfrac{W_{1/t}}{1/t} = 0$, a.s., 即可得到式(4.4)。我们将在讨论完布朗运动的有限维分布后给出性质(5)的完整证明。

下面的例子是应用性质(1)和(3)得到的关于布朗运动首穿时的性质。

例 4.3 设 $W = \{W_t\, ; t \geqslant 0\}$ 是一个标准布朗运动, 对任意常数 $a, b \in \mathbb{R}$ 且满足 $a < 0 < b$, 可定义布朗运动首穿点 a 或点 b 的时间为

$$\tau_{a,b} = \inf\{t \geqslant 0;\ W_t \in \{a, b\}\} \tag{4.7}$$

其中, 定义 $\inf \varnothing = +\infty$, 那么 $E[\tau_{a,b}] = a^2 E[\tau_{b/a, 1}]$。事实上, 应用上面的性质(1)和(3), 则有 $X_t = a^{-1} W_{a^2 t}$, $\forall\, t \geqslant 0$, 是同一概率空间下的一个标准布朗运动。于是, 有:

$$\begin{aligned}
E[\tau_{a,b}] &= a^2 E[\inf\{t \geqslant 0;\ W_{a^2 t} \in \{a, b\}\}]\,| \\
&= a^2 E[\inf\{t \geqslant 0;\ a^{-1} W_{a^2 t} \in \{1, b/a\}\}] \\
&= a^2 E[\inf\{t \geqslant 0;\ W_t \in \{1, b/a\}\}] \\
&= a^2 E[\tau_{b/a, 1}]
\end{aligned}$$

特别地，取 $a=-b$，可得到 $E[\tau_{-b,b}]=b^2 E[\tau_{-1,1}]$。也就是说，首穿时 $\tau_{-b,b}$ 是 b^2 的倍数（这个倍数为 $E[\tau_{-1,1}]$）。

4.2 布朗运动的统计性质

作为一个特殊的连续时间-连续状态的随机过程，本节将讨论布朗运动的有限维分布函数族和基本的数字特征。首先给出布朗运动的有限维概率密度函数。

引理 4.1(布朗运动的有限维分布)

设 $W=\{W_t;\ t\geqslant 0\}$ 是概率空间 $(\Omega,\mathscr{F},P)$ 上的一个标准布朗运动，那么其有限维概率密度函数具有如下形式：对任意 $0<t_1<\cdots<t_n$ 和 $x_1,\cdots,x_n\in\mathbb{R}(n\in\mathbb{N})$，有

$$f_{t_1,t_2,\cdots,t_n}(x_1,x_2\cdots,x_n)=f_{t_1}(x_1)f_{t_2-t_1}(x_2-x_1)\cdots f_{t_n-t_{n-1}}(x_n-x_{n-1})$$

其中，$f_t(x)=\dfrac{1}{\sqrt{2\pi t}}\exp\left(-\dfrac{x^2}{2t}\right)$，$\forall(t,x)\in(0,\infty)\times\mathbb{R}$ 为高斯分布 $N(0,t)$ 的概率密度函数。♣

证明 根据定义 4.1，对任意 $0=t_0<t_1<\cdots<t_n(n\in\mathbb{N})$ 和 $x_i\in\mathbb{R}(i=1,\cdots,n)$，首先计算布朗运动的一维分布函数。由于 $X_{t_1}\sim N(0,t_1)$，则其概率密度函数为

$$f_{t_1}(x_1)=\frac{1}{\sqrt{2\pi t_1}}\exp\left(-\frac{|x_1|^2}{2t_1}\right)$$

对于 $k=1,\cdots,n$，定义增量 $\xi_k=W_{t_k}-W_{t_{k-1}}\sim N(0,t_k-t_{k-1})$，因此

$$W_{t_k}=\sum_{i=1}^{k}\xi_i,\ \forall k=1,\cdots,n$$

于是，W 的二维分布函数为

$$\begin{aligned}
F_{t_1,t_2}(x_1,x_2)&=P(X_{t_1}\leqslant x_1,X_{t_2}\leqslant x_2)=P(\xi_1\leqslant x_1,\xi_1+\xi_2\leqslant x_2)\\
&=\int_{-\infty}^{\infty}P(\xi_1\in\mathrm{d}y_1,\xi_2\leqslant x_2-y_1)\\
&=\int_{-\infty}^{x_1}P(\xi_2\leqslant x_2-y)P(\xi_1\in\mathrm{d}y_1)\\
&=\int_{-\infty}^{x_1}\int_{-\infty}^{x_2-y_1}f_{t_1}(y_1)f_{t_2-t_1}(y_2)\mathrm{d}y_1\mathrm{d}y_2
\end{aligned}$$

因此，二维概率密度函数

$$f_{t_1,t_2}(x_1,x_2)=\frac{\partial^2 F_{t_1,t_2}(x_1,x_2)}{\partial x_1\partial x_2}=f_{t_1}(x_1)=f_{t_2-t_1}(x_2-x_1)$$

以此类推，可以得到定理中的有限维概率密度函数。□

上面的证明中引入了布朗运动 $W=\{W_t;\ t\geqslant 0\}$ 在时刻 t_k 的随机游动，可表示为 $W_{t_k}=\sum_{i=1}^{k}\xi_k,\ \forall k=1,\cdots,n$，其中，$\xi_1,\cdots,\xi_n$ 是相互独立的高斯随机变量且 $\xi_k\sim N(0,t_k-t_{k-1})$，$\forall k=1,\cdots,n$。因此可得到：

$$(W_{t_1}, \cdots, W_{t_n}) = (\xi_1, \xi_2, \cdots, \xi_n)\mathbf{A}$$

$$= (\xi_1, \xi_2, \cdots, \xi_n)\begin{bmatrix} 1 & 1 & \cdots & 1 \\ 0 & 1 & \cdots & 1 \\ \vdots & \vdots & & \vdots \\ 0 & 0 & \cdots & 1 \end{bmatrix} \tag{4.8}$$

于是，应用例 1.20 获得：

$$(W_{t_1}, \cdots, W_{t_n}) \sim N(0, \mathbf{ACA}^{\mathrm{T}}) \tag{4.9}$$

其中，$\mathbf{C}$ 是随机向量 $(\xi_1, \cdots, \xi_n)$ 的协方差矩阵，也就是：

$$\mathbf{C} = \begin{bmatrix} t_1 & 0 & \cdots & 0 \\ 0 & t_2 - t_1 & \cdots & 0 \\ \vdots & \vdots & & \vdots \\ 0 & 0 & \cdots & t_n - t_{n-1} \end{bmatrix}$$

故引理 4.1 中布朗运动的有限维概率密度函数可写为

$$f_{t_1, t_2, \cdots, t_n}(x_1, x_2, \cdots, x_n) = \frac{\exp\left[-\frac{1}{2}\left(\frac{x_1^2}{t_1} + \frac{(x_2 - x_1)^2}{t_2 - t_1} + \cdots + \frac{(x_n - x_{n-1})^2}{t_n - t_{n-1}}\right)\right]}{(2\pi)^{n/2}\sqrt{t_1(t_2 - t_1)\cdots(t_n - t_{n-1})}}$$

$$\tag{4.10}$$

这类表示式(4.8)是研究布朗运动分布和数字特征性质的关键工具。事实上，有：

引理 4.2(布朗运动的基本数字特征)

> 设 $W = \{W_t; t \geqslant 0\}$ 是一个标准布朗运动，则其具有如下的基本数字特征：
> $$m_W(t) = 0, \quad R_W(s, t) = s \wedge t, \quad \forall s, t \geqslant 0 \qquad \clubsuit$$

证明 对于均值函数，由于 $W_0 = 0$ 和 $W_t \sim N(0, t)$，$\forall t > 0$，可得到 $m_W(t) = E[W_t] = 0$，$\forall t \geqslant 0$。对任意 $s, t \geqslant 0$，不失一般性，假设 $s < t$，于是有：

$$R_W(s, t) = E[W_s W_t] = E[W_s(W_t - W_s + W_s)]$$
$$= E[|W_s|^2] + E[W_s]E[W_{t-s}]$$
$$= \mathrm{Var}(W_s) = s = s \wedge t$$

至此，引理得证。

从式(4.9)可以看出，布朗运动的任意有限维分布为高斯分布，我们把这样的过程称为高斯过程。事实上，高斯过程与布朗运动具有紧密的联系，这种联系可由下面的 Lévy 定理给出(其证明留作本章练习 4)。

定理 4.1(Lévy 定理)

> 设 $X = \{X_t; t \geqslant 0\}$ 是一个初始值为零的轨道连续的高斯过程且其基本的数字特征为 $m_X(t) = 0$ 和 $R_X(s, t) = s \wedge t$，$\forall s, t \geqslant 0$，那么过程 X 是一个标准布朗运动。$\clubsuit$

此时，让我们重返 4.1 节在性质(4)中定义的过程 $X_t = tW_{1/t}$，$\forall t \geqslant 0$。对任意 $a_{ij} \in \mathbb{R}$，$i = 1, \cdots, n$，$j = 1, \cdots, m$，对任意 $0 < t_1 < t_2 < \cdots < t_n < +\infty$，有

$$\left(\sum_{i=1}^{n} a_{i1} t_i W_{\frac{1}{t_i}}, \quad \sum_{i=1}^{n} a_{i2} t_i W_{\frac{1}{t_i}}, \quad \cdots, \quad \sum_{i=1}^{n} a_{im} t_i W_{\frac{1}{t_i}} \right)$$

是一个 m-维高斯随机变量，那么，应用第 1 章练习 23 可得到 $X = \{X_t; t \geq 0\}$ 是一个高斯过程。下面验证 X 的基本数字特征为 Lévy 定理 4.1 所给出的。事实上，显然有 $m_X(t) = E[tW_{1/t}] = 0$，$\forall t \geq 0$。对于其相关函数，应用引理 4.10，对任意非负时刻 $t > s > 0$，有

$$R_X(s, t) = E[st W_{1/s} W_{1/t}] = st \left(\frac{1}{s} \wedge \frac{1}{t} \right) = st \frac{1}{t} = s = s \wedge t$$

综合可得到在 4.1 节的性质（4）中定义的过程 $X_t = t W_{1/t}$，$\forall t \geq 0$，是一个标准布朗运动。

例 4.4（几何布朗运动） 设 $W = \{W_t; t \geq 0\}$ 是一个标准布朗运动，对任意 $\mu \in \mathbb{R}$ 和 $\sigma > 0$，定义如下随机过程：对任意 $x > 0$，有

$$X_t = x \exp\left(\left(\mu - \frac{\sigma^2}{2} \right) t + \sigma W_t \right), \quad \forall t \geq 0 \tag{4.11}$$

我们称由式（4.11）定义的过程 $X = \{X_t; t \geq 0\}$ 为几何布朗运动。从随机微分方程的角度来看，几何布朗运动 X 事实上满足如下随机微分方程：

$$\frac{\mathrm{d}X_t}{X_t} = \mu \mathrm{d}t + \sigma \mathrm{d}W_t, \quad X_0 = x > 0 \tag{4.12}$$

几何布朗运动的随机微分方程表示式（4.12）是金融衍生品定价理论中 Black-Scholes 股票价格模型的基础模型，其是 1997 年诺贝尔经济学奖的核心获奖成果。在 Black-Scholes 股票价格模型中，常数 μ 被称为股票的回报率，而正常数 σ 被称为股票的波动率。随机微分方程式（4.12）的离散化可写为：对于 $k = 0, 1, \cdots$，即

$$\frac{X_{t_{k+1}} - X_{t_k}}{X_{t_k}} = \mu \delta t_k + \sigma \xi_k$$

其中，$0 = t_0 < t_1 < \cdots < t_n < \cdots$，$\delta t_k = t_{k+1} - t_k$ 和 $\xi_k := W_{t_{k+1}} - W_{t_k} \sim N(0, \delta_k)$。下面计算几何布朗运动的数字特征。对于均值函数，由于 $\sigma W_t \sim N(0, \sigma^2 t)$，$\forall t > 0$，有：

$$m_X(t) = E\left[x \exp\left(\left(\mu - \frac{\sigma^2}{2} \right) t + \sigma W_t \right) \right] = \exp\left(\left(\mu - \frac{\sigma^2}{2} \right) t \right) E[\exp(\sigma W_t)] = x \mathrm{e}^{\mu t}, \quad \forall t \geq 0$$

对于相关函数，通常情况下，对任意 $t > s \geq 0$，有

$$R_X(s, t) = x^2 \exp\left(\left(\mu - \frac{\sigma^2}{2} \right) (s+t) \right) E[\exp(\sigma(W_s + W_t))]$$

$$= x^2 \exp\left(\left(\mu - \frac{\sigma^2}{2} \right) (s+t) \right) E[\exp(2\sigma W_s)] E[\exp(\sigma W_{t-s})]$$

$$= x^2 \mathrm{e}^{\mu(s+t)+\sigma^2 s} = x^2 \mathrm{e}^{\mu(s+t)+\sigma^2 s \wedge t}$$

另一方面，如果 $\mu = 0$，那么几何布朗运动还是一个鞅过程，其证明将留作本章练习 6。

正如本章开始所讲的，关于布朗运动的研究源于爱因斯坦认识到分子的无规则随机运动是宏观的扩散现象，因此，布朗运动理论与热传导和扩散方程具有紧密联系。这种联系的桥梁就是布朗运动的转移概率函数，即高斯核。设 $W = \{W_t; t \geq 0\}$ 是概率空间 $(\Omega, \mathscr{F}, P)$ 上的一个标准布朗运动，布朗运动 W 的转移分布函数可定义为：对任意 s，$t \geq 0$ 且 $s < t$，有

$$
\begin{aligned}
F(t-s\,;\,y-x) &= P(W_t \leqslant y \mid W_s = x) \\
&= P(W_t - W_s + W_s \leqslant y \mid W_s = x) \\
&= P(W_t - W_s \leqslant y - x \mid W_s = x) \\
&= P(W_{t-s} \leqslant y - x) \\
&= \int_{-\infty}^{y-x} f_{t-s}(u)\,\mathrm{d}u\,,\ \forall\,x\,,\,y \in \mathbb{R}
\end{aligned} \tag{4.13}
$$

因此,布朗运动的转移概率密度函数为

$$
f_{t-s}(y-x) = \frac{1}{\sqrt{2\pi(t-s)}} \exp\left(-\frac{(y-x)^2}{2(t-s)}\right)
$$

也称其为高斯核。事实上,高斯核与热传导方程具有紧密的联系。

引理 4.3(热方程解的布朗运动表示)

考虑如下柯西问题存在唯一的光滑解:

$$
\begin{cases}
\dfrac{\partial u(t\,,\,x)}{\partial t} = \dfrac{1}{2}\dfrac{\partial^2 u(t\,,\,x)}{\partial x^2}\,,\ \forall\,(t\,,\,x) \in (0\,,\,\infty) \times \mathbb{R} \\[2mm]
u(0\,,\,x) = g(x)\,,\ \forall\,x \in \mathbb{R}
\end{cases}
$$

其中,初始函数 $g \in C_b(\mathbb{R})$。进一步,该解可以表示为如下概率形式:

$$
u(t\,,\,x) = E[g(x + W_t)] = \int_{-\infty}^{\infty} f_t(y-x)g(y)\mathrm{d}y\,,\ \forall\,(t\,,\,x) \in [0\,,\,\infty) \times \mathbb{R}
$$

这里 $W = \{W_t\,;\,t \geqslant 0\}$ 是概率空间 $(\Omega\,,\,\mathscr{F}\,,\,P)$ 上的一个标准布朗运动。 ♣

上面引理中热方程解的概率表示可通过直接验证的方式来证明,其将留作本章练习 5。对热方程解的唯一性可应用最大值原理直接获得。

4.3 布朗运动的轨道性质

在布朗运动的定义 4.1 中,布朗运动是轨道连续的随机过程。这一节将研究布朗运动进一步的轨道光滑性质。

首先,我们从布朗运动的定义 4.1 中可得到关于布朗运动修正过程的一些性质。先设 $\widetilde{W} = \{\widetilde{W}_t\,;\,t \geqslant 0\}$ 是满足定义 4.1 中条件(1)~(3)的一个实值随机过程,也就是说,这里并没有假设过程 $\widetilde{W}$ 的轨道是连续的,那么,$\widetilde{W}_t - \widetilde{W}_s \sim N(0\,,\,t-s)$,$\forall\,s\,,\,t \geqslant 0$ 且 $t > s$。根据高斯分布矩的解析表示(见式(5.20)):对任意 $s\,,\,t \geqslant 0$,有

$$
E\left[|\widetilde{W}_t - \widetilde{W}_s|^{2n}\right] = \frac{(2n)!}{2^n n!}|t-s|^n\,,\ \forall\,n \in \mathbb{N} \tag{4.14}
$$

其中,$n \geqslant 2$。在 Kolmogorov 连续性定理 2.2 中,取 $\alpha = 2n$,$\beta = n-1$ 和常数 $C = \dfrac{(2n)!}{2^n n!}$,则 $\alpha\,,\,\beta\,,\,C > 0$,因此,由定理 2.2 可得到:存在一个连续轨道的修正过程 $W = \{W_t\,;\,t \geqslant 0\}$ 与过程 $\widetilde{W}$ 互为修正。进一步讲,该修正过程 W 的轨道是局部 $\gamma \in \left(0\,,\,\dfrac{n-1}{2n}\right) \subset$

$\left(0, \dfrac{1}{2}\right)$-Hölder 连续的。因此，在定义布朗运动时，我们也可以将轨道连续的假设去掉。在

这种情况下，我们将修正过程 W 定义为布朗运动。在此意义下，布朗运动是局部 $\gamma < \dfrac{1}{2}$-Hölder

连续的。事实上，布朗运动的轨道具有如下重对数律。

定理 4.2（布朗运动的重对数律）

> 设 $W = \{W_t; t \geqslant 0\}$ 是概率空间 $(\Omega, \mathscr{F}, P)$ 上的一个标准布朗运动，那么，存
> 在事件 $\widetilde{\Omega} \in \mathscr{F}$ 满足 $P(\widetilde{\Omega}) = 1$ 和对任意 $\omega \in \widetilde{\Omega}$，有
>
> $$\overline{\lim_{t \to \infty}} \frac{W_t(\omega)}{\sqrt{2t \ln (\ln (t))}} = 1, \; \underline{\lim_{t \to \infty}} \frac{W_t(\omega)}{\sqrt{2t \ln (\ln (t))}} = -1 \tag{4.15}$$
>
> ♣

定理 4.2 也被称为布朗运动连续模的 Lévy 律，其首次被法国著名概率学家 Paul Lévy
证明。定理 4.2 的证明可参见文献[4]。根据 4.1 节中关于布朗运动的性质（5），可以得到：
对任意 $\omega \in \widetilde{\Omega}$，有

$$\overline{\lim_{t \downarrow 0}} \frac{W_t(\omega)}{\sqrt{2t \log (\log (t^{-1}))}} = 1, \; \underline{\lim_{t \downarrow 0}} \frac{W_t(\omega)}{\sqrt{2t \log (\log (t^{-1}))}} = -1 \tag{4.16}$$

于是，应用式（4.16）可获得：a.s.

$$\overline{\lim_{h \downarrow 0}} \frac{|W_{t+h} - W_t|}{\sqrt{h}} = +\infty \tag{4.17}$$

这意味着布朗运动的轨道并不是 $\dfrac{1}{2}$-阶局部 Hölder 连续的。

定理 4.2 给出了布朗运动轨道的正则性，那布朗运动的轨道是否有更好的光滑性质？
下面的定理将说明布朗运动的轨道不能有更好的光滑性。

定理 4.3（布朗运动轨道的不可微性）

> 设 $W = \{W_t; t \geqslant 0\}$ 是概率空间 $(\Omega, \mathscr{F}, P)$ 上的一个标准布朗运动，那么，布
> 朗运动 W 的样本轨道是几乎处处不可微的。　　♣

证明　对任意的 $t \geqslant 0$，有

$$\overline{\lim_{s \to t}} \left| \frac{W_s - W_t}{s - t} \right| = +\infty, \; P - \text{a.s.} \tag{4.18}$$

为证式（4.30），在一般情况下，设 $t = 0$，那么，对任意 $h > 0$ 和 $M > 0$，定义如下事件：

$$A_{h, M} := \left\{ \omega \in \Omega; \; \sup_{s \in [0, h]} \left| \frac{W_s(\omega)}{s} \right| > M \right\}$$

设 $\{h_n\}_{n \in \mathbb{N}}$ 为一列单减和正的数列且满足 $\lim\limits_{n \to \infty} h_n = 0$，于是 $A_{h_{n+1}, M} \subset A_{h_n, M}, \forall n \in \mathbb{N}$。
另一方面，有：

$$P(A_{h_n, M}) \geqslant P\left(\left|\frac{W_{h_n}}{h_n}\right| > M\right) = P\left(\left|\frac{W_{h_n}}{\sqrt{h_n}}\right| > M\sqrt{h_n}\right)$$

$$= P(|W_1| > M\sqrt{h_n}) \mapsto 1, \, n \mapsto \infty$$

这意味着如下概率等式成立：

$$P\left(\bigcap_{n=1}^{\infty} A_{h_n, M}\right) = \lim_{n \mapsto \infty} P(A_{h_n, M}) = 1$$

上式说明：对任意 $\omega \in \Omega^*$，存在一个事件 $\Omega^* \in \mathscr{F}$ 和 $P(\Omega^*) = 1$ 满足

$$\sup_{s \in [0, h_n]}\left|\frac{W_s(\omega)}{s}\right| \geqslant M, \, \forall n \in \mathbb{N}$$

因此得到：对任意 $\omega \in \Omega^*$，如下极限成立：

$$\lim_{n \mapsto \infty} \sup_{s \in [0, h_n]}\left|\frac{W_s(\omega)}{s}\right| = +\infty$$

即式(4.30)成立。至此该定理得证。 □

下面将介绍布朗运动样本轨道的变差性质，即证明布朗运动的轨道不是有限变差的。首先引入一个实值随机过程 p-阶变差的概念。

定义 4.2（p-阶变差过程）

设 $X = \{X_t; t \geqslant 0\}$ 是概率空间 $(\Omega, \mathscr{F}, P)$ 上的一个实值随机过程，对任意 $t > 0$，设 $\sigma = \{t_0, t_1, \cdots, t_m\}$ 是时间区间 $[0, t]$ 的一个划分，对任意 $t > 0$，定义：

$$V_t^{(p)}(\sigma) := \sum_{k=1}^{m}|X_{t_k} - X_{t_{k-1}}|^p, \, \forall p \in \mathbb{N}$$

则称 $V^{(p)}(\sigma) = \{V_t^{(p)}(\sigma); t \geqslant 0\}$ 为过程 X 关于划分 σ 的 p-阶变差过程。特别地，如果 $p = 2$，则称其为关于划分 σ 的二次变差过程。 ♣

下面的引理将证明布朗运动二次变差过程的一个重要性质。为此，对任意时间段 $[0, t]$ 的一个划分 $\sigma = \{t_0, t_1, \cdots, t_m\}$，定义 $|\sigma| = \max_{k=1, \cdots, m}\{\delta t_k\}$，其中 $\delta t_k = t_k - t_{k-1}$，那么有：

引理 4.4（布朗运动的二次变差）

设 $W = \{W_t; t \geqslant 0\}$ 是概率空间 $(\Omega, \mathscr{F}, P)$ 上的一个标准布朗运动，固定 $t > 0$，对任意一列 $[0, t]$ 上的划分 $\{\sigma_n\}_{n=1}^{\infty}$ 满足 $\sum_{n=1}^{\infty}|\sigma_n| < \infty$，则对任意 $t \geqslant 0$，如下几乎处处收敛成立：

$$\lim_{|\sigma_n| \mapsto 0} V_t^{(2)}(\sigma_n) = t, \text{ a.s.} \tag{4.19}$$

♣

证明 应用定义 4.2 可得到：对任意 $t > 0$ 和 $[0, t]$ 上的一个划分 σ，有

$$V_t^{(2)}(\sigma) - t = \sum_{k=1}^{m} |W_{t_k} - W_{t_{k-1}}|^2 - \sum_{k=1}^{m} (t_k - t_{k-1})$$

$$= \sum_{k=1}^{m} \{|W_{t_k} - W_{t_{k-1}}|^2 - \delta t_k\} = \sum_{k=1}^{m} \delta t_k (\xi_k^2 - 1)$$

其中，对任意 $k = 1, \cdots, m$，随机变量 $\xi_k = \dfrac{W_{t_k} - W_{t_{k-1}}}{\sqrt{t_k - t_{k-1}}} \sim N(0, 1)$ 是相互独立的。进一步

可获得：对任意 $t > 0$，有

$$E[|V_t^{(2)}(\sigma) - t|^2] = E\left[\left|\sum_{k=1}^{m} \delta t_k (\xi_k^2 - 1)\right|^2\right] = \sum_{k_1, k_2=1}^{m} \delta t_{k_1} \delta t_{k_2} E[(\xi_{k_1}^2 - 1)(\xi_{k_2}^2 - 1)]$$

$$= \sum_{k=1}^{m} (\delta t_k)^2 E[|\xi_k^2 - 1|^2]$$

$$= \sum_{k=1}^{m} (\delta t_k)^2 E[|\xi_1^2 - 1|^2]$$

$$\leqslant |\sigma| E[|\xi_1^2 - 1|^2] \sum_{k=1}^{m} \delta t_k$$

$$= |\sigma| E[|\xi_1^2 - 1|^2] t$$

因此，对题设给出的 $[0, t]$ 上的一列划分 $\{\sigma_n\}_{n=1}^{\infty}$ 和任意时刻 $t > 0$，有

$$E[|V_t^{(2)}(\sigma_n) - t|^2] \leqslant |\sigma_n| E[|\xi_1^2 - 1|^2] t \tag{4.20}$$

这意味着，对任意 $t > 0$，下列的均方收敛成立：

$$V_t^{(2)}(\sigma_n) \overset{L^2}{\longmapsto} t, \quad |\sigma_n| \longmapsto 0 \tag{4.21}$$

进一步，由式(4.20)可得到：对任意 $\varepsilon > 0$，有

$$\sum_{n=1}^{\infty} P(|V_t^{(2)}(\sigma_n) - t| > \varepsilon) \leqslant \sum_{n=1}^{\infty} \frac{E[|V_t^{(2)}(\sigma_n) - t|^2]}{\varepsilon^2} \leqslant \frac{E[|\xi_1^2 - 1|^2] t}{\varepsilon^2} \left(\sum_{n=1}^{\infty} |\sigma_n|\right)$$

由题设条件知 $\sum\limits_{n=1}^{\infty} |\sigma_n| < +\infty$，故 $\sum\limits_{n=1}^{\infty} P(|V_t^{(2)}(\sigma_n) - t| > \varepsilon) < \infty$。于是，应用 Borel-Cantelli 引理得到几乎处处收敛式(4.19)。

至此，引理得证。　　　　　　　　　　　　　　　　　　　　　　　□

以后称式(4.19)中的极限 $t \geqslant 0$ 为布朗运动的二次变差过程，通常记为

$$\langle B, B \rangle_t = t, \quad \forall t \geqslant 0 \tag{4.22}$$

由式(4.22)中定义的布朗运动的二次变差过程 $\langle B, B \rangle = \{\langle B, B \rangle_t; t \geqslant 0\}$ 是一个确定性过程，其在研究关于布朗运动的随机积分理论和 Itô 公式中都扮演着重要角色。此外，引理 4.4 还可以说明布朗运动的一次变差过程为无穷。事实上，对任意 $t \geqslant 0$，设 $\{\sigma_n\}_{n=1}^{\infty}$ 为 $[0, t]$ 上的一列划分且满足 $\lim\limits_{n \to \infty} |\sigma_n| = 0$，其中 $\sigma_n = \{t_0^{(n)}, t_1^{(n)}, \cdots, t_{m_n}^{(n)}\}$。于是，定义：

$$V_t^{(1)} = \max_{n \in \mathbb{N}} V_t^{(1)}(\sigma_n), \quad \forall t > 0 \tag{4.23}$$

那么，对任意 $t \geqslant 0$，可以断言 $P(V_t^{(1)} = +\infty) = 1$，这个结论可用反证法证明。为此，假设 $V_t^{(1)} < +\infty$, a.s. 应用布朗运动的轨道连续性，可得到：a.s.

$$0 \leqslant \sum_{k=1}^{m_n} |W_{t_k^{(n)}} - W_{t_{k-1}^{(n)}}|^2 \leqslant V_t^{(1)} \max_{k=1, \cdots, m_n} |W_{t_k^{(n)}} - W_{t_{k-1}^{(n)}}| \longmapsto 0, \quad n \longmapsto \infty$$

这与式(4.21)相互矛盾。

4.4　布朗运动的首穿时

本节将研究布朗运动首穿时的分布问题，其还可以用于推导布朗运动最大值过程的分布。设 $W = \{W_t; t \geqslant 0\}$ 是概率空间 $(\Omega, \mathscr{F}, P)$ 上的一个标准布朗运动，对任意 $a \in \mathbb{R}$，定义布朗运动 W 的首穿点 a 的时刻：

$$\tau_b := \inf\{t \geqslant 0; W_t = a\} \tag{4.24}$$

其中，记 $\inf \varnothing = +\infty$。特别地，如果 $a = 0$，由于 $W_0 = 0$，那么根据式(4.24)，则显然有 $\tau_0 = 0$。进一步，关于首穿时的如下表示成立：

$$\tau_a = \begin{cases} \inf\{t \geqslant 0; W_t \geqslant a\}, & a > 0 \\ \inf\{t \geqslant 0; W_t \leqslant a\}, & a < 0 \end{cases} \tag{4.25}$$

由布朗运动的轨道连续性和定义式(4.24)还可以得到：

$$W_{\tau_a} = a, \ \forall a \in \mathbb{R} \tag{4.26}$$

关于由式(4.24)表述的布朗运动首穿时 τ_a 的直观解释可见图 4.3 所示。

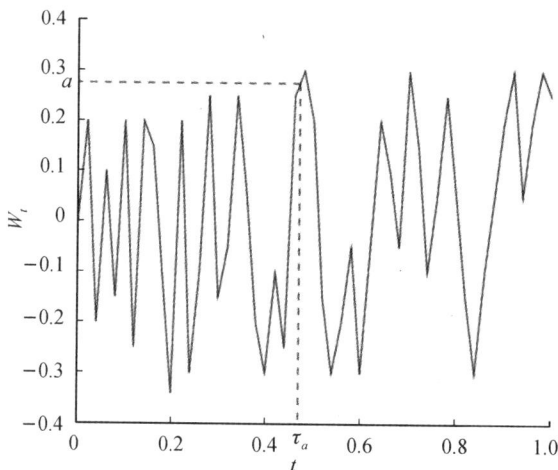

图 4.3　标准布朗运动 $W = \{W_t; t \geqslant 0\}$ 首穿水平 a 的时间

根据上面关于首穿时 τ_a 的定义和基本性质，下面的结论描述了布朗运动首穿时 τ_a 的分布。

定理 4.4(布朗运动首穿时的拉普拉斯变换)

设 $W = \{W_t; t \geqslant 0\}$ 是概率空间 $(\Omega, \mathscr{F}, P)$ 上的一个标准布朗运动，那么布朗运动的首穿时 τ_a 的拉普拉斯变换可表示为：对任意 $a \in \mathbb{R}$，有

$$E[e^{-\theta \tau_a}] = e^{-|a| \sqrt{2\theta}}, \ \forall \theta > 0 \tag{4.27}$$

特别地，布朗运动首穿时 τ_a 的概率密度函数可表示为：对任意 $a \neq 0$，有

$$f_a(t) = \frac{|a|}{t \sqrt{2\pi t}} e^{-\frac{a^2}{2t}}, \ \forall t > 0 \tag{4.28}$$

证明　应用本章练习 6 可得到：对任意常数 $\sigma > 0$，下列几何布朗运动是一个鞅。

$$X_t^\sigma = \exp\left(\sigma W_t - \frac{1}{2}\sigma^2 t\right), \quad \forall t \geq 0 \tag{4.29}$$

下面讨论 $a > 0$ 和 $a < 0$ 两种情形。

(1) 首先考虑 $a > 0$ 的情况：根据式 (4.26)，对任意 $t \geq 0$，a.s.

$$\lim_{t \to \infty} \exp\left(\sigma W_{\tau_a \wedge t} - \frac{\sigma^2}{2}(\tau_a \wedge t)\right) = \mathbf{1}_{\tau_a < +\infty} \exp\left(\sigma a - \frac{\sigma^2}{2}\tau_a\right) \tag{4.30}$$

应用式 (4.25) 可得到 $W_{\tau_a \wedge t} \leq a$，a.s.。于是，对任意 $t \geq 0$，$0 < \exp(\sigma W_{\tau_a \wedge t}) \leq e^{\sigma a}$。那么，根据控制收敛定理和单调收敛定理可得到：

$$E\left[\lim_{t \to \infty} \exp\left(\sigma W_{\tau_a \wedge t} - \frac{\sigma^2}{2}(\tau_a \wedge t)\right)\right] = \lim_{t \to \infty} E\left[\exp\left(\sigma W_{\tau_a \wedge t} - \frac{\sigma^2}{2}(\tau_a \wedge t)\right)\right]$$

由连续时间 Doob 可选时定理 (见定理 7.10) 获得 $E\left[\exp\left(\sigma W_{\tau_a \wedge t} - \frac{\sigma^2}{2}(\tau_a \wedge t)\right)\right] = 1$。

于是，有 $E\left[\lim_{t \to \infty} \exp\left(\sigma W_{\tau_a \wedge t} - \frac{\sigma^2}{2}(\tau_a \wedge t)\right)\right] = 1$，$\forall t \geq 0$。根据式 (4.30)，则 $E\left[\mathbf{1}_{\tau_a < +\infty} \exp\left(\sigma a - \frac{\sigma^2}{2}\tau_a\right)\right] = 1$，这等价于如下等式成立：

$$E\left[\mathbf{1}_{\tau_a < +\infty} \exp\left(-\frac{\sigma^2}{2}\tau_a\right)\right] = e^{-\sigma a} \tag{4.31}$$

由于 $\sigma > 0$ 是任意的，故运用单调收敛定理 ($\sigma \downarrow 0$) 可得到：

$$P(\tau_a < +\infty) = 1 \tag{4.32}$$

这样，应用式 (4.32)，对任意 $a > 0$，有

$$E\left[\exp\left(-\frac{\sigma^2}{2}\tau_a\right)\right] = e^{-\sigma a} \tag{4.33}$$

(2) 对于 $a < 0$ 的情况：先定义 $\widetilde{W}_t = -W_t$，$\forall t \geq 0$，则由 4.1 节有 $\widetilde{W} = \{\widetilde{W}_t; t \geq 0\}$ 也是一个标准布朗运动。那么，应用式 (4.25)，则有 $\tau_a = \inf\{t \geq 0; \widetilde{W}_t \geq -b\} =: \widetilde{\tau}_{-a}$。由于 $-a > 0$，故由式 (4.33) 可得到：

$$E\left[\exp\left(-\frac{\sigma^2}{2}\tau_a\right)\right] = E\left[\exp\left(-\frac{\sigma^2}{2}\widetilde{\tau}_{-a}\right)\right] \overset{(4.33)}{=} e^{\sigma a} \tag{4.34}$$

综上，在式 (4.33) 和式 (4.34) 中取 $\sigma = \sqrt{2\theta}$ 则可得到拉普拉斯变换式 (4.27)。进一步，首穿时 τ_a 的概率密度函数表示式 (4.28) 可通过反拉普拉斯变换得到。至此，该定理得证。□

根据定理 4.4，我们还可以计算布朗运动首穿时的数学期望。

例 4.5　应用定理 4.4，可发现 $E[\tau_a] = +\infty$，$\forall a \neq 0$。事实上，对等式 (4.27) 两边关于 θ 分别求导得到：

$$E\left[\tau_a e^{-\theta \tau_a}\right] = \frac{|a|}{\sqrt{2\theta}} e^{-|a|\sqrt{2\theta}}$$

对上式应用单调收敛定理，则有：

$$\lim_{\theta \downarrow 0} \frac{|a|}{\sqrt{2\theta}} e^{-|a|\sqrt{2\theta}} = \lim_{\theta \downarrow 0} E\left[\tau_a e^{-\theta \tau_a}\right] = E\left[\tau_a \lim_{\theta \downarrow 0} e^{-\theta \tau_a}\right] = E[\tau_a]$$

对于 $a \neq 0$，由于 $\lim\limits_{\theta \downarrow 0} \dfrac{|a|}{\sqrt{2\theta}} \mathrm{e}^{-|a|\sqrt{2\theta}} = +\infty$，故 $E[\tau_a] = +\infty$。

应用定理 4.4，还可以刻画如下布朗运动 $W = \{W_t; t \geq 0\}$ 的最大值过程分布：

$$M_t := \max_{s \in [0, t]} W_s, \quad \forall t > 0, \, M_0 = 0 \tag{4.35}$$

根据布朗运动最大值过程的定义式(4.35)，布朗运动最大值过程 $M = \{M_t; t \geq 0\}$ 是非负的。于是，有：

推论 4.1(布朗运动最大值过程的分布)

> 设 $W = \{W_t; t \geq 0\}$ 是概率空间 $(\Omega, \mathcal{F}, P)$ 上的一个标准布朗运动，那么布朗运动最大值过程的尾概率可表示为：对任意 $t > 0$，有
>
> $$P(M_t \geq a) = \frac{2}{\sqrt{2\pi}} \int_{\frac{a}{\sqrt{t}}}^{+\infty} \mathrm{e}^{-\frac{x^2}{2}} \mathrm{d}x, \quad \forall a > 0 \tag{4.36}$$
>
> ♣

证明 根据式(4.25)，下面两个事件是相等的：对任意 $t > 0$ 和 $a > 0$，有

$$\{M_t \geq a\} = \{\tau_a \leq t\} \tag{4.37}$$

应用定理 4.4 中的式(4.28)可得到：对任意 $t > 0$，有

$$P(\tau_a \leq t) = \int_0^t f_a(s) \mathrm{d}s = \int_0^t \frac{a}{s\sqrt{2\pi s}} \mathrm{e}^{-\frac{a^2}{2s}} \mathrm{d}s \stackrel{y := a/\sqrt{s}}{=} \frac{2}{\sqrt{2\pi}} \int_{\frac{a}{\sqrt{t}}}^{+\infty} \mathrm{e}^{-\frac{y^2}{2}} \mathrm{d}y$$

至此，该推论得证。 □

下面的例子给出了布朗运动首穿时 τ_a 分布的另一种描述。

例 4.6(布朗运动的反射原理) 设 $W = \{W_t; t \geq 0\}$ 是概率空间 $(\Omega, \mathcal{F}, P)$ 上的一个标准布朗运动，则对任意 $a > 0$ 和 $t > 0$，有：

$$P(\tau_a \leq t) = 2P(W_t \geq a) \tag{4.38}$$

事实上，应用推论 4.1 可以得到：

$$P(\tau_a \leq t) = \frac{2}{\sqrt{2\pi}} \int_{\frac{a}{\sqrt{t}}}^{\infty} \mathrm{e}^{-\frac{y^2}{2}} \mathrm{d}y = 2P\left(W_1 > \frac{a}{\sqrt{t}}\right) = 2P(\sqrt{t}\, W_1 > a) = 2P(W_t \geq a)$$

即可得到所期望的结论。

4.5 布朗运动的退出时

第 4.4 节介绍了布朗运动的首穿时以及利用布朗运动的指数鞅和 Doob 的可选时定理刻画布朗运动首穿时的分布特性。作为进一步的拓展，本节将讨论布朗运动的双边退出时，同样应用布朗运动的指数鞅和 Doob 的可选时定理来推导布朗运动双边退出时的分布表示。

设 $W = \{W_t; t \geq 0\}$ 是概率空间 $(\Omega, \mathcal{F}, P)$ 上的一个标准布朗运动，对任意 $a, b > 0$，定义如下关于布朗运动 W 首次退出区间 $(-a, b)$ 的时刻：

$$\tau_{ab} = \inf\{t \geq 0; W_t \notin (-a, b)\} \tag{4.39}$$

同样记 $\inf \varnothing = +\infty$。回顾由式(4.24)所定义的布朗运动首穿点 $a \in \mathbb{R}$ 的时刻 τ_a。考虑到布朗运动的轨道是连续的，那么布朗运动首次退出区间 (a, b) 必然是先到达该区间的边界

$\partial(a,b)=\{a,b\}$，所以 $W_{\tau_{ab}}\in\{a,b\}$，故 $\tau_{ab}=\tau_{-a}\wedge\tau_b$，因此，由式（4.32）获得 $P(\tau_{ab}<+\infty)=1$。这样就得到如下关于布朗运动双边退出时拉普拉斯变换的解析表达式。

定理 4.5（布朗运动退出时的拉普拉斯变换）

布朗运动的双边退出时 τ_{ab} 的拉普拉斯变换具有如下的表达形式：对任意 $\theta>0$，有

$$E\left[\mathrm{e}^{-\theta\tau_{ab}}\right]=\frac{\mathrm{e}^{a\sqrt{2\theta}}+\mathrm{e}^{b\sqrt{2\theta}}-(\mathrm{e}^{-a\sqrt{2\theta}}+\mathrm{e}^{-b\sqrt{2\theta}})}{\mathrm{e}^{(a+b)\sqrt{2\theta}}-\mathrm{e}^{-(a+b)\sqrt{2\theta}}} \tag{4.40}$$

特别地，如果 $a=b>0$，则对应的拉普拉斯变换可以写为

$$E\left[\mathrm{e}^{-\theta\tau_{aa}}\right]=\frac{1}{\cosh(\sqrt{2\theta}a)},\ \forall\theta>0 \tag{4.41}$$

♣

证明　仍然应用布朗运动指数鞅和 Doob 的可选时定理 7.10 可得到：对任意 $\sigma\in\mathbb{R}$ 和 $t>0$，有

$$E\left[\exp\left(\sigma W_{\tau_{ab}\wedge t}-\frac{\sigma^2}{2}(\tau_{ab}\wedge t)\right)\right]=1$$

由于 $W_{\tau_{ab}\wedge t}\in[a,b]$，a.s. $\forall t\geqslant0$，那么应用控制收敛定理可得到：

$$1=\lim_{t\to\infty}E\left[\exp\left(\sigma W_{\tau_{ab}\wedge t}-\frac{\sigma^2}{2}(\tau_{ab}\wedge t)\right)\right]=E\left[\exp\left(\sigma W_{\tau_{ab}}-\frac{\sigma^2}{2}\tau_{ab}\right)\right]$$

应用事实 $W_{\tau_{ab}}\in\{-a,b\}$，a.s.，则得到：

$$1=E\left[\exp\left(\sigma W_{\tau_{ab}}-\frac{\sigma^2}{2}\tau_{ab}\right)\right]$$
$$=E\left[\mathbf{1}_{\tau_{ab}=\tau_{-a}}\exp\left(-\sigma a-\frac{\sigma^2}{2}\tau_{ab}\right)\right]+E\left[\mathbf{1}_{\tau_{ab}=\tau_b}\exp\left(\sigma b-\frac{\sigma^2}{2}\tau_{ab}\right)\right]$$

将上式中的 σ 用 $-\sigma$ 来替换，因此可得到：

$$1=E\left[\exp\left(-\sigma W_{\tau_{ab}}-\frac{\sigma^2}{2}\tau_{ab}\right)\right]$$
$$=E\left[\mathbf{1}_{\tau_{ab}=\tau_{-a}}\exp\left(\sigma a-\frac{\sigma^2}{2}\tau_{ab}\right)\right]+E\left[\mathbf{1}_{\tau_{ab}=\tau_b}\exp\left(-\sigma b-\frac{\sigma^2}{2}\tau_{ab}\right)\right]$$

引入 $x_1=E\left[\mathbf{1}_{\tau_{ab}=\tau_{-a}}\mathrm{e}^{-\frac{\sigma^2}{2}\tau_{ab}}\right]$ 和 $x_2=E\left[\mathbf{1}_{\tau_{ab}=\tau_b}\mathrm{e}^{-\frac{\sigma^2}{2}\tau_{ab}}\right]$，于是得到如下关于 x_1，x_2 的线性方程组：

$$\mathrm{e}^{-\sigma a}x_1+\mathrm{e}^{\sigma b}x_2=1,\ \mathrm{e}^{\sigma a}x_1+\mathrm{e}^{-\sigma b}x_2=1$$

解上面的线性方程组得到：

$$x_1=\frac{\mathrm{e}^{\sigma b}-\mathrm{e}^{-\sigma b}}{\mathrm{e}^{\sigma(a+b)}-\mathrm{e}^{-\sigma(a+b)}},\ x_2=\frac{\mathrm{e}^{\sigma a}-\mathrm{e}^{-\sigma a}}{\mathrm{e}^{\sigma(a+b)}-\mathrm{e}^{-\sigma(a+b)}} \tag{4.42}$$

应用式（4.42）可得到：

$$E\left[\mathrm{e}^{-\frac{\sigma^2}{2}\tau_{ab}}\right]=E\left[\mathbf{1}_{\tau_{ab}=\tau_{-a}}\mathrm{e}^{-\frac{\sigma^2}{2}\tau_{ab}}\right]+E\left[\mathbf{1}_{\tau_{ab}=\tau_b}\mathrm{e}^{-\frac{\sigma^2}{2}\tau_{ab}}\right]$$
$$=x_1+x_2=\frac{\mathrm{e}^{\sigma a}+\mathrm{e}^{\sigma b}-(\mathrm{e}^{-\sigma a}+\mathrm{e}^{-\sigma b})}{\mathrm{e}^{\sigma(a+b)}-\mathrm{e}^{-\sigma(a+b)}}$$

取 $\theta = \dfrac{\sigma^2}{2}$ 和 $\sigma > 0$，则 $\sigma = \sqrt{2\theta}$，这样将 $\sigma = \sqrt{2\theta}$ 代入上式可得到式 (4.40)。

至此，该定理得证。   □

下面的例子是应用定理 4.5 给出的关于布朗运动双边退出时的一些相关性质。

例 4.7   对于 $a, b > 0$，布朗运动的双边退出时 τ_{ab} 满足如下性质：

(1) $E[\tau_{ab}] = ab$；

(2) $P(\tau_{ab} = \tau_{-a}) = P(W_{\tau_{ab}} = -a) = \dfrac{b}{a+b}$；

(3) $P(\tau_{ab} = \tau_b) = P(W_{\tau_{ab}} = b) = \dfrac{a}{a+b}$。

事实上，对于性质 (1)，将定理 4.5 中的等式 (4.40) 两边关于 θ 求导并令 $\theta = 0$，则得到 $E[\tau_{ab}] = ab$。对于性质 (2)，应用式 (4.42) 可得到：

$$E\left[\mathbf{1}_{\tau_{ab} = \tau_{-a}} \exp\left(-\frac{\sigma^2}{2}\tau_{ab}\right)\right] = \frac{e^{\sigma b} - e^{-\sigma b}}{e^{\sigma(a+b)} - e^{-\sigma(a+b)}}$$

对于 $\sigma > 0$ 且令 $\sigma \downarrow 0$，则根据单调收敛定理有：

$$\lim_{\sigma \downarrow 0} E\left[\mathbf{1}_{\tau_{ab} = \tau_{-a}} \exp\left(-\frac{\sigma^2}{2}\tau_{ab}\right)\right] = P(\tau_{ab} = \tau_{-a}) = \lim_{\sigma \downarrow 0} \frac{e^{\sigma b} - e^{-\sigma b}}{e^{\sigma(a+b)} - e^{-\sigma(a+b)}} = \frac{b}{a+b}$$

于是 $P(\tau_{ab} = \tau_b) = 1 - P(\tau_{ab} = \tau_{-a}) = \dfrac{a}{a+b}$。由于 $\{W_{\tau_{ab}} = -a\} = \{\tau_{ab} = \tau_{-a}\}$ 和 $\{W_{\tau_{ab}} = b\} = \{\tau_{ab} = \tau_b\}$，故 $P(W_{\tau_{ab}} = -a) = \dfrac{b}{a+b}$ 和 $P(W_{\tau_{ab}} = b) = \dfrac{a}{a+b}$。至此，性质 (3) 得证。

4.6   布朗运动的反射原理

在例 4.2 中，引入了布朗运动的马氏性。本节将介绍布朗运动的强马氏性，而布朗运动的强马氏性将可推出布朗运动的反射原理。为此，本节将先引入基于过滤的独立增量过程、基于过滤的布朗运动和停时的概念。

首先给出基于过滤的独立增量过程的定义。

定义 4.3（关于 $\mathbb{F}$-的独立增量过程）

> 设 $X = \{X_t; t \geqslant 0\}$ 是过滤概率空间 $(\Omega, \mathscr{F}, \mathbb{F} = \{\mathscr{F}_t; t \geqslant 0\}, P)$ 上的一个 $\mathbb{F}$-适应 S-值随机过程，如果对任意 $s, t \geqslant 0$ 且 $t > s$，其增量满足 $X_t - X_s \perp \mathscr{F}_s$，则称 X 是一个关于过滤 $\mathbb{F}$ 的独立增量过程。   ♣

根据定义 4.3，由定义 4.1 引入的布朗运动 $W = \{W_t; t \geqslant 0\}$ 可视为关于其自然过滤 $\mathbb{F}^W$-的独立增量过程（见例 4.2）。于是，先定义一个关于过滤的布朗运动，设 $W = \{W_t; t \geqslant 0\}$ 是过滤概率空间 $(\Omega, \mathscr{F}, \mathbb{F} = \{\mathscr{F}_t; t \geqslant 0\}, P)$ 上的一个 $\mathbb{F}$-适应的实值过程，如果 W 满足如下条件：

(1) $W_0 = 0$，

（2）对任意 $t > 0$，$W_t \sim N(0, t)$，

（3）过程 W 是关于过滤 $\mathbb{F}$ 的独立增量过程，

那么称 W 为关于过滤 $\mathbb{F}$ 的标准布朗运动或维纳过程。于是，关于过滤 $\mathbb{F}$ 的布朗运动 W 也是关于过滤 $\mathbb{F}$ 的鞅。也就是说，对任意 $s, t \geqslant 0$ 且 $t > s$，$E[W_t \mid \mathscr{F}_s] = W_s$。

下面引入布朗运动的强马氏性，首先需要一些辅助结论，而这些结论的证明需要用到鞅论的知识，读者可在学习完第 7 章后重新讨论这些结论的证明。

例 4.8　设 $X = \{X_t; t \geqslant 0\}$ 是过滤概率空间 $(\Omega, \mathscr{F}, \mathbb{F}, P)$ 上的一个 $\mathbb{F}$-适应轨道连续的实值随机过程，那么当且仅当对任意 $\sigma \in \mathbb{R}$，过程 X 是一个关于 $\mathbb{F}$-的布朗运动，如下复值过程 $Y^\sigma = \{Y_t^\sigma; t \geqslant 0\}$ 是一个 $\mathbb{F}$-鞅：

$$Y_t^\sigma := \exp\left(i\sigma X_t + \frac{\sigma^2}{2} t\right), \ \forall t \geqslant 0 \tag{4.43}$$

特别地，实值过程 X 还是一个 $\mathbb{F}$-马氏过程。也就是说，对任意时刻 $s, t, t \geqslant 0$ 且 $t > s$，有

$$P(X_t \in B \mid \mathscr{F}_s) = P(X_t \in B \mid X_s), \ \forall B \in \mathscr{B}(\mathbb{R}) \tag{4.44}$$

应用 Lévy 定理和关于过滤 $\mathbb{F}$-的布朗运动的独立增量性可证得该结论，其证明过程将留作本章练习 8。

利用例 4.8 中的结论，有如下关于自然过滤布朗运动的描述。

引理 4.5（关于自然过滤布朗运动的刻画）

设 $W = \{W_t; t \geqslant 0\}$ 是概率空间 $(\Omega, \mathscr{F}, P)$ 上的一个标准布朗运动，对任意 $t \geqslant 0$，定义如下布朗运动自然过滤的右连续过滤：

$$\mathscr{F}_t^{W+} := \bigcap_{\varepsilon > 0} \mathscr{F}_{t+\varepsilon}^W, \ \forall t \geqslant 0 \tag{4.45}$$

那么 W 是一个关于 $\mathbb{F}^{W+} = \{\mathscr{F}_t^{W+}; t \geqslant 0\}$ 的布朗运动，故 W 也是一个 $\mathbb{F}^{W+}$-马氏过程。♣

证明　根据例 4.8 中的结论，为证 W 是一个关于 $\mathbb{F}^{W+} = \{\mathscr{F}_t^{W+}; t \geqslant 0\}$ 的布朗运动，只需证明：对任意 $\sigma \in \mathbb{R}$，下面的复值随机过程 $Y^\sigma = \{Y_t^\sigma; t \geqslant 0\}$ 是一个 $\mathbb{F}^{W+}$-鞅。

$$Y_t^\sigma := \exp\left(i\sigma W_t + \frac{\sigma^2}{2} t\right), \ \forall t \geqslant 0 \tag{4.46}$$

事实上，由题设可知，W 是 $\mathbb{F}^W$-布朗运动，故对任意 $h > 0$ 和 $\varepsilon \in (0, h)$，a.s.

$$E\left[\exp\left(i\sigma W_{t+h} + \frac{\sigma^2}{2}(t+h)\right) \Big| \mathscr{F}_{t+\varepsilon}^W\right] = \exp\left(i\sigma W_{t+\varepsilon} + \frac{\sigma^2}{2}(t+\varepsilon)\right)$$

这意味着如下等式成立：a.s.

$$E\left[e^{i\sigma W_{t+h}} \mid \mathscr{F}_{t+\varepsilon}^W\right] = \exp\left(i\sigma W_{t+\varepsilon} - \frac{\sigma^2}{2}(h-\varepsilon)\right)$$

由于 $\mathscr{F}_{t+}^W = \bigcap_{\varepsilon>0} \mathscr{F}_{t+\varepsilon}^W$，故 $\mathscr{F}_{t+}^W \subset \mathscr{F}_{t+\varepsilon}^W$，$\forall \varepsilon > 0$。于是，对上式应用条件期望的迭代性质，则 a.s.

$$E\left[e^{i\sigma W_{t+h}} \mid \mathscr{F}_{t+}^W\right] = E\left[\exp\left(i\sigma W_{t+\varepsilon} - \frac{\sigma^2}{2}(h-\varepsilon)\right) \Big| \mathscr{F}_{t+}^W\right]$$

对上式两边取 $\varepsilon \downarrow 0$，然后应用控制收敛定理和 W 的轨道连续性可得到：对任意 $\sigma \in$

$\mathbb{R}$，a.s.

$$E\left[e^{i\sigma W_{t+h}} \mid \mathscr{F}_{t+}^{W}\right] = E\left[\exp\left(i\sigma W_{t} - \frac{\sigma^{2}}{2}h\right) \Big| \mathscr{F}_{t+}^{W}\right] \overset{W_{t}\in\mathscr{F}_{t+}^{W}}{=\!=\!=\!=} \exp\left(i\sigma W_{t} - \frac{\sigma^{2}}{2}h\right)$$

这意味着，由式(4.46)定义的过程 Y^{σ} 是一个 $\mathbb{F}^{W+}$-鞅。 $\qquad\square$

　　下面的引理将给出布朗运动的强马氏性。首先引入停时的概念，设 $\tau:\Omega\mapsto[0,\infty]$ 是概率空间 $(\Omega,\mathscr{F},P)$ 上的一个随机变量和 $\mathbb{F}=\{\mathscr{F}_{t};t\geqslant 0\}(\mathscr{F}_{t}\subset\mathscr{F})$ 为一个过滤，并称 τ 为一个 $\mathbb{F}$-停时，如果对任意 $t\geqslant 0$，事件 $\{\tau\leqslant t\}\in\mathscr{F}_{t}$。下面给出布朗运动强马氏性的结论，该结论的证明可应用例 4.8 和 Doob 可选时定理证得，其证明将留作本章练习 9。

引理 4.6(布朗运动的强马氏性)

　　设 $W=\{W_{t};t\geqslant 0\}$ 是概率空间 $(\Omega,\mathscr{F},P)$ 上的一个标准布朗运动和 $\tau:\Omega\mapsto[0,\infty)$ 为一个 $\mathbb{F}^{W+}$-停时，对任意 $t\geqslant 0$，定义 $X_{t}=W_{t+\tau}-W_{\tau}$，那么对任意 $t\geqslant 0$，随机变量 X_{t} 独立于 $\mathscr{F}_{\tau}^{W+}$。进一步来讲，过程 $X=\{X_{t};t\geqslant 0\}$ 也是概率空间 $(\Omega,\mathscr{F},P)$ 上的一个标准布朗运动。　♣

　　应用布朗运动的强马氏性，下面将引入布朗运动的反射原理，其可由图 4.4 来展示。

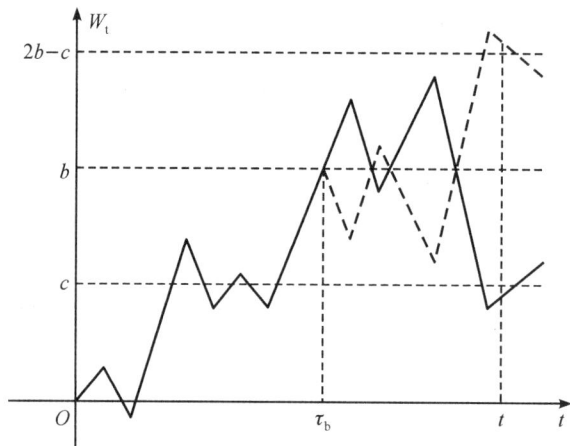

图 4.4　标准布朗运动 $W=\{W_{t};t\geqslant 0\}$ 的反射原理

定理 4.6(布朗运动的反射原理)

　　设 $W=\{W_{t};t\geqslant 0\}$ 是概率空间 $(\Omega,\mathscr{F},P)$ 上的一个标准布朗运动，那么对任意 $b\geqslant c$ 和 $b>0$，有

$$P(M_{t}\geqslant b,W_{t}\leqslant c)=P(\tau_{b}\leqslant t,W_{t}\leqslant c)=P(W_{t}\geqslant 2b-c),\ \forall t\geqslant 0 \quad (4.47)$$

其中，$M=\{M_{t};t\geqslant 0\}$ 是由式(4.35)定义的布朗运动 W 的最大值过程。特别地，如下概率等式也成立：

$$P(M_{t}\geqslant b)=P(\tau_{b}\leqslant t)=2P(W_{t}\geqslant b),\ \forall t\geqslant 0 \quad (4.48)$$

♣

证明　首先定义如下随机过程:

$$Y_t := W_t, \ \forall t \in [0, \tau_b]; \quad Z_t := W_{\tau_b+t} - W_{\tau_b} = W_{\tau_b+t} - b, \ \forall t \geqslant 0$$

由布朗运动的强马氏性(即引理4.6),可知 $Z = \{Z_t; t \geqslant 0\}$ 是一个标准布朗运动且独立于 $Y = \{Y_t; t \in [0, \tau_b]\}$。显然,$-Z$ 也是一个布朗运动且独立于 $Y = \{Y_t; t \in [0, \tau_b]\}$,这样 $(Y, Z) \overset{d}{=} (Y, -Z)$。引入如下映射:

$$\varphi(Y, Z) := (Y_t \mathbf{1}_{t \leqslant \tau_b} + (b + Z_{t-\tau_b}) \mathbf{1}_{t > \tau_b})_{t \geqslant 0}$$

可得 $\varphi(Y, Z)$ 是一个轨道连续的随机过程,因此 $\varphi(Y, Z) \overset{d}{=} \varphi(Y, -Z)$。由于 $\varphi(Y, Z) = W$ 和如下的随机过程:对任意 $t \geqslant 0$,

$$\varphi(Y, -Z)_t = \begin{cases} W_t, & t \leqslant \tau_b \\ 2b - W_t, & t > \tau_b \end{cases}$$

这意味着 $\varphi(Y, -Z)$ 也是一个布朗运动。进一步定义 $\tilde{\tau}_b = \inf\{t \geqslant 0; \varphi(Y, -Z)_t = b\}$,则 $\tau_b = \tilde{\tau}_b$。由于 $2b - c \geqslant b$,那么可得到:

$$\begin{aligned} P(M_t \geqslant b, W_t \leqslant c) &= P(\tau_b \leqslant t, W_t \leqslant c) = P(\tilde{\tau}_b \leqslant t, \varphi(Y, -Z)_t \leqslant c) \\ &= P(\tau_b \leqslant t, \varphi(Y, -Z)_t \leqslant c) = P(\tau_b \leqslant t, 2b - W_t \leqslant c) \\ &= P(\tau_b \leqslant t, W_t \geqslant 2b - c) = P(W_t \geqslant 2b - c) \end{aligned}$$

这证明了概率等式(4.47)。特别地,取 $b = c$,则 $P(M_t \geqslant b, W_t \leqslant b) = P(\tau_b \leqslant t, W_t \leqslant b) = P(W_t \geqslant b)$。于是,可获得:

$$\begin{aligned} P(\tau_b \leqslant t) &= P(\tau_b \leqslant t, W_t \leqslant b) + P(\tau_b \leqslant t, W_t > b) \\ &= P(W_t \geqslant b) + P(W_t > b) = 2P(W_t \geqslant b) \end{aligned}$$

至此,定理4.6的式(4.48)得证。　　　　　　　　　　　　　　　　□

显然,定理4.6(布朗运动的反射原理)涵盖了例4.6中的结论。在例4.9中,根据布朗运动的反射原理,还可以描述布朗运动 $W = \{W_t; t \geqslant 0\}$ 和其最大值过程 $M = \{M_t; t \geqslant 0\}$ 在同一时刻的联合分布。

例4.9　对任意 $t > 0$,设 $p_{M_t, W_t}(b, c)$ 表示二维随机变量 (M_t, W_t) 的联合概率密度函数,于是应用式(4.47)可得到:对任意 $t > 0$,有

$$\int_b^{+\infty} \int_{-\infty}^c p_{M_t, B_t}(x, y) \mathrm{d}x \mathrm{d}y = \frac{1}{\sqrt{2\pi t}} \int_{2b-c}^{\infty} e^{-\frac{z^2}{2t}} \mathrm{d}z$$

对上式两边关于变量 b 求导可得到:对任意 $t > 0$,有

$$-\int_{-\infty}^c p_{M_t, B_t}(b, y) \mathrm{d}y = -\frac{2}{\sqrt{2\pi t}} e^{-\frac{(2b-c)^2}{2t}}$$

再对上式两边关于变量 c 分别求导可获得:对任意 $t > 0$,有

$$p_{M_t, B_t}(b, c) = \frac{2(2b-c)}{t\sqrt{2\pi t}} e^{-\frac{(2b-c)^2}{2t}}, \ \forall b \geqslant c, b > 0 \tag{4.49}$$

这样对任意 $t > 0$,通过布朗运动的反射原理即可得到 (M_t, W_t) 的联合分布。

下面的例4.10是应用布朗运动最大值过程的分布来计算金融衍生品中一类所谓回看期权(lookback option)的价格。

例4.10(欧式回看期权的价格公式)　在例4.4中介绍了金融衍生品定价理论中著名的 Black-Scholes 股票价格模型:设 X_t 表示 $t \in [0, T]$ 时刻的股票价格,那么 Black-Scholes

模型给出的 $X = \{X_t; t \in [0, T]\}$ 满足几何布朗运动式(4.11)，也就是说：

$$X_t = X_0 \exp\left(\left(r - \frac{\sigma^2}{2}\right)t + \sigma W_t\right), \ \forall t \in [0, T] \tag{4.50}$$

其中，$r > 0$ 表示无风险利率，$\sigma > 0$ 为股票价格的波动率，$W = \{W_t; t \geqslant 0\}$ 是一个标准布朗运动，而 $T > 0$ 表示欧式回看期权的到期日。根据风险中性定价理论，一个回看期权风险中性价格的计算关键是对如下数学期望的计算，即：对任意 $(t, x) \in [0, T] \times (0, \infty)$，有

$$H(t; x) := E\left[e^{-r(T-t)} \max\{\max_{s \in [t, T]} X_s - K, 0\} \mid X_t = x\right] \tag{4.51}$$

其中，$K > 0$ 表示该欧式回看期权的执行价格。下面给出了价格函数 $H(t, x)$ 的解析表达式。事实上，由于式(4.51)中数学期望里边的随机变量是非负的，故根据式(1.21)有：

$$
\begin{aligned}
e^{r(T-t)} H(t, x) &= E\left[\left(\max_{s \in [t, T]} X_s - K\right)^+ \mid X_t = x\right] \\
&= \int_0^\infty P\left(\left(\max_{s \in [t, T]} X_s - K\right)^+ \geqslant y \mid X_t = x\right) \mathrm{d}y \\
&= \int_0^\infty P\left(\left(\max_{s \in [t, T]} \frac{X_s}{X_t} - \frac{K}{x}\right)^+ \geqslant \frac{y}{x} \mid X_t = x\right) \mathrm{d}y \\
&= \int_0^\infty P\left(\left(\max_{s \in [t, T]} \frac{X_s}{X_t} - \frac{K}{x}\right)^+ \geqslant \frac{y}{x}\right) \mathrm{d}y
\end{aligned}
\tag{4.52}
$$

利用式(4.50)可得到：对任意 $s \in [t, T]$，有

$$\frac{X_s}{X_t} = e^{\mu(s-t) + \sigma(W_s - W_t)} \overset{\mathrm{d}}{=} e^{\mu(s-t) + \sigma \xi_t^s}, \ \mu := r - \frac{\sigma^2}{2}, \ \xi_t^s \sim N(0, s-t) \tag{4.53}$$

由于 $\frac{z}{x} > 0$，因此根据式(4.52)和式(4.53)可得到：

$$
\begin{aligned}
e^{rt} H(t, x) &= \int_0^\infty P\left(\left(\max_{s \in [t, T]} \frac{X_s}{X_t} - \frac{K}{x}\right)^+ \geqslant \frac{y}{x}\right) \mathrm{d}y = \int_0^\infty P\left(\max_{s \in [t, T]} \frac{X_s}{X_t} \geqslant \frac{y+K}{x}\right) \mathrm{d}y \\
&= \int_K^\infty P\left(\max_{s \in [t, T]} \frac{X_s}{X_t} \geqslant \frac{z}{x}\right) \mathrm{d}z = \int_K^\infty P\left(\ln\left(\max_{s \in [t, T]} \frac{X_s}{X_t}\right) \geqslant \ln\frac{z}{x}\right) \mathrm{d}z \\
&= \int_{\ln\frac{K}{x}}^\infty x e^y \left[N\left(\frac{\mu\tau - y}{\sigma\sqrt{\tau}}\right) + e^{\frac{2\mu y}{\sigma^2}} N\left(\frac{-\mu\tau - y}{\sigma\sqrt{\tau}}\right)\right] \mathrm{d}y
\end{aligned}
\tag{4.54}
$$

其中，$\tau := T - t$ 和 $N(x) := \frac{1}{\sqrt{2\pi}} e^{-\frac{x^2}{2}}$，$\forall x \in \mathbb{R}$ 是标准高斯分布的分布函数。

练　习

1. 证明由 4.1 节中性质(1)～(4)所定义的过程 X 是布朗运动。

2. 设 $W = \{W_t; t \geqslant 0\}$ 是概率空间 $(\Omega, \mathscr{F}, P)$ 上的一个标准布朗运动，对任意 $s, t \geqslant 0$，计算 $W_t + W_s$ 的分布函数和概率密度函数。

3. 应用式(4.10)，计算布朗运动的条件概率密度函数 $f_{s|t}(x \mid y)$，其中 $0 \leqslant s < t < \infty$ 和 $x, y \in \mathbb{R}$。

4. 证明 Lévy 定理。

5. 证明引理 4.3。

6. 证明例 4.4 中当 $\mu = 0$ 时的几何布朗运动是一个鞅。

7. 设 $\tau_a, a > 0$ 为标准布朗运动 $W = \{W_t; t \geqslant 0\}$ 的首穿时，证明：对任意 $s, t \geqslant 0$ 且 $s < t$，在事件 $\{\tau_a = s\}$ 上，$B_t - B_{\tau_a} \sim N(0, t-s)$ 且独立于 τ_a。基于此事实，证明例 4.6 中的结论。

8. 证明例 4.8 中的结论。

9. 证明引理 4.6。

10. 设 $W = \{W_t; t \geqslant 0\}$ 是概率空间 $(\Omega, \mathscr{F}, P)$ 上的一个标准布朗运动，对任意时刻 $t_1, t_2, t_3 \geqslant 0$ 且 $t_1 < t_2 < t_3$，计算数学期望 $E[W_{t_1} W_{t_2} W_{t_3}]$。

11. 设 $W = \{W_t; t \geqslant 0\}$ 是概率空间 $(\Omega, \mathscr{F}, P)$ 上的一个标准布朗运动，对任意 $t_2 > t_1 \geqslant 0$，计算概率值 $P\left(\sup_{s \in [t_1, t_2]} W_s > x\right)$，其中 $x \in \mathbb{R}$。

12. 设 $W = \{W_t; t \geqslant 0\}$ 是概率空间 $(\Omega, \mathscr{F}, P)$ 上的一个标准布朗运动，对任意 $\mu \in \mathbb{R}$ 和 $\sigma > 0$，定义 $X_t = \mu t + \sigma W_t$，$\forall t \geqslant 0$，并称过程 $X = \{X_t; t \geqslant 0\}$ 为飘移布朗运动。对任意 $s, t \geqslant 0$ 且 $s < t$，计算 X_s 和 X_t 的联合概率密度函数。

13. 设 $W = \{W_t; t \geqslant 0\}$ 是概率空间 $(\Omega, \mathscr{F}, P)$ 上的一个标准布朗运动，定义 $X_t = tW_{1/t}$，$\forall t > 0$ 和 $X_0 = 0$。计算过程 $X = \{X_t; t \geqslant 0\}$ 的有限维分布函数和基本数字特征。

14. 设 $W = \{W_t; t \geqslant 0\}$ 是概率空间 $(\Omega, \mathscr{F}, P)$ 上的一个标准布朗运动，对任意 $s, t \geqslant 0$ 且 $s < t$，讨论 $W_s - \dfrac{s}{t} W_t$ 和 W_t 是否相互独立。

15. 设 $B = \{B_t; t \geqslant 0\}$ 和 $W = \{W_t; t \geqslant 0\}$ 是概率空间 $(\Omega, \mathscr{F}, P)$ 上两个相互独立的标准布朗运动，对于 $\rho \in (-1, 1)$，定义随机过程 $R_t = \rho B_t + \sqrt{1-\rho^2} W_t$，$\forall t \geqslant 0$。证明过程 $R = \{R_t; t \geqslant 0\}$ 也是概率空间 $(\Omega, \mathscr{F}, P)$ 上的一个标准布朗运动。

16. 设 $B^i = \{B_t; t \geqslant 0\}$，$i = 1, \cdots, n$ 是概率空间 $(\Omega, \mathscr{F}, P)$ 上 n 个相互独立的标准布朗运动，那么称 $B = (B^1, \cdots, B^n)$ 是一个 n 维布朗运动。定义如下非负随机过程：

$$X_t = \sum_{i=1}^{n} |B_t^i|^2, \ \forall t \geqslant 0$$

则称 $X = \{X_t; t \geqslant 0\}$ 是 d 维 Bessel 过程。

(1) 计算该过程的一维和二维分布函数。

(2) 通过查找文献学习 Itô 公式，并利用该公式证明 Bessel 过程满足如下随机微分方程：

$$dX_t = \frac{a}{X_t} dt + dW_t$$

其中，$a = \dfrac{d-1}{2}$ 和 $W = \{W_t; t \geqslant 0\}$ 是一个标准布朗运动。

17. 设 $W = \{W_t; t \geqslant 0\}$ 是概率空间 $(\Omega, \mathscr{F}, P)$ 上的标准布朗运动，回顾 $M = \{M_t; t \geqslant 0\}$ 是由式(4.35)定义的布朗运动最大值过程。证明：对任意 $t > 0$，$M_t - W_t \overset{d}{=} |B_t|$，并称过程 $L_t = M_t - W_t$，$\forall t \geqslant 0$ 是反射布朗运动(reflected Brownian motion)。

18. 利用积分的变量变换和布朗运动最大值过程的分布(见推论 4.1)推导公式(4.54)。

19. 设 $W = \{W_t; t \geqslant 0\}$ 是概率空间 $(\Omega, \mathscr{F}, P)$ 上的标准布朗运

动最小值过程 $m_t := \min_{s \in [0, t]} W_s$，$\forall t > 0$ 和 $m_0 = 0$。

（1）计算布朗运动最小值过程 $m = \{m_t; t \geqslant 0\}$ 的一维分布。

（2）对任意 $t > 0$，计算 (W_t, m_t) 的联合分布函数。

20. 设 $W = \{W_t; t \geqslant 0\}$ 是概率空间 $(\Omega, \mathscr{F}, P)$ 上的标准布朗运动，证明：对任意的 $(t, x) \in (0, \infty)^2$，有

$$\frac{1}{\sqrt{2\pi t}} \frac{tx}{x^2 + t} \leqslant P(W_t \geqslant x) \leqslant \sqrt{\frac{t}{2\pi}} x^{-1} e^{-\frac{x^2}{2t}}$$

21. 设 $X = \{X_t; t \in [0, T]\}$ 是几何布朗运动（见式(4.50)），也就是说，对任意 $(t, x) \in [0, T] \times (0, \infty)$，有

$$X_t = x \exp\left(\left(r - \frac{\sigma^2}{2}\right)t + \sigma W_t\right), \quad \forall t \in [0, T]$$

证明下列数学期望等式成立，即：对任意 $K > 0$ 和 $t \in [0, T]$，有

$$E[e^{-rt}(X_t - K)^+] = xN(d_+(t, x)) - Ke^{-rt}N(d_-(t, x))$$

其中，对任意 $(t, x) \in [0, T] \times (0, \infty)$，有

$$d_{\pm}(t, x) = \frac{1}{\sigma\sqrt{t}}\left[\ln\left(\frac{K}{x}\right) + \left(r \pm \frac{\sigma^2}{2}t\right)\right]$$

第 5 章

高 斯 过 程

内容提要

　　高斯过程是一类实值连续状态的随机过程，其任意有限维分布都为多维高斯分布，正如第 4 章中所介绍的，布朗运动就是典型的高斯过程。本章将从更抽象的高斯过程（也就是高斯随机场）出发，介绍高斯过程的定义和重要性质。本章 5.1 节将给出高斯过程的一般定义；5.2 节将引入高斯随机场的概念；5.3 节将提供高斯过程在非参估计中的应用——高斯过程回归；5.4 节将讨论具有自相似性的高斯过程——分数布朗运动。

5.1　高斯过程的定义

　　高斯过程的本质是一类任意有限维分布均为高斯分布的实值随机过程。这里提及的高斯分布可以是退化的。例如，我们可将常值随机变量看成一个退化的高斯随机变量。因此，本章在提及高斯分布的定义时，可以参考 1.6 节中多维高斯分布的特征函数形式来定义（见定义 1.8）。基于此，高斯过程的具体定义表述如下：

定义 5.1（高斯过程）

　　设 $X = \{X_t; t \in \mathbb{T}\}$ 是概率空间 $(\Omega, \mathscr{F}, P)$ 上的一个实值随机过程，如果对任意不同的时刻 $t_1, \cdots, t_n \in \mathbb{T}(n \in \mathbb{N})$，随机向量 $(X_{t_1}, \cdots, X_{t_n})$ 服从 n 维高斯分布，则称 X 是一个高斯过程或正态过程。　♣

　　如果 $X = \{X_t; t \in \mathbb{T}\}$ 是一个高斯过程，那么随机向量 $(X_{t_1}, \cdots, X_{t_n})$ 服从 n 维高斯分布，可将其表示为 $(X_{t_1}, \cdots, X_{t_n}) \sim N(\boldsymbol{\mu}, \boldsymbol{C})$，这里均值向量 $\boldsymbol{\mu} = (m_X(t_1), \cdots, m_X(t_n))$，而协方差矩阵 $\boldsymbol{C}$ 可写为

$$\boldsymbol{C} = \begin{bmatrix} D_X(t_1) & R_X(t_1, t_2) - m_X(t_1)m_X(t_2) & \cdots & R_X(t_1, t_n) - m_X(t_1)m_X(t_n) \\ R_X(t_2, t_1) - m_X(t_2)m_X(t_1) & D_X(t_2) & \cdots & R_X(t_2, t_n) - m_X(t_2)m_X(t_n) \\ \vdots & \vdots & & \vdots \\ R_X(t_n, t_1) - m_X(t_n)m_X(t_1) & R_X(t_n, t_1) - m_X(t_n)m_X(t_2) & \cdots & D_X(t_n) \end{bmatrix}$$

其中，$m_X(\cdot)$ 和 $R_X(\cdot)$ 分别是过程 X 的均值函数和相关函数；$D_X(\cdot)$ 为过程 X 的方差函数。换句话说，高斯过程的任意有限维分布完全由其均值函数 $m_X(t)$ 和相关函数 $R_X(s, t)$，$\forall s, t \in \mathbb{T}$ 来决定。

基于此,通常将该高斯过程记为

$$X \sim \mathrm{GP}(m_X(t)|_{t \in \mathbb{T}}, C_X(s, t)|_{s, t \in \mathbb{T}}) \tag{5.1}$$

高斯过程 X 的协方差函数 $C_X(s, t) = R_X(s, t) - m_X(s)m_X(t)$,$\forall x, t \in \mathbb{T}$ 称为高斯过程 X 的核函数。因此,为了构造某些高斯过程,只需给出特定的均值函数和核函数。

例 5.1(O-U 过程) 设 $W = \{W_t; t \geq 0\}$ 是概率空间 $(\Omega, \mathscr{F}, P)$ 上的布朗运动。于是 W 是一个高斯过程,其均值函数和相关函数分别为 $m_W(t) = 0$ 和 $R_W(s, t) = s \wedge t$,$\forall s, t \geq 0$。对任意 $t \in \mathbb{R}$,定义 $X_t = \mathrm{e}^{-t} W_{\mathrm{e}^{2t}}$,我们称过程 $X = \{X_t; t \in \mathbb{R}\}$ 是一个 Ornstein-Uhlenbeck(OU)过程。O-U 过程 X 是一个高斯过程,其均值函数和相关函数分别为 $m_X(t) = 0$ 和 $R_X(s, t) = \mathrm{e}^{-|t-s|}$,$\forall s, t \in \mathbb{R}$。另外,O-U 过程 X 还是一个宽平稳过程。对任意 $t \in [0, 1]$,定义 $Y_t = W_t - tW_1$,则称过程 $Y = \{Y_t; t \in [0, 1]\}$ 是一个布朗桥。于是,布朗桥 Y 也是一个高斯过程,其均值函数和相关函数分别为 $m_Y(t) = 0$ 和 $R_Y(s, t) = s \wedge t - st$,$\forall s, t \in [0, 1]$。

特别地,设时间索引集 $\mathbb{T} \subset \mathbb{R}$,如果 $X = \{X_t; t \in \mathbb{T}\}$ 是一个宽平稳高斯过程,则 $\mu = (m_X, \cdots, m_X)$,协方差矩阵为

$$C = \begin{bmatrix} D_X(0) & R_X(t_2 - t_1) - m_X^2 & \cdots & R_X(t_n - t_1) - m_X^2 \\ R_X(t_2 - t_1) - m_X^2 & D_X(0) & \cdots & R_X(t_n - t_2) - m_X^2 \\ \vdots & \vdots & & \vdots \\ R_X(t_n - t_1) - m_X^2 & R_X(t_n - t_1) - m_X^2 & \cdots & D_X(0) \end{bmatrix}$$

因为 X 的任意有限维分布都是由均值函数 $m_X(t) = m_X \in \mathbb{R}$ 和相关函数 $R_X(s, t) = R_X(t - s)$,$\forall s, t \in \mathbb{T}$ 来决定的,所以宽平稳高斯过程一定也是严平稳过程。另外,高斯平稳过程还具有如下性质。

例 5.2(宽平稳高斯过程) 设 $X = \{X_t; t \in \mathbb{R}\}$ 是概率空间 $(\Omega, \mathscr{F}, P)$ 上的一个宽平稳高斯过程,对任意 $u \in \mathbb{R}$,引入如下的随机过程:

$$Y_t^u = X_t X_{t+u}, \ \forall t \in \mathbb{R}$$

那么,对任意固定 $u \in \mathbb{R}$,随机过程 $Y^u = \{Y_t^u; t \in \mathbb{R}\}$ 也是一个宽平稳过程。进一步,过程 Y^u 的均值函数和相关函数分别为

$$m_{Y^u}(t) = E[Y_t^u] = E[X_t X_{t+u}] = R_X(0), \ \forall t \in \mathbb{R} \tag{5.2}$$

$$R_{Y^u}(v) = E[Y_t^u Y_{t+v}^u] = R_X^2(u) + R_X^2(v) + R_X(v+u)R_X(v-u) - 2(m_X)^4, \ \forall v \in \mathbb{R} \tag{5.3}$$

事实上,由于 $X = \{X_t; t \in \mathbb{R}\}$ 是宽平稳高斯过程,因此 X 也是严平稳的。于是对任意 $v \in \mathbb{R}$,有

$$(X_t, X_{t+u}, X_{t+v}, X_{t+v+u}) \overset{d}{=} (X_0, X_u, X_v, X_{v+u}), \ \forall t \in \mathbb{R}$$

这样,对固定的 $u \in \mathbb{R}$,任意 $v \in \mathbb{R}$,有

$$R_{Y^u}(t, t+v) = E[Y_t^u Y_{t+v}^u] = E[X_t X_{t+u} X_{t+v} X_{t+v+u}] = E[X_0 X_u X_v X_{v+u}] = R_{Y^u}(0, v)$$

故 $Y^u = \{Y_t^u; t \in \mathbb{R}\}$ 是一个宽平稳过程。因为 X 是高斯过程,所以 (X_0, X_u, X_v, X_{v+u}) 服从四维高斯分布,即可得到:

$$E[X_0 X_u X_v X_{v+u}] = E[X_0 X_u]E[X_v X_{v+u}] + E[X_0 X_v]E[X_u X_{v+u}] +$$
$$E[X_0 X_{v+u}]E[X_u X_v] - 2E[X_0]E[X_u]E[X_v]E[X_{v+u}] \tag{5.4}$$

那么，利用高斯过程 X 的平稳性即可得到式(5.3)。

5.2 高斯随机场

本节将引入高斯随机场的概念。高斯随机场(Gaussian random field，GRF)是指一类特殊的高斯过程，其时间指标集具有时空特征。由 5.1 节可知，一个高斯过程完全是由其基本的数字特征(均值函数和相关函数)来决定的。为此，首先引入一类特殊的二元集函数作为相关函数。

引理 5.1(集相关函数)

设 m 为 $\mathscr{B}(\mathbb{R}^d)$ 上的 Lebesgue 测度，对任意的 $A，B \in \mathscr{B}(\mathbb{R}^d)$，定义集函数 $\Sigma：\mathscr{B}(\mathbb{R}^d) \bigotimes \mathscr{B}(\mathbb{R}^d) \mapsto \mathbb{R}$ 为：

$$\Sigma(A，B) = m(A \bigcap B)，\forall A，B \in \mathscr{B}(\mathbb{R}^d) \tag{5.5}$$

那么二元集函数 $\Sigma = \{\Sigma(A，B)；A，B \in \mathscr{B}(\mathbb{R}^d)\}$ 是半正定的。 ♣

证明 显然 $\Sigma(\cdot，\cdot)$ 是对称的，也就是说 $\Sigma(A，B) = \Sigma(B，A)，\forall A，B \in \mathscr{B}(\mathbb{R}^d)$。另外，对任意 $A_1，\cdots，A_n \in \mathscr{B}(\mathbb{R}^d)$ 和 $\theta_1，\cdots，\theta_n \in \mathbb{R}(n \in \mathbb{N})$，我们得到：

$$\sum_{i，j=1}^n \theta_i \theta_j \Sigma(A_i，A_j) = \sum_{i，j=1}^n \theta_i \theta_j m(A_i \bigcap A_j) = \int_{\mathbb{R}^n} \sum_{i，j=1}^n (\theta_i \mathbf{1}_{A_i}(x) \theta_j \mathbf{1}_{A_j}(x)) \mathrm{d}x$$

$$= \int_{\mathbb{R}^n} \left| \sum_{i=1}^n \theta_i \mathbf{1}_{A_i}(x) \right|^2 \mathrm{d}x \geqslant 0$$

至此，该引理得证。 □

基于引理 5.1，可将由式(5.5)所定义的二元集函数 $\Sigma：\mathscr{B}(\mathbb{R}^d) \bigotimes \mathscr{B}(\mathbb{R}^d) \mapsto \mathbb{R}$ 作为一个实值二阶矩过程的相关函数。于是可引出高斯随机场的定义。

定义 5.2(高斯随机场)

设 $\mathbb{T} = \mathscr{B}(\mathbb{R}^d)$ 和 $W = \{W(A)；A \in \mathbb{T}\}$ 是概率空间 $(\Omega，\mathscr{F}，P)$ 上的一个实值随机过程，如果过程 W 是一个均值函数为 0、相关函数 $\Sigma = \{\Sigma(A，B)；A，B \in \mathscr{B}(\mathbb{R}^d)\}$ 的高斯过程，那么称 W 为 $\mathbb{R}^d$ 上的一个高斯随机场。 ♣

高斯随机场作为高斯过程，其特殊性在于其时间指标集合为集类 $\mathbb{T} = \mathscr{B}(\mathbb{R}^d)$。 也就是说，高斯随机场的时间指标为集合 $A \in \mathbb{T}$，这意味着高斯随机场的每条样本轨道都是一个集函数。进一步，高斯随机场产生的任意有限维随机向量 $(W(A_1)，\cdots，W(A_n)) \sim N(\mu，C)$，其中 $A_1，\cdots，A_n \in \mathbb{T} = \mathscr{B}(\mathbb{R}^d)$。 这里均值向量 $\boldsymbol{\mu} = (0，\cdots，0)$，而协方差矩阵 C 为

$$C = \begin{bmatrix} m(A_1) & m(A_1 \bigcap A_2) & \cdots & m(A_1 \bigcap A_n) \\ m(A_1 \bigcap A_2) & m(A_2) & \cdots & m(A_2 \bigcap A_n) \\ \vdots & \vdots & & \vdots \\ m(A_1 \bigcap A_n) & m(A_2 \bigcap A_n) & \cdots & m(A_n) \end{bmatrix}$$

特别地，如果时间索引 $A_1，\cdots，A_n \in \mathbb{T} = \mathscr{B}(\mathbb{R}^d)$ 是两两不交的，也就是 $A_i \bigcap A_j = \varnothing$，$\forall i \neq j$，那么上述协方差矩阵可简化为

$$C = \begin{bmatrix} m(A_1) & 0 & \cdots & 0 \\ 0 & m(A_2) & \cdots & 0 \\ \vdots & \vdots & & \vdots \\ 0 & 0 & \cdots & m(A_n) \end{bmatrix}$$

这意味着高斯随机场具有一些很有意思的性质：设 $W = \{W(A); A \in \mathbb{T} = \mathscr{B}(\mathbb{R}^d)\}$ 是概率空间 $(\Omega, \mathscr{F}, P)$ 上的一个高斯随机场，那么有：

(1) 对任意 $A \in \mathbb{T}$，随机变量 $W(A) \sim N(0, m(A))$。进一步，对任意 $A, B \in \mathbb{T}$ 且 $A \bigcap B = \varnothing$，随机变量 $W(A)$ 与 $W(B)$ 相互独立。事实上，对任意 $A, B \in \mathbb{T}$ 且 $A \bigcap B = \varnothing$，由定义 5.2 可得到 $E[W(A)W(B)] = \Sigma(A, B) = m(A \bigcap B) = m(\varnothing) = 0$。由于 $W = \{W(A); A \in \mathbb{T}\}$ 是高斯过程，因此 $(W(A), W(B)) \sim N(0, C)$，其中协方差矩阵为

$$C = \begin{bmatrix} m(A) & 0 \\ 0 & m(B) \end{bmatrix}$$

因此 $W(A)$ 与 $W(B)$ 相互独立。

(2) 对任意 $A, B \in \mathbb{T}$ 且 $A \bigcap B = \varnothing$，有
$$E[|W(A \bigcup B) - W(A) - W(B)|^2] = 0 \tag{5.6}$$
事实上，根据高斯随机场的定义 5.2，对任意 $A, B \in \mathbb{T}$ 且 $A \bigcap B = \varnothing$，有
$$E[|W(A \bigcup B) - W(A) - W(B)|^2] = E[|W(A \bigcup B)|^2] - $$
$$2E[W(A \bigcup B)W(A)] - 2E[W(A \bigcup B)W(B)] + E[|W(A) + W(B)|^2]$$
$$= \Sigma(A \bigcup B, A \bigcup B) - 2\Sigma(A \bigcup B, A) - 2\Sigma(A \bigcup B, B) + \Sigma(A, A) + $$
$$\Sigma(B, B) + 2\Sigma(A, B)$$
$$= m(A \bigcup B) - 2m(A) - 2m(B) + m(A) + m(B) + 2m(A \bigcap B)$$
$$= m(A \bigcup B) - m(A) - m(B) + 2m(A \bigcap B)$$
$$= m(A \bigcap B) = m(\varnothing) = 0$$
即可得到式(5.6)。进一步，定义 $\xi = W(A \bigcup B) - W(A) - W(B)$，于是根据高斯随机场的定义 5.2 有 $E[\xi] = 0$。再利用式(5.6)可得到 $E[|\xi^2|] = 0$，故 $\mathrm{Var}(\xi) = 0$，因此：
$$P(\xi = 0) = 1 \Leftrightarrow W(A \bigcup B) = W(A) + W(B), \text{ a.s. } \forall A, B \in \mathbb{T} \text{ 且 } A \bigcap B = \varnothing \tag{5.7}$$
式(5.7)说明高斯随机场的样本轨道作为集函数满足有限可加性。

下面的例 5.3、例 5.4 给出了高斯随机场衍生出来的两个经典高斯过程。

例 5.3(布朗运动) 设 $W = \{W(A); A \in \mathbb{T} = \mathscr{B}([0, \infty))\}$ 是概率空间 $(\Omega, \mathscr{F}, P)$ 上的一个高斯随机场，定义 $W_t = W((0, t])$，$\forall t \geqslant 0$，那么根据高斯随机场的定义 5.2 可知，$\widetilde{W} = \{\widetilde{W}_t; t \geqslant 0\}$ 是一个高斯过程且对任意 $s, t \geqslant 0$，有
$$m_{\widetilde{W}}(t) = E[\widetilde{W}_t] = E[W([0, t])] = 0$$
$$R_{\widetilde{W}}(s, t) = E[W(0, s)W([0, t])] = m([0, s] \bigcap [0, t]) = s \wedge t$$

应用定理 4.1 和定理 2.2 可得：对于过程 $\widetilde{W}$，存在一个过程 $W = \{W_t; t \geqslant 0\}$ 与 $\widetilde{W}$ 互为修正，而这个修正过程 W 就是一个布朗运动。

例 5.4(布朗单) 设 $W = \{W(A); A \in \mathbb{T} = \mathscr{B}([0, \infty)^2)\}$ 是概率空间 $(\Omega, \mathscr{F}, P)$ 上的一个高斯随机场，定义如下双时间指标过程：

$$W_{s,t} = W((0, s) \times (0, t)), \ \forall s, t \geqslant 0$$

那么 $W = \{W_{s,t}; s, t \geqslant 0\}$ 是一个高斯过程，我们称 $W = \{W_{s,t}; s, t \geqslant 0\}$ 是一个布朗单 (Brownian Sheet)。进一步，布朗单的基本数字特征为

$$m_W(s, t) = E[W([0, s] \times [0, t])] = 0, \ \forall s, t \geqslant 0$$

$$R_W((s_1, s_2), (t_1, t_2)) = E[W([0, s_1] \times [0, s_2])W([0, t_1] \times [0, t_2])]$$
$$= (s_1 \wedge t_1)(s_2 \wedge t_2), \ \forall s_1, s_2, t_1, t_2 \geqslant 0$$

在随机偏微分方程研究中，布朗单 $W = \{W_{s,t}; s, t \geqslant 0\}$ 通常会作为噪声扰动项。

5.3　高斯过程回归

高斯过程回归(Gaussian process regression，GPR)与经典的贝叶斯线性回归类似，二者的不同之处在于 GPR 用高斯过程的核函数替代了贝叶斯线性回归中的基函数。目前，GPR 已成为通用的非参模型，特别是在机器学习领域应用广泛。事实上，当使用参数模型进行回归时，模型的复杂度或灵活性往往会受到参数个数的限制。如果模型的参数个数随着观测数据集规模的增大而增大，则可将其看成一个非参模型。当然，非参模型并不意味着模型中没有参数，而是其涉及无穷多个参数。

下面首先简单介绍一下贝叶斯线性回归模型(Bayesian linear regression，BLR)。设 $D = \{(x_i, y_i) \in \mathbb{R}^d \times \mathbb{R}; i = 1, \cdots, n\}$ 为训练数据集，贝叶斯线性回归模型表示为

$$Y_i = g(x_i) + \varepsilon_i, \ \forall i = 1, \cdots, n \tag{5.8}$$

其中，$g(x) = \boldsymbol{\theta}^{\mathrm{T}} x, \ \forall x \in \mathbb{R}^d$；$\boldsymbol{\theta} = (\theta_1, \cdots, \theta_n)$ 是服从高斯分布的随机向量；$\{\varepsilon_i\}_{i=1}^n$ 是独立同分布于 $N(0, \sigma^2)$ 的随机变量，即严白噪声。由于 $\boldsymbol{\theta}$ 是高斯随机变量，因此对于 $x \in \mathbb{R}^d$，$X_x := g(x)$ 服从高斯分布。在 GPR 模型中，考虑模型：

$$Y_i = X_{x_i} + \varepsilon_i, \ \forall i = 1, \cdots, n \tag{5.9}$$

其中，假设 $X = \{X_x; x \in \mathbb{T} = \mathbb{R}^d\}$ 为如下的高斯过程：

$$X \sim \mathrm{GP}(m_X(x)|_{x \in \mathbb{T}}, \ C_X(x, y)|_{x, y \in \mathbb{T}}) \tag{5.10}$$

一般情况下，假设高斯过程的均值函数为零，也就是 $m_X(x) = 0, \ \forall x \in \mathbb{T}$。但在实际应用中，高斯过程 X 的协方差函数 $C_X(x, y), \ \forall x, y \in \mathbb{T}$ 是未知的。为了获取协方差函数 $C_X(x, y)$，可用两个观测点 $x, y \in \mathbb{T}$ 的相似度来估计 $C_X(x, y)$。例如，如果观测点 x 与 y 离得很近，则认为这两个点的相关性高，而这个相关性的度量通常采用核函数来计算。比较常用的核函数是所谓的平方指数核函数(squared exponential kernel，SEK)(或称为径向基函数(radial basis function，RBF))，即对于 $\lambda, \gamma > 0$，有

$$C_X(x, y) = \gamma \exp(-\lambda |x - y|^2), \ \forall x, y \in \mathbb{T} \tag{5.11}$$

一般称 λ、γ 为超参数(hyperparameters)，平方指数核函数是平稳核函数，由观测点 $\{x_i\}_{i=1}^n$ 形成的协方差矩阵 $\boldsymbol{C}_X = \{C_X(x_i, x_j)\}_{i,j=1}^n$ 是半正定的，而这里假设矩阵 $\boldsymbol{C}_X = \{C_X(x_i, x_j)\}_{i,j=1}^n$ 是正定的。

下面解释 GPR 的回归分析原理。假设 m 为观测数据点的个数，其中 $1 < m < n$，那么考虑两个索引集合 $I = \{1, \cdots, m\}$ 和 $J = \{m+1, \cdots, n\}$。设 $\boldsymbol{Y}_J = (Y_{m+1}, \cdots, Y_n)$ 表示基于新的输入数据 $\boldsymbol{x}_J = (x_{m+1}, \cdots, x_n)$ 所对应的预测向量。引入 $\boldsymbol{Y} = (Y_I, Y_J)$ 和 $\varepsilon =$

$(\varepsilon_1, \cdots, \varepsilon_n) \sim N(0, \sigma^2 I)$，其中 $Y_I = (Y_1, \cdots, Y_m)$，I 表示 $n \times n$ 单位阵。根据式(5.9)和式(5.10)，应用第 1 章练习 24 可得到：

$$Y \sim N(0, \mathbf{\Sigma}_X), \quad \mathbf{\Sigma}_X = C_X + \sigma^2 I \tag{5.12}$$

下面基于观测的标记数据 $Y_I = y_I = (y_1, \cdots, y_m)$、协方差矩阵 $\mathbf{\sigma}_X$ 和输入数据 $x = (x_I, x_J)$ 来推断向量 Y_J 的分布。多维高斯分布条件概率的计算公式可表述为如下的定理。

定理 5.1（高斯分布条件概率的计算）

设 $n_1, n_2 \in \mathbb{N}$，$Y_i \in \mathbb{R}^{n_i \times 1}$ $(i=1, 2)$ 是非退化高斯随机变量且满足：

$$\begin{bmatrix} Y_1 \\ Y_2 \end{bmatrix} \sim N\left(\begin{bmatrix} \mathbf{\mu}_1 \\ \mathbf{\mu}_2 \end{bmatrix}, \begin{bmatrix} \mathbf{\Sigma}_{11} & \mathbf{\Sigma}_{12}^{\mathrm{T}} \\ \mathbf{\Sigma}_{12} & \mathbf{\Sigma}_{22} \end{bmatrix} \right)$$

其中，确定性的 $\mathbf{\mu}_i \in \mathbb{R}^{n_i \times 1}$ $(i=1, 2)$，$\mathbf{\Sigma}_{11} \in \mathbb{R}^{n_1 \times n_1}$，$\mathbf{\Sigma}_{12} \in \mathbb{R}^{n_2 \times n_1}$，$\mathbf{\Sigma}_{22} \in \mathbb{R}^{n_2 \times n_2}$，那么对于 $y_1 \in \mathbb{R}^{n_1 \times 1}$，已知 $\{Y_1 = y_1\}$，随机向量 Y_2 满足：

$$Y_2 |_{Y_1 = y_1} \sim N(\mathbf{\mu}_{2|1}, \mathbf{\Sigma}_{22|1})$$

其中，均值向量和协方差矩阵分别为

$$\mathbf{\mu}_{2|1} = \mathbf{\mu}_2 + \mathbf{\Sigma}_{12} \mathbf{\Sigma}_{11}^{-1} (y_1 - \mathbf{\mu}_1), \quad \mathbf{\Sigma}_{22|1} = \mathbf{\Sigma}_{22} - \mathbf{\Sigma}_{12} \mathbf{\Sigma}_{11}^{-1} \mathbf{\Sigma}_{12}^{\mathrm{T}}$$

♣

证明　根据题设，$\begin{bmatrix} Y_1 \\ Y_2 \end{bmatrix}$ 的联合概率密度函数为：对任意 $y_i \in \mathbb{R}^{n_i \times 1}$ $(i=1, 2)$，有

$$f_{Y_1, Y_2}(y_1, y_2) = \frac{1}{(2\pi)^{\frac{n_1 + n_2}{2}} \sqrt{|\mathbf{\Sigma}|}} \exp\left[-\frac{1}{2} \left(\begin{bmatrix} y_1 - \mathbf{\mu}_1 \\ y_2 - \mathbf{\mu}_2 \end{bmatrix}^{\mathrm{T}} \mathbf{\Sigma}^{-1} \begin{bmatrix} y_1 - \mathbf{\mu}_1 \\ y_2 - \mathbf{\mu}_2 \end{bmatrix} \right) \right]$$

其中，$\mathbf{\Sigma} = \begin{bmatrix} \mathbf{\Sigma}_{11} & \mathbf{\Sigma}_{12}^{\mathrm{T}} \\ \mathbf{\Sigma}_{12} & \mathbf{\Sigma}_{22} \end{bmatrix}$，$|\mathbf{\Sigma}|$ 表示其行列式。由于 $Y_1 \sim N(\mathbf{\mu}_1, \mathbf{\Sigma}_{11})$，因此 Y_1 的边缘概率密度函数为

$$f_{Y_1}(y_1) = \frac{1}{(2\pi)^{\frac{n_1}{2}} \sqrt{|\mathbf{\Sigma}_{11}|}} \exp\left(-\frac{1}{2} (y_1 - \mathbf{\mu}_1)^{\mathrm{T}} \mathbf{\Sigma}_{11}^{-1} (y_1 - \mathbf{\mu}_1) \right)$$

因此在已知 $Y_1 = y_1$ 的条件下，随机向量 Y_2 的条件概率密度函数为

$$f_{Y_2 | Y_1 = y_1}(y_2) = \frac{f_{Y_1, Y_2}(y_1, y_2)}{f_{Y_2}(y_2)}$$

$$= \underbrace{\frac{\sqrt{|\mathbf{\Sigma}_{11}|}}{(2\pi)^{\frac{n_2}{2}} \sqrt{|\mathbf{\Sigma}|}}}_{*} \exp\left[-\frac{1}{2} \underbrace{\left(\begin{bmatrix} y_1 - \mathbf{\mu}_1 \\ y_2 - \mathbf{\mu}_2 \end{bmatrix}^{\mathrm{T}} \mathbf{\Sigma}^{-1} \begin{bmatrix} y_1 - \mathbf{\mu}_1 \\ y_2 - \mathbf{\mu}_2 \end{bmatrix} - (y_1 - \mathbf{\mu}_1)^{\mathrm{T}} \mathbf{\Sigma}_{11}^{-1} (y_1 - \mathbf{\mu}_1) \right)}_{**} \right]$$

下面简化上面的条件概率密度函数。对于 * 项，有：

$$* = (2\pi)^{-\frac{n_2}{2}} \sqrt{\frac{|\mathbf{\Sigma}_{11}|}{|\mathbf{\Sigma}_{11}| |\mathbf{\Sigma}_{22} - \mathbf{\Sigma}_{12} \mathbf{\Sigma}_{11}^{-1} \mathbf{\Sigma}_{12}^{\mathrm{T}}|}} = (2\pi)^{-\frac{n_2}{2}} \frac{1}{\sqrt{|\mathbf{\Sigma}_{22} - \mathbf{\Sigma}_{12} \mathbf{\Sigma}_{11}^{-1} \mathbf{\Sigma}_{12}^{\mathrm{T}}|}}$$

对于 ** 项，有

$$** = (\boldsymbol{y}_2 - \boldsymbol{\mu}_{2|1})^{\mathrm{T}} \boldsymbol{\Sigma}_{22|1}^{-1} (\boldsymbol{y}_2 - \boldsymbol{\mu}_{2|1})$$

简化计算后可得到定理的结论。 □

下面返回式(5.12)中的协方差矩阵 $\boldsymbol{\Sigma}_X = \boldsymbol{C}_X + \sigma^2 \boldsymbol{I}$，其是正定的。根据定理 5.1，取 $n_1 = m$ 和 $n_2 = n - m$，将该协方差矩阵 $\boldsymbol{\Sigma}_X$ 写为

$$\boldsymbol{\Sigma}_X = \boldsymbol{C}_X + \sigma^2 \boldsymbol{I} = \begin{bmatrix} \boldsymbol{C}_{II} & \boldsymbol{C}_{IJ}^{\mathrm{T}} \\ \boldsymbol{C}_{IJ} & \boldsymbol{C}_{JJ} \end{bmatrix} + \sigma^2 \boldsymbol{I} = \begin{bmatrix} \boldsymbol{C}_{II} + \sigma^2 \boldsymbol{I}_{n_1 \times n_1} & \boldsymbol{C}_{IJ}^{\mathrm{T}} \\ \boldsymbol{C}_{IJ} & \boldsymbol{C}_{JJ} + \sigma^2 \boldsymbol{I}_{n_2 \times n_2} \end{bmatrix} \tag{5.13}$$

其中，$\boldsymbol{\Sigma}_{II} \in \mathbb{R}^{n_1 \times n_1}$，$\boldsymbol{\Sigma}_{IJ} \in \mathbb{R}^{n_2 \times n_1}$ 和 $\boldsymbol{\Sigma}_{JJ} \in \mathbb{R}^{n_2 \times n_2}$。于是，应用定理 5.1 可得到：在已知 $\boldsymbol{Y}_I = \boldsymbol{y}_I$ 的条件下，预测的随机向量满足

$$\boldsymbol{Y}_J \sim N(\boldsymbol{\mu}_{J|I}, \boldsymbol{\Sigma}_{JJ|I}) \tag{5.14}$$

其中，均值向量和协方差矩阵为：

$$\begin{cases} \boldsymbol{\mu}_{J|I} = \boldsymbol{\Sigma}_{IJ} \boldsymbol{\Sigma}_{II}^{-1} \boldsymbol{y}_I = \boldsymbol{C}_{IJ} (\boldsymbol{C}_{II} + \sigma^2 \boldsymbol{I}_{n_1 \times n_1})^{-1} \boldsymbol{y}_I \\ \boldsymbol{\Sigma}_{JJ|I} = \boldsymbol{\Sigma}_{JJ} - \boldsymbol{\Sigma}_{IJ} \boldsymbol{\Sigma}_{II}^{-1} \boldsymbol{\Sigma}_{IJ}^{\mathrm{T}} = \boldsymbol{C}_{JJ} + \sigma^2 \boldsymbol{I}_{n_2 \times n_2} - \boldsymbol{C}_{IJ} (\boldsymbol{C}_{II} + \sigma^2 \boldsymbol{I}_{n_1 \times n_1})^{-1} \boldsymbol{C}_{IJ}^{\mathrm{T}} \end{cases} \tag{5.15}$$

综上所述，GPR 是一种贝叶斯方法，与经典线性回归模型的最小二乘法不同。GPR 模型给出了预测变量所属的整体概率分布，即得到的是预测变量 $\boldsymbol{Y}_J$ 的整体概率分布，而非一个点的估计。

下面给出一个具体的例子来说明如何通过 GPR 方法实现预测。

例 5.5 设样本容量 $m = 6$，考虑如下的数据训练集：

$$\begin{aligned} D &= \{(x_i, y_i) \in \mathbb{R}^2; i = 1, 2, \cdots, m\} \\ &= \{(-1.5, -1.3), (-1, -1), (-0.75, -0.3), (-0.4, 0.1), \\ &\quad (-0.25, 0.6), (0, 0.8)\} \end{aligned}$$

现给定一个已知的(特征)输入值 $x_J = 0.2$(于是 $n = 7$)，应用 GPR 来预测其对应输出值的分布。那么，根据上述 GPR 的回归步骤，我们进行如下的操作：

(1) 选择均值函数 $m_X = -0.66$，误差方差 $\sigma^2 = 0.04$，核函数为式(5.11)，其中超参数取 $\lambda = 0.5$ 和 $\gamma = 1$。

(2) 根据数据训练集 D 来计算数据样本的协方差矩阵(包括新加入的输入数据点 $x_J = 0.2$)：

$$\boldsymbol{C}_X = \begin{bmatrix} 0.56 & 0.44 & 0.32 & 0.1 & 0.01 & -0.12 & -0.01 \\ 0.44 & 0.56 & 0.53 & 0.39 & 0.32 & 0.17 & 0.28 \\ 0.32 & 0.53 & 0.56 & 0.50 & 0.44 & 0.32 & 0.42 \\ 0.1 & 0.39 & 0.50 & 0.56 & 0.55 & 0.49 & 0.54 \\ 0.01 & 0.32 & 0.44 & 0.49 & 0.56 & 0.53 & 0.56 \\ -0.12 & 0.17 & 0.32 & 0.49 & 0.53 & 0.56 & 0.54 \\ -0.01 & 0.28 & 0.42 & 0.54 & 0.56 & 0.54 & 0.56 \end{bmatrix}_{7 \times 7}$$

(3) 取 $n_1 = 6$ 和 $n_2 = 1$，利用式(5.13)对协方差矩阵 $\boldsymbol{C}_X$ 进行分块，于是我们有：

$$\boldsymbol{C}_{II} = \begin{bmatrix} 0.56 & 0.44 & 0.32 & 0.1 & 0.01 & -0.12 \\ 0.44 & 0.56 & 0.53 & 0.39 & 0.32 & 0.17 \\ 0.32 & 0.53 & 0.56 & 0.50 & 0.44 & 0.32 \\ 0.1 & 0.39 & 0.50 & 0.56 & 0.55 & 0.49 \\ 0.01 & 0.32 & 0.44 & 0.49 & 0.56 & 0.53 \\ -0.12 & 0.17 & 0.32 & 0.49 & 0.53 & 0.56 \end{bmatrix}_{6 \times 6}$$

$$C_{JJ} = [0.56]$$
$$C_{IJ} = [-0.01, 0.28, 0.42, 0.54, 0.56, 0.54]$$

（4）由于 $\boldsymbol{\mu}_1 = [-0.66, -0.66, -0.66, -0.66, -0.66, -0.66]^{\mathrm{T}}$，$\mu_2 = 0.2$，因此根据定理 5.1，我们得到：

$$\begin{cases} \boldsymbol{\mu}_{J|I} = \boldsymbol{\mu}_2 + \boldsymbol{C}_{IJ}(\boldsymbol{C}_{II} + 0.04\boldsymbol{I}_{6\times 6})^{-1}(\boldsymbol{y}_I - \boldsymbol{\mu}_1) \\ \boldsymbol{\Sigma}_{JJ|I} = \boldsymbol{C}_{JJ} + 0.04 - \boldsymbol{C}_{IJ}(\boldsymbol{C}_{II} + 0.04\boldsymbol{I}_{6\times 6})^{-1}\boldsymbol{C}_{IJ}^{\mathrm{T}} \end{cases}$$

其中，$\boldsymbol{y}_I = [-1.5, -1, -0.75, -0.4, -0.25, 0]^{\mathrm{T}}$。

5.4 分数布朗运动

作为一类特殊的高斯过程，分数布朗运动在电子通信、排队论和金融统计等领域具有重要的应用。在这些领域的数学建模中，输入的噪声或测量误差通常是非独立增量且同时具有长程相依性和自相似性。例如，在平稳时间序列分析中，当协方差以幂函数形式趋于零时，就会出现长程相依性。长程相依性变化速度很慢，以至于协方差的和发散。布朗运动不能满足这种现象的建模需求。作为布朗运动的进一步拓展，分数布朗运动（fractional brownian motion）通常会在这些现象的建模中发挥重要的作用。

5.4.1 分数布朗运动的定义与性质

分数布朗运动也是一个高斯过程，与布朗运动不同，其具有更一般的相关函数。下面给出分数布朗运动的定义。

定义 5.3（分数布朗运动）

设 $H \in (0, 1)$ 和 $W^H = \{W_t^H; t \geqslant 0\}$ 是概率空间 $(\Omega, \mathscr{F}, P)$ 上的一个轨道连续的高斯过程且满足如下条件：

（1）$W_0^H = 0$，

（2）均值函数 $m_{W^H}(t) = 0$，$\forall t \geqslant 0$ 和相关函数：

$$R_{W^H}(s, t) = \frac{1}{2}(s^{2H} + t^{2H} - |t - s|^{2H}), \ \forall s, t \geqslant 0 \qquad (5.16)$$

那么，称 W^H 是一个 Hurst 参数为 $H \in (0, 1)$ 的分数布朗运动。 ♣

在分数布朗运动的定义 5.3 中，相关函数 $R_{W^H}(s, t)$，$\forall s, t \geqslant 0$ 是半正定的，我们将其证明留作本章练习 4。根据第 4 章关于布朗运动的讨论，布朗运动也是一个高斯过程，其均值函数 $m_W(t) = 0$，$\forall t \geqslant 0$，而相关函数为 $R_W(s, t) = s \wedge t$，$\forall s, t \geqslant 0$。这与分数布朗运动的定义 5.3 相比，唯一的不同之处在于分数布朗运动的相关函数为式（5.16）。当 Hurst 参数 $H = \frac{1}{2}$ 时，分数布朗运动的相关函数 $R_{W^{1/2}}(s, t) = \frac{1}{2}(s + t - |t - s|) = s \wedge t$，$\forall s, t \geqslant 0$。应用 Lévy 定理 4.1 可得到：当 Hurst 参数 $H = \frac{1}{2}$ 时，分数布朗运动 $W^{\frac{1}{2}} =$

$\{W_t^{\frac{1}{2}}; t \geqslant 0\}$ 是一个标准布朗运动。然而，对于 Hurst 参数 $H \neq \frac{1}{2}$，分数布朗运动不再具有独立增量性，因此也不是马氏过程。图 5.1 同时给出了标准布朗运动，Hurst 参数 $H = \frac{1}{3}\left(<\frac{1}{2}\right)$ 和 $H = \frac{2}{3}\left(>\frac{1}{2}\right)$ 的分数布朗运动的样本轨道仿真图。

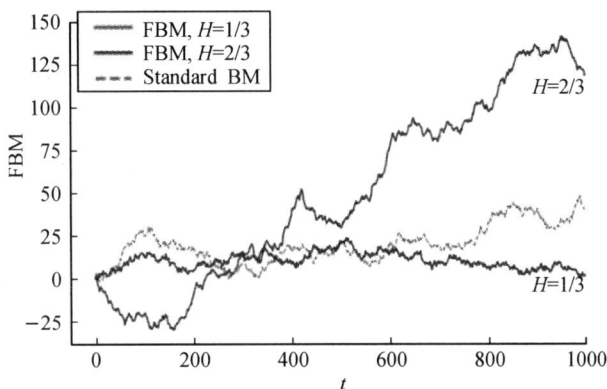

图 5.1　Hurst 参数分别为 $H = \frac{1}{3}$，$H = \frac{2}{3}$ 和 $H = \frac{1}{2}$ 的分数布朗运动

$$W^H = \{W_t^H; t \geqslant 0\} \text{ 的样本轨道仿真图}$$

事实上，根据定义 5.3 可知，分数布朗运动还具有如下特殊的性质：

(1) 对任意 $s, t \geqslant 0$，如下等式成立：

$$E\left[\mid W_t^H - W_s^H \mid^2\right] = \mid t-s \mid^{2H} \tag{5.17}$$

事实上，应用式(5.16)可得到：

$$E\left[\mid W_t^H - W_s^H \mid^2\right] = E\left[\mid W_t^H \mid^2\right] + E\left[\mid W_s^H \mid^2\right] - 2E\left[W_s^H W_t^H\right]$$
$$= t^{2H} + s^{2H} - (s^{2H} + t^{2H} - \mid t-s \mid^{2H})$$
$$= \mid t-s \mid^{2H}$$

下面根据等式(5.17)验证分数布朗运动是增量平稳过程，但不是独立增量过程。由于 W^H 是高斯过程，因此对任意 $s, t \geqslant 0$，二维随机变量 (W_s^H, W_t^H) 服从二维高斯分布。于是，根据式(5.17)可得到 $W_s^H - W_t^H \sim N(0, \mid t-s \mid^{2H})$。对任意 $t > s \geqslant 0$，定义 5.3 意味着 $W_{t-s}^H \sim N(0, R_{W^H}(t-s, t-s)) = N(0, (t-s)^{2H})$。因此，对任意 $t > s \geqslant 0$，有

$$W_t^H - W_s^H \overset{d}{=} W_{t-s}^H \sim N(0, (t-s)^{2H}) \tag{5.18}$$

这说明分数布朗运动是平稳增量过程。然而，对任意 $t > s \geqslant 0$，有

$$E\left[(W_t^H - W_s^H)W_s^H\right] = R_{W^H}(s, t) - R_{W^H}(s, s)$$
$$= \frac{1}{2}(t^{2H} - s^{2H} - (t-s)^{2H}) \overset{H \neq \frac{1}{2}}{\neq} 0 = E\left[W_t^H - W_s^H\right]E\left[W_s^H\right]$$

这说明增量 $W_t^H - W_s^H$ 与 W_s^H 并不是独立的。因此，当 Hurst 参数 $H \neq \frac{1}{2}$ 时，分数布朗运动 W^H 并不是独立增量过程。

(2) 对任意 $p \in \mathbb{N}$，如下等式成立：

$$E\left[\mid W_t^H - W_s^H \mid^{2p}\right] = \frac{(2p)!}{p! \, 2^p} \mid t-s \mid^{2Hp}, \ \forall s, t \geqslant 0 \tag{5.19}$$

事实上，根据式(5.17)，增量 $W_t^H - W_s^H \sim N(0, |t-s|^{2H})$。 回顾如下标准正态随机变量 $\xi \sim N(0, 1)$ 的矩表示公式：

$$E[\xi^n] = \begin{cases} 0, & n \text{ 为奇数} \\ 2^{-\frac{n}{2}} \dfrac{n!}{(n/2)!}, & n \text{ 为偶数} \end{cases} \tag{5.20}$$

于是，可得到：

$$E[|W_t^H - W_s^H|^{2p}] = E\left[\left|\frac{W_t^H - W_s^H}{|t-s|^H}\right|^{2p}\right] |t-s|^{2Hp} = \frac{(2p)!}{p! \, 2^p} |t-s|^{2Hp}$$

这样取合适的 $p \in \mathbb{N}$ 使得 $p > \dfrac{1}{2H}$。 令 $\alpha = 2p$，$\beta = 2Hp - 1$，$C = \dfrac{(2p)!}{p! \, 2^p}$，那么 $\alpha, \beta, C > 0$。 另外，应用定理 2.2 可得到：存在一个与 W^H 互为修正的轨道是局部 $\gamma \in (0, \beta/\alpha)$-Hölder 连续的随机过程。由于 $\beta/\alpha = H - \dfrac{1}{2p}$，也就是说，与分数布朗运动互为修正的过程的轨道是 H-ε-局部 Hölder 连续的，其中 $\varepsilon > 0$ 充分小。

（3）对任意 $\lambda > 0$，根据定义 5.3 可知，如下同分布关系成立：

$$W_{\lambda t}^H \overset{d}{=} \lambda^H W_t^H, \quad \forall t \geqslant 0 \tag{5.21}$$

我们称式(5.21)为分数布朗运动的 H 自相似性。显然，布朗运动是 $\dfrac{1}{2}$-自相似的，参见 4.1 节中布朗运动的性质(3)。自相似性是分形的一个典型特征。

（4）定义分数布朗运动的增量序列 $\xi_n = W_n^H - W_{n-1}^H$，$\forall n \in \mathbb{N}$。 应用式(5.18)可得到：对任意 $n \in \mathbb{N}$，$\xi_n \sim N(0, 1)$。

进一步，随机变量列 $\{\xi_n\}_{n=1}^{\infty}$ 的相关函数为：对任意 $m, n \in \mathbb{N}$，有

$$\begin{aligned} R_\xi(m, n) &= E[\xi_m \xi_n] = E[(W_m^H - W_{m-1}^H)(W_n^H - W_{n-1}^H)] \\ &= \frac{1}{2}(|n-m+1|^{2H} + |n-m-1|^{2H} - 2|n-m|^{2H}) \\ &=: \rho_H(n-m) \end{aligned} \tag{5.22}$$

于是可知，随机变量列 $\{\xi_n\}_{n=1}^{\infty}$ 是宽平稳的。此外，相关函数是对称的，也就是 $\rho_H(n) = \rho_H(-n)$，$\forall n \in \mathbb{N}$，因此 $\{\xi_n\}_{n=1}^{\infty}$ 是一个离散时间平稳高斯过程(或称平稳高斯序列)。进一步，如下关于相关函数的渐近关系成立：

$$\rho_H(n) = \frac{1}{2}\{(n+1)^{2H} + (n-1)^{2H} - 2n^{2H}\} \overset{n \to \infty}{\sim} H(2H-1)n^{2(H-1)} \tag{5.23}$$

事实上，设 $g(x) = x^{2H}$，$\forall x > 0$，于是对充分大的 n，有

$$|n+1|^{2H} + |n-1|^{2H} - 2|n|^{2H} = n^{2(H-1)} \frac{g(1+1/n) - 2f(1) + g(1-1/n)}{\frac{1}{n^2}}$$

$$\sim n^{2(H-1)} g''(1) = 2H(2H-1)n^{2(H-1)}$$

定义函数 $L(x) = \dfrac{x^2}{2}(g(1+1/x) + g(1-1/x) - 2)$，$\forall x > 0$，那么对任意 $a > 0$，有

$$\lim_{x \to \infty} \frac{L(ax)}{L(x)} = \lim_{x \to \infty} \frac{a^2 x^2}{x^2} \frac{g(1+1/(ax)) + g(1-1/(ax)) - 2}{g(1+1/x) + g(1-1/x) - 2} = \frac{g''(1)}{g''(1)} = 1 \tag{5.24}$$

所以通常称满足式(5.24)的函数 $x \mapsto L(x)$ 为在无穷处慢消失函数。根据式(5.23)，对任意 $n \in \mathbb{N}$，有

$$\rho_H(n) = L(n) n^{2d-1} \tag{5.25}$$

其中，$d = H - \dfrac{1}{2}$。

- 对于 Hurst 参数 $H \in (1/2, 1)$，$d \in (0, 1/2)$，$\sum\limits_{n=1}^{\infty} \rho_H(n) = \infty$，称宽平稳序列 $\{\xi_n\}_{n=1}^{\infty}$ 满足参数为 $d \in (0, 1/2)$ 的长程依赖性(long-range dependence，LRD)，也称平稳序列 $\{\xi_n\}_{n=1}^{\infty}$ 具有长记忆性(long memory)；

- 对于 Hurst 参数 $H \in (0, 1/2)$，$\sum\limits_{n=1}^{\infty} |\rho_H(n)| < \infty$，称宽平稳序列 $\{\xi_n\}_{n=1}^{\infty}$ 具有间歇性(intermittency)。

5.4.2　分数布朗运动的 Karhunen-Loéve 分解

本节将介绍应用 Karhunen-Loéve 分解方法来给出分数布朗运动的级数表示。首先引入二阶矩实值过程的 Karhunen-Loéve 分解。设 $T > 0$ 和 $X = \{X_t; t \in \mathbb{T} = [0, T]\}$ 是概率空间 $(\Omega, \mathcal{F}, P)$ 上的均值函数为零的实值二阶矩过程。假设过程 X 的相关函数 $(s, t) \mapsto R_X(s, t)$ 在 $\mathbb{T}^2$ 上是连续的，也就是 $R_X(\bullet) \in C(\mathbb{T}^2)$。于是，可定义如下的积分算子：对任意 $g \in L^2(\mathbb{T})$，有

$$\mathscr{L}g(t) = \int_0^T R_X(t, s) g(s) \mathrm{d}s = \int_0^T R_X(s, t) g(s) \mathrm{d}s, \ \forall t \in \mathbb{T} \tag{5.26}$$

那么，关于积分算子 $\mathscr{L}$ 有如下性质：

引理 5.2(积分算子 $\mathscr{L}$ 的性质)

由式(5.26)定义的积分算子 $\mathscr{L}$ 满足如下性质：

(1) 积分算子 $\mathscr{L}$ 是自共轭的(self-adjoint)；

(2) 对任意 $g \in L^2(\mathbb{T})$，$\|\mathscr{L}g\|_{L^2} \leqslant \|R_X\|_{L^2} \|g\|_{L^2}$，其中 $\|\bullet\|_{L^2}$ 表示 $\mathbb{T}$ 上的 L^2-范数。 ♣

证明　由于 $R_X \in C(\mathbb{T}^2)$，因此其在 $\mathbb{T}^2$ 是有界的，即 $R_X \in L^2(\mathbb{T}^2)$。应用 Fubini 定理可得到：对任意 $f, g \in L^2(\mathbb{T})$，有

$$\langle \mathscr{L}f, g \rangle = \int_0^T \left(\int_0^T R_X(t, s) g(t) \mathrm{d}t \right) f(s) \mathrm{d}s = \int_0^T \left(\int_0^T R_X(s, t) f(s) \mathrm{d}s \right) g(t) \mathrm{d}t = \langle \mathscr{L}g, f \rangle$$

这意味着积分算子 $\mathscr{L}$ 是自共轭的。对任意 $f \in L^2(\mathbb{T})$，应用 Cauchy-Schwarz 不等式可得到：

$$\|\mathscr{L}f\|_{L^2}^2 = \int_0^T |\mathscr{L}f(t)|^2 \mathrm{d}t = \int_0^T \left(\int_0^T R_X(t, s) f(s) \mathrm{d}s \right)^2 \mathrm{d}t$$

$$\leqslant \int_0^T \left(\int_0^T |R_X(t, s)|^2 \mathrm{d}s \right) \left(\int_0^T |f(s)|^2 \mathrm{d}s \right) \mathrm{d}t$$

$$= \|f\|_{L^2}^2 \|R_X\|_{L^2}^2$$

这意味着 $\|\mathscr{L}f\|_{L^2} \leqslant \|R_X\|_{L^2} \|f\|_{L^2}$。　　□

根据引理 5.2 中的性质(2)，如下估计成立：

$$\| \mathscr{L} \| = \sup_{\| g \|_{L^2} \leqslant 1} \| \mathscr{L} g \|_{L^2} \leqslant \sup_{\| g \|_{L^2} \leqslant 1} \| R_X \|_{L^2} \| g \|_{L^2} \leqslant \sup_{\| g \|_{L^2} \leqslant 1} \| R_X \|_{L^2} = \| R_X \|_{L^2}$$

因此，$\mathscr{L}$ 是一个 Hilbert-Schmidt 算子，且是一个紧算子。由于 $\mathscr{L}$ 是一个紧自共轭算子，所以存在一列特征值和特征函数对 $\{\lambda_n, \phi_n\}_{n=1}^{\infty}$ 使得

$$\mathscr{L}\phi_n(t) = \lambda_n \phi_n(t), \quad \forall t \in \mathbb{T} \tag{5.27}$$

进一步，特征函数 $\{\phi_n\}_{n=1}^{\infty}$ 在 $L^2(\mathbb{T})$ 中是正交的，也就是 $\langle \phi_m, \phi_n \rangle = \mathbf{1}_{m=n}$，$\forall m, n \in \mathbb{N}$。这样，二阶矩过程 X 的相关函数满足如下级数表示且在 $\mathbb{T}^2$ 上是一致绝对收敛的：

$$R_X(s, t) = \sum_{n=1}^{\infty} \lambda_n \phi_n(s) \phi_n(t), \quad \forall s, t \in \mathbb{T}^2 \tag{5.28}$$

根据式(5.26)和式(5.27)，特征值满足如下表示形式：对任意 $n \in \mathbb{N}$，有

$$\lambda_n = \langle \mathscr{L}\phi_n, \phi_n \rangle = \int_0^T \int_0^T \phi_n(s) R_X(s, t) \phi_n(t) \mathrm{d}s\, \mathrm{d}t$$

$$= E\left[\int_0^T \int_0^T \phi_n(s) X_s \varphi_n(t) X_t \mathrm{d}s\, \mathrm{d}t \right]$$

$$= E\left[\left| \int_0^T \phi_n(t) X_t \mathrm{d}t \right|^2 \right] \geqslant 0$$

由于特征值不为零，因此 $\lambda_n > 0$，可定义如下一列随机变量：

$$\xi_n = \frac{1}{\sqrt{\lambda_n}} \int_0^T X_t \phi_n(t) \mathrm{d}t, \quad \forall n \in \mathbb{N} \tag{5.29}$$

于是，对任意 $n \in \mathbb{N}$，随机变量 ξ_n 的均值 $E[\xi_n] = 0$，方差为

$$\mathrm{Var}(\xi_n) = E\left[\left| \frac{1}{\sqrt{\lambda_n}} \int_0^T X_t \phi_n(t) \mathrm{d}t \right|^2 \right] = \frac{1}{\lambda_n} \langle \mathscr{L}\phi_n, \phi_n \rangle = 1$$

进一步，对任意 $m, n \in \mathbb{N}$ 且 $m \neq n$，有

$$E[\xi_m \xi_n] = \frac{1}{\sqrt{\lambda_m \lambda_n}} E\left[\int_0^T \int_0^T X_s \phi_m(s) \phi_n(t) X_t \mathrm{d}s\, \mathrm{d}t \right]$$

$$= \frac{1}{\sqrt{\lambda_m \lambda_n}} \langle \mathscr{L}\phi_m, \phi_n \rangle = \frac{\sqrt{\lambda_m}}{\sqrt{\lambda_n}} \langle \phi_m, \phi_n \rangle = 0$$

也就是说，由式(5.29)定义的随机变量列 $\{\xi_n\}_{n=1}^{\infty}$ 是两两不相关的。于是，我们有如下关于实值二阶矩过程 $X = \{X_t; t \in \mathbb{T}\}$ 的级数表示，其证明留作本章的练习 5。

定理 5.2(实值二阶矩过程的 Karhunen-Loéve 分解)

设实值二阶矩过程 $X = \{X_t; t \in \mathbb{T} = [0, T]\}$ 的均值函数为零，相关函数 $R_X \in C(\mathbb{T}^2)$，那么过程 X 满足如下的级数表示：

$$X_t = \sum_{n=1}^{\infty} \sqrt{\lambda_n} \xi_n \phi_n(t), \quad \forall t \in \mathbb{T} \tag{5.30}$$

其中，随机变量列 $\{\xi_n\}_{n=1}^{\infty}$ 定义为式(5.29)。进一步，如下的 L^2-收敛成立：

$$\sup_{t \in [0, T]} E\left[\left| X_t - \sum_{n=1}^{N} \sqrt{\lambda_n} \xi_n \phi_n(t) \right|^2 \right] \mapsto 0, \quad N \mapsto \infty \tag{5.31}$$

由于分数布朗运动 $W^H = \{W_t^H; t \in [0, T]\}$ 是高斯过程，因此其是实值二阶矩过程且它的相关函数 $(s, t) \mapsto R_{W^H}(s, t) = \frac{1}{2}(s^{2H} + t^{2H} - |t - s|^{2H})$ 在 $[0, T]^2$ 上是连续的。于是，上面的定理 5.2 可应用于分数布朗运动 W^H，从而建立分数布朗运动的 Karhunen-Loéve 分解。为此，我们需要求解如下的积分方程：

$$\lambda_n \phi_n(t) = \frac{1}{2} \int_0^T (s^{2H} + t^{2H} - |t - s|^{2H}) \phi_n(s) \mathrm{d}s, \ \forall t \in [0, T] \tag{5.32}$$

除了布朗运动的情况（$H = \frac{1}{2}$ 的情况留作本章练习 5），对于一般的分数布朗运动，也就是 $H \neq \frac{1}{2}$，式（5.32）的解并没有完全解析的形式。然而，对于 $H \neq \frac{1}{2}$，文献[6]讨论了一种特殊情况：$T = 1$。在该情况下，相应的特征值为

$$\lambda_n = \frac{\cos((H - 1/2)\pi)\Gamma(2H + 1)}{a_n^{2H+1}}, \ \forall n \in \mathbb{N} \tag{5.33}$$

其中，$a_n = n - \frac{1}{2} - \frac{2H - 1}{4}\pi + O(n^{-1})$，$n \mapsto \infty$。对任意 $n \in \mathbb{N}$，特征函数为

$$\phi_n(t) = \sqrt{2} \sin\left(a_n t + \frac{2H - 1}{8}\pi\right) + \frac{\sqrt{2H + 1}}{\pi} \int_0^\infty \rho(s)((-1)^{n-1} e^{(t-1)a_n s} - s e^{-t a_n s}) \mathrm{d}s + \frac{R_n(t)}{n} \tag{5.34}$$

这里 $R_n(t)$ 表示有界残差函数且其界仅依赖于 Hurst 参数 H，而式（5.34）中的函数 $\rho(s)$ 具有如下表达式：对任意 $s > 0$，有

$$\begin{cases} \rho(s) := \dfrac{\sin(\theta(s))}{\gamma(s)} \exp\left(\dfrac{1}{\pi} \displaystyle\int_0^\infty \dfrac{\theta(v)}{v + s} \mathrm{d}v\right) \\ \theta(s) := \arctan\left(\dfrac{s^{-2H-1}\sin((H - 1/2)\pi)}{1 + s^{-2H}\cos((H - 1/2)\pi)}\right) \end{cases}$$

其中，$\gamma(s) = \sqrt{(s + s^{-2H}\cos^2((H - 1/2)\pi)) + s^{-4H}\sin^2((H - 1/2)\pi)}$。

练　习

1. 证明例 5.1 中的 O-U 过程和布朗桥是高斯过程，并给出其基本数字特征的计算步骤。

2. 设 $W = \{W_t; t \geq 0\}$ 是概率空间 $(\Omega, \mathscr{F}, P)$ 上的一个标准布朗运动，$g: [0, \infty) \mapsto \mathbb{R}$ 是一个确定性的连续函数。定义如下实值随机过程：

$$X_t = \int_0^T g(s)W_s \mathrm{d}s, \ \forall t \geq 0$$

证明 $X = \{X_t; t \geq 0\}$ 是一个高斯过程，并计算过程 X 的基本数字特征。

3. 设 $n \in \mathbb{N}$ 和 $\{\xi_k\}_{k=1}^n$ 是概率空间 $(\Omega, \mathscr{F}, P)$ 上一列独立同分布于标准正态分布的随机变量列。对任意 $t \in \mathbb{R}$，定义：

$$X_t = \sum_{k=1}^n \xi_k \cos(a_i t), \ a_i > 0$$

证明 $X = \{X_t; t \in \mathbb{R}\}$ 是一个高斯过程，并计算过程 X 的基本数字特征。

4. 验证分数布朗运动的定义(定义 5.3)中的相关函数 $R_{W^H}(s, t)$，$\forall s, t \geqslant 0$ 是半正定的。

5. 证明实值二阶矩过程的 Karhunen-Loéve 分解定理(定理 5.2)，并给出标准布朗运动的 Karhunen-Loéve 分解。

6. 设 $\lambda > 0$，$\tau(t) = \dfrac{1}{2\lambda}(\mathrm{e}^{2\lambda t} - 1)$，考虑 $W = \{W_t; t \geqslant 0\}$ 为概率空间 $(\Omega, \mathscr{F}, P)$ 上的一个标准布朗运动。定义如下 Ornstein-Uhlenbeck 过程(作为例 5.1 的拓展)：

$$X_t = \mathrm{e}^{-\lambda t}(x + W_{\tau(t)}), \quad \forall x \in \mathbb{R}, t \geqslant 0$$

证明该过程 $X = \{X_t; t \geqslant 0\}$ 是一个高斯过程并计算该过程的有限维分布函数。

7. 按照例 5.5 中 GPR 的具体步骤收集训练数据集，从而对给定的特征输入进行预测。

8. 设 $\mathbb{T} = [0, 2\pi]$ 和 $\{\xi_k\}_{k=0}^{\infty}$ 是概率空间 $(\Omega, \mathscr{F}, P)$ 上独立同分布于标准正态分布的随机变量列。定义如下随机过程：

$$X_t = \frac{t}{\sqrt{2\pi}}\xi_0 + \frac{2}{\sqrt{\pi}}\sum_{k=1}^{\infty}\frac{\sin(kt/2)}{k}\xi_k, \quad \forall t \in \mathbb{T}$$

利用 Lévy 定理(定理 4.1)证明过程 $X = \{X_t; t \in \mathbb{T}\}$ 是一个标准布朗运动。进一步，与上面的习题 5 所给出的标准布朗运动的 Karhunen-Loéve 分解进行比较。

9. 学习并利用数学软件 Mathematica 中的 FractionalBrownianMotionProcess 函数分别画出布朗运动和分数布朗运动的样本轨道。

10. (H-自相似过程)设 $X = \{X_t; t \geqslant 0\}$ 是概率空间 $(\Omega, \mathscr{F}, P)$ 上的实值随机过程，如果存在一个常数 $H > 0$ 使得对任意 $a > 0$，过程 $\{X_{at}; t \geqslant 0\}$ 与过程 $\{a^H X_t; t \geqslant 0\}$ 具有相同的有限维分布，那么称过程 X 是参数为 H 的自相似过程。证明：对于参数为 H 的自相似过程 $X = \{W_t; t \geqslant 0\}$，其初始的随机变量 $X_0 = 0$，a.s.，也就是 $P(X_0 = 0) = 1$。

11. 设 $X = \{X_t; t \geqslant 0\}$ 是概率空间 $(\Omega, \mathscr{F}, P)$ 上零均值、参数为 $H \in (0, 1)$ 的自相似高斯过程且具有平稳增量。假设 $\sigma = \sqrt{E[|X_1|^2]} > 0$，证明：过程 $X/\sigma = \{X_t/\sigma; t \geqslant 0\}$ 是 Hurst 参数为 H 的分数布朗运动。

12. 设 $X = \{X_t; t \geqslant 0\}$ 是概率空间 $(\Omega, \mathscr{F}, P)$ 上零均值高斯过程且 $X_0 = 0$。

(1) 证明当且仅当 $R_X(s, t) = \dfrac{1}{2}(D_X(t) + D_X(s) - D_X(|t - s|))$，$\forall s, t \geqslant 0$ 时，对任意 $0 \leqslant s < t < \infty$，$X_{t-s} \overset{\mathrm{d}}{=} X_t - X_s$。

(2) 如果 $R_X(s, t) = \dfrac{1}{2}(D_X(t) + D_X(s) - D_X(|t - s|))$，$\forall s, t \geqslant 0$ 成立，证明：在任意互不相同的时刻 $t_1, t_2, t_3, t_4 \geqslant 0$，有

$$E[(X_{t_4} - X_{t_3})(X_{t_2} - X_{t_1})] = 2(D_X(|t_3 - t_2|) + D_X(|t_4 - t_1|) - D_X(|t_4 - t_2|) - D_X(|t_3 - t_1|))$$

13. 设 $X = \{X_t; t \geqslant 0\}$ 是概率空间 $(\Omega, \mathscr{F}, P)$ 上参数为 H、具有平稳增量的自相似过程且满足 $E[|X_1|^2] < \infty$。

(1) 证明过程 X 是一个二阶矩过程。

(2) 证明如下关于相关函数的等式：

$$R_X(s, t) = \frac{1}{2}\{R_X(s, s) + R_X(t, t) - E[|X_s - X_t|^2]\}, \ \forall s, t \geqslant 0$$

（3）证明如下关于相关函数的等式：

$$R_X(s, t) = \frac{1}{2}(s^{2H} + t^{2H} - |t - s|^{2H})E[|X_1|^2], \ \forall s, t \geqslant 0$$

14. 设 $T > 0$ 和 $W = \{W_{t,x}; (t, x) \in [0, T] \times \mathbb{R}\}$ 是概率空间 $(\Omega, \mathscr{F}, P)$ 上由例 5.4 引入的布朗单，对任意的实值函数 $\varphi \in L^2([0, T] \times \mathbb{R})$，也就是 $\|\varphi\|^2_{L^2([0,T] \times \mathbb{R})} :=$ $\int_0^T \int_{\mathbb{R}} |\varphi(t, x)|^2 \mathrm{d}t \mathrm{d}x < \infty$，定义如下的随机变量：

$$\xi(\varphi) := \int_0^T \int_{\mathbb{R}} \varphi(t, x) \mathrm{d}W_{t,x}$$

（1）证明：对任意 $\varphi \in L^2([0, T] \times \mathbb{R})$，随机变量 $\xi(\varphi) \sim N(0, \|\varphi\|^2_{L^2([0,T] \times \mathbb{R})})$。进一步，对任意 $\varphi, \psi \in L^2([0, T] \times \mathbb{R})$，有

$$E[\xi(\varphi)\xi(\psi)] = \langle \varphi, \psi \rangle = \int_0^T \int_{\mathbb{R}} \varphi(t, x)\psi(t, x) \mathrm{d}t \mathrm{d}x$$

（2）设 $p(t, x)$，$\forall (t, x) \in (0, T] \times \mathbb{R}$ 是高斯分布 $N(0, t)$ 的概率密度函数，定义如下随机场：

$$X_{t,x} := \int_0^T \int_{\mathbb{R}} p(t - s, x - y) \mathrm{d}W_{s,y}, \ \forall (t, x) \in (0, T] \times \mathbb{R}$$

证明对任意 $s, t \in (0, T]$ 和 $x \in \mathbb{R}$，如下等式成立：

$$E[X_{t,x}X_{s,x}] = \frac{\sqrt{s+t} - \sqrt{|t-s|}}{\sqrt{2\pi}}$$

第 6 章

点 过 程

>>•> 内容提要

前面第 5 章介绍了布朗运动和分数布朗运动的轨道都是连续的。然而，在很多实际应用中，用于建模随机现象的随机过程轨道通常并不是连续的，如计数过程。这类随机过程在某些随机时刻会发生确定大小或随机大小的跳跃。这类随机跳跃的过程通常用点过程的形式来表述。本章 6.1 节将引入计数过程的一般定义；6.2 节将介绍计数测度的概念，重点讨论泊松随机测度的性质；6.3 节和 6.4 节分别给出泊松过程和复合泊松过程的具体性质；最后 6.5 节将拓展泊松过程的常数强度参数为随机强度的情形，也就是引入双随机泊松过程或称 Cox 过程。

6.1 计数过程

计数过程，顾名思义就是对某个随机事件发生进行累积计数的一类随机过程。基于此，计数过程的状态空间取值于非负整数，而其样本轨道在随机事件发生的时刻产生大小为 1 的跳跃。因此，计数过程的轨道通常是右连左极的，但不是连续的。那么，根据定义 2.2 可知，计数过程是一类右连左极但非连续的随机过程。

下面引入计数过程的数学定义。设 $0 = T_0 < T_1 < T_2 < \cdots < T_n < \cdots$ 表示某些事件的发生（或点到达）时刻，也就是说，T_n 表示第 n 个事件发生或点到达的时刻。由于这些时刻都是随机的，故假设 $\{T_n\}_{n=1}^{\infty}$ 是同一概率空间 $(\Omega, \mathscr{F}, P)$ 上的一列非负随机变量，通常称这列随机变量列 $\{T_n\}_{n=1}^{\infty}$ 是一个计数过程的到达时刻。对任意 $n \in \mathbb{N}$，称 $\tau_n := T_n - T_{n-1}$ 是计数过程的第 n 个到达时间间隔。于是，随机事件或点到达时刻与到达时间间隔具有如下的关系：

$$T_n = \sum_{i=1}^{n} \tau_i, \ \forall n \in \mathbb{N} \tag{6.1}$$

定义 6.1(计数过程)

对于上述的到达时刻 $\{T_n\}_{n=1}^{\infty}$，定义如下的随机过程：

$$N_t = \sum_{n=1}^{\infty} \mathbf{1}_{T_n \leqslant t} = \sum_{n=1}^{\infty} \mathbf{1}_{\sum_{i=1}^{n} \tau_i \leqslant t}, \ \forall\, t > 0, \ N_0 = 0 \tag{6.2}$$

那么称 $N = \{N_t; t \geqslant 0\}$ 是对应于到达时刻序列 $\{T_n\}_{n=1}^{\infty}$ 的计数过程，也就是说，对任意 $t > 0$，随机变量 N_t 计数的是 $[0, t]$ 时间段内事件发生或点到达的次数。　♣

根据计数过程的定义 6.1 可知，计数过程的状态空间为非负整数空间，也就是 $S = \{0, 1, 2, \cdots\}$，故计数过程是一个连续时间-离散状态的随机过程。计数过程的样本轨道（见图 6.1），从式(6.2)中可以看出，计数过程的样本轨道是单增的。对任意 $t \geqslant 0$，用 $\Delta N_t = N_t - N_{t-}$ 表示计数过程在 t 时刻跳的大小，其中 $N_{t-} = \lim_{s \uparrow t} N_s$ 和 $N_{0-} = N_0 = 0$，因此 $\Delta N_t = 0$ 或 1, a.s.。另一方面，对任意 $s, t \geqslant 0$ 且 $t > s$，计数过程 N 的增量为

$$N(s, t] := N_t - N_s \tag{6.3}$$

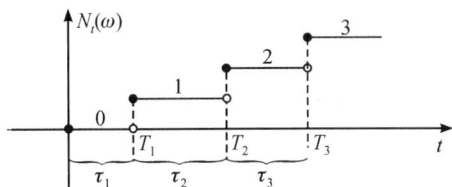

图 6.1　计数过程的一条样本轨道

显然，根据定义 6.1 可知，增量 $N(s, t]$ 计数的是在时间段 $(s, t]$ 内事件发生或点到达的次数。对任意非负整数 $n \geqslant 2$，设 $0 = t_0 < t_1 < t_2 < \cdots < t_n < \infty$，如果 n 个增量 $N(t_0, t_1], N(t_1, t_2], \cdots, N(t_{n-1}, t_n]$ 是相互独立的，那么该计数过程是独立增量过程。因此，满足独立增量性的计数过程是马氏过程。进一步，如果增量 $N(s, t] = N_t - N_s \overset{d}{=} N_{t-s}, \forall\, t > s \geqslant 0$，则计数过程是一个平稳独立的增量过程。这与布朗运动是完全类似的，但布朗运动的状态空间为 $\mathbb{R}$，其状态空间是连续的，因此具有平稳独立增量性的计数过程又与布朗运动具有本质的区别。泊松过程就是具有平稳独立增量性的计数过程的一个经典例子，这将在 6.3 节作详细介绍。

对给定的计数过程 $N = \{N_t; t \geqslant 0\}$，可以根据计数过程 N 来表示该计数过程随机事件发生或点到达的时刻 $0 = T_0 < T_1 < T_2 < \cdots < T_n < \cdots$。事实上，可以按照如下的迭代形式来表述到达时刻序列：

$$T_n = \inf\{t > T_{n-1}; N_t = n\}, \ \forall\, n \in \mathbb{N} \tag{6.4}$$

利用式(6.4)和计数过程的轨道单增性，有如下事件关系的等式成立：对任意 $t > 0$，

$$\{T_n \leqslant t\} = \{t \text{ 时刻之前随机事件发生或点到达的数目至少为 } n \text{ 个}\}$$

$$= \{N_t \geqslant n\}, \ \forall\, n \in \mathbb{N} \tag{6.5}$$

$$\{T_n \leqslant t < T_{n+1}\} = \{t \text{ 时刻之前随机事件发生或点到达的数目恰好为 } n \text{ 个}\}$$

$$= \{N_t = n\}, \ n = 0, 1, \cdots \tag{6.6}$$

定义 6.1 通过到达时刻或到达时间间隔来表述计数过程，并将以此方式来定义的计数过程称为一维计数过程。对于多维时间指标，我们并不能用像一维那样的情况来表述到达时刻或到达时间间隔。为了解决因维数定义计数过程的问题，故将多维计数过程定义为如下区域计数的形式：对任意有界闭集 $B \subset \mathscr{B}(\mathbb{R}^d)$，有

$$N(B) = \sharp\{\text{随机落在 } B \text{ 中的点}\} \tag{6.7}$$

显然，多维计数过程的样本轨道 $B \mapsto N(B)$ 是单增的且其状态空间仍为非负整数空间。一维计数过程的独立增量性对应于上面的多维计数过程可表述为：对任意两两不交的有界集合 $B_1, B_2, \cdots, B_n \in \mathscr{B}(\mathbb{R}^d) \, (n \geqslant 2)$，随机变量 $N(B_1), N(B_2), \cdots, N(B_n)$ 是相互独立的。

下面是多维计数过程的例子。

例 6.1(二项过程) 在一个给定的有界区域 $C \in \mathscr{B}(\mathbb{R}^2)$ 内随机放置 n 个点，设 $n \in \mathbb{N}$ 和 $\xi_1, \cdots, \xi_n$ 是 n 个独立同分布于区域 C 上均匀分布的一列随机变量，也就是说，随机变量 ξ_i 具有如下的概率密度函数：对任意 $i = 1, \cdots, n$，有

$$f_{\xi_i}(x) = \begin{cases} \dfrac{1}{m(C)}, & x \in C \\ 0, & x \notin C \end{cases} \tag{6.8}$$

其中，m 是 $\mathscr{B}(\mathbb{R}^2)$ 上的 Lebesgue 测度，故 $m(C)$ 表示区域 C 的面积。那么，对任意有界集 $B \in \mathscr{B}(\mathbb{R}^2)$，定义为

$$N(B) = \sum_{i=1}^{n} \mathbf{1}_{\xi_i \in B} \tag{6.9}$$

于是，$N = \{N(B); \text{有界集 } B \in \mathscr{B}(\mathbb{R}^2)\}$ 是一个二维计数过程。根据式(6.9)，二维计数过程 N 的状态空间为 $S = \{0, 1, \cdots, n\}$。这样，由 $\{\xi_i\}_{i=1}^{n}$ 的独立同分布性可得到：

$$P(N(B) = k) = P\left(\sum_{i=1}^{n} \mathbf{1}_{\xi_i \in B} = k\right)$$

$$= \frac{n!}{k!(n-k)!} p_B^k (1 - p_B)^{n-k}, \, k = 0, 1, \cdots, n \tag{6.10}$$

其中，$p_B = P(\xi_1 \in B)$。进一步，利用式(6.8)，概率值 p_B 可表示为

$$p_B = P(\xi_1 \in B) = \frac{m(B \bigcap C)}{m(C)}$$

式(6.10)意味着 $N(B)$ 是一个服从参数为 (n, p) 的二项分布，则称由式(6.9)所定义的点过程为二项过程。此外，由式(6.9)可得到：对任意互不相交的有界集 $A, B \in \mathscr{B}(\mathbb{R}^2)$，$N(A) + N(B) = N(A \bigcup B)$，a.s.。进一步，还可以证明随机变量 $N(A)$ 与 $N(B)$ 是相互独立的，此将留作本章练习 2。

6.2 计数测度

在 6.1 节的例 6.1 中引入的二维计数过程，也就是二项过程，其是样本轨道为满足有

限可加性的集函数和状态空间为非负整数空间的随机过程。类似于 6.1 节中讨论的多维计数过程的计数测度概念，本节将要介绍一般的计数过程——计数测度，其本质是一类样本轨道为测度的多维计数过程。

6.2.1　计数测度的定义

为了引入计数测度的定义，首先来回顾一下 2.1 节中介绍的一类特殊随机过程，也就是随机测度的概念。

定义 6.2（随机测度）

> 设 I 是一个拓扑空间和 $X=\{X(A);A\in\mathscr{B}(I)\}$ 是概率空间 $(\Omega,\mathscr{F},P)$ 上的实值随机过程，如果过程 X 满足：对任意 $\omega\in\Omega$，$A\mapsto X(\omega,A)$ 是一个 $\mathscr{B}(I)$ 上的测度，则称 X 是概率空间 $(\Omega,\mathscr{F},P)$ 上的随机测度。　　♣

如果由定义 5.2 所引入的高斯随机场（根据式（5.7）可知，高斯随机场的样本轨道是满足有限可加性的集函数）还是一个随机测度，那么称该高斯随机场为高斯随机测度。如果随机测度的状态空间为实数域 $\mathbb{R}$ 中的子集——非负整数空间，则该随机测度就成为所谓的计数测度。于是，计数测度的定义可表述如下：

定义 6.3（计数测度）

> 设 $X=\{X(A);A\in\mathscr{B}(I)\}$ 是概率空间 $(\Omega,\mathscr{F},P)$ 上的一个状态空间为非负整数空间的随机测度且满足：
>
> 对任意有界 $B\in\mathscr{B}(I)$，$P(X(B)<\infty)=1$，那么称 X 是概率空间 $(\Omega,\mathscr{F},P)$ 上的计数测度。　　♣

下面将给出两个简单的计数测度例子。

例 6.2（确定计数测度）　给定 $\{x_n\}_{n=1}^{\infty}\subset\mathbb{R}^d$ 和 $\{l_n\}_{n=1}^{\infty}\subset\mathbb{N}$ 是一列正整数，于是定义：

$$X(B)=\sum_{n=1}^{\infty}l_n\delta_{x_n}(B)=\sum_{n=1}^{\infty}l_n\mathbf{1}_{x_n\in B},\ \forall B\in\mathscr{B}(\mathbb{R}^d) \tag{6.11}$$

根据定义 6.3 可以验证 $X=\{X(B);B\in\mathscr{B}(\mathbb{R}^d)\}$ 是一个确定的计数测度。特别地，如果 $l_n=1$，$\forall n\in\mathbb{N}$，则称 X 是一个简单计数测度。在简单计数测度中，如果序列点 $\{x_n\}_{n=1}^{\infty}$ 被随机变量列 $\{\xi_n\}_{n=1}^{\infty}$ 所取代，那么定义：

$$X(B)=\sum_{k=1}^{\infty}\delta_{\xi_k}(B)=\sum_{k=1}^{\infty}\mathbf{1}_B(\xi_k),\ \forall B\in\mathscr{B}(\mathbb{R}^d) \tag{6.12}$$

则 $X=\{X(B);B\in\mathscr{B}(\mathbb{R}^d)\}$ 是一个随机计数测度。

6.2.2　泊松随机测度

作为一类重要的计数测度，本节将引入泊松计数测度，也称其为泊松随机测度，其明确了这类计数测度的有限维分布与泊松分布是紧密关联的。

定义 6.4(泊松随机测度)

设 I 是一个拓扑空间和 μ 是定义在 $\mathscr{B}(I)$ 上的一个 σ-有限测度, 已知过程 $N = \{N(B); B \in \mathscr{B}(I)\}$ 是概率空间 $(\Omega, \mathscr{F}, P)$ 上的计数测度, 如果计数测度 N 还满足如下条件:

(1) 对任意 $B \in \mathscr{B}(I)$ 且 $\mu(B) \in (0, \infty)$, 随机变量 $N(B)$ 服从参数为 $\mu(B)$ 的泊松分布 ($N(B) \sim \mathrm{Poi}(\mu(B))$), 即

$$P(N(B) = n) = \frac{\mu(B)^n}{n!} \mathrm{e}^{-\mu(B)}, \quad \forall n = 0, 1, \cdots$$

(2) 对任意两两不交的 $B_1, \cdots, B_n \in \mathscr{B}(I)(n \geqslant 2)$, 随机变量 $N(B_1), \cdots, N(B_n)$ 相互独立,

那么称 $N = \{N(B); B \in \mathscr{B}(I)\}$ 是强度为 $\mu: \mathscr{B}(I) \mapsto [0, \infty]$ 的泊松随机测度。

♣

上面定义 6.4 中的条件(1)～(2)完全描述了泊松随机测度的有限维分布族。事实上, 对于一维分布, 设 $B_1 \in \mathscr{B}(I)$, 则 $p_{B_1}(n_1) = P(N(B_1) = n_1) = \frac{\mu(B_1)^n}{n!} \mathrm{e}^{-\mu(B_1)}, \forall n = 0, 1, \cdots$; 对于二维分布, 设 $B_1, B_2 \in \mathscr{B}(I)$, 考虑集合的分解 $B_i = (B_i \backslash B_{12}) \bigcup B_{12}(i = 1, 2)$, 其中 $B_{12} := B_1 \bigcap B_2$ 和 $(B_1 \backslash B_{12}) \bigcap B_{12} \bigcap (B_2 \backslash B_{12}) = \varnothing$。 于是, 根据定义 6.4 可得到: 对任意 $n, n_2 = 0, 1, \cdots$, 有

$$
\begin{aligned}
p_{B_1, B_2}(n_1, n_2) &= P(N(B_1) = n_1, N(B_2) = n_2) \\
&= P(N((B_1 \backslash B_{12}) \bigcup B_{12}) = n_1, N((B_2 \backslash B_{12}) \bigcup B_{12}) = n_2) \\
&= P(N(B_1 \backslash B_{12}) + N(B_{12}) = n_1, N(B_2 \backslash B_{12}) + N(B_{12}) = n_2) \\
&= \sum_{m=1}^{n_1 \wedge n_2} P(N(B_1 \backslash B_{12}) = n_1 - m, N(B_2 \backslash B_{12}) = n_2 - m, N(B_{12}) = m) \\
&= \sum_{m=1}^{n_1 \wedge n_2} P(N(B_1 \backslash B_{12}) = n_1 - m) P(N(B_2 \backslash B_{12}) = n_2 - m) P(N(B_{12}) = m) \\
&= \sum_{m=1}^{n_1 \wedge n_2} \frac{\mu(B_1 \backslash B_{12})^{n_1 - m}}{(n_1 - m)!} \frac{\mu(B_2 \backslash B_{12})^{n_2 - m}}{(n_2 - m)!} \frac{\mu(B_{12})^m}{m!} \mathrm{e}^{-(\mu(B_1) + \mu(B_2) - \mu(B_{12}))}
\end{aligned}
$$

其中, 在上式中用到了 $N(B_1 \backslash B_{12}) \sim \mathrm{Poi}(\mu(B_1 \backslash B_{12}))$, $N(B_{12}) \sim \mathrm{Poi}(\mu(B_{12}))$ 和 $N(B_2 \backslash B_{12}) \sim \mathrm{Poi}(\mu(B_2 \backslash B_{12}))$ 的独立性。应用上述类似的思路可以计算更高维的分布, 故将计算泊松随机测度的三维分布留作本章练习 3。

下面将介绍泊松随机测度的基本数字特征, 对于其均值函数, 有 $m_N(B) = E[N(B)] = \mu(B), \forall B \in \mathscr{B}(I)$。 对于泊松随机测度的相关函数, 则有:

$$R_N(B_1, B_2) = E[N(B_1)N(B_2)]$$
$$= E[(N(B_1 \backslash B_{12}) + N(B_{12}))(N(B_2 \backslash B_{12}) + N(B_{12}))]$$
$$= E[N(B_1 \backslash B_{12})N(B_2 \backslash B_{12})] + E[N(B_1 \backslash B_{12})N(B_{12})] +$$
$$\quad E[N(B_2 \backslash B_{12})N(B_{12})] + E[N(B_{12})^2]$$
$$= E[N(B_1 \backslash B_{12})]E[N(B_2 \backslash B_{12})] + \{E[N(B_1 \backslash B_{12})] +$$
$$\quad E[N(B_2 \backslash B_{12})]\}E[N(B_{12})] + E[N(B_{12})^2]$$
$$= \mu(B_1 \backslash B_{12})\mu(B_2 \backslash B_{12}) + (\mu(B_1 \backslash B_{12}) + \mu(B_2 \backslash B_{12}))\mu(B_{12}) +$$
$$\quad \mu(B_{12}) + \mu(B_{12})^2$$
$$= \mu(B_1)\mu(B_2) + \mu(B_{12})$$

特别地，当 $B_1 \cap B_2 = \varnothing$ 时，上述结果退化为 $R_N(B_1, B_2) = \mu(B_1)\mu(B_2)$。事实上，由于 $B_1 \cap B_2 = \varnothing$，故 $N(B_1) \perp N(B_2)$，于是 $R_N(B_1, B_2) = E[N(B_1)N(B_2)] = m_X(B_1)m_X(B_2) = \mu(B_1)\mu(B_2)$。

下面将讨论泊松随机测度 $N = \{N(B); B \in \mathcal{B}(I)\}$ 的构造。首先分别从强度测度 $\mu: \mathcal{B}(\mathbb{R}) \mapsto [0, +\infty]$ 的有限性和 σ-有限性两种情况出发来构造强度测度为 μ 的泊松随机测度。

(1) 强度测度 μ 为有限测度的情形，也就是 $\mu(I) < \infty$。

设 η 和 $\{\xi_n\}_{n=1}^{\infty}$ 是概率空间 $(\Omega, \mathcal{F}, P)$ 上一列独立的随机变量且它们的分布分别为 $\eta \sim \mathrm{Poi}(\mu(I))$ 和 $P(\xi_n \in B) = \dfrac{\mu(B)}{\mu(I)}$，$\forall B \in \mathcal{B}(I)$。于是，可定义 $N(B) = \sum\limits_{n=1}^{\eta} \delta_{\xi_n}(B) = \sum\limits_{n=1}^{\eta} \mathbf{1}_B(\xi_n)$，$\forall B \in \mathcal{B}(I)$。下面计算随机测度 $N = \{N(B); B \in \mathcal{B}(I)\}$ 的有限维分布。考虑任意互不相交的 $B_1, \cdots, B_n \in \mathcal{B}(I)(n \in \mathbb{N})$ 和常数向量 $\theta = (\theta_1, \cdots, \theta_n) \in \mathbb{R}^n$，有

$$E\left[\exp\left(\mathrm{i}\sum_{k=1}^{n}\theta_k N(B_k)\right)\right] = E\left[\exp\left(\mathrm{i}\sum_{k=1}^{n}\theta_k\left(\sum_{i=1}^{\eta}\mathbf{1}_{B_k}(\xi_i)\right)\right)\right]$$
$$= E\left[\exp\left(\mathrm{i}\sum_{i=1}^{\eta}\left(\sum_{k=1}^{n}\theta_k\mathbf{1}_{B_k}(\xi_i)\right)\right)\right]$$
$$= E\left[\prod_{i=1}^{\eta}\exp\left(\mathrm{i}\left(\sum_{k=1}^{n}\theta_k\mathbf{1}_{B_k}(\xi_i)\right)\right)\right]$$
$$= \sum_{l=0}^{\infty} E\left[\prod_{i=1}^{l}\exp\left(\mathrm{i}\sum_{k=1}^{n}\theta_k\mathbf{1}_{B_k}(\xi_i)\right)\mid \eta = l\right]P(\eta = l)$$
$$= \sum_{l=0}^{\infty}\left\{E\left[\exp\left(\mathrm{i}\sum_{k=1}^{n}\theta_k\mathbf{1}_{B_k}(\xi_1)\right)\right]\right\}^l P(\eta = l)$$

由于 $B_1, \cdots, B_n \in \mathcal{B}(I)$ 是互不相交的，故有：

$$\exp\left(\mathrm{i}\sum_{k=1}^{n}\theta_k\mathbf{1}_{B_k}(x)\right) = 1 + \sum_{k=1}^{n}\mathbf{1}_{B_k}(x)(\mathrm{e}^{\mathrm{i}\theta_k} - 1), \quad \forall x \in I$$

于是，可得到：

$$E\left[\exp\left(\mathrm{i}\sum_{k=1}^{n}\theta_k\mathbf{1}_{B_k}(\xi_1)\right)\right]=1+\sum_{k=1}^{n}P(\xi_1\in B_k)(\mathrm{e}^{\mathrm{i}\theta_k}-1)$$

$$=1+\sum_{k=1}^{n}\frac{\mu(B_k)}{\mu(I)}(\mathrm{e}^{\mathrm{i}\theta_k}-1)$$

这样，随机向量 $(N(B_1),\cdots,N(B_n))$ 的特征函数为：

$$E\left[\exp\left(\mathrm{i}\sum_{k=1}^{n}\theta_k N(B_k)\right)\right]=\sum_{l=0}^{\infty}\left\{E\left[\exp\left(\mathrm{i}\sum_{k=1}^{n}\theta_k\mathbf{1}_{B_k}(\xi_1)\right)\right]\right\}^{l}P(\eta=l)$$

$$=\sum_{l=0}^{\infty}\left[1+\sum_{k=1}^{n}\frac{\mu(B_k)}{\mu(I)}(\mathrm{e}^{\mathrm{i}\theta_k}-1)\right]^{l}\frac{\mu(I)^{l}}{l!}\mathrm{e}^{-\mu(I)}$$

$$=\exp\left(\sum_{k=1}^{n}\mu(B_k)(\mathrm{e}^{\mathrm{i}\theta_k}-1)\right)$$

这证明了开始所定义的过程 $N=\{N(B);B\in\mathscr{B}(I)\}$ 满足定义 6.4 中的条件(1)～(2)，故过程 N 是一个强度为 μ 的泊松随机测度。

(2) 强度测度 μ 为 σ-有限测度的情形，也就是存在 I 的一个划分 $\{I_i\}_{i=1}^{\infty}\subset\mathscr{B}(I)$ 使得 $I=\bigcup_{i=1}^{\infty}I_i$ 且 $\lambda(I_i)<\infty,\forall i\in\mathbb{N}$。

根据上面的第(1)步，在 I_i 上可定义点过程 $N_i,\forall i\in\mathbb{N}$，由于 $N_i,i\in\mathbb{N}$ 是相互独立的，于是 $N(B)=\sum_{i=1}^{\infty}N_i(B\bigcap I_i),\forall B\in\mathscr{B}(I)$ 是强度为 μ 的泊松随机测度。

图 6.2 是泊松随机测度样本轨道的一个示意图，其中 $I=[0,\infty)\times[0,\infty)^2$。

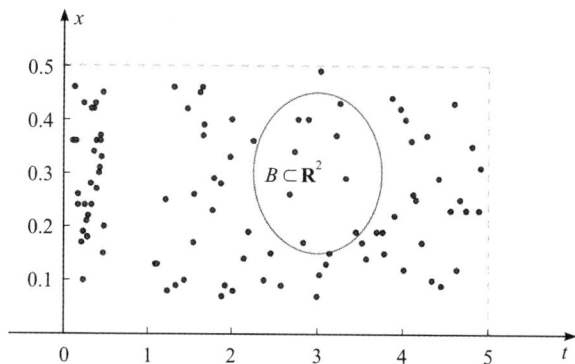

图 6.2　泊松随机测度样本轨道

6.2.3　泊松随机测度的性质

本节将介绍泊松随机测度的一些基本性质。泊松随机测度的第一个性质是所谓的可加性，也就是说，设 $N_i=\{N_i(B);B\in\mathscr{B}(I)\},i=1,2$ 是概率空间 $(\Omega,\mathscr{F},P)$ 上的两个强度分别为 $\mu_i(i=1,2)$ 的独立泊松随机测度，那么 $N=N_1+N_2=\{N(B)=N_1(B)+N_2(B);B\in\mathscr{B}(I)\}$ 是强度为 $\mu_1+\mu_2$ 的泊松随机测度。事实上，由于 N_1,N_2 都是计数测度，故 $N=N_1+N_2$ 也是计数测度。下面只需验证 N 满足定义 6.4 中的条件(1)和(2)。对于条件(1)，设 $B \in \mathcal{B}(I)$ 且 $\mu(B) \in (0, \infty)$，于是对任意 $n = 0, 1, \cdots$，有

$$P(N(B) = n) = P(N_1(B) + N_2(B) = n)$$

$$= \sum_{k=0}^{n} P(N_1(B) = n - k, N_2(B) = k)$$

$$= \sum_{k=0}^{n} P(N_1(B) = n - k) P(N_2(B) = k)$$

$$= \sum_{k=0}^{n} \frac{\mu_1(B)^{n-k}}{(n-k)!} e^{-\mu_1(B)} \frac{\mu_2(B)^k}{k!} e^{-\mu_2(B)}$$

$$= \frac{1}{n!} e^{-(\mu_1(B) + \mu_2(B))} \sum_{k=0}^{n} \frac{n!}{k!(n-k)!} \mu_1(B)^{n-k} \mu_2(B)^k$$

$$= \frac{(\mu_1(B) + \mu_2(B))^n}{n!} e^{-(\mu_1(B) + \mu_2(B))}$$

这意味着：随机变量 $N(B)$ 服从参数为 $\mu(B) = \mu_1(B) + \mu_2(B)$ 的泊松分布，即 ($N(B) \sim \mathrm{Poi}(\mu(B))$)。对于条件(2)，由于 N_1 与 N_2 独立，且对任意两两不交的 $B_1, \cdots, B_n \in \mathcal{B}(\mathbb{R})$，$N_i(B_1), \cdots, N_i(B_n)$ 相互独立 ($i = 1, 2$)，则 $N_1(B_1) + N_2(B_1), \cdots$，$N_1(B_n) + N_2(B_n)$ 是相互独立的。

泊松随机测度的第二个性质是关于其条件分布的描述。设 $N = \{N(B); B \in \mathcal{B}(I)\}$ 是概率空间 $(\Omega, \mathcal{F}, P)$ 上的强度为 μ 的泊松随机测度和 $A \subset B \in \mathcal{B}(I)$ 且满足 $\mu(B) < \infty$，那么对任意 $n \in \mathbb{N}$ 和 $k = 0, 1, \cdots, n$，有

$$P(N(A) = k \mid N(B) = n) = C_n^k p^k (1-p)^{n-k} \tag{6.13}$$

其中，$C_n^k = \dfrac{n!}{k!(n-k)!}$ 和 $p = \dfrac{\mu(A)}{\mu(B)}$。事实上，根据条件概率的定义有：

$$P(N(A) = k \mid N(B) = n) = \frac{P(N(A) = k, N(B) = n)}{P(N(B) = n)}$$

$$= \frac{P(N(A) = k, N(B) - N(A) = n - k)}{P(N(B) = n)}$$

$$= \frac{P(N(A) = k, N(B \backslash A) = n - k)}{P(N(B) = n)}$$

于是，利用泊松随机测度的定义 6.4 可得到：

$$\frac{P(N(A) = k, N(B \backslash A) = n - k)}{P(N(B) = n)} = \frac{P(N(A) = k) P(N(B \backslash A) = n - k)}{P(N(B) = n)}$$

$$= \frac{\dfrac{\mu(A)^k}{k!} e^{-\mu(A)} \dfrac{\mu(B \backslash A)^{n-k}}{(n-k)!} e^{-\mu(B \backslash A)}}{\dfrac{\mu(B)^n}{n!} e^{-\mu(B)}}$$

$$= C_n^k \left(\frac{\mu(A)}{\mu(B)} \right)^k \left(\frac{\mu(B \backslash A)}{\mu(B)} \right)^{n-k}$$

由于 $\dfrac{\mu(B \backslash A)}{\mu(B)} = 1 - p$，故条件概率式(6.13)成立。显然，由式(6.13)给出的概率分布是二项分布。

泊松随机测度的第三个性质是关于其特征泛函的描述和相关鞅过程的建立。为此，引

入如下的函数空间：对任意 $p \in \mathbb{N}$ 和 σ-有限测度 $\mu : \mathscr{B}(I) \mapsto [0, \infty]$，有

$$L^p(I ; \mu) = \left\{ \text{可测函数 } g : I \mapsto \mathbb{R}^d ; \int_I |g(x)|^p \mu(dx) < \infty \right\}$$

也就是说，空间 $L^p(I ; \mu)$ 包含了所有关于测度 μ 为 p-阶可积的可测函数。现设 $N = \{N(B) ; B \in \mathscr{B}(I)\}$ 是概率空间 $(\Omega, \mathscr{F}, P)$ 上的强度为 μ 的泊松随机测度。那么，根据定义 6.3，对任意 $g \in L^1(I ; \mu)$，积分 $\int_I g(x) N(dx)$ 是一个几乎处处有限的 $\mathbb{R}^d$ 值维随机变量。于是，该积分的特征函数具有如下表示：

引理 6.1(泊松随机测度的特征泛函)

对任意 $g \in L^1(I ; \mu)$，随机变量 $\int_I g(x) N(dx)$ 的特征函数为：对任意 $\theta \in \mathbb{R}^d$，有

$$\Phi_{\int_I g(x) N(dx)}(\theta) = E\left[\exp\left(i \langle \theta, \int_I g(x) N(dx) \rangle \right) \right]$$

$$= \exp\left(- \int_I (1 - e^{i \langle \theta, g(x) \rangle}) \mu(dx) \right) \tag{6.14}$$

♣

证明 根据 π-λ 定理，只需证明等式(6.14)对具有如下形式的函数 g 成立：

$$g(x) = \sum_{k=1}^n c_k \mathbf{1}_{B_k}(x), \ \forall x \in I \tag{6.15}$$

其中，$c_k \in \mathbb{R}^d$ 和互不相交的 $B_1, \cdots, B_n \in \mathscr{B}(I)$ 满足 $\mu(B_k) < \infty$，$\forall k = 1, \cdots, n$。于是 $\int_I g(x) N(dx) = \sum_{k=1}^n c_k N(B_k)$。由于 $N(B_1), \cdots, N(B_n)$ 是相互独立的，则有：

$$\Phi_{\int_I g(x) N(dx)}(\theta) = E\left[\exp\left(i \sum_{k=1}^n N(B_k) \langle \theta, c_k \rangle \right) \right]$$

$$= \prod_{k=1}^n E\left[e^{i \langle \theta, c_k \rangle N(B_k)} \right] \tag{6.16}$$

根据定义 6.4 的条件(1)，随机变量 $N(B_k) \sim \mathrm{Poi}(\mu(B_k))$，于是可得到：

$$E\left[e^{iN(B_k) \langle \theta, c_k \rangle} \right] = \sum_{l=0}^{\infty} \frac{\mu(B_k)^l}{l!} e^{-\mu(B_k)} e^{i \langle \theta, c_k \rangle l} = \exp\{\mu(B_k)(e^{i \langle \theta, c_k \rangle} - 1)\}$$

因此，由应用式(6.16)得到等式(6.14)。 □

应用引理 6.1 的一个直接结果是得到如下关于泊松随机测度的 Campbell 公式：

$$E\left[\int_I g(x) N(dx) \right] = \int_I g(x) \mu(dx), \ \forall g \in L^1(I ; \mu) \tag{6.17}$$

下面考虑集合 $I = [0, \infty) \times \mathbb{R}^m (m \in \mathbb{N})$。对任意 $g \in L^1(I ; \mu)$，可定义：

$$X_t = \int_0^t \int_{\mathbb{R}^m} g(s, y) N(ds, dy), \ \forall t > 0, X_0 = 0 \tag{6.18}$$

设 $\mathscr{F}_t^N = \sigma(\{N((0, s] \times A) ; s \leqslant t, A \in \mathscr{B}(\mathbb{R}^m)\})$，$\forall t \geqslant 0$，也就是 $\mathbb{F}^N = \{F_t^N ; t \geqslant 0\}$ 为泊松随机测度 N 生成的自然过滤。于是，对任意 $0 \leqslant s < t$，由于对任意 $A \in \mathscr{B}(\mathbb{R}^m)$ 和 $u \leqslant s$，集合 $(s, t] \times A$ 与 $(0, u] \times A$ 是不相交的，故

$$X_t - X_s = \int_s^t \int_{\mathbb{R}^m} g(s, y) N(\mathrm{d}s, \mathrm{d}y) \perp \mathscr{F}_s^N, \ \forall\, t > s \geqslant 0$$

那么根据定义 4.3 可知，由式(6.18)定义的过程 $X = \{X_t; t \geqslant 0\}$ 是关于 $\mathbb{F}^N$ 的独立增量过程。因此，利用 Campbell 公式(6.17)可得到：对任意 $t > s \geqslant 0$，有

$$E\left[X_t - X_s \mid \mathscr{F}_s^N\right] = E\left[X_t - X_s\right] = E\left[\int_s^t \int_{\mathbb{R}^m} g(u, y) N(\mathrm{d}u, \mathrm{d}y)\right]$$

$$= E\left[\int_I \mathbf{1}_{(s, t]}(u) g(u, y) N(\mathrm{d}u, \mathrm{d}y)\right]$$

$$= \int_I \mathbf{1}_{(s, t]}(u) g(u, y) \mu(\mathrm{d}u, \mathrm{d}y)$$

$$= \int_s^t g(u, y) \mu(\mathrm{d}u, \mathrm{d}y)$$

$$= \int_0^t g(u, y) \mu(\mathrm{d}u, \mathrm{d}y) - \int_0^s g(u, y) \mu(\mathrm{d}u, \mathrm{d}y)$$

这意味着：对任意 $t > s \geqslant 0$，有

$$E\left[X_t - \int_0^t g(u, y) \mu(\mathrm{d}u, \mathrm{d}y) \mid \mathscr{F}_s^N\right] = X_s - \int_0^s g(u, y) \mu(\mathrm{d}u, \mathrm{d}y)$$

这说明过程 $\left\{\int_0^t g(u, y)(N(\mathrm{d}u, \mathrm{d}y) - \mu(\mathrm{d}u, \mathrm{d}y)); t \geqslant 0\right\}$ 是一个 $\mathbb{F}^N$-鞅，并称 $\widetilde{N}(B) := N(B) - \mu(B), \ \forall\, B \in \mathscr{B}(I)$ 为补偿的泊松随机测度。

6.3　泊松过程

泊松过程可视为泊松随机测度的一个特例，其也被称为 $\mathbb{R}$ 上(或一维时间轴上)的泊松随机测度。事实上，泊松过程是具有平稳独立增量性的特殊计数过程，其在排队论中有着广泛的应用，如建模一个时间段内顾客到达服务站的人数或电话接线员接听电话的次数。类似地，泊松过程也可应用于工业生产中的质量检测，如描述每米布的疵点数或纺织机上每小时的断头数，也可用来表述一个时间段内一类保单的索赔次数等。

设 $N = \{N(B); B \in \mathscr{B}(I)\}$ 是概率空间 $(\Omega, \mathscr{F}, P)$ 上的一个强度为 $\mu: \mathscr{B}(I) \mapsto [0, \infty]$ 的泊松随机测度，为了引入泊松过程，取空间 $I = [0, \infty)$ 和强度测度 $\mu(\bullet) = \lambda m(\bullet)$，其中常数 $\lambda > 0$，$m: \mathscr{B}(\mathbb{R}) \mapsto [0, \infty]$ 是 Lebesgue 测度。那么，可定义：

$$N_t = N((0, t]), \ \forall\, t > 0, N_0 = 0 \tag{6.19}$$

则称计数过程 $N = \{N_t; t \geqslant 0\}$ 是参数为 $\lambda > 0$ 的泊松过程。根据泊松随机测度的定义 6.4，泊松过程具有如下的基本性质：

(1) 对任意 $t > 0$，$N_t = N((0, t]) \sim \mathrm{Poi}(\mu((0, t])) = \mathrm{Poi}(\lambda t)$。也就是说，对任意 $n = 0, 1, \cdots$，有

$$P(N_t = n) = \frac{(\lambda t)^n}{n!} \mathrm{e}^{-\lambda t}$$

(2) 泊松过程具有平稳独立增量性。事实上，对任意 $0 = t_0 < t_1 < \cdots < t_n < \infty$ ($n \geqslant 2$)，根据式(6.19)，$N_{t_i} - N_{t_{i-1}} = N((t_{i-1}, t_i])$，$\forall\, i = 1, \cdots, n$。由于 (t_0, t_1)，$(t_1, t_2], \cdots, (t_{n-1}, t_n]$ 都是 $\mathbb{R}$ 中不相交的集合，故 $N((t_{i-1}, t_i])$，$\forall\, i = 1, \cdots, n$ 是相

互独立的，因此泊松过程是独立增量的。另一方面，对任意 $t > s \geqslant 0$，$N_t - N_s = N((s, t]) \sim \mathrm{Poi}(\mu((s, t])) = \mathrm{Poi}(\lambda m((s, t])) = \mathrm{Poi}(\lambda(t-s))$。然而，利用泊松随机测度的定义 6.4，$N_{t-s} = N((0, t-s]) \sim \mathrm{Poi}(\mu((0, t-s])) = \mathrm{Poi}(\lambda(t-s))$，故 $N_t - N_s \overset{\mathrm{d}}{=} N_{t-s}$，也就是泊松过程满足平稳增量性。

（3）对任意 $g: [0, \infty) \mapsto \mathbb{R}$ 满足 $\int_0^\infty |g(t)| \, m(\mathrm{d}t) < \infty$，则 $\int_0^t g(s) \mathrm{d}N_s - \int_0^t g(s)\lambda m(\mathrm{d}s) = \int_0^t g(s) \mathrm{d}\widetilde{N}_s$，$t \geqslant 0$ 是 $\mathbb{F}^N$-鞅，其中 $\widetilde{N}_t = N_t - \lambda t$，$t \geqslant 0$ 是补偿泊松过程。特别地，补偿泊松过程 $\widetilde{N} = \{\widetilde{N}_t; t \geqslant 0\}$ 是一个 $\mathbb{F}^N$-鞅。

（4）泊松过程具有如下的有限维分布：对任意 $0 = t_0 < t_1 < \cdots < t_k < \infty (k \geqslant 2)$ 和非负整数 $n_1 \leqslant n_2 \leqslant \cdots \leqslant n_k$，应用泊松过程平稳独立增量性和基本性质（1）可得到：

$$
\begin{aligned}
p_{t_1, t_2, \cdots, t_k}^N(n_1, n_2, \cdots, n_k) &= P(N_{t_1} = n_1, N_{t_2} = n_2, \cdots, N_{t_k} = n_k) \\
&= P(N_{t_1} = n_1, N_{t_2} - N_{t_1} = n_2 - n_1, \cdots, N_{t_k} - N_{t_{k-1}} = n_k - n_{k-1}) \\
&= P(N_{t_1} = n_1) P(N_{t_2 - t_1} = n_2 - n_1) \cdots P(N_{t_k - t_{k-1}} = n_k - n_{k-1}) \\
&= \frac{(\lambda t_1)^{n_1}}{n_1!} \mathrm{e}^{-\lambda t_1} \frac{(\lambda(t_2 - t_1))^{n_2 - n_1}}{(n_2 - n_1)!} \mathrm{e}^{-\lambda(t_2 - t_1)} \cdots \\
&\quad \frac{(\lambda(t_k - t_{k-1}))^{n_k - n_{k-1}}}{(n_k - n_{k-1})!} \mathrm{e}^{-\lambda(t_k - t_{k-1})} \\
&= \frac{t_1^{n_1}(t_2 - t_1)^{n_2 - n_1} \cdots (t_k - t_{k-1})^{n_k - n_{k-1}}}{n_1!(n_2 - n_1)! \cdots (n_k - n_{k-1})!} \lambda^{n_k} \mathrm{e}^{-\lambda t_k}
\end{aligned}
$$

（5）利用泊松过程平稳独立增量性得到泊松过程的基本数字特征具有如下的表达式：

$$m_N(t) = E[N_t] = \lambda t, \ \forall t \geqslant 0$$

$$R_N(s, t) = E[N_s N_t] = \lambda^2 s \wedge t(s \vee t - s \wedge t) + \lambda s \wedge t + \lambda^2(s \wedge t)^2$$
$$= \lambda^2 st + \lambda s \wedge t, \ \forall s, t \geqslant 0$$

表 6.1 对泊松过程和布朗运动的基本性质进行了比较。

表 6.1　泊松过程与布朗运动的比较

随机过程	泊松过程 $N = \{N_t; t \geqslant 0\}$	布朗运动 $W = \{W_t; t \geqslant 0\}$
状态空间	实数域	非负整数
轨道性质	右连左极但非连续	连续
跳的大小 ΔN_t	$\Delta W_t = 0$	$\Delta N_t = 0 \ \mathrm{or} \ 1$
时刻 t 的一维分布	$N(0, t)$	$\mathrm{Poi}(\lambda t)$
平稳独立增量性	具有	具有

下面的引理给出了泊松过程的一个等价描述。

引理 6.2（泊松过程的等价定义）

> 设 $N = \{N_t; t \geqslant 0\}$ 是概率空间 $(\Omega, \mathscr{F}, P)$ 上的一个初值为零的计数过程，那么当且仅当如下条件成立时，计数过程 N 是参数为 $\lambda > 0$ 的泊松过程：
>
> (1) N 是平稳独立增量的过程；
>
> (2) 当 $h \mapsto 0$，$P(N_h = 1) = \lambda h + o(h)$；
>
> (3) 当 $h \mapsto 0$，$P(N_h \geqslant 2) = o(h)$。
>
> 其中，$o(h)$ 表示关于 h 的高阶无穷小，即 $\lim\limits_{h \mapsto 0} \dfrac{o(h)}{h} = 0$。 ♣

证明 首先设计数过程 N 是一个参数为 $\lambda > 0$ 的泊松过程，于是，根据定义 6.19 容易证得条件 (1)~(3) 成立。下面设计数过程 N 满足条件 (1)~(3)，为了证明 N 是参数为 $\lambda > 0$ 的泊松过程，只需验证：对任意 $t > 0$，随机变量 $N_t \sim \text{Poi}(\lambda t)$。事实上，根据条件 (1)~(3)，对固定的 $h > 0$，考虑 N_{t+h} 的特征函数：对任意 $\theta \in \mathbb{R}$，有

$$\Phi_{N_{t+h}}(\theta) = E\left[\mathrm{e}^{i\theta N_{t+h}}\right] = E\left[\mathrm{e}^{i\theta N_t}\right] E\left[\mathrm{e}^{i\theta(N_{t+h} - N_t)}\right]$$

$$= \Phi_{N_t}(\theta)\left[P(N_h = 0) + \mathrm{e}^{i\theta}P(N_h = 1) + \sum_{n=2}^{\infty} \mathrm{e}^{i\theta n}P(N_h = n)\right]$$

$$= \Phi_{N_t}(\theta)\{1 - \lambda h + o(h) + \mathrm{e}^{i\theta}(\lambda h + o(h)) + o(h)\}$$

$$= \Phi_{N_t}(\theta) + (\mathrm{e}^{i\theta} - 1)\lambda h \Phi_{N_t}(\theta) + o(h)$$

于是，可得到：

$$\frac{\Phi_{N_{t+h}}(\theta) - \Phi_{N_t}(\theta)}{h} = (\mathrm{e}^{i\theta} - 1)\lambda \Phi_{N_t}(\theta) + \frac{o(h)}{h}$$

上式两边令 $h \mapsto 0$ 得到：

$$\frac{\mathrm{d}\Phi_{N_t}(\theta)}{\mathrm{d}t} = (\mathrm{e}^{i\theta} - 1)\lambda \Phi_{N_t}(\theta), \Phi_{N_0}(\theta) = 1$$

求解该常微分方程可得到 $\Phi_{N_t}(\theta) = \exp((\mathrm{e}^{i\theta} - 1)\lambda t)$，$\forall t > 0$。故应用引理 6.1 可得到 $N_t \sim \text{Poi}(\lambda t)$，$\forall t > 0$。至此，该引理得证。 □

引理 6.2 说明：在泊松过程的建模中，在充分小的时间段 $(t, t+h]$ 内，随机事件发生或点到达为零次或 1 次，事件发生或点到达多于两次的概率近似为零。由于泊松过程是独立增量过程，故泊松过程也是马氏过程。事实上，泊松过程可视为一个经典的连续时间马氏链，也被称为纯生马氏链，这将在第 9 章中作详细介绍。

回顾由式 (6.4) 定义的计数过程的第 n 次到达时间，也就是 $T_0 = 0$ 和 $T_n = \inf\{t > T_{n-1}; N_t = n\}$，$\forall n \in \mathbb{N}$。这里 $N = \{N_t; t \geqslant 0\}$ 是参数为 $\lambda > 0$ 的泊松过程，于是 $\tau_n = T_n - T_{n-1}, n \in \mathbb{N}$ 为泊松过程的第 n 个到达时间间隔。下面计算相关泊松过程到达时间和到达时间间隔的分布。事实上，根据式 (6.5)，则有：对任意 $t > 0$，$\{T_n \leqslant t\} = \{N_t \geqslant n\}$，$\forall n \in \mathbb{N}$。因此，对任意 $n \in \mathbb{N}$，有

$$F_n(t) = P(t_n \leqslant t) = P(N_t \geqslant n) = 1 - P(N_t < n) = 1 - \sum_{k=0}^{n-1} \frac{(\lambda t)^k}{k!}\mathrm{e}^{-\lambda t}, \forall t > 0$$

$$\tag{6.20}$$

于是，第 n 个到达时间 T_n 的概率密度函数为：对任意 $t > 0$，有

$$
\begin{aligned}
p_n^N(t) = F_n'(t) &= \lambda e^{-\lambda t} \sum_{k=0}^{n-1} \frac{(\lambda t)^k}{k!} - \lambda e^{-\lambda t} \sum_{k=0}^{n-1} \frac{k(\lambda t)^{k-1}}{k!} \\
&= \lambda e^{-\lambda t} \left(\sum_{k=0}^{n-1} \frac{(\lambda t)^k}{k!} - \sum_{k=0}^{n-2} \frac{(\lambda t)^k}{k!} \right) \\
&= \frac{\lambda^n t^{n-1}}{\Gamma(n)} e^{-\lambda t}
\end{aligned}
$$

这意味着：对任意 $n \in \mathbb{N}$，有

$$
T_n \sim \mathrm{Erlang}(n, \delta) = \mathrm{Gam}(n, \lambda) \tag{6.21}
$$

其中，$\mathrm{Gam}(n, \lambda)$ 表示参数为 n, λ 的伽马分布。特别地，有：

$$
P(\tau_1 \leqslant t) = P(T_1 \leqslant t) = \sum_{k=1}^{\infty} \frac{(\lambda t)^k}{k!} e^{-\lambda t} = 1 - e^{-\lambda t}, \ \forall t > 0 \tag{6.22}
$$

也就是说，$\tau_1 \sim \mathrm{Exp}(\lambda)$，即 τ_1 服从参数为 λ 的指数分布。另一方面，根据式(6.5)，对任意 $n = 0, 1, \cdots$，事件 $\{T_n \leqslant t < T_{n+1}\} = \{N_t = n\}$，那么对任意 $t_2 > t_1 > 0$ 和充分小的 $r_1, r_2 > 0$ 使得 $t_2 > t_1 + r_1$，利用泊松过程的平稳独立增量性可得到：

$$
\begin{aligned}
&P(t_1 < T_1 \leqslant t_1 + r_1, \ t_2 < T_2 \leqslant t_2 + r_2) \\
&= P(N_{t_1} = 0, \ N_{t_1+r_1} - N_{t_1} = 1, \ N_{t_2} - N_{t_1+r_1} = 0, \ N_{t_2+r_2} - N_{t_2} = 1) \\
&= P(N_{t_1} = 0) P(N_{t_1+r_1} - N_{t_1} = 1) P(N_{t_2} - N_{t_1+r_1} = 0) P(N_{t_2+r_2} - N_{t_2} = 1) \\
&= \lambda^2 r_1 r_2 e^{-\lambda(t_2+r_2)}
\end{aligned}
$$

这意味着 (T_1, T_2) 的联合概率密度函数为

$$
p_{(T_1, T_2)}^N(t_1, t_2) = \begin{cases} \lambda^2 e^{-\lambda t_2}, & t_2 > t_1 > 0 \\ 0, & \text{其他} \end{cases}
$$

由于 $\tau_1 = T_1$ 和 $\tau_2 = T_2 - T_1$，故 (τ_1, τ_2) 的联合概率密度函数为

$$
p_{(\tau_1, \tau_2)}^N(t_1, t_2) = \begin{cases} \lambda^2 e^{-\lambda(t_1+t_2)}, & t_2 > 0, \ t_1 > 0 \\ 0, & \text{其他} \end{cases}
$$

因此，$\tau_2 \sim \mathrm{Exp}(\lambda)$ 且与 τ_1 独立同分布。以此类推并应用式(6.20)可得到如下的结论：

引理 6.3(泊松过程到达时间间隔的独立同分布性)

参数为 $\lambda > 0$ 的泊松过程，其到达时间间隔序列 $\{\tau_n\}_{n=1}^{\infty}$ 独立同分布于参数为 λ 的指数分布，也就是 $\tau_n \sim \mathrm{Exp}(\lambda)$，$\forall n \in \mathbb{N}$。　♣

例 6.3　泊松过程具有一个有意思的性质：在时刻 $t > 0$ 恰好有 n 个事件发生或点到达的条件下(也就是在 $\{N_t = n\}$ 的条件下)，泊松过程的到达时刻 $T_1 < T_2 < \cdots < T_n$ 的联合分布为 n 个独立同分布于 $(0, t)$ 上均匀分布的随机变量 $U_1, \cdots, U_n$ 的次序统计量 $U_{(1)} < U_{(2)} < \cdots < U_{(n)}$ 的联合分布，即其具有如下联合概率密度函数：

$$
p(s_1, \cdots, s_n) = \frac{n!}{t^n}, \ \forall 0 < s_1 < \cdots < s_n < t \tag{6.23}
$$

事实上，对于 $0 < s_1 < \cdots < s_n < t$ 和充分小的 $\mathrm{d}s_i$ 使得 $s_i + \mathrm{d}s_i \leqslant t$，$s_i + \mathrm{d}s_i \leqslant s_{i+1}$ 和 $(s_i, s_i + \mathrm{d}s_i)$ $(i = 1, \cdots, n)$ 互不相交，那么根据泊松过程的平稳独立增量性可得到：

$$P(T_1 \in (s_1, s_1 + \mathrm{d}s_1], \cdots, T_n \in (s_n, s_n + \mathrm{d}s_n] \mid N_t = n)$$

$$= \frac{P(T_1 \in (s_1, s_1 + \mathrm{d}s_1], \cdots, T_n \in (s_n, s_n + \mathrm{d}s_n], N_t = n)}{P(N_t = n)}$$

$$= \frac{P(N_{s_1} = 0, N_{s_1 + \mathrm{d}s_1} - N_{s_1} = 1, N_{s_2} - N_{s_1 + \mathrm{d}s_1} = 0, \cdots, N_{s_n + \mathrm{d}s_n} - N_{s_n} = 1, N_t - N_{s_n + \mathrm{d}s_n} = 0)}{P(N_t = n)}$$

$$= \frac{1}{\dfrac{(\lambda t)^n}{n!} \mathrm{e}^{-\lambda t}} P(N_{s_1} = 0) P(N_{\mathrm{d}s_1} = 1) P(N_{s_2 - s_1 - \mathrm{d}s_1} = 0) \times \cdots \times P(N_{\mathrm{d}s_n} = 1) P(N_{t - s_n - \mathrm{d}s_n} = 0)$$

$$= \frac{n!}{(\lambda t)^n} \mathrm{e}^{\lambda t} \mathrm{e}^{-\lambda s_1} \lambda \mathrm{d}s_1 \mathrm{e}^{-\lambda \mathrm{d}s_1} \mathrm{e}^{-\lambda(s_2 - s_1 - \mathrm{d}s_1)} \times \cdots \times \lambda \mathrm{d}s_n \mathrm{e}^{-\lambda \mathrm{d}s_n} \mathrm{e}^{-\lambda(t - s_n - \mathrm{d}s_n)}$$

$$= \frac{n!}{t^n} \mathrm{d}s_1 \times \cdots \times \mathrm{d}s_n$$

此即联合密度函数式(6.23)。在实际泊松过程的建模中，需要用计算机仿真泊松过程，人们通常会通过直接仿真泊松过程的指数分布的到达时间间隔来对整个泊松过程的事件发生或点到达进行模拟：

$$\tau_n \overset{\mathrm{d}}{=} -\frac{1}{\delta} \ln U_n, \quad U_n \sim U((0, 1)), \quad \forall n \in \mathbb{N}$$

相比于仿真泊松过程的到达时间间隔，上述性质可以用来更加有效地仿真任意一个终止时刻 T 的泊松过程的样本轨道，具体实施的算法如下：对于给定的常数 $\lambda > 0$，有

(1) 生成一个服从参数为 λT 的泊松随机变量 N，如果 $N = 0$，则算法终止。

(2) 令 $n = N$，然后生成 n 个独立同分布的服从 $(0, 1)$ 上的均匀分布随机变量 $U_1, \cdots, U_n$，且令 $U_i = TU_i, \forall i = 1, \cdots, n$（因此 $U_1, \cdots, U_n$ 为独立同分布于 $U((0, T))$）。

(3) 对 $U_1, \cdots, U_n$ 按递增形式排序得到 $U_{(1)} < \cdots < U_{(n)}$。

(4) 令 $T_i = U_{(i)}, \forall i = 1, \cdots, n$。

上述算法可以仿真泊松过程的事件到达时刻 $T_1 < T_2 < \cdots < T_n < \cdots$。

图 6.3 是泊松过程的一条样本轨道仿真图。

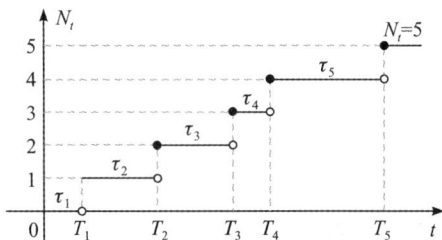

图 6.3　参数 $\lambda = 1$ 的泊松过程样本轨道

6.4　复合泊松过程

本节将引入与泊松过程紧密相关的一类拓展计数过程，也就是复合泊松过程，其具体表述形式如下所述。

定义 6.5（复合泊松过程）

> 设 $N = \{N_t; t \geqslant 0\}$ 是概率空间 $(\Omega, \mathscr{F}, P)$ 上参数为 $\lambda > 0$ 的泊松过程，而 $\{\xi_k\}_{k=1}^{\infty}$ 是同一概率空间上（与泊松过程 N 独立）独立同分布的 $\mathbb{R}^d$-值随机变量，其共同的分布函数为 $F(x)$，$\forall x \in \mathbb{R}^d$，那么，可定义：
>
> $$X_t = \sum_{k=1}^{N_t} \xi_k, \quad \forall t \geqslant 0 \tag{6.24}$$
>
> 记 $\sum_{n=1}^{0} \bullet = 0$，那么称 $X = \{X_t; t \geqslant 0\}$ 是概率空间 $(\Omega, \mathscr{F}, P)$ 上的一个复合泊松过程。

一方面，由式(6.5)所定义的复合泊松过程是泊松过程的拓展。事实上，如果 $\xi_n = 1$，$\forall n \in \mathbb{N}$，则复合泊松过程退化为泊松过程。复合泊松过程在实际问题的建模中有着广泛的应用，如关于保险公司某类保单在时间段 $[0, t]$ 内的索赔量的数学建模。由于保单的索赔发生都是无法预测的，故是随机的。为此，该类保单在时间段 $[0, t]$ 内发生索赔的次数可以用泊松过程 N_t 来描述，而 ξ_k 则表示保单第 k 次被要求索赔的金额。这样，复合泊松过程 $X_t = \sum_{k=1}^{N_t} \xi_k$ 则给出了保险公司在时间段 $[0, t]$ 内一共应付出的索赔金额。图 6.4 是复合泊松过程样本轨道的示意图。

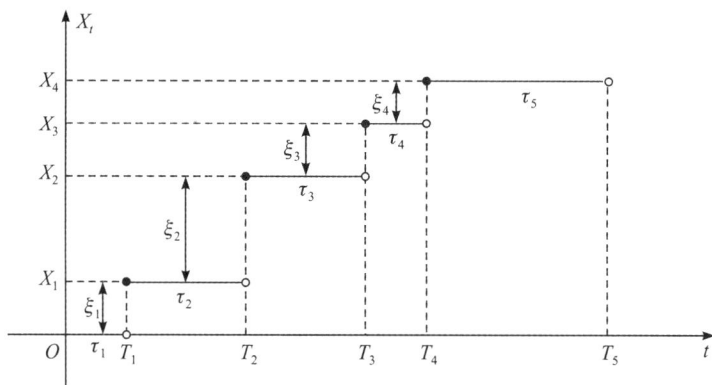

图 6.4　复合泊松过程的一条样本轨道

另一方面，复合泊松过程可以诱导出一类特殊的泊松随机测度。事实上，有：

引理 6.4（复合泊松过程诱导的泊松随机测度）

> 设 $\mu(B \times (0, t]) = \lambda t \int_B F(\mathrm{d}x)$，$\forall B \in \mathscr{B}(\mathbb{R}^d)$ 和 $t > 0$ 和 $X = \{X_t; t \geqslant 0\}$ 为由式(6.5)所定义的复合泊松过程，可定义：对任意 $(t, B) \in (0, \infty) \times \mathscr{B}(\mathbb{R}^d)$，有
>
> $$N(B \times (0, t]) = \#\{s \in (0, t]; X_s - X_{s-} \in B\} \tag{6.25}$$
>
> 那么，$N = \{N(B \times (0, t]); B \in \mathscr{B}(\mathbb{R}^d), t > 0\}$ 是强度为 μ 的泊松随机测度。

证明　根据定义 6.5，可以将由式(6.25)所定义的 N 表示为

$$N(B \times (0, t]) = \sum_{n=1}^{\infty} \mathbf{1}_{\xi_n \in B} \mathbf{1}_{t_n \leqslant t}, \quad \forall (t, B) \in (0, \infty) \times \mathscr{B}(\mathbb{R}^d) \tag{6.26}$$

其中，T_n 为泊松过程 $N = \{N_t; t \geqslant 0\}$ 的第 n 个到达时间 $(n \in \mathbb{N})$。这样，应用式(6.26)和引理 6.3 可得到：

$$\begin{aligned}
E[N(\mathrm{d}x, \mathrm{d}t)] &= E\left[\sum_{n=1}^{\infty} \mathbf{1}_{\xi_n \in \mathrm{d}x} \mathbf{1}_{T_n \in \mathrm{d}t}\right] = E[\mathbf{1}_{\xi_1 \in \mathrm{d}x}] \sum_{n=1}^{\infty} E[\mathbf{1}_{T_n \in \mathrm{d}t}] \\
&= F(\mathrm{d}x)\left(\sum_{n=1}^{\infty} \frac{\lambda^n t^{n-1}}{(n-1)!}\right) \mathrm{e}^{-\lambda t} \mathrm{d}t \\
&= F(\mathrm{d}x)\lambda\left(\sum_{n=0}^{\infty} \frac{\lambda^n t^n}{n!}\right) \mathrm{e}^{-\lambda t} \mathrm{d}t \\
&= \lambda F(\mathrm{d}x) \mathrm{d}t
\end{aligned} \tag{6.27}$$

因此，我们利用式(6.25)和式(6.27)可证明：$N = \{N(B \times (0, t]); B \in \mathscr{B}(\mathbb{R}^d), t > 0\}$ 是强度为 $\mu(B \times (0, t]) = \lambda t \int_B F(\mathrm{d}x)$ 的泊松随机测度。事实上，由 $\xi_1, \cdots, \xi_n$ 的独立性有：对任意 $n = 0, 1, \cdots$，有

$$\begin{aligned}
P(N(B \times (0, t]) = n) &= \sum_{m=n}^{\infty} C_m^n P(N_t = m, \xi_k \in B, k = 1, \cdots, n, \xi_l \notin B, \\
&\qquad \forall k = n+1, \cdots, m) \\
&= \sum_{m=n}^{\infty} C_m^n P(N_t = m) P(\xi_1 \in B)^n P(\xi_1 \notin B)^{m-n} \\
&= \sum_{m=n}^{\infty} \frac{m!}{n!(m-n)!} \frac{(\lambda t)^m}{m!} \mathrm{e}^{-\lambda t} \left(\int_B F(\mathrm{d}x)\right)^n \left(1 - \int_B F(\mathrm{d}x)\right)^{m-n} \\
&= \sum_{k=0}^{\infty} \frac{(k+n)!}{n! \, k!} \frac{(\lambda t)^{k+n}}{(k+n)!} \mathrm{e}^{-\lambda t} \left(\int_B F(\mathrm{d}x)\right)^n \left(1 - \int_B F(\mathrm{d}x)\right)^k \\
&= \frac{(\lambda t)^n}{n!} \left(\int_B F(\mathrm{d}x)\right)^n \mathrm{e}^{-\lambda t} \sum_{k=0}^{\infty} \frac{(\lambda t)^k}{k!} \left(1 - \int_B F(\mathrm{d}x)\right)^k \\
&= \frac{\left(\lambda t \int_B F(\mathrm{d}x)\right)^n}{n!} \mathrm{e}^{-\lambda t} \exp\left(\lambda\left(1 - \int_B F(\mathrm{d}x)\right)t\right) \\
&= \frac{\left(\lambda t \int_B F(\mathrm{d}x)\right)^n}{n!} \exp\left(-\lambda\left(\int_B F(\mathrm{d}x)\right)t\right) \\
&= \frac{\mu(B \times (0, t])^n}{n!} \mathrm{e}^{-\mu(B \times (0, t])}
\end{aligned}$$

也就是说，对任意 $(t, B) \in (0, \infty) \times \mathscr{B}(\mathbb{R}^d)$，$N(B \times (0, t]) \sim \mathrm{Poi}(\mu(B \times (0, t]))$。显然，定义 6.4 中的条件(2)对由式(6.25)所定义的 N 也是成立的，故根据定义 6.4 得到该引理期望的结论。　　　　　　　　　　　　　　　　　　□

应用式(6.1)可得到：对任意 $\mathbb{R}^m$-值函数 $g \in L^1(\mathbb{R}^d \times (0, \infty); \mu)$，随机变量 $\xi = \int_{\mathbb{R}^m \times (0, t]} g(x, s) N(\mathrm{d}x, \mathrm{d}s)$ 的特征函数为：对任意 $\theta \in \mathbb{R}^m$ 和 $t > 0$，有

$$\Phi_\xi(\theta) = E\left[\exp\left(\mathrm{i}\left\langle\theta\,,\int_0^t\int_{\mathbb{R}^d}g(x\,,s)N(\mathrm{d}x\,,\mathrm{d}s)\right\rangle\right)\right]$$

$$= \exp\left(-\lambda\int_0^t\int_{\mathbb{R}^d}(1-\mathrm{e}^{\mathrm{i}\langle\theta,\,g(x,s)\rangle})F(\mathrm{d}x)\mathrm{d}s\right) \tag{6.28}$$

根据定义 6.24，复合泊松过程也是独立平稳增量过程，其证明将留作本章习题 6。因此，复合泊松过程的有限维分布完全由其一维分布来决定。这里将计算证明复合泊松过程的有限维分布留作本章习题 7。此外，由独立增量性可得复合泊松过程也是马氏过程。进一步，利用 1.5 节中关于条件期望性质(3)和独立平稳增量性还可以计算复合泊松过程的基本数字特征。为此，设 $E[\xi_1]=\mu\in\mathbb{R}$ 和 $\mathrm{Var}(\xi_1)=\sigma^2>0$，有

$$m_X(t) = E\left[\sum_{k=1}^{N_t}\xi_n\right] = E\left\{E\left[\sum_{k=1}^{N_t}\xi_n\mid N_t\right]\right\}$$

$$= \sum_{n=0}^{\infty}E\left[\sum_{k=1}^{N_t}\xi_n\mid N_t=n\right]P(N_t=n)$$

$$= \sum_{n=0}^{\infty}E\left[\sum_{k=1}^{n}\xi_n\mid N_t=n\right]P(N_t=n)$$

$$= \sum_{n=0}^{\infty}E\left[\sum_{k=1}^{n}\xi_k\right]P(N_t=n)$$

$$= \left(\sum_{n=0}^{\infty}nP(N_t=n)\right)E[\xi_1]$$

$$= E[N_t]E[\xi_1] = \lambda\mu t\,,\ \forall t\geqslant 0 \tag{6.29}$$

对于复合泊松过程的相关函数，利用其平稳独立增量性和式(6.29)有：不失一般性，取 $t>s\geqslant 0$，有

$$R_X(s\,,t) = E[X_s(X_t-X_s+X_s)] = E[X_s(X_t-X_s)]+E[X_s^2]$$

$$= m_X(s)m_X(t-s)+E[X_s^2]$$

下面计算 $E[X_s^2]$。事实上，应用 1.5 节中关于条件期望的性质(3)可得到：

$$E[X_s^2] = E\left[\left|\sum_{k=1}^{N_s}\xi_k\right|^2\right] = E\left[\sum_{j,k=1}^{N_s}\xi_j\xi_k\right]$$

$$= \sum_{n=0}^{\infty}E\left[\sum_{j,k=1}^{N_s}\xi_j\xi_k\mid N_s=n\right]P(N_s=n)$$

$$= \sum_{n=0}^{\infty}E\left[\sum_{j,k=1}^{n}\xi_j\xi_k\right]P(N_s=n)$$

$$= \sum_{n=0}^{\infty}\left(\sum_{j=1}^{n}E[\xi_j^2]+\sum_{j\neq k}E[\xi_j]E[\xi_k]\right)P(N_s=n)$$

$$= \sum_{n=0}^{\infty}\{n(\mu^2+\sigma^2)+\mu^2n(n-1)\}P(N_s=n)$$

$$= \mu^2 E[N_s^2]+\sigma^2 E[N_s]$$

$$= \mu^2(\lambda s+\lambda^2 s^2)+\sigma^2\lambda s$$

于是，对任意 $0 \leqslant s \leqslant t$，$R_X(s,t) = \lambda^2 \mu^2 s(t-s) + \mu^2(\lambda s + \lambda^2 s^2) + \sigma^2 \lambda s = \lambda^2 \mu^2 st + \lambda(\mu^2 + \sigma^2)s$。这意味着：对任意 $s, t \geqslant 0$，有

$$R_X(s,t) = \lambda^2 \mu^2 st + \lambda(\mu^2 + \sigma^2)s \wedge t \tag{6.30}$$

6.5 双随机泊松过程

在 6.3 节中引入的泊松过程 $N = \{N_t; t \geqslant 0\}$ 具有常值的强度 $\lambda > 0$，由于 $N_t \sim \text{Poi}(\lambda t)$，$\forall t > 0$，故 $E[N_t] = \lambda t$。于是，对任意 $t > 0$，有

$$\lambda = \frac{E[N_t]}{t} \tag{6.31}$$

式(6.31)说明泊松过程的常值强度 $\lambda > 0$ 可解释为单位时间的平均随机事件发生数或点到达个数。在实际问题中，这个常值强度参数 $\lambda > 0$ 并不是已知的。然而，我们可以通过随机取样利用式(6.31)来估计 λ。事实上，假设通过随机取样得到了 m 个在单位时间段 $[0, 1]$ 内随机事件发生的次数或点到达的数目，并分别记为 $n_1, n_2, \cdots, n_m$。于是，根据式(6.31)可以用 $\dfrac{1}{m} \sum\limits_{i=1}^{m} n_i$ 来近似强度参数 λ。

另一方面，从式(6.31)中可以看出，对于特殊的计数过程——泊松过程来讲，$\dfrac{E[N_t]}{t}$ 独立于时间 t，但是很多实际问题中的计数过程并不满足这个强的性质。甚至在很多情况下，计数过程的强度是随机的且依赖于时间指标，也就是说，计数过程的强度本身也是一个随机过程。为此，为了建模的需要，人们引入了双随机泊松过程（或称为 Cox 过程），其具体的数学定义表述如下所述。

定义 6.6（双随机泊松过程）

> 设 $\lambda = \{\lambda_t; t \geqslant 0\}$ 是概率空间 $(\Omega, \mathscr{F}, P)$ 上的一个关于过滤 $\mathbb{F}$-适应的非负随机过程（$\mathbb{F} \subset \mathscr{F}$），考虑 $N = \{6N_t; t \geqslant 0\}$ 为概率空间 $(\Omega, \mathscr{F}, P)$ 上的计数过程，如果计数过程 N 满足：对任意 $0 \leqslant s < t < +\infty$，有
>
> $$P(N_t - N_s = n \mid \mathscr{F}_t \vee \mathscr{G}_s) = \exp\left(-\int_s^t \lambda_v \, dv\right) \frac{\left(\int_s^t \lambda_v \, dv\right)^n}{n!}, \quad \forall n = 0, 1, \cdots \tag{6.32}$$
>
> 其中，$\mathscr{G}_s = \mathscr{F}_s \vee \mathscr{F}_s^N$ 和 $\mathbb{F}^N = \{\mathscr{F}_t^N; t \geqslant 0\}$ 表示由计数过程 N 生成的自然过滤，那么称该计数过程是强度过程为 $\lambda = \{\lambda_t; t \geqslant 0\}$ 的双随机泊松过程。♣

我们把定义 6.6 中的过滤 $\mathbb{F} = \{\mathscr{F}_t; t \geqslant 0\}$ 称为参考过滤。特别地，如果定义 6.6 中的强度过程本身是一个常数 $\lambda > 0$，那么可取参考过滤 $F_t = \{\varnothing, \Omega\}$，$\forall t \geqslant 0$，也就是平凡 σ-代数。于是，在常值强度下，$\mathscr{G}_s = \mathscr{F}_s^N$，$\forall s \geqslant 0$，即计数过程 N 生成的自然 σ-代数。应用式(6.32)可得到：对任意 $0 \leqslant s < t < +\infty$，有

$$\sum_{n=0}^{\infty} nP(N_t - N_s = n \mid \mathscr{F}_t \vee \mathscr{G}_s) = \left(\int_s^t \lambda_v \mathrm{d}v\right) \exp\left(-\int_s^t \lambda_v \mathrm{d}v\right) \sum_{n=1}^{\infty} \frac{\left(\int_s^t \lambda_v \mathrm{d}v\right)^{n-1}}{(n-1)!} = \int_s^t \lambda_v \mathrm{d}v$$

因此，$E[N_t - N_s \mid \mathscr{F}_t \vee \mathscr{G}_s] = \int_s^t \lambda_v \mathrm{d}v$，$\forall\, 0 \leqslant s < t < +\infty$。 这样，根据 1.5 节中的条件期望的迭代性质式(1.32)，对任意 $0 \leqslant s < t < +\infty$，有

$$E[N_t - N_s \mid \mathscr{G}_s] = E\{E[N_t - N_s \mid \mathscr{F}_t \vee \mathscr{G}_s] \mid \mathscr{G}_s\} = E\left[\int_s^t \lambda_v \mathrm{d}v \mid \mathscr{G}_s\right]$$

引入过滤 $\mathbb{G} = \{\mathscr{G}_t; t \geqslant 0\}$，则补偿的双随机泊松过程 $\left\{N_t - \int_0^t \lambda_s \mathrm{d}s; t \geqslant 0\right\}$ 是一个 $\mathbb{G}$-鞅。特别地，如果 $N = \{N_t; t \geqslant 0\}$ 是一个参数为 $\lambda > 0$ 的泊松过程，那么 $\mathbb{G} = \mathbb{F}^N$。于是，补偿的泊松过程 $\{N_t - \lambda t; t \geqslant 0\}$ 是一个 $\mathbb{F}^N$-鞅。

下面的引理描述了双随机泊松过程增量的性质。

引理 6.5(双随机泊松过程增量的性质)

设 $N = \{N_t; t \geqslant 0\}$ 是参考过滤 $\mathbb{F}$-适应且强度过程为 $\lambda = \{\lambda_t; t \geqslant 0\}$ 的双随机泊松过程，那么对任意 $0 \leqslant s < t$，在已知 $\mathscr{F}_t$ 下，双随机泊松过程的增量 $N_t - N_s$ 独立于 $\mathscr{G}_s$，也就是 $N_t - N_s \perp \mathscr{G}_s$。 ♣

证明 利用式(6.32)可得到：对任意 $n = 0, 1, \cdots$，有
$$P(N_t - N_s = n \mid \mathscr{F}_t) = E[P(N_t - N_s = k \mid \mathscr{F}_t \vee \mathscr{G}_s) \mid \mathscr{F}_t]$$

$$= E\left[\exp\left(-\int_s^t \lambda_v \mathrm{d}v\right) \frac{\left(\int_s^t \lambda_v \mathrm{d}v\right)^n}{n!} \,\middle|\, \mathscr{F}_t\right]$$

$$= \exp\left(-\int_s^t \lambda_v \mathrm{d}v\right) \frac{\left(\int_s^t \lambda_v \mathrm{d}v\right)^n}{n!}$$

$$= P(N_t - N_s = n \mid \mathscr{G}_s \vee \mathscr{F}_t) \tag{6.33}$$

式(6.33)意味着：在已知 $\mathscr{F}_t$ 下，双随机泊松过程 N 的增量 $N_t - N_s \perp \mathscr{G}_s$，$\forall\, t > s \geqslant 0$。

至此，该引理得证。 □

特别地，如果强度过程本身就是一个常数 $\lambda > 0$，则 $\mathscr{F}_t = \{\varnothing, \Omega\}$，$\forall\, t \geqslant 0$，故 $\mathbb{G} = \mathbb{F}^N$。于是，等式(6.33)退化为：对任意 $n = 0, 1, \cdots$，有

$$P(N_t - N_s = n \mid \mathscr{F}_t) = P(N_t - N_s = n \mid \{\varnothing, \Omega\})$$
$$= P(N_t - N_s = n)$$
$$= P(N_t - N_s = n \mid \mathscr{F}_s^N)$$

也就是 $N_t - N_s \perp \mathscr{F}_s^N$，$\forall\, t > s \geqslant 0$，即独立增量性成立。

下面提供了一个双随机泊松过程的例子。

例 6.4 设 $W = \{W_t; t \geqslant 0\}$ 是 $(\Omega, \mathscr{F}, P)$ 上的一个标准布朗运动和 $\mathbb{F}^W = \{\mathscr{F}_t^W; t \geqslant 0\}$ 为由布朗运动 W 生成的自然过滤。考虑如下的随机过程模型：对于 $a, b, c > 0$，有
$$\lambda_t = aW_t^2 + bt + c, \quad \forall\, t \geqslant 0$$
于是取参考过滤 $\mathbb{F} = \mathbb{F}^W$，那么上述过程 $\lambda = \{\lambda_t; t \geqslant 0\}$ 可作为由定义 6.6 所表述的双随机

泊松过程的强度过程。

泊松过程的强度为常数 $\lambda > 0$，故定义 6.6 中的参考过滤 $\mathbb{F} = \{\varnothing, \Omega\}$。类似地，如果双随机泊松过程的强度过程为确定性的非负函数 $t \mapsto \lambda_t$，那么同样有对应的参考过滤 $\mathbb{F} = \{\varnothing, \Omega\}$，则 $\mathscr{G}_s = \mathscr{F}_s^N$，$\forall s \geqslant 0$。因此，引理 6.5 可得到：具有确定性强度过程 $t \mapsto \lambda_t$ 的双随机泊松过程 $N = \{N_t; t \geqslant 0\}$ 也是独立增量过程。进一步，应用式 (6.33)，有：对任意 $0 \leqslant s < t < \infty$，有

$$P(N_t - N_s = n) = \frac{\left(\int_s^t \lambda_v \, \mathrm{d}v\right)^n}{n!} \exp\left(-\int_s^t \lambda_v \, \mathrm{d}v\right), \quad \forall n = 0, 1, \cdots \tag{6.34}$$

此时称具有确定性强度过程 $t \mapsto \lambda_t$ 的双随机泊松过程 N 为强度函数是 $t \mapsto \lambda_t$ 的非齐次泊松过程。然而，根据式 (6.34) 可知，非齐次泊松过程的增量并不是平稳的。

练　习

1. 证明一维计数过程的事件关系式 (6.5) 和式 (6.6)。

2. 设 N 为由例 6.1 中所定义的二维计数过程，证明：对任意互不相交的有界集 A，$B \in \mathscr{B}(\mathbb{R}^2)$，随机变量 $N(A)$ 与 $N(B)$ 相互独立且 $N(A) + N(B) = N(A \bigcup B)$，a.s.。

3. 设 $N = \{N(B); B \in \mathscr{B}(I)\}$ 是强度为 μ 的泊松随机测度，计算泊松随机测度 N 的三维分布。

4. $N = \{N(B); B \in \mathscr{B}(I)\}$ 是强度为 μ 的泊松随机测度，那么对任意 $g \in L^2(I; \mu)$，有
$$E\left[\left|\int_I g(x) N(\mathrm{d}x) - \int_I g(x) \mu(\mathrm{d}x)\right|^2\right] \leqslant 2^{d-1} \int_I |g(x)|^2 \mu(\mathrm{d}x)$$

5. 设 $N = \{N_t; t \geqslant 0\}$ 是概率空间 $(\Omega, \mathscr{F}, P)$ 上的参数为 $\lambda > 0$ 的泊松过程，利用等式 (6.13) 和定义 (6.19) 证明：对任意 $n = 0, 1, \cdots$ 和 $k = 0, 1, \cdots, n$，有
$$P(N_s = k \mid N_t = n) = C_n^k \left(\frac{s}{t}\right)^k \left(\frac{s}{t}\right)^{n-k}, \quad \forall 0 \leqslant s < t < \infty$$

也就是说，在 $N_t = n$ 的条件下，随机变量 N_s 服从参数为 $\frac{s}{t}$ 的二项分布。

6. 根据定义 6.24，证明复合泊松过程是独立平稳增量过程。

7. 设 $X = \{X_t; t \geqslant 0\}$ 为由式 (6.5) 所定义的复合泊松过程，计算复合泊松过程 X 的有限维分布。

8. 设 $N = \{N_t; t \geqslant 0\}$ 是概率空间 $(\Omega, \mathscr{F}, P)$ 上的一个初值为零的计数过程，证明：计数过程 N 是一个强度函数为 $t \mapsto \lambda_t$ 的非齐次泊松过程当且仅当其满足如下条件：

(1) N 具有独立增量性；

(2) 当 $h \mapsto 0$ 时，$P(N_{t+h} - N_h = 1) = \lambda_t h + o(h)$，$\forall t \geqslant 0$；

(3) 当 $h \mapsto 0$ 时，$P(N_{t+h} - N_h \geqslant 2) = o(h)$，$\forall t \geqslant 0$。

9. 设 $I = (0, \infty)$ 和 $N = \{N(B); B \in \mathscr{B}(I)\}$ 是概率空间 $(\Omega, \mathscr{F}, P)$ 上的强度为 μ 的泊松随机测度，已知强度 $\mu(B) = \int_B x^{-1} \mathrm{e}^{-x} \, \mathrm{d}x$，$\forall B \in \mathscr{B}(I)$，计算 N 的基本数字特征。

10. 设 $I=(0,\infty)$，μ 为 $\mathcal{B}(I)$ 上的测度有限和 $0<T_1<\cdots<T_n<\cdots$ 是参数为 $\mu(I)$ 的泊松过程的到达时刻，对于独立同分布随机变量列 $\{\xi_i\}_{i=1}^{\infty}$ 且满足共同的分布 $P(\xi_1\in B)=\dfrac{\mu(B)}{\mu(I)}$，$\forall B\in B(I)$，可定义 $X_t=\sum\limits_{i=1}^{\infty}\xi_i\mathbf{1}_{t_i\leqslant t}$，$\forall t\geqslant 0$。

(1) 计算过程 $X=\{X_t;t\geqslant 0\}$ 的一维分布的特征函数。

(2) 如果测度 μ 由习题 9 给出，证明：对任意 $t>0$，X_t 的概率密度函数为 $p(x)=\dfrac{1}{\Gamma(t)}\mathrm{e}^{-x}x^{t-1}$，$\forall x\in I$。

11. 解释下面的代码为什么可以仿真参数为 $\lambda>0$ 的泊松过程的到达时间间隔：

```
1 u＝rand(1, K)
2 T＝zeros(1, K＋1)
3 k＝zeros(1, K＋1)
3.1 for j＝1：K
3.2 k(j＋1)＝j;
3.3 T(j＋1)＝T(j)－ln(u(j))/lambda;
3.4 end
```

12. （几何泊松过程）设 $N=\{N_t;t\geqslant 0\}$ 是概率空间 $(\Omega,\mathscr{F},P)$ 上的一个参数为 $\lambda>0$ 的泊松过程和常数 $\sigma>-1$，并定义如下几何泊松过程：

$$X_t=(\sigma+1)^{N_t}\mathrm{e}^{-\lambda\sigma t}，\forall t\geqslant 0$$

证明：过程 $X=\{X_t;t\geqslant 0\}$ 是一个 $\mathbb{F}^N$-鞅。

13. 设 $N=\{N_t;t\geqslant 0\}$ 是概率空间 $(\Omega,\mathscr{F},P)$ 上的一个强度函数为 $\lambda:[0,\infty)\mapsto(0,\infty)$ 的泊松过程且满足 $J(\infty):=\int_0^{\infty}\lambda_t\mathrm{d}t=+\infty$，对于 $J(t):=\int_0^t\lambda_s\mathrm{d}s$，$\forall t\geqslant 0$，定义强度积分函数 $t\mapsto J(t)$ 的（广义）逆函数：

$$\theta(t)=\min\{s\geqslant 0;J(s)>t\}，\forall t\geqslant 0$$

证明：过程 $Y=\{N_{\theta(t)};t\geqslant 0\}$ 是参数为 1 的泊松过程。也就是说，过程 Y 是一个标准泊松过程。

14. （保险公司的盈余过程）假设有一家保险公司，设该家保险公司发生索赔的次数服从参数为 $\lambda>0$ 的泊松过程 $N=\{N_t;t\geqslant 0\}$，也就是说，对任意 $t>0$，在时间段 $(0,t]$ 内共有 N_t 次索赔发生。对于第 k 次索赔（$k\in\mathbb{N}$），保险公司的索赔金额为非负随机变量 ξ_k，这里假设 $\{\xi_k\}_{k=1}^{\infty}$ 是独立同分布的非负随机变量列且与泊松过程 N 独立。为了维持保险业务的正常运作，保险公司在每一个单位时间段的始端收取投保人 $\mu>0$ 个单位的保险费。

(1) 如果用 X_t 表示该保险公司在 $t>0$ 时刻的盈余水平，其中 $X_0=x>0$ 表示保险公司初始缴纳的保证金，则请写出保险公司盈余过程 $X=\{X_t;t\geqslant 0\}$ 的表达式；

(2) 作为随机过程，画出一条过程 X 的一条样本轨道示意图；

(3) 如果索赔额的随机变量列 $\{\xi_k\}_{k=1}^{\infty}$ 的均值为 $a>0$ 和方差为 $b>0$，计算保险公司盈余过程 X 的基本数字特征。

15. （泊松过程的分解）设 $S_n=\sum\limits_{k=0}^{n}\xi_k$，$\forall n\geqslant 1(S_0=0)$ 是一个随机游动，其中随机变量

列 $\{\xi_k\}_{k=1}^{\infty}$ 独立同分布于 0-1 分布。也就是说,对任意 $k \in \mathbb{N}$, $P(\xi_1 = 1) = p = 1 - P(\xi_1 = 0)$,其中 $p \in (0, 1)$。现有一个参数为 $\lambda > 0$ 的泊松过程 $N = \{N_t; t \geqslant 0\}$ 独立于随机变量列 $\{\xi_k\}_{k=1}^{\infty}$,并定义:

$$M_t := S_{N_t}, \quad L_t := N_t - M_t, \quad \forall t \geqslant 0$$

证明:随机过程 $M = \{M_t; t \geqslant 0\}$ 和 $L = \{L_t; t \geqslant 0\}$ 是两个独立且参数分别为 λp 和 $\lambda(1-p)$ 的泊松过程。

16. 设 $W = \{W_t; t \geqslant 0\}$ 和 $N = \{N_t; t \geqslant 0\}$ 是概率空间 $(\Omega, \mathscr{F}, P)$ 上的标准布朗运动和参数为 $\lambda > 0$ 的泊松过程,现有定义在概率空间 $(\Omega, \mathscr{F}, P)$ 上独立同分布于参数为 $(a, b^2) \in \mathbb{R} \times (0, \infty)$ 的对数正态分布的随机变量列 $\{\xi_k\}_{k=1}^{\infty}$,且 $\{\xi_k\}_{k=1}^{\infty}$,W 和 N 相互独立,则可定义如下随机过程:对任意 $x > 0$,有

$$X_t = x \, \mathrm{e}^{\mu t + \sigma W_t} \prod_{k=1}^{N_t} \xi_k, \quad \forall t > 0, \ X_0 = x$$

其中 $\mu \in \mathbb{R}$ 和 $\sigma > 0$。回答如下问题:

(1) 计算过程 $X = \{X_t; t \geqslant 0\}$ 的一、二维分布函数;

(2) 计算过程 $X = \{X_t; t \geqslant 0\}$ 的基本数字特征;

(3) 对于 $K, T > 0$,计算数学期望 $E[(X_T - K)^+]$。

17. 设乘客到达一个公交站点的过程是一个参数为 $\lambda > 0$ 的泊松过程,已知在第一个半小时内,有十位乘客到达该公交站点。回答如下问题:

(1) 计算这十位顾客在前十分钟到达公交站点的概率;

(2) 计算至少有一位顾客在前十分钟到达公交站点的概率。

第 7 章

鞅 过 程

❯❯❯❯ 内容提要

前面介绍的布朗运动本身是一个鞅过程,其也可以衍生出指数鞅,而补偿的泊松随机测度也是一个鞅过程。作为一类特殊的随机过程,鞅过程具有很多实用的性质,例如:第 4 章利用布朗运动的指数鞅性和 Doob 的可选时定理可以计算布朗运动的首穿时和退出时的分布;鞅过程还可以用来描述随机过程的不变测度和特定随机序列的概率收敛。目前,在随机过程理论中,鞅不仅是一类随机过程,还是一个实用的随机分析工具,可用来处理随机过程领域(诸如随机积分建立等)的各类问题。在本章中,7.1 节将定义离散时间鞅过程;7.2 节将建立 Doob 上下穿不等式;7.3 节将证明离散时间 Doob 鞅收敛定理;7.4 节和 7.5 节将分别给出连续时间鞅过程的定义和利用逼近的技术证明连续时间 Doob 鞅收敛定理。为了在 7.7 节中建立离散时间和连续时间 Doob 可选时定理,7.6 节将引入停时和可选时的概念和相关性质。

7.1 离散时间鞅

本节将引入离散时间鞅过程、可料过程和鞅变换等相关概念。顾名思义,离散时间鞅是离散时间具有鞅(Martingale)性的随机过程。英文单词"Martingale"是最早源于十八世纪在法国非常流行的一套博彩策略。更具体地讲,在一个简单的赌博游戏中,每轮抛掷一枚质地均匀的硬币,如果正面朝上,玩家被判定为赢;如果反面朝上,玩家就被判定为输。所谓的鞅策略是指:让玩家每次输的下一轮都加倍下注,随着游戏轮次的不断增加,硬币投掷的时候至少有一个正面朝上的概率接近于 1,故玩家肯定最终会赢回他损失的一切。然而,这种策略所下的赌注呈指数级增长,且现实中没有哪个玩家真正拥有确保成功所需的无限赌资,因此风险比人们想象的要大得多。在随机过程理论中,"Martingale"的概念在 1934 年首次由法国著名的概率学家 P. Lévy 提出。在 1939 年,法国著名数学家 A. Borel 的学生 Jean Ville 首次将该术语用于统计学中。中文将"Martingale"翻译成"鞅",意语马鞅,这可参考图 7.1 中的唐朝三花马各部位图中的鞅标记。

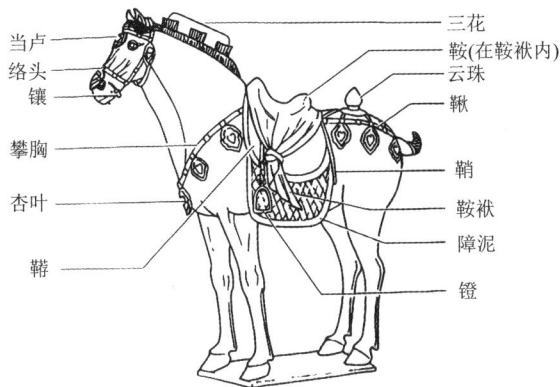

图 7.1　唐朝三花马各部位示意图

下面将给出离散时间上鞅和下鞅定义的具体表述。

定义 7.1（离散时间鞅）

设 $X=\{X_n; n=0,1,\cdots\}$ 是过滤概率空间 $(\Omega, \mathscr{F}, \mathbb{F}=\{\mathscr{F}_n; n=0,1,\cdots\}, P)$ 上一个可积的 $\mathbb{F}$-适应实值随机过程，如果该过程满足如下条件：

$$E[X_{n+1} \mid \mathscr{F}_n] \geqslant (\leqslant) X_n \quad \forall n=0,1,2\cdots \tag{7.1}$$

则称过程 X 为 $\mathbb{F}$-下（$\mathbb{F}$-上）鞅（或表述为 $\{X_n, \mathscr{F}_n, n=0,1,\cdots\}$ 是一个上鞅或下鞅）。进一步，如果过程 X 同时为 $\mathbb{F}$-下和 $\mathbb{F}$-上鞅，那么称过程 X 为 $\mathbb{F}$-鞅。♣

根据定义 7.1 可知，鞅过程意味着在已知过程在现在时刻之前变化规律的条件下，该过程在将来某一时刻的期望值等于过程在现在时刻的值。因此鞅通常被认为起源于对公平赌博过程的数学描述。利用定义 7.1 可知，离散时间鞅还具有如下性质：

（1）如果 $X=\{X_n; n=0,1,\cdots\}$ 是 $\mathbb{F}$-下（上）鞅，则其均值函数 $n \mapsto m_X(n)=E[X_n]$ 是单增（单减）的。特别地，如果 X 是 $\mathbb{F}$-鞅，则其均值函数恒为常数。

（2）如果 $X=\{X_n; n=0,1,\cdots\}$ 是一个 $\mathbb{F}$-鞅，则对任意 $n=0,1,\cdots$ 和 $k \geqslant 2$，$E[X_{n+k} \mid \mathscr{F}_n]=X_n$。 事实上，应用 1.5 节条件期望的性质（6）可得到：

$$E[X_{n+k} \mid \mathscr{F}_n]=E\{[X_{n+k} \mid \mathscr{F}_{n+k-1}] \mid \mathscr{F}_n\}=E[X_{n+k-1} \mid \mathscr{F}_n]$$
$$=E\{[X_{n+k-1} \mid \mathscr{F}_{n+k-2}] \mid \mathscr{F}_n\}=E[X_{n+k-2} \mid \mathscr{F}_n]=\cdots=X_n$$

（3）设 $\mathbb{G}=\{\mathscr{G}_n; n=0,1,\cdots\} \subset \mathscr{F}$ 也是一个过滤且 $\mathscr{G}_n \subset \mathscr{F}_n$，$\forall n=0,1,\cdots$，那么如果 $X=\{X_n; n=0,1,\cdots\}$ 是一个 $\mathbb{F}$-上（$\mathbb{F}$-下）鞅，则 X 也是一个 $\mathbb{G}$-上（$\mathbb{G}$-下）鞅。

下面将引入关于鞅过程的一个重要变换——鞅变换。为此，我们首先给出可料过程的定义。

定义 7.2（可料过程）

设 $C=\{C_n; n \in \mathbb{N}\}$ 是概率空间 $(\Omega, \mathscr{F}, P)$ 上的实值随机过程和过滤 $\mathbb{F}=\{\mathscr{F}_n; n=0,1,\cdots\} \subset \mathscr{F}$，如果对任意 $n=0,1,\cdots$，随机变量 C_{n+1} 是 $\mathscr{F}_n$-可测的（记为 $C_{n+1} \in \mathscr{F}_n$），则称过程 C 是一个 $\mathbb{F}$-可料过程。♣

对任意 $n \in \mathbb{N}$，设 $f_n: \mathbb{R}^n \mapsto \mathbb{R}$ 是一个 Borel 函数和一个 $\mathbb{F} = \{\mathscr{F}_n; n = 0, 1, \cdots\}$-适应的实值过程 $X = \{X_n; n = 0, 1, \cdots\}$，那么定义如下实值过程：

$$C_n = f_n(X_0, X_1, \cdots, X_{n-1}), \quad \forall n \in \mathbb{N} \tag{7.2}$$

则 $C = \{C_n; n \in \mathbb{N}\}$ 是一个 $\mathbb{F}$-可料过程，这是因为 $C_{n+1} = f_{n+1}(X_0, X_1, \cdots, X_{n-1}, X_n) \in \mathscr{F}_n$，$\forall n = 0, 1, \cdots$。

根据定义 7.2 所引入的可料过程，下面可以表述鞅变换的概念。

定义 7.3（鞅变换）

> 设 $X = \{X_n; n = 0, 1, \cdots\}$ 是概率空间 $(\Omega, \mathscr{F}, P)$ 上的一个 $\mathbb{F}$-鞅，其中过滤 $\mathbb{F} = \{\mathscr{F}_n; n = 0, 1, \cdots\} \subset \mathscr{F}$。
>
> 考虑一个 $\mathbb{F}$-可料过程 $C = \{C_n; n \in \mathbb{N}\}$，那么对任意 $n \in \mathbb{N}$，可定义：
>
> $$(C \cdot X)_n = \sum_{k=1}^{n} C_k(X_k - X_{k-1}), \quad (C \cdot X)_0 = 0$$
>
> 则称 $C \cdot X = \{(C \cdot X)_n; n = 0, 1, \cdots\}$ 是可料过程 C 关于鞅 X 的鞅变换。 ♣

在定义 7.3 中的鞅变换 $C \cdot X$ 如果是可积的，则该鞅变换也是一个 $\mathbb{F}$-鞅。事实上，由定义 7.3 可得到：$C \cdot X$ 是 $\mathbb{F}$-适应的。于是，应用 1.5 节给出的条件期望的性质(2)和 X 的 $\mathbb{F}$-鞅性，对任意 $n = 0, 1, \cdots$，有

$$\begin{aligned} E\left[(C \cdot X)_{n+1} \mid \mathscr{F}_n\right] &= E\left[(C \cdot X)_n + C_{n+1}(X_{n+1} - X_n) \mid \mathscr{F}_n\right] \\ &= (C \cdot X)_n + C_{n+1} E\left[X_{n+1} - X_n \mid \mathscr{F}_n\right] \\ &= (C \cdot X)_n \end{aligned}$$

这意味着：对于可积的鞅变换 $C \cdot X$，其均值函数为零，也就是

$$m_{C \cdot X}(n) = E\left[(C \cdot X)_n\right] = 0, \quad \forall n = 0, 1, \cdots \tag{7.3}$$

上面关于鞅变换的鞅性是建立随机积分的核心思想。下面以可料过程关于简单随机游动的鞅变换为例来说明该思想。

例 7.1（可料过程关于简单随机游动的鞅变换） 考虑 $S_n = \sum_{k=1}^{n} \xi_k$，$\forall n \in \mathbb{N}$ 和 $S_0 = 0$，其中 $\{\xi_k\}_{k=1}^{\infty}$ 是概率空间 $(\Omega, \mathscr{F}, P)$ 上的一列独立同分布的随机变量且满足如下分布律：

$$P(\xi_1 = 1) = P(\xi = -1) = \frac{1}{2}$$

则称 $S = \{S_n; n = 0, 1, \cdots\}$ 为简单随机游动。引入过滤 $\mathbb{F} = \{\mathscr{F}_n; n = 0, 1, \cdots\}$，其中 $\mathscr{F}_0 = \{\varnothing, \Omega\}$ 和 $\mathscr{F}_n = \sigma(\xi_1, \cdots, \xi_n)$，$\forall n \in \mathbb{N}$，设 $C = \{C_n; n \in \mathbb{N}\}$ 是概率空间 $(\Omega, \mathscr{F}, P)$ 上的平方可积 $\mathbb{F}$-可料过程。由于如下等式成立：

$$E\left[S_{n+1} \mid \mathscr{F}_n\right] = E\left[\xi_{n+1} + S_n \xi_k \mid \mathscr{F}_n\right] = E\left[\xi_{n+1}\right] = 0, \quad \forall n = 0, 1, \cdots$$

这样可以根据定义 7.3 定义鞅变换 $C \cdot S = \{(C \cdot S)_n; n = 0, 1, \cdots\}$。也就是，对任意 $n \in \mathbb{N}$，有

$$(C \cdot S)_n = \sum_{k=1}^{n} C_k(S_k - S_{k-1}) = \sum_{k=1}^{n} C_k \xi_k, \quad (C \cdot S)_0 = 0 \tag{7.4}$$

那么，$C \cdot S$ 是一个 $\mathbb{F}$-鞅。下面讨论鞅变换 $C \cdot S$ 的一个等距性质。更具体地，对任意 $n \in \mathbb{N}$，有：

$$\left\| (C \cdot S)_n \right\|_{L^2(\Omega, P)}^2 = E\left[\left| \sum_{k=1}^n C_k \xi_k \right|^2 \right] = \sum_{k_1, k_2 = 1}^n E\left[C_{k_1} C_{k_2} \xi_{k_1} \xi_{k_2} \right]$$

$$= 2 \sum_{1 \leqslant k_1 < k_2 \leqslant n} E\left[C_{k_1} C_{k_2} \xi_{k_1} \xi_{k_2} \right] + \sum_{k=1}^n E\left[C_k^2 \xi_k^2 \right] \qquad (7.5)$$

由于 $C_k \in \mathscr{F}_{k-1}$ 和 $\xi_k \perp \mathscr{F}_{k-1}$，$\forall k \in \mathbb{N}$，则对任意 $k \in \mathbb{N}$，有

$$E\left[C_k^2 \xi_k^2 \right] = E\left\{ E\left[C_k^2 \xi_k^2 \mid \mathscr{F}_{k-1} \right] \right\} = E\left\{ C_k^2 E\left[\xi_k^2 \mid \mathscr{F}_{k-1} \right] \right\} = E\left\{ C_k^2 E\left[\xi_k^2 \right] \right\}$$

$$= E\left[\xi_k^2 \right] E\left[C_k^2 \right] = E\left[C_k^2 \right]$$

另一方面，对任意 $1 \leqslant k_1 < k_2 \leqslant n$，有

$$C_{k_1} \in \mathscr{F}_{k_1-1} \subset \mathscr{F}_{k_2-1}, \quad C_{k_2} \in \mathscr{F}_{k_2-1}, \quad \xi_{k_2} \perp \mathscr{F}_{k_2-1}, \quad \xi_{k_1} \in \mathscr{F}_{k_1} \subset \mathscr{F}_{k_2-1}$$

于是可得到：对任意 $1 \leqslant k_1 < k_2 \leqslant n$，有

$$E\left[C_{k_1} C_{k_2} \xi_{k_1} \xi_{k_2} \right] = E\left\{ E\left[C_{k_1} C_{k_2} \xi_{k_1} \xi_{k_2} \mid \mathscr{F}_{k_2-1} \right] \right\} = E\left\{ C_{k_1} C_{k_2} \xi_{k_1} E\left[\xi_{k_2} \mid \mathscr{F}_{k_2-1} \right] \right\}$$

$$= E\left\{ C_{k_1} C_{k_2} \xi_{k_1} E\left[\xi_{k_2} \right] \right\} = E\left[\xi_{k_2} \right] E\left[C_{k_1} C_{k_2} \xi_{k_1} \right] = 0$$

综上所述，可得如下关于式(7.5)的简化形式：对任意 $n \in \mathbb{N}$，有

$$\left\| (C \cdot S)_n \right\|_{L^2(\Omega, P)}^2 = E\left[\left| \sum_{k=1}^n C_k \xi_k \right|^2 \right] = E\left[\sum_{k=1}^n C_k^2 \right] = \left\| (C_1, \cdots, C_n) \right\|_{L^2(\Omega, P)}^2 \qquad (7.6)$$

式(7.6)建立了鞅变换 $C \cdot S$ 与可料过程 C 之间的等距性，也可称鞅变换 $C \cdot S$ 是平方可积可料过程 C 关于简单随机游动 S 的随机积分。

7.2 Doob 上下穿不等式

Doob 上下穿不等式是由美国著名概率学家 J. L. Doob(1910—2004 年)首次建立的，它是证明 Doob 鞅收敛定理的主要工具。下面首先引入随机过程上下穿任意区间次数的概念。

定义 7.4(随机过程的上穿次数)

设 $X = \{ X_n ; n = 0, 1, \cdots \}$ 是过滤概率空间 $(\Omega, \mathscr{F}, \mathbb{F} = \{ \mathscr{F}_n ; n = 0, 1, \cdots \}, P)$ 上的一个 $\mathbb{F}$-适应实值随机过程，给定 $a, b \in \mathbb{R}$ 且 $a < b$ 和 $N \in \mathbb{N}$，那么对任意 $\omega \in \Omega$，可称 $k(\omega) \in \mathbb{N}$ 为过程 X 在截止时刻 N 之前上穿区间 $[a, b]$ 的次数。如果 $k(\omega)$ 是最大的正整数且使得 $(s_i, t_i) = (s_i(\omega), t_i(\omega)) \in \mathbb{N}^2$，$\forall i = 1, \cdots, k(\omega)$ 满足如下的条件：

$$\begin{cases} 0 \leqslant s_1 < t_1 < s_2 < t_2 < \cdots < s_k < t_k \leqslant N \\ X_{s_i}(\omega) < a, \; X_{t_i}(\omega) > b, \; \forall i = 1, \cdots, k(\omega) \end{cases} \qquad (7.7)$$

则记为 $U_N([a, b]; X)(\omega) = k(\omega)$。

事实上，也可以用式(7.8)和式(7.9)的形式来等价表述实值过程 X 上下穿区间 $[a, b]$ 的次数。为此，设 $t_0(\omega) = 0$，那么定义 $s_1(\omega) = \inf\{n \geqslant t_0(\omega); X_n(\omega) < a\}$ 和 $t_1(\omega) = \inf\{n > s_1(\omega); X_n(\omega) > b\}$，其中记 $\inf\varnothing = +\infty$。于是，对于 $k \geqslant 2$，定义 $s_k(\omega) = \inf\{n > t_{k-1}(\omega); X_n(\omega) < a\}$ 和 $t_k(\omega) = \inf\{n > s_k(\omega); X_n(\omega) > b\}$，对任意 $N \in \mathbb{N}$，由定义 7.4 所定义的上穿次数可等价定义为：对任意 $\omega \in \Omega$，有

$$U_N([a, b]; X)(\omega) = \sup\{k(\omega) \in \mathbb{N}; t_k(\omega) \leqslant N\} \tag{7.8}$$

通过上穿次数的等价定义，可以定义过程 X 在截止时刻 N 之前下穿区间 $[a, b]$ 的次数，记为 $D_N([a, b]; X)(\omega)$，即

$$U_N([a, b]; X)(\omega) = D_N([-b, -a]; -X)(\omega) \tag{7.9}$$

下面应用 7.1 节介绍的鞅变换来建立过程 X 的上下穿不等式。为此，引入一类特殊的可料过程，设 $X = \{X_n; n = 0, 1, \cdots\}$ 是一个 $\mathbb{F} = \{\mathscr{F}_n; n = 0, 1, \cdots\}$-适应实值随机过程。考虑用 $X_n - X_{n-1}$ 表示第 $n \in \mathbb{N}$ 次游戏的收益，其中游戏的规则如下：任取两个常数满足 $-\infty < a < b < +\infty$，有

(1) 当过程 X 首次低于 a 时，游戏开始；

(2) 游戏持续进行直到 X 高于 b；

(3) 重复上面的步骤直到所给定的截止时刻 N 时，游戏结束。

这样可定义可料过程 $C = \{C_n; n \in \mathbb{N}\}$ 如下：

$$C_1 = \mathbf{1}_{X_0 < a}, \quad C_n = \mathbf{1}_{C_{n-1} = 1}\mathbf{1}_{X_{n-1} \leqslant b} + \mathbf{1}_{C_{n-1} = 0}\mathbf{1}_{X_{n-1} < a} \tag{7.10}$$

由式(7.10)给出的可料过程 $C = \{C_n; n \in \mathbb{N}\}$ 如图 7.2 所示。根据式(7.10)得到的过程 C 显然是非负的，于是，有引理 7.1 中的不等式。

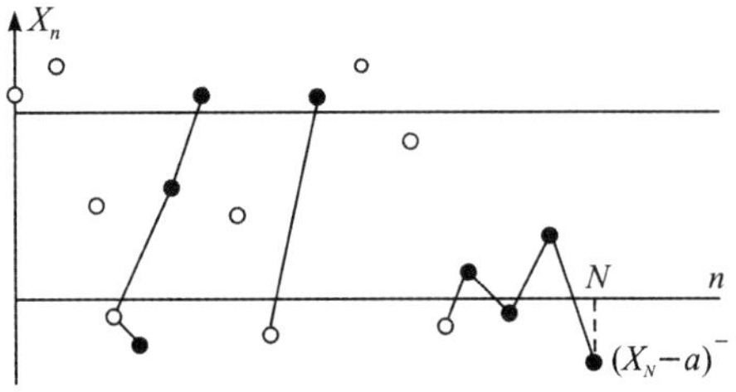

图 7.2　由式(7.10)定义的可料过程 $C = \{C_n; n \in \mathbb{N}\}$（其中空圈表示 C 的值为 0，而实圈表示 C 的值为 1）

引理 7.1（随机过程上穿不等式）

设 $X = \{X_n; n = 0, 1, \cdots\}$ 是一个 $\mathbb{F} = \{\mathscr{F}_n; n = 0, 1, \cdots\}$-适应的实值过程和 $C = \{C_n; n \in \mathbb{N}\}$ 为由式(7.10)定义的 $\mathbb{F}$-可料过程，那么对任意 $N \in \mathbb{N}$ 和实常数 $a < b$，有

$$(C \cdot X)_N(\omega) \geqslant (b - a)U_N([a, b]; X)(\omega) - (X_N(\omega) - a)^-, \quad \forall \omega \in \Omega \tag{7.11}$$

应用本章练习 2 和上面的引理 7.1 可得到如下所示的 Doob 上穿不等式。

定理 7.1（Doob 上穿不等式）

设 $X=\{X_n; n=0,1,\cdots\}$ 是一个 $\mathbb{F}=\{\mathscr{F}_n; n=0,1,\cdots\}$-上鞅或 $\mathbb{F}$-鞅，则对任意 $N\in\mathbb{N}$ 和实常数 $a<b$，有

$$E[U_N([a,b];X)]\leqslant\frac{E[(X_N-a)^-]}{b-a} \tag{7.12}$$

♣

证明　考虑 $X=\{X_n; n=0,1,\cdots\}$ 是一个 $\mathbb{F}$-上鞅，则由本章练习 2 可得到：对于由式(7.10)定义的 $\mathbb{F}$-可料过程 $C=\{C_n; n\in\mathbb{N}\}$，鞅变换 $C\cdot X=\{(C\cdot X)_n; n=0,1,\cdots\}$ 是一个 $\mathbb{F}$-上鞅。于是 $E[(C\cdot X)_N]\leqslant E[(C\cdot X)_0]=0$，$\forall N\in\mathbb{N}$，那么再应用引理 7.1 可得到：对任意 $N\in\mathbb{N}$，有

$$(b-a)E[U_N([a,b];X)]-E[(X_N-a)^-]\leqslant E[(C\cdot X)_N]\leqslant 0$$

这意味着不等式(7.12)成立。　　□

根据式(7.8)，对任意 $a<b$ 和 $\omega\in\Omega$，$N\mapsto U_N([a,b];X(\omega))$ 是单增的，因此可以定义如下的极限：

$$U_\infty([a,b];X(\omega))=\lim_{N\to\infty}U_N([a,b];X(\omega)) \tag{7.13}$$

这样则有：

推论 7.1（无穷时间水平下上鞅上穿次数期望的估计）

设 $X=\{X_n; n=0,1,\cdots\}$ 是一个 $\mathbb{F}=\{\mathscr{F}_n; n=0,1,\cdots\}$-上鞅且满足可积性条件 $\sup_{n\geqslant 0}E[X_n^-]<+\infty$，那么对任意 $-\infty<a<b<\infty$，则有：

$$E[U_\infty([a,b];X)]\leqslant\frac{a^+}{b-a}+\frac{1}{b-a}\sup_{n\geqslant 0}E[X_n^-] \tag{7.14}$$

于是对任意 $-\infty<a<b<\infty$，有

$$P(U_\infty([a,b];X)<+\infty)=1。$$

♣

证明　根据定理 7.1 和单调收敛定理可得到：对任意实数 $a<b$，有

$$E[U_\infty([a,b];X)]=\lim_{N\to\infty}E[U_N([a,b];X)]\leqslant\frac{\sup_{n\geqslant 0}E[(X_n-a)^-]}{b-a}$$

应用不等式 $(X_n-a)^-\leqslant a^++X_n^-$ 可得到：

$$E[U_\infty([a,b];X)]\leqslant\frac{a^+}{b-a}+\frac{1}{b-a}\sup_{n\geqslant 0}E[X_n^-]$$

即有式(7.14)。于是，对任意 $M>0$，由切比雪夫不等式和式(7.14)，当 $M\to\infty$，有

$$P(U_\infty([a,b];X)>M)\leqslant\frac{E[U_\infty([a,b];X)]}{M}$$

$$\leqslant\frac{a^+}{(b-a)M}+\frac{1}{(b-a)M}\sup_{n\geqslant 0}E[X_n^-]\to 0$$

于是由概率测度的连续性可得 $P(U_\infty([a,b];X)=+\infty)=0$，这意味着 $P(U_\infty([a,b];X)<+\infty)=1$。 □

对于下鞅有类似的情形，如下结论成立。

推论 7.2(无穷时间水平下下鞅下穿次数期望的估计)

设 $X=\{X_n;n=0,1,\cdots\}$ 是一个 $\mathbb{F}=\{\mathscr{F}_n;n=0,1,\cdots\}$-下鞅且满足可积性条件 $\sup\limits_{n\geqslant0}E[X_n^+]<+\infty$，那么对任意 $-\infty<a<b<\infty$，则有：

$$E[D_\infty([a,b];X)]\leqslant\frac{b^-}{b-a}+\frac{1}{b-a}\sup_{n\geqslant0}E[X_n^+] \tag{7.15}$$

因此，对任意 $-\infty<a<b<\infty$，有

$$P(D_\infty([a,b];X)<+\infty)=1。$$ ♣

证明 由于 $X=\{X_n;n=0,1,\cdots\}$ 是 $\mathbb{F}=\{\mathscr{F}_n;n=0,1,\cdots\}$-下鞅，故 $-X$ 为 $\mathbb{F}$-上鞅。那么，应用式(7.14)可得到：

$$E[U_\infty([-b,-a];-X)]\leqslant\frac{(-b)^+}{-a-(-b)}+\frac{1}{-a-(-b)}\sup_{n\geqslant0}E[(-X_n)^-]$$
$$=\frac{b^-}{b-a}+\frac{1}{b-a}\sup_{n\geqslant0}E[X_n^+]$$

于是利用式(7.9)则有：

$$E[D_\infty([a,b];X)]=E[U_\infty([-b,-a];-X)]$$
$$\leqslant\frac{b^-}{b-a}+\frac{1}{b-a}\sup_{n\geqslant0}E[X_n^+]$$

由于 $\sup\limits_{n\geqslant0}E[X_n^+]<+\infty$，于是可得到 $P(D_\infty([a,b];X)<+\infty)=1$。 □

下面的注释给出了推论 7.1 中的可积条件 $\sup\limits_{n\geqslant0}E[X_n^-]<+\infty$ 和推论 7.2 中的可积条件 $\sup\limits_{n\geqslant0}E[X_n^+]<+\infty$ 的等价表述。

注 如果 $X=\{X_n;n=0,1,\cdots\}$ 是 $\mathbb{F}$-上鞅且满足 $\sup\limits_{n\geqslant0}E[X_n^-]<+\infty$，那么根据 X 的上鞅性可得到 $E[X_n]=E[X_n^+]-E[X_n^-]\leqslant E[X_0]$，$\forall n\in\mathbb{N}$。于是如下关系成立：

$$E[X_n^+]\leqslant E[X_0]+E[X_n^-]\Rightarrow\sup_{n\geqslant0}E[X_n^+]\leqslant E[|X_0|]+\sup_{n\geqslant0}E[X_n^-]<+\infty$$

由于如下的等价关系成立：

$$\sup_{n\geqslant0}E[|X_n|]<+\infty\Leftrightarrow\sup_{n\geqslant0}E[X_n^+]<+\infty \text{ 和}\sup_{n\geqslant0}E[X_n^-]<+\infty$$

因此有：

(1) 如果 $X=\{X_n;n=0,1,\cdots\}$ 是 $\mathbb{F}$-上鞅，那么

$$\sup_{n\geqslant0}E[X_n^-]<+\infty\Leftrightarrow\sup_{n\geqslant0}E[|X_n|]<+\infty$$

(2) 如果 $X=\{X_n;n=0,1,\cdots\}$ 是 $\mathbb{F}$-下鞅，那么

$$\sup_{n\geqslant0}E[X_n^+]<+\infty\Leftrightarrow\sup_{n\geqslant0}E[|X_n|]<+\infty$$

上面的等价条件意味着推论 7.1 中的可积条件 $\sup\limits_{n\geqslant0}E[X_n^-]<+\infty$ 和推论 7.2 中的可积条件 $\sup\limits_{n\geqslant0}E[X_n^+]<+\infty$ 都可以用过程 X 的一致 L^1-有界来替代。

7.3 离散时间 Doob 鞅收敛定理

本节将应用 7.2 节引入的 Doob 上下穿不等式来证明离散时间 Doob 上下鞅的收敛定理。首先给出离散时间 Doob-上鞅的收敛结果。

定理 7.2（离散时间 Doob-上鞅收敛定理）

> 设 $X = \{X_n; n = 0, 1, \cdots\}$ 是过滤概率空间 $(\Omega, \mathscr{F}, P)$ 上的一致 L^1-有界 $\mathbb{F} = \{\mathscr{F}_n; n = 0, 1, \cdots\}$-上鞅。也就是说，上鞅 X 满足如下一致 L^1-有界条件：
> $$\sup_{n \geq 0} E[|X_n|] < +\infty \text{ 或等价于} \sup_{n \geq 0} E[X_n^-] < +\infty \tag{7.16}$$
> 那么 $X_\infty := \underset{n \mapsto \infty}{\mathrm{a.s.}} \lim X_n$ 存在且可积，即 $E[|X_\infty|] < \infty$。 ♣

证明 首先定义如下事件：
$$B = \{\omega \in \Omega; X_n(\omega) \text{ 并不收敛到一个 } \overline{\mathbb{R}}\text{-值极限}\}$$
$$= \{\omega \in \Omega; \underline{\lim_{n \mapsto \infty}} X_n(\omega) < \overline{\lim_{n \mapsto \infty}} X_n(\omega)\}$$
$$= \bigcup_{a, b \in \mathbb{Q}, a < b} B_{a, b}$$

其中，对任意 $a, b \in \mathbb{R}$ 且 $a < b$，事件 $B_{a, b} = \{\omega \in \Omega; \underline{\lim_{n \mapsto \infty}} X_n(\omega) < a < b < \overline{\lim_{n \mapsto \infty}} X_n(\omega)\}$，于是 $B_{a, b} \subset \{\omega \in \Omega; U_\infty([a, b]; X)(\omega) = \infty\}$。由推论 7.1 可得到 $P(B_{a, b}) = 0$，故再根据概率测度的可列可加性有 $P(B) = 0$，因此，$X_\infty(\omega) := \lim_{n \mapsto \infty} X_n(\omega) \in \overline{\mathbb{R}}$ 存在，a.s.。进一步，由 Fatou 引理可得到：
$$E[|X_\infty|] = E[\lim_{n \mapsto \infty} |X_n|] \leq \underline{\lim_{n \mapsto \infty}} E[|X_n|] \leq \sup_{n \geq 0} E[|X_n|] < +\infty$$
至此，该定理得证。 □

上述离散时间 Doob 鞅收敛定理 7.2 意味着如下结论的成立。

（1）如果 $X = \{X_n; n = 0, 1, \cdots\}$ 是非负 $\mathbb{F} = \{\mathscr{F}_n; n = 0, 1, \cdots\}$-上鞅，则 $\sup_{n \geq 0} E[|X_n|] = \sup_{n \geq 0} E[X_n] \leq E[X_0] < +\infty$。于是由定理 7.2 可得到：$X_\infty := \lim_{n \mapsto \infty} X_n$ 存在，a.s.。进一步 $E[|X_\infty|] < +\infty$。

（2）如果 $X = \{X_n; n = 0, 1, \cdots\}$ 是一致 L^1-有界 $\mathbb{F} = \{\mathscr{F}_n; n = 0, 1, \cdots\}$-下鞅，则 $-X$ 为一致 L^1-有界 $\mathbb{F}$-上鞅。于是由定理 7.2 可得到：$-X_\infty := -\lim_{n \mapsto \infty} X_n$ 存在，a.s.，$E[|-X_\infty|] < +\infty$，也就是 $X_\infty := \lim_{n \mapsto \infty} X_n$ 存在，a.s.。进一步 $E[|X_\infty|] < +\infty$。

（3）如果 $X = \{X_n; n = 0, 1, \cdots\}$ 是一致可积 $\mathbb{F}$-上鞅（或 $\mathbb{F}$-下鞅），则由 Vitali 收敛定理 1.6 可得到：
$$X_n \overset{L^1}{\mapsto} X_\infty, n \mapsto \infty \tag{7.17}$$
事实上，由于 X 一致可积，故 X 是一致 L^1 有界的。因此，利用定理 7.2 得到 $X_n \overset{\mathrm{a.s.}}{\mapsto} X_\infty$，$n \mapsto \infty$。另一方面，由 X 的一致可积性和 Vitali 收敛定理 1.6 可得：$X_n \overset{L^1}{\mapsto} X_\infty$，$n \mapsto \infty$。特别地，如果 X 是 $\mathbb{F}$-上鞅（或 $\mathbb{F}$-下鞅）且满足：存在一个 $\varepsilon > 0$ 使得 $\sup_{n \geq 0} E[|X_n|^{1+\varepsilon}] < \infty$。

那么式(7.17)成立。

下面将引入所谓的 Lévy 0-1 律。为此，首先介绍一下倒向下鞅的概念。

定义 7.5(倒向下鞅)

> 设 $X=\{X_n; n=0,1,\cdots\}$ 是概率空间 $(\Omega,\mathscr{F},P)$ 上的可积实值过程和 $\mathbb{F}=\{\mathscr{F}_n; n=0,1,\cdots\}\subset\mathscr{F}$ 是一列递减的 σ-代数流，也就是，$\mathscr{F}_{n+1}\subset\mathscr{F}_n$，$\forall n=0,1,\cdots$。进一步，如果过程 X 满足如下条件：
>
> (1) $X_n\in\mathscr{F}_n$，$\forall n=0,1,\cdots$，
>
> (2) 对任意 $n=0,1,\cdots$，$E[X_n\mid\mathscr{F}_{n+1}]\geqslant(=)X_{n+1}$，
>
> 那么称 X 是 $\mathbb{F}$-倒向下鞅（$\mathbb{F}$-倒向鞅）。 ♣

根据倒向下鞅定义 7.5 可知，有如下关于倒向下鞅的相关性质。

(1) 设 ξ 是概率空间 $(\Omega,\mathscr{F},P)$ 上的可积随机变量，也就是 $\xi\in L^1(\Omega,\mathscr{F},P)$ 和 $\mathbb{F}=\{\mathscr{F}_n; n=0,1,\cdots\}\subset\mathscr{F}$ 是一个递减的 σ-代数流，那么 $X_n:=E[\xi\mid\mathscr{F}_n]$，$\forall n=0,1,\cdots$ 是一个 $\mathbb{F}$-倒向鞅。

(2) 设 $X=\{X_t; t\geqslant0\}$ 是连续时间 $\mathbb{F}=\{\mathscr{F}_t; t\geqslant0\}$-下鞅（见 7.4 节）和 $\{t_n; n\in\mathbb{N}\}$ 为一列单减非负数列，则 $\{X_{t_n},\mathscr{F}_{t_n}; n\in\mathbb{N}\}$ 为一个倒向下鞅。

(3) 设 $X=\{X_n; n=0,1,\cdots\}$ 是关于单减 σ-代数流 $\mathbb{F}$-倒向下鞅，于是定义如下时间反转过程 $\overline{X}_n:=X_{-n}$ 和 $\overline{\mathscr{F}}_n:=\mathscr{F}_{-n}$，$\forall n=0,1,\cdots$，则 $\overline{\mathbb{F}}=\{\overline{\mathscr{F}}_n; n=0,1,\cdots\}$ 是一个过滤。进一步 $E[\overline{X}_n\mid\overline{\mathscr{F}}_{n-1}]\geqslant E[\overline{X}_{n-1}]$，$\forall n=0,1,\cdots$。故 $\overline{X}=\{\overline{X}_n; n=0,1,\cdots\}$ 是 $\overline{\mathbb{F}}=\{\overline{\mathscr{F}}_n; n=0,1,\cdots\}$-下鞅。

(4) 设 $X=\{X_n; n=0,1,\cdots\}$ 是关于单减 σ-代数流 $\mathbb{F}$-倒向下鞅，于是对任意 $n=0,1,\cdots$，$E[X_n]\leqslant E[X_0]$。故 $\sup\limits_{n\geqslant0}E[X_n]\leqslant E[X_0]$。由于 $n\mapsto E[X_n]$ 是单减的，则有：

$$\sup_{n\geqslant0}E[|X_n|]<+\infty\Leftrightarrow l:=\lim_{n\to\infty}E[X_n]>-\infty \tag{7.18}$$

事实上，假设 $l>-\infty$，于是 $E[|X_n|]=2E[X_n^+]-E[X_n]\leqslant2E[X_0^+]-l<+\infty$，$\forall n=0,1,\cdots$。这意味着 $\sup\limits_{n\geqslant0}E[|X_n|]\leqslant2E[X_0^+]-l<+\infty$。

(5) 设 $X=\{X_n; n=0,1,\cdots\}$ 是关于单减 σ-代数流 $\mathbb{F}$-倒向下鞅，那么对任意 $n=0,1,\cdots$，应用 Jensen 不等式可得到：

$$E[X_n^+\mid\mathscr{F}_{n+1}]\geqslant\{E[X_n\mid\mathscr{F}_{n+1}]\}^+\geqslant X_{n+1}^+$$

因此 $X^+:=\{X_n^+; n=0,1,\cdots\}$ 也是一个 $\mathbb{F}$-倒向下鞅。由于 X^+ 是非负的，故 $\sup\limits_{n\geqslant0}E[X_n^+]\leqslant E[X_0^+]<+\infty$，这说明 X^+ 是一致 L^1-有界的。根据 Doob-下鞅收敛定理可得到 $X_\infty\overset{\text{a.s.}}{:=}\lim\limits_{n\to\infty}X_n$ 存在。

(6) 设 $X=\{X_n; n=0,1,\cdots\}$ 是关于单减 σ-代数流 $\mathbb{F}$ 的一个倒向下鞅，如果 $l:=\inf\limits_{n\geqslant0}E[X_n]>-\infty$，那么 $X^+=\{X_n^+; n=0,1,\cdots\}$ 是一致可积的。事实上，由倒向下鞅性质(5)知：X^+ 也是一个 $\mathbb{F}$-倒向下鞅。于是，对任意 $n=0,1,\cdots$ 和 $M>0$，$E[X_n^+\mathbf{1}_{X_n^+>M}]\leqslant E[X_0^+\mathbf{1}_{X_n^+>M}]\leqslant E[X_0^+\mathbf{1}_{|X_n|>M}]$。另一方面，由于 $E[|X_n|]=2E[X_n^+]-E[X_n]\leqslant$

$2E[X_0^+]-l$，则有：

$$\sup_{n\geq 0}P(|X_n|>M)\leq\frac{1}{M}\sup_{n\geq 0}E[|X_n|]\leq\frac{2E[X_0^+]-l}{M}\mapsto 0, M\mapsto\infty$$

因为 $E[X_0^+]\leq E[|X_0|]<+\infty$，故 $\sup_{n\geq 0}E[X_n^+\mathbf{1}_{X_n^+>M}]\leq\sup_{n\geq 0}E[X_0^+\mathbf{1}_{|X_n|>M}]\mapsto 0, M\mapsto\infty$。

这说明 X^+ 是一致可积的。事实上，还可以证明：如果 $l>-\infty$，则 X 也是一致可积的。

（7）设 $X=\{X_n; n=0, 1, \cdots\}$ 是关于单减 σ-代数流 $\mathbb{F}$ 的倒向鞅，则 X 也是一致可积的。由 X 的倒向鞅性可得：对任意 $n=0, 1, \cdots$ 和 $A\in\mathscr{F}_n$，有 $E[X_0\mathbf{1}_A]=E[X_n\mathbf{1}_A]$。那么，对任意 $M>0$ 和 $n=0, 1, \cdots$，有 $\{X_n>M\}\in\mathscr{F}_n$ 和 $\{X_n\leqslant-M\}\in\mathscr{F}_n$。因此：

$$\begin{aligned}E[|X_n|\mathbf{1}_{|X_n|>M}]&=E[X_n\mathbf{1}_{X_n>M}]-E[X_n\mathbf{1}_{X_n<-M}]\\&=E[X_0\mathbf{1}_{X_n>M}]-E[X_0\mathbf{1}_{X_n<-M}]\\&\leqslant E[|X_0|\mathbf{1}_{X_n>M}]+E[|X_0|\mathbf{1}_{X_n<-M}]\\&=E[|X_0|\mathbf{1}_{|X_n|>M}]\end{aligned}\tag{7.19}$$

由于对任意 $n=0, 1, \cdots$，$E[X_n]=E[X_0]$，故 $\inf_{n\geq 0}E[X_n]=E[X_0]>-\infty$（这是因为 $E[|X_0|]<+\infty$），于是 $\sup_{n\geq 0}E[|X_n|]<+\infty$，那么有

$$\sup_{n\geq 0}P(|X_n|>M)\leq\frac{1}{M}\sup_{n\geq 0}E[|X_n|]\mapsto 0, M\mapsto\infty$$

因此，应用式（7.19）可得到

$$\sup_{n\geq 0}E[|X_n|\mathbf{1}_{|X_n|>M}]\leqslant\sup_{n\geq 0}E[|\overline{X}_0|\mathbf{1}_{|X_n|>M}]\mapsto\mathbf{0}, M\mapsto\infty$$

这说明 X 是一致可积的。由于 X 为倒向鞅，故显然也是倒向下鞅。这样，根据倒向下鞅性质（5）可得到 $X_n\overset{\text{a. s.}}{\mapsto}X_\infty, n\mapsto\infty$，再由 X 的一致可积得：

$$X_n\overset{L^1}{\mapsto}X_\infty, n\mapsto\infty\tag{7.20}$$

下面的定理 7.3 给出了倒向下鞅满足 L^1-收敛时的充分条件。

定理 7.3（倒向下鞅的 L^1-收敛）

设 $X=\{X_n; n=0, 1, \cdots\}$ 是关于单减 σ-代数流 $\mathbb{F}=\{\mathscr{F}_n; n=0, 1, \cdots\}$ 的倒向下鞅，于是由上面的性质（5）得到 $X_\infty:=\lim\limits_{n\to\infty}X_n$ 存在。如果下面的条件成立：

$$\sup_{n\geq 0}E[|X_n|]<+\infty，\text{或等价于 } l:=\lim_{n\to\infty}E[X_n]>-\infty\tag{7.21}$$

那么 $X_n\overset{L^1}{\mapsto}X_\infty, n\mapsto\infty$。进一步，对任意 $n=0, 1, \cdots$，$E[X_n\,|\,\mathscr{F}_\infty]\geqslant X_\infty$，其中 $\mathscr{F}_\infty:=\bigcap\limits_{n=0}^\infty\mathscr{F}_n$。如果 X 为 $\mathbb{F}$-倒向鞅，则 $E[X_n\,|\,\mathscr{F}_\infty]=X_\infty, \forall n=0, 1, \cdots$。♣

证明 为了证明 $X_n\overset{L^1}{\mapsto}X_\infty, n\mapsto\infty$，根据 Vitali 收敛定理，只需证明 X 是一致可积的。为此，定义如下过程：

$$\delta A_n:=E[X_{n-1}-X_n\,|\,\mathscr{F}_n], \forall n\in\mathbb{N}$$

于是由 X 的倒向下鞅性可得 $\delta A_n\geqslant 0, \forall n\in\mathbb{N}$。

进一步，定义 $A_n=\sum\limits_{k=1}^n\delta A_k=\sum\limits_{k=1}^n E[X_{k-1}-X_k\,|\,\mathscr{F}_k]$，因此 $A=\{A_n; n=0, 1, \cdots\}$ 是

一个非负单增过程。进一步，对任意 $n = 0, 1, \cdots$，可得到 $E[A_n] = E[X_0] - E[X_n] \leqslant E[X_0] - l < +\infty$。那么，应用单调收敛定理，对于 $A_\infty := \lim\limits_{n \to \infty} A_n$，则 $E[A_\infty] = \lim\limits_{n \to \infty} E[A_n] < +\infty$。于是，对任意 $M > 0$，有

$$\sup_{n \geqslant 0} E[A_n \mathbf{1}_{A_n > M}] \leqslant E[A_\infty \mathbf{1}_{A_\infty > M}] \xrightarrow{M \to 0} 0$$

这意味着非负单增过程 A 是一致可积的。定义 $M_n = X_n + A_n$，$\forall n = 0, 1, \cdots$，于是对任意 $n = 0, 1, \cdots$，有

$$E[M_n - M_{n+1} \mid \mathscr{F}_{n+1}] = E[X_n - X_{n+1} - \delta A_{n+1} \mid \mathscr{F}_{n+1}] = 0$$

这证明了 $M = \{M_n; n = 0, 1, \cdots\}$ 是 $\mathbb{F}$-倒向鞅。因此 M 也是一致可积的。于是，$X = M - A$ 是一致可积的。

设 $A \in \mathscr{F}_\infty = \bigcap\limits_{n=0}^{\infty} \mathscr{F}_n$，那么对于 $n < m$，则 $A \in \mathscr{F}_m \subset \mathscr{F}_n$。由于 X 是 $\mathbb{F}$-倒向下鞅，故 $E[X_m \mathbf{1}_A] \leqslant E[X_n \mathbf{1}_A]$。由于 $X_m \mapsto X_\infty$，$m \mapsto \infty$，在上式中令 $m \mapsto \infty$，则有：

$$E[X_\infty \mathbf{1}_A] = \lim_{m \to \infty} E[X_m \mathbf{1}_A] \leqslant \lim_{m \to \infty} E[X_n \mathbf{1}_A] = E[X_n \mathbf{1}_A]$$

进一步，如果 X 是 $\mathbb{F}$-倒向鞅，则上面的不等式变为等式。

基于定理 7.3，下面引入本节的另一主要结果——Lévy 0-1 律。

定理 7.4(Lévy 0-1 律)

> 设 ξ 是概率空间 $(\Omega, \mathscr{F}, P)$ 上的一个可积随机变量，$\mathbb{F} = \{\mathscr{F}_n; n \in \mathbb{N}\}$ 是一个
>
> 单减 σ-代数流，现定义 $\mathscr{F}_\infty := \bigcap\limits_{n=1}^{\infty} \mathscr{F}_n$，那么当 $n \mapsto \infty$ 时，有
>
> $$E[\xi \mid \mathscr{F}_n] \overset{\text{a.s.}}{\mapsto} E[\xi \mid \mathscr{F}_\infty], \quad E[\xi \mid \mathscr{F}_n] \overset{L^1}{\mapsto} E[\xi \mid \mathscr{F}_\infty] \qquad (7.22)$$
>
> ♣

证明 首先定义 $X_n := E[\xi \mid \mathscr{F}_n]$，$\forall n \in \mathbb{N}$，那么根据定义 7.5 的性质(1)，则有 $X = \{X_n; n \in \mathbb{N}\}$ 是一个 $\mathbb{F}$-倒向鞅。于是，应用性质(5)可得到 $X_n \overset{\text{a.s.}}{\mapsto} X_\infty$，$n \mapsto \infty$ 和 $E[|X_\infty|] < +\infty$。下面证明 $X_\infty = E[\xi \mid \mathscr{F}_\infty]$，由于 $\sup\limits_{n \geqslant 0} E[|X_n|] = E[|\xi|] < +\infty$，那么，应用定理 7.3 可得到：

$$X_n \overset{L^1}{\mapsto} X_\infty, \quad n \mapsto \infty, \quad E[X_n \mid \mathscr{F}_\infty] = X_\infty \qquad (7.23)$$

于是根据条件数学期望的性质可得 $X_\infty = E[X_n \mid \mathscr{F}_\infty] = E\{E[\xi \mid \mathscr{F}_n] \mid \mathscr{F}_\infty\} = E[\xi \mid \mathscr{F}_\infty]$。因此，应用式(7.23)有：$E[\xi \mid \mathscr{F}_n] \overset{L^1}{\mapsto} E[\xi \mid \mathscr{F}_\infty]$，$n \mapsto \infty$。至此，该定理证毕。 $\square$

下面的例 7.2 是关于一致可积鞅的收敛结果。

例 7.2(基于带噪声观测的学习问题) 设 $\{\xi_k\}_{k=1}^{\infty}$ 是概率空间 $(\Omega, \mathscr{F}, P)$ 上一列可积的实值均值为零的随机变量列和另外一个与其独立的可积实值随机变量 θ，考虑带有噪声的观测模型：

$$X_i = \theta + \xi_i, \quad \forall i \in \mathbb{N}$$

在实际问题中，随机变量列 $\{\xi_k\}_{k=1}^{\infty}$ 可解释为噪声，人们想要通过所观测的被噪声干扰的 $\{X_i\}_{i \in \mathbb{N}}$ 来估计未知的 θ。设过滤 $\mathscr{F}_n^X = \sigma(X_1, \cdots, X_n)$，$\forall n \in \mathbb{N}$，一般称 θ 的分布为先验分布(prior distribution)，而称条件分布 $P(\theta \in \cdot \mid \mathscr{F}_n^X)$ 是经过 n 次观测后的后验分

布(posterior distribution)。我们要验证如下几乎处处收敛成立：

$$\hat{\theta}_n := E\left[\theta \mid \mathscr{F}_n^X\right] \overset{\text{a.s.}}{\longmapsto} \theta, \ n \longmapsto \infty \tag{7.24}$$

事实上应用例 1.25 可得到 $\{\hat{\theta}_n; n \in \mathbb{N}\}$ 是一致可积的，于是 $\{\hat{\theta}_n; n \in \mathbb{N}\}$ 是一个一致可积 $\{\mathscr{F}_n; n \in \mathbb{N}\}$-鞅。这样，利用本章练习 15 可获得：当 $n \longmapsto \infty$，有

$$\hat{\theta}_n \overset{\text{a.s.}}{\longmapsto} \hat{\theta}_\infty = E\left[\theta \mid \mathscr{F}_\infty^X\right], \ X_n \overset{L^1}{\longmapsto} \hat{\theta}_\infty = E\left[\theta \mid \mathscr{F}_\infty^X\right]$$

其中，$\mathscr{F}_\infty^X := \sigma\left(\bigcup_{n \in \mathbb{N}} \mathscr{F}_n^X\right)$。由于

$$\{\theta \leqslant x\} = \bigcap_{k=1}^n \left\{\frac{1}{n}\sum_{i=1}^n X_i \leqslant x + \frac{1}{k}, \ \text{e.v.}\right\} \in \mathscr{F}_\infty^X, \ \forall\, x \in \mathbb{R}$$

于是 θ 是 $\mathscr{F}_\infty^X$-可测的，也就是 $\theta \in \mathscr{F}_\infty^X$，因此 $\hat{\theta}_\infty = E\left[\theta \mid \mathscr{F}_\infty^X\right] = \theta$, a.s.，此即几乎处处收敛式(7.24)成立。

7.4　连续时间鞅

在 7.3 节中介绍了离散时间鞅，这一节将引入连续时间鞅的概念。类似于离散时间鞅的定义 7.1，可得出如下连续时间上下鞅的表述。

> **定义 7.6(连续时间鞅)**
>
> 　　设 $X = \{X_t; t \geqslant 0\}$ 是过滤概率空间 $(\Omega, \mathscr{F}, \mathbb{F} = \{\mathscr{F}_t; t \geqslant 0\}, P)$ 上的可积 $\mathbb{F}$-适应实值过程，如果过程 X 满足 $E\left[X_t \mid \mathscr{F}_s\right] \geqslant (\leqslant) X_s$, $\forall\, 0 \leqslant s < t < \infty$，那么称过程 X 是一个 $\mathbb{F}$-下($\mathbb{F}$-上)鞅(或表述为 $\{X_n, \mathscr{F}_n, n = 0, 1, \cdots\}$ 是一个上鞅或下鞅)。进一步，若 X 同时为 $\mathbb{F}$-下鞅和 $\mathbb{F}$-上鞅，则称过程 X 是一个 $\mathbb{F}$-鞅。　　♣

类似于离散时间鞅的基本性质，运用定义 7.6 可知，连续时间鞅具有如下基本性质：

(1) 如果 $X = \{X_t; t \geqslant 0\}$ 是 $\mathbb{F}$-下(上)鞅，则其均值函数 $t \longmapsto m_X(t) = E[X_t]$ 是单增(单减)的。特别地，如果 X 是 $\mathbb{F}$-鞅，则其均值函数恒为常数。

(2) 设 $\mathbb{G} = \{\mathscr{G}_t; t \geqslant 0\} \subset \mathscr{F}$ 也是一个过滤且 $\mathscr{G}_t \subset \mathscr{F}_t$, $\forall\, t \geqslant 0$。那么如果 $X = \{X_t; t \geqslant 0\}$ 是一个 $\mathbb{F}$-上($\mathbb{F}$-下)鞅，则 X 也是一个 $\mathbb{G}$-上($\mathbb{G}$-下)鞅。

(3) 如果 $X = \{X_t; t \geqslant 0\}$ 是平方可积 $\mathbb{F}$-鞅，则 $E\left[(X_t - X_s)^2\right] = E\left[X_t^2 - X_s^2\right]$, $\forall\, t > s \geqslant 0$。事实上，对任意 $t > s \geqslant 0$，有

$$
\begin{aligned}
E\left[(X_t - X_s)^2\right] &= E\left[X_t^2 + X_s^2\right] - 2E[X_s X_t] = E\left[X_t^2 + X_s^2\right] - 2E\left[E[X_s X_t \mid Y_s]\right]\\
&= E\left[X_t^2 + X_s^2\right] - 2E\left[X_s E[X_t \mid \mathscr{F}_s]\right] = E\left[X_t^2 + X_s^2\right] - 2E\left[X_s^2\right]\\
&= E\left[X_t^2 - X_s^2\right]
\end{aligned}
$$

(4) 设 $X = \{X_t; t \geqslant 0\}$ 是 $\mathbb{F}$-鞅和 $\varphi: \mathbb{R} \longmapsto \mathbb{R}$ 是一个凸函数，如果 $E\left[|\varphi(X_t)|\right] < \infty$, $\forall\, t \geqslant 0$，则 $\varphi(X) = \{\varphi(X_t); t \geqslant 0\}$ 是一个 $\mathbb{F}$-下鞅。事实上，利用 Jensen 不等式，对任意 $t > s \geqslant 0$，有

$$E\left[\varphi(X_t) \mid \mathscr{F}_s\right] \overset{\text{Jensen不等式}}{\geqslant} \varphi\left(E[X_t \mid \mathscr{F}_s]\right) \overset{X\text{的鞅性}}{=\!=\!=} \varphi(X_s)$$

(5) 设 $\{t_n\}_{n=1}^{\infty}$ 是非负单增序列且满足 $\lim\limits_{n\to\infty} t_n = \infty$，如果对任意 $n \in \mathbb{N}$，$X^{t_n} = \{X_{t \wedge t_n}; t \geqslant 0\}$ 是非负轨道连续的 $\mathbb{F}$-上鞅，则 $X = \{X_t; t \geqslant 0\}$ 也是 $\mathbb{F}$-上鞅。事实上，对任意 $t > s \geqslant 0$，有

$$E[X_t \mid \mathscr{F}_s] = E[\lim_{n\to\infty} X_{t \wedge t_n} \mid \mathscr{F}_s] \overset{\text{Fatou 引理}}{\leqslant} \varliminf_{n\to\infty} E[X_{t \wedge t_n} \mid \mathscr{F}_s] \overset{X^{t_n} \text{ 的上鞅性}}{\leqslant} \varliminf_{n\to\infty} X_{s \wedge t_n} = X_s$$

下面将给出连续时间鞅过程的例子。

例 7.3(布朗运动和补偿泊松过程的鞅性) 设 $W = \{W_t; t \geqslant 0\}$ 和 $N = \{N_t; t \geqslant 0\}$ 分别是概率空间 $(\Omega, \mathscr{F}, P)$ 上的标准布朗运动和参数为 $\lambda > 0$ 的泊松过程，那么如下的过程是关于各自自然过滤的连续时间鞅过程：

(1) $X_t = W_t$，$\forall t \geqslant 0$；

(2) $X_t = W_t^2 - \langle W, W \rangle_t = W_t^2 - t$，$\forall t \geqslant 0$；

(3) $X_t = \exp\left(\sigma W_t - \dfrac{\sigma^2}{2}\langle W, W \rangle_t\right) = \exp\left(\sigma W_t - \dfrac{\sigma^2}{2}t\right)$，$\forall t \geqslant 0$，其中 $\sigma \in \mathbb{R}$；

(4) 设 $g \in L^1(\mathbb{R})$，$X_t = \displaystyle\int_0^t g(s)\mathrm{d}\widetilde{N}_s = \int_0^t g(s)\mathrm{d}N_s - \lambda \int_0^t g(s)\mathrm{d}s$，$\forall t \geqslant 0$。

上述过程的鞅性证明将留作本章练习 3。

下面将离散时间过程中上下穿次数的概念推展到连续时间过程情形。为此，设 $X = \{X_t; t \geqslant 0\}$ 是过滤概率空间 $(\Omega, \mathscr{F}, \mathbb{F} = \{\mathscr{F}_t; t \geqslant 0\}, P)$ 上的一个 $\mathbb{F}$-适应可积实值过程，对于 $a, b \in \mathbb{R}$ 且 $a < b$，按照如下步骤定义过程 X 上穿(下穿)区间 $[a, b]$ 的次数：

(1) 设 $F = \{i_1 < i_2 < \cdots < i_d\} \subset [0, \infty)$ 是一个有限子集，那么根据离散时间过程上穿(下穿)区间 $[a, b]$ 次数的定义 7.4 可以分别定义过程 X 在有限时间区间 F 内上穿和下穿区间 $[a, b]$ 的次数 $U_F([a, b]; X)(\omega)$ 和 $D_F([a, b]; X)(\omega)$，$\forall \omega \in \Omega$。

(2) 对任意时间区间 $I \subset [0, \infty)$，根据如下方式定义过程 X 在时间区间 I 内上穿和下穿区间 $[a, b]$ 的次数：

$$\begin{aligned} U_I([a, b]; X)(\omega) &= \sup_{\text{有限集} F \subset I} U_F([a, b]; X)(\omega), \quad D_I([a, b]; X)(\omega) \\ &= \sup_{\text{有限集} F \subset I} D_F([a, b]; X)(\omega) \end{aligned} \tag{7.25}$$

(3) 对任意 $n \in \mathbb{N}$，设 $F = \{i_1 < i_2 < \cdots < i_d\} \subset [0, n] \bigcap \mathbb{Q}$ 是一个有限时间子集；设连续时间过程 X 是一个 $\mathbb{F}$-下鞅，那么根据本章习题 5 可得到 X^+ 也是一个 $\mathbb{F}$-下鞅。于是，对任意 $t \in F$，$E[X_t^+] \leqslant E[X_{i_d}^+] \leqslant E[|X_{i_d}|] < +\infty$，定义过滤 $\mathbb{F}^d = \{\mathscr{F}_{i_1}, \cdots, \mathscr{F}_{i_d}\}$，那么 $X^{F+} = \{X_t^+; t \in F\}$ 是一个 $\mathbb{F}^d$-下鞅。这样，根据离散时间下鞅的下穿不等式可得到：

$$E[D_F([a, b]; X)] \leqslant \frac{b^- + \sup\limits_{t \in F} E[X_t^+]}{b - a} \leqslant \frac{b^- + E[X_{i_d}^+]}{b - a} < +\infty$$

应用式 (7.25)，对任意固定的 $n \in \mathbb{N}$，有：

$$E[D_{[0, n] \bigcap \mathbb{Q}}([a, b]; X)] \leqslant \frac{b^- + \sup\limits_{t \in [0, n] \bigcap \mathbb{Q}} E[X_t^+]}{b - a} \leqslant \frac{b^- + E[X_n^+]}{b - a} < +\infty$$

进一步，引入事件 $B_{a, b}^{(n)} = \{\omega \in \Omega; D_{[0, n] \bigcap \mathbb{Q}}([a, b]; X)(\omega) = \infty\}$，考虑 $B^{(n)} = \bigcup\limits_{a < b, a, b \in \mathbb{Q}} B_{a, b}^{(n)}$，由于 $P(B_{a, b}^{(n)}) = 0$，故 $P(B^{(n)}) = 0$。注意到下列集合包含的关系式成立，即

$$\{\omega \in \Omega; \varliminf_{s \uparrow t, s \in \mathbb{Q}} X_s(\omega) < \varlimsup_{s \uparrow t, s \in \mathbb{Q}} X_s(\omega), \exists t \in [0, n]\} \subset B^{(n)}$$

于是，对任意 $\omega \in \Omega \backslash B^{(n)}$ 和 $t \in (0, n]$，极限 $\lim\limits_{s \uparrow t, s \in \mathbb{Q}} X_s(\omega)$ 存在，因此

$$\forall \omega \in \Omega \backslash \bigcup_{n=1}^{\infty} B^{(n)}, \ \forall t \in (0, \infty), \ X_{t-}(\omega) = \lim_{s \uparrow t, s \in \mathbb{Q}} X_s(\omega) \ 存在 \tag{7.26}$$

类似地，可得到：a. s.

$$\forall t \in [0, \infty), \ X_{t+}(\omega) = \lim_{s \downarrow t, s \in \mathbb{Q}} X_s(\omega) \ 存在 \tag{7.27}$$

在上面的极限讨论中都仅考虑有理数时间（$s \in \mathbb{Q}$），这是因为过程 X 的轨道并不一定是右连续的。

为了在 7.3 节中能讨论 Doob 连续时间鞅的收敛定理，则需要下鞅过程的样本轨道是右连续的。下面的定理 7.5 可证明关于下鞅右极限过程的下鞅性。

定理 7.5（下鞅右极限过程的下鞅性）

> 设 $X = \{X_t ; t \geqslant 0\}$ 是一个过滤 $\mathbb{F} = \{\mathscr{F}_t ; t \geqslant 0\}$-下鞅，那么 $X_t \leqslant E[X_{t+} \mid \mathscr{F}_t]$，$\forall t \geqslant 0$。进一步，过程 $X^+ = \{X_{t+} ; t \geqslant 0\}$ 是 $\mathbb{F}^+ = \{\mathscr{F}_{t+} ; t \geqslant 0\}$-下鞅。如果 X 是 $\mathbb{F}$-鞅，则 X^+ 是 $\mathbb{F}^+$-鞅。 ♣

证明 对固定 $t \geqslant 0$，设 $\{t_n ; n \in \mathbb{N}\} \subset \mathbb{Q}$ 满足 $t_n \downarrow t$，$n \mapsto \infty$，由于 X 为 $\mathbb{F}$-下鞅，故 $\{X_{t_n}, \mathscr{F}_{t_n} ; n \in \mathbb{N}\}$ 是一个倒向下鞅。由于 X 的均值函数 $n \mapsto E[X_{t_n}]$ 是单减的且满足 $E[X_{t_n}] \geqslant E[X_t]$，$\forall n \in \mathbb{N}$，于是根据 X_t 的可积性获得：

$$\inf_{n \in \mathbb{N}} E[X_{t_n}] \geqslant E[X_t] > -\infty$$

那么，应用定理 7.3 可得到 $X_{t_n} \xrightarrow{L^1} X_{t+} := \lim\limits_{t_n \downarrow t} X_{t_n}$ 和 $E[\mid X_{t+} \mid] < \infty$。进一步，利用 X 的下鞅性，则有 $X_t \leqslant E[X_{t_n} \mid \mathscr{F}_t]$，$\forall n \in \mathbb{N}$，对该不等式两边令 $n \mapsto \infty$，再结合应用 $X_{t_n} \xrightarrow{L^1} X_{t+}$，$n \mapsto \infty$ 可得到：

$$X_t \leqslant \varlimsup_{n \mapsto \infty} E[X_{t_n} \mid \mathscr{F}_t] = E[\lim_{n \mapsto \infty} X_{t_n} \mid \mathscr{F}_t] = E[X_{t+} \mid \mathscr{F}_t]$$

下面证明 $\{X_{t+}, \mathscr{F}_{t+} ; t \geqslant 0\}$ 是一个下鞅。事实上，取 $\{s_n ; n \in \mathbb{N}\} \subset \mathbb{Q}$ 满足 $s_n \downarrow s$ 和 $0 \leqslant s < s_n < t$，$\forall n \in \mathbb{N}$。根据 X 的下鞅性有：

$$X_{s_n} \leqslant E[X_t \mid \mathscr{F}_{s_n}] \leqslant E\{E[X_{t+} \mid \mathscr{F}_t] \mid \mathscr{F}_{s_n}\} = E[X_{t+} \mid \mathscr{F}_{s_n}]$$

对上式两边令 $n \mapsto \infty$ 并应用 Lévy 0-1 律（定理 7.4），可得到：

$$X_{s+} \leqslant \varlimsup_{n \mapsto \infty} E[X_{t+} \mid \mathscr{F}_{s_n}] = E[X_{t+} \mid \mathscr{F}_{s+}]$$

这说明 $\{X_{t+}, \mathscr{F}_{t+} ; t \geqslant 0\}$ 是一个下鞅。同理，如果 X 是一个 $\mathbb{F}$-鞅，则 $\{X_{t+}, \mathscr{F}_{t+} ; t \geqslant 0\}$ 是一个鞅。至此，该定理得证。

7.5　连续时间 Doob 鞅收敛定理

本节将利用 7.3 节引入的离散时间 Doob 鞅收敛定理通过逼近的方式来得到连续时间 Doob 鞅收敛定理。

应用定理 7.5 证明：在某些条件下，下鞅过程存在一个与其互为修正的轨道右连续的下鞅。

定理 7.6（与下鞅过程互为修正的轨道右连续的下鞅）

设过滤 $\mathbb{F}=\{\mathscr{F}_t;\,t\geqslant 0\}$ 满足通常条件（见 2.2 节）和 $X=\{X_t;\,t\geqslant 0\}$ 是一个 $\mathbb{F}$-下鞅。那么，当且仅当下鞅过程 X 的均值函数 $t\mapsto m_X(t)=E[X_t]$ 是右连续的时，存在一个与 X 互为修正的轨道右连续 $\mathbb{F}$-下鞅。 ♣

证明 （1）首先假设下鞅 X 的均值函数 $t\mapsto E[X_t]$ 是右连续的，那么根据定理 7.5 和过滤 $\mathbb{F}$ 满足通常条件，$\{X_{t+},\mathscr{F}_{t+};\,t\geqslant 0\}=\{X_{t+},\mathscr{F}_t;\,t\geqslant 0\}$ 是一个轨道右连续的下鞅。下面证明 $\{X_{t+},\mathscr{F}_{t+};\,t\geqslant 0\}=\{X_{t+},\mathscr{F}_t;\,t\geqslant 0\}$ 与 X 互为修正。为此，只需证明 $P(X_t=X_{t+})=1,\,\forall t\geqslant 0$。事实上，对任意 $t\geqslant 0$，设 $\{t_n;\,n\in\mathbb{N}\}\subset[0,\infty)$ 满足 $t_n\downarrow t$，$n\mapsto\infty$。由于 X 是 $\mathbb{F}$-下鞅，故 $\{X_{t_n},\mathscr{F}_{t_n};\,n\in\mathbb{N}\}$ 是一个倒向下鞅。因为 $n\mapsto E[X_{t_n}]$ 单减且满足 $E[X_{t_n}]\geqslant E[X_t],\,\forall n\in\mathbb{N}$。根据 X_t 可积性可得到 $\inf_{n\in\mathbb{N}}E[X_{t_n}]\geqslant E[X_t]>-\infty$，则由定理 7.3 有：

$$X_{t_n}\overset{L^1}{\mapsto}X_{t+}:=\lim_{t_n\downarrow t}X_{t_n},\,n\mapsto\infty\ \text{和}\ E[|X_{t+}|]<\infty$$

于是 $\lim_{n\to\infty}E[X_{t_n}]=E[X_{t+}]$。由于 X 的均值函数 $t\mapsto E[X_t]$ 是右连续的，故 $\lim_{n\to\infty}E[X_{t_n}]=E[X_t]$，并由此获得：

$$E[X_{t+}]=E[X_t] \tag{7.28}$$

根据定理 7.5 中的不等式 $X_t\leqslant E[X_{t+}\mid\mathscr{F}_t]$，由于过滤 $\mathbb{F}$ 是右连续的，故 $\mathscr{F}_t=\mathscr{F}_{t+}$。因此 $X_t\leqslant E[X_{t+}\mid\mathscr{F}_{t+}]=X_{t+}$。定义 $\xi=X_{t+}-X_t$，则 $\xi\geqslant 0$，a.s.。再由式（7.28）有 $E[\xi]=0$，故 $P(\xi=0)=1$，也就是等式 $P(X_t=X_{t+})=1,\,\forall t\geqslant 0$ 成立。

（2）下面假设轨道右连续下鞅 $\{\widetilde{X}_t,\mathscr{F}_t;\,t\geqslant 0\}$ 与 $\{X_t,\mathscr{F}_t;\,t\geqslant 0\}$ 互为修正，对任意 $t\geqslant 0$，设 $\{t_n;\,n\geqslant 1\}\subset\mathbb{Q}$ 满足 $t_n\downarrow t,\,n\mapsto\infty$。由于 $\widetilde{X}$ 是 $\mathbb{F}$-下鞅，故 $\{\widetilde{X}_{t_n},\mathscr{F}_{t_n};\,n\in\mathbb{N}\}$ 是一个倒向下鞅。那么，根据倒向下鞅的性质（5）可得到 $\widetilde{X}_{t_n}\overset{\text{a.s.}}{\mapsto}\widetilde{X}_{t+}=\widetilde{X}_t,\,n\mapsto\infty$。由于 $\{\widetilde{X}_t,\mathscr{F}_t;\,t\geqslant 0\}$ 与 $\{X_t,\mathscr{F}_t;\,t\geqslant 0\}$ 互为修正，故 $P(X_t=\widetilde{X}_t,X_{t_n}=\widetilde{X}_{t_n},n\in\mathbb{N})=1$，于是 $X_{t_n}\overset{\text{a.s.}}{\mapsto}X_t,\,n\mapsto\infty$。自行可以容易验证 $\{\widetilde{X}_{t_n};\,n\in\mathbb{N}\}$ 是一致可积的。由于 X 与 $\widetilde{X}$ 具有相同的有限维分布，故 $\{X_{t_n};\,n\in\mathbb{N}\}$ 也是一致可积的。那么，应用 Vitali 收敛定理 1.6 可得到 $X_{t_n}\overset{L^1}{\mapsto}X_t,\,n\mapsto\infty$，因此 $E[X_t]=\lim_{n\to\infty}E[X_{t_n}]$，也就是说 $t\mapsto E[X_t]$ 是右连续的。至此，该定理得证。 □

定理 7.6 告诉我们：如果 X 是一个 $\mathbb{F}$-鞅，则 $m_X(t)=E[X_t]=E[X_0]$ 是一个常值函数，故其均值函数是右连续的。因此，如果过滤 $\mathbb{F}$ 满足通常条件，那么对任意 $\mathbb{F}$-鞅，都存在轨道右连续的 $\mathbb{F}$-鞅与其互为修正。于是，定理 7.6 说明：我们可以直接假设关于满足通常条件的过滤下的下鞅的轨道都是右连续的，或者可以应用定理 7.6 考虑其右连续的修正过程。我们之所以需要下鞅轨道的右连续性，是因为可以在此条件下通过离散时间的 Doob 鞅收敛定理来逼近得到连续时间的 Doob 鞅收敛定理。连续时间的 Doob 鞅收敛定理的具体表述如下所述。

定理 7.7（连续时间 Doob 鞅收敛定理）

设 $X = \{X_t; t \geqslant 0\}$ 是轨道右连续的 $\mathbb{F} = \{\mathscr{F}_t; t \geqslant 0\}$-下鞅（或 $\mathbb{F}$-上鞅），如果 X 是一致 L^1 有界的，也就是 $\sup\limits_{t \geqslant 0} E[|X_t|] < +\infty$，则 $X_\infty := \lim\limits_{t \to \infty} X_t$ 存在且可积。♣

证明　只证明下鞅的情况，而上鞅的情况证明是完全类似的。对任意 $n \in \mathbb{N}$，根据离散时间 Doob 下穿不等式：对任意 $a, b \in \mathbb{R}$ 且 $a < b$，有

$$E[D_{[0,n] \cap \mathbb{Q}}([a,b]; X)] \leqslant \frac{b^- + E[X_n^+]}{b-a}$$

由于 X 的轨道 $t \mapsto X_t$ 是右连续的，故对任意 $t \in [0,n]$，存在 $t_m \downarrow t$ 满足 $X_{t_m} \mapsto X_t$，$m \mapsto \infty$。于是 $D_{[0,n] \cap \mathbb{Q}}([a,b]; X) = D_{[0,n]}([a,b]; X)$，则应用单调收敛定理可得到：

$$E[D_{[0,\infty)}([a,b]; X)] \leqslant \frac{b^- + \sup\limits_{t \geqslant 0} E[X_t^+]}{b-a} \leqslant \frac{b^- + \sup\limits_{t \geqslant 0} E[|X_t|]}{b-a} < +\infty$$

根据离散时间 Doob 鞅收敛定理 7.2 的证明可得到 $X_t \overset{\text{a.s.}}{\mapsto} X_\infty$，$t \mapsto \infty$。进一步，由 Fatou 引理推出：

$$E[|X_\infty|] = E[\varliminf_{t \to \infty} |X_t|] \leqslant \varliminf_{t \to \infty} E[|X_t|] \leqslant \sup\limits_{t \geqslant 0} E[|X_t|] < +\infty$$

故该定理证明完毕。　　　　　　　　　　　　　　　　　　　　　　　　　　□

下面例 7.4 将说明右连续非负上鞅的 Doob 鞅收敛定理 7.7 自动成立，由此可以得到右连续非负上鞅的进一步性质。

例 7.4　设 $X = \{X_t; t \geqslant 0\}$ 是一个右连续非负 $\mathbb{F} = \{\mathscr{F}_t; t \geqslant 0\}$-上鞅，那么 $X_t \overset{\text{a.s.}}{\mapsto} X_\infty$，$t \mapsto \infty$ 且 $E[|X_\infty|] < +\infty$。进一步 $\{X_t, \mathscr{F}_t; t \in [0, +\infty]\}$ 是一个上鞅。事实上，由于 X 是非负 $\mathbb{F}$-上鞅，则 X 是一致 L^1 有界的，故根据连续时间 Doob 鞅收敛定理 7.7 可得到 $X_t \overset{\text{a.s.}}{\mapsto} X_\infty$，$t \mapsto \infty$ 且 X_∞ 是可积的。进一步，由 X 的上鞅性，对任意 $0 \leqslant s < t < +\infty$，$E[X_t \mid \mathscr{F}_s] \leqslant X_s$，于是 $\varlimsup_{t \to \infty} E[X_t \mid \mathscr{F}_s] \leqslant X_s$。因为 X 是非负的，故应用 Fatou 引理可得到：

$$X_s \geqslant \varlimsup_{t \to \infty} E[X_t \mid \mathscr{F}_s] \geqslant E[\varliminf_{t \to \infty} X_t \mid \mathscr{F}_s] = E[X_\infty \mid \mathscr{F}_s]$$

这也就是 $X_s \geqslant E[X_\infty \mid \mathscr{F}_s]$。

7.6　停时与可选时

根据前面关于离散时间和连续时间上鞅、下鞅或鞅过程的定义，有：对于时间指标集 $I = [0, \infty)$ 或 $I = \{0\} \bigcup \mathbb{N}$，一个关于过滤 $F = \{\mathscr{F}_t; t \in I\}$ 的上鞅、下鞅或鞅过程 $X = \{X_t; t \in I\}$ 满足 $X_s (\geqslant, \leqslant) = E[X_t \mid \mathscr{F}_s]$，$\forall t \geqslant s$ 且 $s, t \in I$。然而，在实际问题中，随机过程可能在随机时 $\tau : \mapsto [0, \infty]$ 进行取样，那么一个自然的问题是，上述不等式是否在随机时间也是成立的，也就是说，上鞅、下鞅或鞅过程 X 在由随机时构成的时间指标集上也保持上鞅性、下鞅性或鞅性吗？事实上，人们发现上鞅、下鞅或鞅过程 X 上鞅性、下鞅性或鞅性的保持都需要随机时是所谓的停时（Stopping Time），这就是 Doob 鞅可选时定

理的主要内容。

首先给出停时的定义：

设 $\tau: \Omega \mapsto \mathscr{T} \subset [0, +\infty]$ 是概率空间 $(\Omega, \mathbb{F}, P)$ 上的一个随机变量和 $\mathbb{F} = \{\mathscr{F}_t;$ $t \in \mathscr{T}\}$ 是一个过滤，如果对任意 $t \in \mathscr{T}$，事件 $\{\omega \in \Omega; \tau(\omega) \leqslant t\} \in \mathscr{F}_t$，则称 τ 是一个 $\mathbb{F}$-停时；如果对任意 $t \in \mathscr{T}$，事件 $\{\omega \in \Omega; \tau(\omega) < t\} \in \mathscr{F}_t$，则称 τ 是一个 $\mathbb{F}$-可选时。 ♣

如果 $\mathscr{T} = \{0\} \bigcup \mathbb{N}$，则称 τ 是一个离散 $\mathbb{F}$-停时；如果 $\mathscr{T} = [0, \infty]$，则称 τ 是一个连续 $\mathbb{F}$-停时。于是，根据定义 7.7，则有：

(1) 当且仅当 $\{\tau = n\} \in \mathscr{F}_n$，$\forall n \in \{0\} \bigcup \mathbb{N}$，随机变量 $\tau: \Omega \mapsto \{0\} \bigcup \mathbb{N}$ 是一个离散 $\mathbb{F}$-停时。

(2) 如果 $\tau(\omega) = a \in [0, \infty]$，$\forall \omega \in \Omega$，则 τ 是一个连续 $\mathbb{F}$-停时。事实上，由于 $\mathscr{F}_t$ 是 σ-代数，$\forall t \geqslant 0$，那么 $\{\tau \leqslant t\} = \{a \leqslant t\} = \varnothing$ 或 $\Omega \in \mathscr{F}_t$，$\forall t \geqslant 0$。

(3) 设过滤 $\mathbb{F} = \{\mathscr{F}_t; t \geqslant 0\}$ 是右连续的，当且仅当 τ 是一个 $\mathbb{F}$-可选时，则 $\tau: \Omega \mapsto [0, \infty]$ 是一个 $\mathbb{F}$-停时。事实上，如果 τ 是 $\mathbb{F}$-停时，则对任意 $t \geqslant 0$，$\{\tau < t\} = \bigcup_{n=1}^{\infty} \left\{\tau \leqslant t - \frac{1}{n}\right\} \in \mathscr{F}_t$，故 $\{\tau < t\} \in \mathscr{F}_t$，于是 τ 是 $\mathbb{F}$-可选时。另一方面，如果 τ 是 $\mathbb{F}$-可选时，那么对任意 $t \geqslant 0$，根据 $\mathbb{F}$ 的右连续性 $\{\tau \leqslant t\} = \bigcap_{n=1}^{\infty} \left\{\tau < t + \frac{1}{n}\right\} \in \mathscr{F}_{t+} = \mathscr{F}_t$，因此 $\{\tau \leqslant t\} \in \mathscr{F}_t$。综上所述，$\tau$ 是 $\mathbb{F}$-停时。

(4) 设 $\tau: \Omega \mapsto [0, \infty]$ 是 $\mathbb{F}$-可选时，那么对任意常数 $a > 0$，$\tau + a$ 是 $\mathbb{F}$-停时。事实上，对任意 $t \in [0, a)$，$\{\tau + a \leqslant t\} = \varnothing \in \mathscr{F}_t$，而对任意 $t \geqslant a$，由 τ 为 $\mathbb{F}$-可选时可得 $\{\tau + a \leqslant t\} = \{\tau \leqslant t - a\} = \bigcap_{n=1}^{\infty} \left\{\tau < t - a + \frac{1}{n}\right\} \in \mathscr{F}_{(t-a)+} \subset \mathscr{F}_t$。

(5) 如果 $\tau_i: \Omega \mapsto [0, \infty]$ 是 $\mathbb{F}$-停时 $(i = 1, 2)$，则 $\tau_1 \wedge \tau_2$，$\tau_1 \vee \tau_2$ 和 $\tau_1 + \tau_2$ 都是 $\mathbb{F}$-停时。事实上，对任意 $t \geqslant 0$，$\{\tau_1 \wedge \tau_2 > t\} = \{\tau_1 > t\} \bigcap \{\tau_2 > t\} \in \mathscr{F}_t$ 和 $\{\tau_1 \vee \tau_2 \leqslant t\} = \{\tau_1 \leqslant t\} \bigcap \{\tau_2 \leqslant t\} \in \mathscr{F}_t$。因此 $\tau_1 \wedge \tau_2$ 和 $\tau_1 \vee \tau_2$ 都是 $\mathbb{F}$-停时。进一步，还有：

$$\{\tau_1 + \tau_2 > t\} = \{\tau_1 = 0, \tau_2 > t\} \bigcup \{\tau_1 > t, \tau_2 = 0\} \bigcup$$
$$\{0 < \tau_1 < t, \tau_1 + \tau_2 > t\} \bigcup \{\tau_1 > t, \tau_2 > 0\}$$

显然 $\{\tau_1 = 0, \tau_2 > t\}$，$\{\tau_1 > t, \tau_2 = 0\}$ 和 $\{\tau_1 > t, \tau_2 > 0\}$ 都属于 $\mathscr{F}_t$。特别地，对任意 $t \geqslant 0$，有

$$\{0 < \tau_1 < t, \tau_1 + \tau_2 > t\} = \bigcup_{r \in \mathbb{Q}, \, 0 < r < t} \{r < \tau_1 < t, \tau_2 > t - r\} \in \mathscr{F}_t$$

综上所述，$\tau_1 + \tau_2$ 是 $\mathbb{F}$-停时。

(6) 设 $\{\tau_n\}_{n=1}^{\infty}$ 是一列连续 $\mathbb{F}$-停时，那么 $\sup_{n \in \mathbb{N}} \tau_n$ 是连续 $\mathbb{F}$-停时。事实上，对任意 $t \geqslant 0$，$\{\sup_{n \in \mathbb{N}} \tau_n \leqslant t\} = \bigcap_{n=1}^{\infty} \{\tau_n \leqslant t\} \in \mathscr{F}_t$。

（7）设 $\{\tau_n\}_{n=1}^{\infty}$ 是一列连续 $\mathbb{F}$-停时，那么 $\inf\limits_{n\in\mathbb{N}}\tau_n$ 是 $\mathbb{F}$-可选时。事实上，对任意 $t\geqslant 0$，

$$\{\inf_{n\in\mathbb{N}}\tau_n<t\}=\bigcup_{n=1}^{\infty}\{\tau_n<t\}\in\mathscr{F}_t。$$

下面提供了由随机过程首穿时所构成停时的例子。

例 7.5　设 $X=\{X_t；t\geqslant 0\}$ 是过滤 $\mathbb{F}=\{F_t；t\geqslant 0\}$ 适应的一个右连续实值过程，对任意 $B\in\mathscr{B}(\mathbb{R})$，可定义：

$$\tau_B(\omega):=\inf\{t\geqslant 0；X_t(\omega)\in B\}，\forall\omega\in\Omega \tag{7.29}$$

通常记 $\inf\varnothing=+\infty$。其中称 τ_B 是实值过程 X 首穿集合 B 的时间（First Passage Time），故 τ_B 具有如下性质：

（1）若过滤 $\mathbb{F}$ 是右连续的（即 $\mathscr{F}_t=\mathscr{F}_{t+}$）和 Borel 集 B 是开集，则 τ_B 是 $\mathbb{F}$-停时；

（2）若过程 X 轨道连续且 Borel 集 B 是闭集，则 τ_B 是 $\mathbb{F}$-停时。

首先验证第（1）个性质。设 $D\subset[0,\infty)$ 是可数稠密子集，于是 $\{\omega\in\Omega；\tau_B(\omega)<t\}=\bigcup\limits_{s<t,\,s\in D}\{\omega\in\Omega；X_s(\omega)\in B\}$。由于 X 是 $\mathbb{F}$-适应的，故对任意 $s<t$ 和 $s\in D$，事件 $\{\omega\in\Omega；X_s\in B\}\in\mathscr{F}_s$。因此，由 σ-代数的性质得到：

$$\bigcup_{s<t,\,s\in D}\{\omega\in\Omega；X_s(\omega)\in B\}\in\mathscr{F}_t，\forall t\geqslant 0$$

这也就是 $\{\omega\in\Omega；\tau_B(\omega)<t\}\in\mathscr{F}_t$，故 τ_B 是一个 $\mathbb{F}$-可选时。由于过滤 $\mathbb{F}$ 是右连续的，则根据定义 7.7 中（3）可得到 τ_B 是 $\mathbb{F}$-停时。

下面验证第（2）个性质。对任意 $x\in\mathbb{R}$，定义 x 到 B 的距离 $\mathrm{d}(x,B)=\inf\limits_{y\in B}|x-y|$，由 X 的轨道连续性可得到：对任意 $t\geqslant 0$，有

$$\{\omega\in\Omega；\tau_B(\omega)\leqslant t\}=\{\omega\in\Omega；\inf_{s\leqslant t,\,s\in D}\mathrm{d}(X_s(\omega),B)=0\}\in\mathscr{F}_t$$

也就是说，τ_B 为 $\mathbb{F}$-停时。

为了表述 Doob 鞅可选时定理，我们需要引入过滤在停时处的定义。

引理 7.2（定义在停时上的过滤）

设 $\mathcal{T}=\{0\}\bigcup\mathbb{N}$ 或 $\mathcal{T}=[0,\infty]$，$(\Omega,\mathscr{F},P)$ 是一个概率空间和 $\mathbb{F}=\{\mathscr{F}_t；t\in\mathcal{T}\}$ 是一个过滤，对于任意 $\mathbb{F}$-停时 τ，可定义：

$$\mathscr{F}_\tau=\{A\in\mathscr{F}；A\bigcap\{\tau\leqslant t\}\in\mathscr{F}_t，\forall t\in\mathcal{T}\} \tag{7.30}$$

那么 $\mathscr{F}_\tau$ 是一个 σ-代数且 $\tau\in\mathscr{F}_\tau$。　♣

证明　首先证明 $\mathscr{F}_\tau$ 是一个 σ-代数，显然 $\varnothing\in\mathscr{F}_\tau$。进一步，可得到：

- 对任意 $A\in\mathscr{F}_\tau$，根据式（7.30），对任意 $t\in\mathcal{T}$，$A\in\mathscr{F}$ 和 $A\bigcap\{\tau\leqslant t\}\in\mathscr{F}_t$。于是，对任意 $t\in\mathcal{T}$，有

$$A^c\bigcap\{\tau\leqslant t\}=\{\tau\leqslant t\}\backslash(A\bigcap\{\tau\leqslant t\})=\{\tau\leqslant t\}\bigcap(A\bigcap\{\tau\leqslant t\})^c\in\mathscr{F}_t$$

这意味着 $A^c\in\mathscr{F}_\tau$。

- 对任意 $\{A_i\}_{i=1}^{\infty}\subset\mathscr{F}_\tau$，则 $A_i\in\mathscr{F}$ 和 $A_i\bigcap\{\tau\leqslant t\}\in\mathscr{F}_t$，$\forall t\in\mathcal{T}$，于是 $\bigcap\limits_{i=1}^{\infty}(A_i\bigcap\{\tau\leqslant t\})\in\mathscr{F}_t$。由于如下集合关系式成立：

$$\bigcap_{i=1}^{\infty}(A_i\bigcap\{\tau\leqslant t\})=\Big(\bigcap_{i=1}^{\infty}A_i\Big)\bigcap\{\tau\leqslant t\}\text{ 和 }\bigcap_{i=1}^{\infty}A_i\in\mathscr{F}$$

则 $\bigcap\limits_{i=1}^{\infty} A_i \in \mathscr{F}_\tau$。 综上所述，$\mathscr{F}_\tau$ 是一个 σ-代数。

最后证明 $\tau \in \mathscr{F}_\tau$，这等价于证明：对任意 $a \geqslant 0$，$\{\tau \leqslant a\} \in \mathscr{F}_\tau$。 事实上，由于 τ 是 $\mathbb{F}$-停时，则 $\{\tau \leqslant a\} \bigcap \{\tau \leqslant t\} = \{\tau \leqslant a \wedge t\} \in \mathscr{F}_{a \wedge t} \subset \mathscr{F}_t,\ \forall t \in \mathcal{T}$。

至此，该引理证毕。 □

对于任意过滤 $\mathbb{F} = \{\mathscr{F}_t;\ t \geqslant 0\}$-停时 τ，定义如下的 σ-代数：

$$\mathscr{F}_{\tau-} = \mathscr{F}_0 \bigvee \{A \bigcap \{\tau > t\};\ A \in \mathscr{F}_t,\ t \geqslant 0\} \tag{7.31}$$

下面的引理 7.3 证明了由式(7.30)定义的 σ-代数族 $\{\mathscr{F}_\tau;\ \tau$ 是 $\mathbb{F}$-停时 $\}$ 是一个过滤。

引理 7.3（定义在停时上过滤的性质）

> 设 $\mathbb{F} = \{\mathscr{F}_t;\ t \geqslant 0\}$ 是一个过滤和 τ_1,τ_2 是 $\mathbb{F}$-停时，那么有性质：
>
> (1) $\{\tau_2 \leqslant \tau_1\} \in \mathscr{F}_{\tau_1} \bigcap \mathscr{F}_{\tau_2}$；
>
> (2) 若 $\tau_1 \leqslant \tau_2$，则 $\mathscr{F}_{\tau_1} \subset \mathscr{F}_{\tau_2}$；
>
> (3) $\forall A \in \mathscr{F}_{\tau_1}$，则 $A \bigcap \{\tau_1 \leqslant \tau_2\} \in \mathscr{F}_{\tau_2}$；
>
> (4) $\mathscr{F}_{\tau_1 \wedge \tau_2} = \mathscr{F}_{\tau_1} \bigcap \mathscr{F}_{\tau_2}$。 ♣

证明 对于性质(1)，首先有：对任意 $t \geqslant 0$，$\{\tau_2 > \tau_1\} \bigcap \{\tau_2 \leqslant t\} = \{\tau_2 \leqslant t\} \bigcap (\bigcup\limits_{s \in \mathbb{Q},\, s \leqslant t} \{\tau_2 > s\} \bigcap \{\tau_1 < s\}) \in \mathscr{F}_t$，于是 $\{\tau_2 > \tau_1\} \in \mathscr{F}_{\tau_2}$。 应用引理 7.2 可得到 $\mathscr{F}_{\tau_2}$ 是一个 σ-代数，即 $\{\tau_2 \leqslant \tau_1\} \in \mathscr{F}_{\tau_2}$。

同理可证得 $\{\tau_2 \leqslant \tau_1\} \in \mathscr{F}_{\tau_1}$。

对于性质(2)，对任意 $A \in \mathscr{F}_{\tau_1}$ 和 $t \geqslant 0$，$A \bigcap \{\tau_1 \leqslant t\} \in \mathscr{F}_t$。 由于 $\tau_2 \leqslant \tau_1$，故 $\{\tau_2 \leqslant t\} \subset \{\tau_1 \leqslant t\}$。 因为 τ_2 是 $\mathbb{F}$-停时，故 $\{\tau_2 \leqslant t\} \in \mathscr{F}_t$，于是 $A \bigcap \{\tau_2 \leqslant t\} = (A \bigcap \{\tau_1 \leqslant t\}) \bigcap \{\tau_2 \leqslant t\} \in \mathscr{F}_t,\ \forall t \geqslant 0$。 这意味着 $A \in \mathscr{F}_{\tau_2}$，也就是 $\mathscr{F}_{\tau_1} \subset \mathscr{F}_{\tau_2}$。

对于性质(3)，对任意 $A \in \mathscr{F}_{\tau_1}$ 和 $t \geqslant 0$，则 $A \bigcap \{\tau_1 \leqslant t\} \in \mathscr{F}_t$，那么有：

$$(A \bigcap \{\tau_1 \leqslant \tau_2\}) \bigcap \{\tau_2 \leqslant t\} = (A \bigcap \{\tau_1 \leqslant t\}) \bigcap \{\tau_2 \leqslant t\} \bigcap \{\tau_1 \wedge t \leqslant \tau_2 \wedge t\} \tag{7.32}$$

由于 τ_2 是 $\mathbb{F}$-停时，故 $\{\tau_2 \leqslant t\} \in \mathscr{F}_t$。 因为 $\tau_1 \wedge t$ 和 $\tau_2 \wedge t$ 都是 $\mathbb{F}$-停时，故根据(1)~(2)可得到 $\{\tau_1 \wedge t \leqslant \tau_2 \wedge t\} \in \mathscr{F}_{\tau_1 \wedge t} \bigcap \mathscr{F}_{\tau_2 \wedge t} \subset \mathscr{F}_{\tau_2 \wedge t} \subset \mathscr{F}_t$。 于是，由式（7.32）得 $(A \bigcap \{\tau_1 \leqslant \tau_2\}) \bigcap \{\tau_2 \leqslant t\} \in \mathscr{F}_t,\ \forall t \geqslant 0$。 这意味着 $A \bigcap \{\tau_1 \leqslant \tau_2\} \in \mathscr{F}_{\tau_2}$。

对于性质(4)，由性质(2)可得 $\mathscr{F}_{\tau_1 \wedge \tau_2} \subset \mathscr{F}_{\tau_1} \bigcap \mathscr{F}_{\tau_2}$。

下面证明 $\mathscr{F}_{\tau_1} \bigcap \mathscr{F}_{\tau_2} \subset \mathscr{F}_{\tau_1 \wedge \tau_2}$。 事实上，对任意 $A \in \mathscr{F}_{\tau_1} \bigcap \mathscr{F}_{\tau_2}$，则有 $A \in \mathscr{F}$ 且对任意 $t \geqslant 0$，$A \bigcap \{\tau_1 \leqslant t\} \in \mathscr{F}_t$ 和 $A \bigcap \{\tau_2 \leqslant t\} \in \mathscr{F}_t,\ \forall t \geqslant 0$。 于是：

$$\begin{aligned} A \bigcap \{\tau_1 \wedge \tau_2 \leqslant t\} &= A \bigcap (\{\tau_1 \leqslant t\} \bigcup \{\tau_2 \leqslant t\}) \\ &= (A \bigcap \{\tau_1 \leqslant t\}) \bigcup (A \bigcap \{\tau_2 \leqslant t\}) \in \mathscr{F}_t,\ \forall t \geqslant 0 \end{aligned}$$

至此，该引理得证。 □

下面的定理说明了随机过程在停时处的取样关于停时处过滤的可测性：

定理 7.8(过程在停时处的取样关于停时处过滤的可测性)

> 设 $\mathcal{T}=\{0\}\bigcup\mathbb{N}$ 或 $\mathcal{T}=[0,\infty]$, $\mathbb{F}=\{\mathscr{F}_t;t\in\mathcal{T}\}$ 是一个过滤和 τ 是 $\mathbb{F}$-停时, 考虑概率空间 $(\Omega,\mathscr{F},P)$ 上的实值随机过程 $X=\{X_t;t\in\mathcal{T}\}$, 如果下列两个条件中的有一个条件成立:
>
> (1) $\mathcal{T}=\{0\}\bigcup\mathbb{N}$ 和过程 X 是 $\mathbb{F}$-适应的;
>
> (2) $\mathcal{T}=[0,\infty)$ 和过程 X 是循序可测的,
>
> 那么 $X_\tau\in\mathscr{F}_\tau$, 也就是说, X_τ 是 $\mathscr{F}_\tau$-可测的。 ♣

证明　为证明 X_τ 是 $\mathscr{F}_\tau$-可测的, 根据式(7.30), 只需证明: 对任意 $B\in\mathscr{B}(\mathbb{R})$, 有

$$\{X_\tau\in B\}\bigcap\{\tau\leqslant t\}\in\mathscr{F}_t,\quad\forall t\geqslant 0 \tag{7.33}$$

首先证明条件(1)。对任意 $t\geqslant 0$, $\{X_\tau\in B\}\bigcap\{\tau\leqslant t\}=\bigcup\limits_{n\leqslant t}(\{X_n\in B\}\bigcap\{\tau=n\})$, 由于 X 是 $\mathbb{F}$-适应的, 故对任意 $n\in\mathbb{N}^*$, $\{X_n\in B\}\in\mathscr{F}_n$。因为 τ 是 $\mathbb{F}$-停时, 则应用停时的性质(1)可得到 $\{\tau=n\}\in\mathscr{F}_n$, $\forall n=0,1,\cdots$。这意味着 $\bigcup\limits_{n=0}^{\infty}(\{X_n\in B\}\bigcap\{\tau=n\})\in\mathscr{F}_t$, $\forall t\geqslant 0$, 也就是式(7.33)成立。

下面证明条件(2)。可知 $\{X_\tau\in B\}\bigcap\{\tau\leqslant t\}=\{X_{\tau\wedge t}\in B\}\bigcap\{\tau\leqslant t\}$, $\forall t\geqslant 0$, 由于 τ 是 $\mathbb{F}$-停时, 故 $\{\tau\leqslant t\}\in\mathscr{F}_t$。为证明式(7.33), 只需证明 $\{X_{\tau\wedge t}\in B\}\in\mathscr{F}_t$, $\forall t\geqslant 0$, 这也就是证明: 对任意 $\mathbb{F}$-停时 $\hat{\tau}\leqslant t$, 有 $X_{\hat{\tau}}\in\mathscr{F}_t$。为此, 对任意 $\mathbb{F}$-停时 $\hat{\tau}\leqslant t$, 可定义如下映射:

$$\psi:(\Omega;\mathscr{F}_t)\longmapsto(\Omega\times[0,t],\mathscr{F}_t\otimes\mathscr{B}([0,t]),\psi(\omega)=(\omega,\hat{\tau}(\omega))$$

因此 ψ 是 $\mathscr{F}_t$-可测的。事实上, 对任意 $s\in[0,t]$ 和 $A\in\mathscr{F}_t$, 由于 $\hat{\tau}\leqslant t$ 是 $\mathbb{F}$-停时, 故 $\{\omega\in\Omega;\psi(\omega)\in A\times[0,s]\}=A\bigcap\{\hat{\tau}\leqslant s\}\in\mathscr{F}_t$。对任意 $t\geqslant 0$, 进一步定义 Y: $(\Omega\times[0,t],\mathscr{F}_t\otimes\mathscr{B}([0,t])\longmapsto(\mathbb{R},\mathscr{B}(\mathbb{R}))$ 和 $Y(\omega,s)=X_s(\omega)$, 因为 X 是循序可测的, 则 Y 是 $\mathscr{F}_t\otimes\mathscr{B}([0,t])$-可测的, 即 $X_{\hat{\tau}}=Y\circ\psi$ 是 $\mathscr{F}_t$-可测的。至此, 该定理得证。　□

7.7　Doob 可选时定理

本节将分别给出离散时间和连续时间 Doob 可选时定理的具体内容以及这两类可选时定理的证明。

7.7.1　离散时间 Doob 可选时定理

离散时间下鞅的 Doob 可选时定理表述如下:

定理 7.9(离散时间 Doob 可选时定理)

> 设 $X=\{X_n;n=0,1,\cdots\}$ 是过滤 $\mathbb{F}=\{\mathscr{F}_n;n=0,1,\cdots\}$-下鞅以及 τ_1,τ_2 为 $\mathbb{F}$-停时且满足 $\tau_1\leqslant\tau_2$, 那么 $E[X_{\tau_2}\mid\mathscr{F}_{\tau_1}]\geqslant X_{\tau_1}$。 ♣

证明　对任意 $i=1,2$, 利用定理 7.8 可得到 $X_{\tau_i}\in\mathscr{F}_{\tau_i}$。设正整数 N_i 为 τ_i 的上界, 即

$\tau_i \leqslant N_i$, $\forall i = 1, 2$。因为 X 为 $\mathbb{F}$-下鞅,故由 Doob-分解得到 $X_n = M_n + A_n$,$\forall n = 0, 1, \cdots$,其中 $M = \{M_n; n = 0, 1, \cdots\}$ 是一个 $\mathbb{F}$-鞅和 $A = \{A_n; n = 0, 1, \cdots\}$ 是 $\mathbb{F}$-适应非负可积增过程。于是,对于 $i = 1, 2$,有

$$E\left[\,|X_{\tau_i}|\,\right] = \sum_{n=0}^{N_i} E\left[\,|X_n|\mathbf{1}_{\tau_i=n}\,\right] \leqslant \sum_{n=0}^{N_i} E\left[\,|M_n|\mathbf{1}_{\tau_i=n}\,\right] + \sum_{n=0}^{N_i} E\left[A_n\mathbf{1}_{\tau_i=n}\right]$$

由于 M 是 $\mathbb{F}$-鞅,则由 Jensen 不等式可得到:$|M|$ 也是 $\mathbb{F}$-下鞅。这样,对任意 $n = 0$, $1, \cdots, N_i$,由 $\{\tau_i = n\} \in \mathscr{F}_n$,则有 $E\left[\,|M_n|\mathbf{1}_{\tau_i=n}\,\right] \leqslant E\left[\,|M_{N_i}|\mathbf{1}_{\tau_i=n}\,\right]$,因此对任意 $i = 1, 2$,有

$$\begin{aligned}
E\left[\,|X_{\tau_i}|\,\right] &= \sum_{n=0}^{N_i} E\left[\,|M_n|\mathbf{1}_{\tau_i=n}\,\right] + \sum_{n=0}^{N_i} E\left[A_n\mathbf{1}_{\tau_i=n}\right] \\
&\leqslant \sum_{n=0}^{N_i} E\left[\,|M_{N_i}|\mathbf{1}_{\tau_i=n}\,\right] + \sum_{n=0}^{N_i} E\left[A_{N_i}\mathbf{1}_{\tau_i=n}\right] \\
&= E\left[\,|M_{N_i}| + A_{N_i}\,\right] < +\infty
\end{aligned}$$

也就是说,X_{τ_i} 是可积的。下面证明 $E\left[X_{\tau_2} \mid \mathscr{F}_{\tau_1}\right] \geqslant X_{\tau_1}$,这等价于证明:对任意 $A \in \mathscr{F}_{\tau_1}$,有

$$E\left[X_{\tau_2}\mathbf{1}_A\right] \geqslant E\left[X_{\tau_1}\mathbf{1}_A\right] \tag{7.34}$$

对于 $A \in \mathscr{F}_{\tau_1}$,则对任意 $n = 0, 1, \cdots$,$A_n := A \cap \{\tau = n\} \in \mathscr{F}_n$,那么 $A = \bigcup_{n=0}^{\infty} A_n$。由于 τ_2 是 $\mathbb{F}$-停时,则 $\{\tau_2 > n\} \in \mathscr{F}_n$,$\forall n = 0, 1, \cdots$。于是,对任意 $n, j = 1, \cdots, N_2$,$A_j \cap \{\tau_2 > n\} \in \mathscr{F}_n$,$\forall j \leqslant n$。再由 X 的 $\mathbb{F}$-下鞅性可得到:对任意 $n \geqslant j$,$E\left[X_n\mathbf{1}_{A_j \cap \{\tau_2>n\}}\right] \leqslant E\left[X_{n+1}\mathbf{1}_{A_j \cap \{\tau_2>n\}}\right]$,因此,对任意 $n \geqslant j$,有

$$\begin{aligned}
E\left[X_n\mathbf{1}_{A_j \cap \{\tau_2 \geqslant n\}}\right] &= E\left[X_n\mathbf{1}_{A_j \cap \{\tau_2=n\}}\right] + E\left[X_n\mathbf{1}_{A_j \cap \{\tau_2>n\}}\right] \\
&\leqslant E\left[X_n\mathbf{1}_{A_j \cap \{\tau_2=n\}}\right] + E\left[X_{n+1}\mathbf{1}_{A_j \cap \{\tau_2>n\}}\right] \\
&= E\left[X_n\mathbf{1}_{A_j \cap \{\tau_2=n\}}\right] + E\left[X_{n+1}\mathbf{1}_{A_j \cap \{\tau_2 \geqslant n+1\}}\right]
\end{aligned}$$

这意味着:对任意 $n \geqslant j$,

$$E\left[X_n\mathbf{1}_{A_j \cap \{\tau_2 \geqslant n\}}\right] - E\left[X_{n+1}\mathbf{1}_{A_j \cap \{\tau_2 \geqslant n+1\}}\right] \leqslant E\left[X_n\mathbf{1}_{A_j \cap \{\tau_2=n\}}\right]$$

于是,有

$$\sum_{n=j}^{N_2}\left\{E\left[X_n\mathbf{1}_{A_j \cap \{\tau_2 \geqslant n\}}\right] - E\left[X_{n+1}\mathbf{1}_{A_j \cap \{\tau_2 \geqslant n+1\}}\right]\right\} \leqslant \sum_{n=j}^{N_2} E\left[X_n\mathbf{1}_{A_j \cap \{\tau_2=n\}}\right]$$

这样,可得到:

$$\begin{aligned}
E\left[X_j\mathbf{1}_{A_j \cap \{\tau_2 \geqslant j\}}\right] - E\left[X_{N_2+1}\mathbf{1}_{A_j \cap \{\tau_2 \geqslant N_2+1\}}\right] &\leqslant \sum_{n=j}^{N_2} E\left[X_n\mathbf{1}_{A_j \cap \{\tau_2=n\}}\right] \\
&= E\left[X_{\tau_2}\mathbf{1}_{A_j \cap \{j \leqslant \tau_2 \leqslant N_2\}}\right]
\end{aligned}$$

由于 $E\left[X_{N_2+1}\mathbf{1}_{A_j \cap \{\tau_2 \geqslant N_2+1\}}\right] = 0$,回顾 $A_j = A \cap \{\tau_1 = j\}$,故有:

$$E\left[X_j\mathbf{1}_{A_j \cap \{\tau_2 \geqslant j\}}\right] = E\left[X_j\mathbf{1}_{A \cap \{\tau_1=j\} \cap \{\tau_2 \geqslant j\}}\right] = E\left[X_{\tau_1}\mathbf{1}_{A_j \cap \{\tau_2 \geqslant j\}}\right]$$

那么,对任意 $j \in \{0, 1, \cdots, N_2\}$,$E\left[X_{\tau_1}\mathbf{1}_{A_j \cap \{\tau_2 \geqslant j\}}\right] \leqslant E\left[X_{\tau_2}\mathbf{1}_{A_j \cap \{j \leqslant \tau_2 \leqslant N_2\}}\right]$,这也就是,对任意 $j \in \{0, 1, \cdots, N_2\}$,有

$$E\left[X_{\tau_1}\mathbf{1}_{A \cap \{\tau_1=j\} \cap \{\tau_2 \geqslant j\}}\right] \leqslant E\left[X_{\tau_2}\mathbf{1}_{A \cap \{\tau_1=j\} \cap \{\tau_2 \geqslant j\}}\right] \tag{7.35}$$

由于 $\tau_1 \leqslant \tau_2$,故 $\{\tau_1 = j\} \cap \{\tau_2 < j\} = \varnothing$,于是得到:

$$E\left[X_{\tau_1}\mathbf{1}_{A \cap \{\tau_1=j\} \cap \{\tau_2<j\}}\right] = E\left[X_{\tau_2}\mathbf{1}_{A \cap \{\tau_1=j\} \cap \{\tau_2<j\}}\right] = 0 \tag{7.36}$$

将式(7.35)与式(7.36)左右两边分别相加可得到 $E[X_{\tau_1 A \cap \{\tau_1 = j\}}] \leqslant E[X_{\tau_2 A \cap \{\tau_1 = j\}}]$。由于 τ_1 的界为 N_1，故对上式两边关于 j 从 0 到 N_1 求和可得到式(7.34)。至此，该定理证毕。 □

离散时间 Doob 鞅收敛定理的一个简单应用是证明 Wald 等式。

例 7.6(Wald 第一等式) 设 $\{\xi_i\}_{i=1}^{\infty}$ 是概率空间 $(\Omega, \mathscr{F}, P)$ 上独立同分布的可积随机变量，考虑 τ 是 $\mathbb{F} = \{\mathscr{F}_n; n \in \mathbb{N}\}$-停时且满足 $E[\tau] < +\infty$，其中 $\mathscr{F}_n = \sigma(\xi_1, \cdots, \xi_n)$，$\forall n \in \mathbb{N}$。定义 $S_n = \sum_{i=1}^{n} \xi_i$，$\forall n \in \mathbb{N}$，则有：

$$E[S_\tau] = E[\xi_1]E[\tau] \tag{7.37}$$

事实上，由于 $\{S_n - nE[\xi_1]; n \in \mathbb{N}\}$ 是 $\mathbb{F}$-鞅，那么根据可选时定理 7.9 可得到：

$$E[S_{\tau \wedge N}] = E[\xi_1]E[\tau \wedge N], \ \forall N \in \mathbb{N} \tag{7.38}$$

首先假设 $\{\xi_i\}_{i=1}^{\infty}$ 都是非负的，故 $n \mapsto S_n$ 是单增的。于是，对等式(7.38)两边应用单调收敛定理即得等式(7.37)。对于一般情形，让我们考虑 $E[S_\tau] = E\left[\sum_{i=1}^{\tau} \xi_i^+\right] - E\left[\sum_{i=1}^{\tau} \xi_i^-\right]$，由于 $\{\xi_i\}_{i=1}^{\infty}$ 独立同分布，故 $\{\xi_i^+\}_{i=1}^{\infty}$（或 $\{\xi_i^-\}_{i=1}^{\infty}$）也是独立同分布且具有有限的一阶矩。于是，有 $E[S_\tau] = E[\xi_1^+]E[\tau] - E[\xi_1^-]E[\tau] = E[\xi_1]E[\tau]$。

我们还可以采用如下的思路来证明式(7.37)。假设停时 τ 是有界的，即存在一个 $N \in \mathbb{N}$ 使得 $\tau \leqslant N$。由于 τ 是 $\mathbb{F}$-停时，故对任意 $i \in \mathbb{N}$，有 $\{\tau \geqslant i\} = \{\tau > i-1\} \in \mathscr{F}_{i-1}$，这意味着 $\{\tau \geqslant i\} = \{\tau > i-1\}$ 独立于 ξ_i，因此可得到：

$$E[S_\tau] = E\left[\sum_{i=1}^{\tau} \xi_i\right] = E\left[\sum_{i=1}^{N} \xi_i \mathbf{1}_{\tau \geqslant i}\right] = E\left[\sum_{i=1}^{N} \xi_i \mathbf{1}_{\tau > i-1}\right] = \sum_{i=1}^{N} E[\xi_i]E[\mathbf{1}_{\tau > i-1}]$$

$$= E[\xi_1]\sum_{i=1}^{N} P(\tau > i-1) = E[\xi_1]E[\tau]$$

例 7.7(Wald 第二等式) 设 $\{\xi_i\}_{i=1}^{\infty}$ 是概率空间 $(\Omega, \mathscr{F}, P)$ 上相互独立的随机变量且满足 $E[\xi_i] = 0$ 和 $\mathrm{Var}(\xi_i) = \sigma^2 > 0$，$\forall i \in \mathbb{N}$。对任意 $n \in \mathbb{N}$，设 $\mathscr{F}_n = \sigma(\xi_1, \cdots, \xi_n)$ 和 τ 是 $\mathbb{F} = \{\mathscr{F}_n; n \in \mathbb{N}\}$-停时且满足 $E[\tau] < +\infty$，可定义 $S_n = \sum_{i=1}^{n} \xi_i$，$\forall n \in \mathbb{N}$，则有：

$$E[S_\tau^2] = \sigma^2 E[\tau] \tag{7.39}$$

事实上，离散时间过程 $\{S_n^2 - \sigma^2 n; n \in \mathbb{N}\}$ 是一个 $\mathbb{F}$-鞅。那么由可选时定理 7.9 可得到：

$$E[S_{\tau \wedge N}^2] = \sigma^2 E[\tau \wedge N], \ \forall N \in \mathbb{N} \tag{7.40}$$

由于 $S_{\tau \wedge n} = \sum_{i=1}^{n} \xi_i \mathbf{1}_{\tau \geqslant i}$，故：对任意 $0 \leqslant m < n < +\infty$，有

$$E[|S_{\tau \wedge n} - S_{\tau \wedge m}|^2] = E\left[\left|\sum_{i=m+1}^{n} \xi_i \mathbf{1}_{\tau \geqslant i}\right|^2\right]$$

$$= \sum_{i=m+1}^{n} E[\xi_i^2 \mathbf{1}_{\tau \geqslant i}] + \sum_{m+1 \leqslant i \neq j \leqslant n} E[\xi_i \mathbf{1}_{\tau \geqslant i} \xi_j \mathbf{1}_{\tau \geqslant j}] \tag{7.41}$$

由于对任意 $1 \leqslant i < j < +\infty$，有 ξ_j 与 $(\xi_i, \mathbf{1}_{\tau \geqslant i}, \mathbf{1}_{\tau \geqslant j})$ 相互独立，因此 $E[\xi_i \mathbf{1}_{\tau \geqslant i} \xi_j \mathbf{1}_{\tau \geqslant j}] = E[\xi_j]E[\xi_i \mathbf{1}_{\tau \geqslant i} \mathbf{1}_{\tau \geqslant j}] = 0$。这样，式(7.41)成为

$$E\left[\,|\,S_{\tau\wedge n}-S_{\tau\wedge m}\,|^{2}\,\right]=E\left[\,\Big|\,\sum_{i=m+1}^{n}\xi_{i}\mathbf{1}_{\tau\geqslant i}\,\Big|^{2}\,\right]=\sum_{i=m+1}^{n}E\left[\,\xi_{i}^{2}\mathbf{1}_{\tau\geqslant i}\,\right]$$

$$=\sum_{i=m+1}^{n}E\left[\,\xi_{i}^{2}\mathbf{1}_{\tau>i-1}\,\right]=\sum_{i=m+1}^{n}E\left[\,\xi_{i}^{2}\,\right]P(\tau>i-1)$$

$$=\sigma^{2}\sum_{i=m+1}^{n}P(\tau>i-1)$$

$$=\sigma^{2}\{E\left[\,\tau\wedge n\,\right]-E\left[\,\tau\wedge m\,\right]\} \tag{7.42}$$

由于 $E[\tau]<+\infty$，故 $E\left[\,|\,S_{\tau\wedge n}-S_{\tau\wedge m}\,|^{2}\,\right]\mapsto 0$，$m,n\mapsto\infty$，也就是 $\{S_{\tau\wedge N};N\in\mathbb{N}\}$ 是 $L^{2}(\Omega)$ 中的柯西列。因为 $S_{\tau\wedge N}\mapsto S_{\tau}$，$N\mapsto\infty$，a.s.，于是 $\lim\limits_{N\to\infty}E\left[\,|\,S_{\tau\wedge N}-S_{\tau}\,|^{2}\,\right]=0$，即 $\lim\limits_{N\to\infty}E\left[\,|\,S_{\tau\wedge N}\,|^{2}\,\right]=E\left[\,|\,S_{\tau}\,|^{2}\,\right]$。再在等式(7.40)左边应用单调收敛定理则可得到等式(7.39)。

例 7.8(分支过程) 设 ξ_{i}^{n}，$\forall n,i\in\mathbb{N}$ 是概率空间 $(\Omega,\mathscr{F},P)$ 上独立同分布的非负整数值随机变量，迭代地定义如下的随机过程：

$$X_{n+1}=\sum_{k=1}^{X_{n}}\xi_{k}^{n+1}\mathbf{1}_{X_{n}>0},\quad\forall n\in\mathbb{N},X_{1}=1 \tag{7.43}$$

则称 $X=\{X_{n};n\in\mathbb{N}\}$ 为分支过程或 Galton-Watson 过程。事实上，我们可以认为 X_{n} 表示某个种群第 n 代的个体数目，而每一个个体在第 $n+1$ 代会繁衍独立同分布数量的后代。另外，我们把 ξ_{i}^{n} 的共同分布称为后代分布(offspring distribution)。设 $\mu=E[\xi_{i}^{n}]$ 和 $\mathscr{F}_{n}=\sigma(\xi_{i}^{k};i\in\mathbb{N},k\leqslant n)$，$\forall n\in\mathbb{N}$，根据式(7.43)，对任意 $n\in\mathbb{N}$，有

$$E[X_{n+1}\mid\mathscr{F}_{n}]=\sum_{k=1}^{\infty}E[X_{n+1}\mathbf{1}_{X_{n}=k}\mid\mathscr{F}_{n}]=\sum_{k=1}^{\infty}E\left[\sum_{j=1}^{X_{n}}\xi_{j}^{n+1}\mathbf{1}_{X_{n}>0}\mathbf{1}_{X_{n}=k}\mid\mathscr{F}_{n}\right]$$

$$=\sum_{k=1}^{\infty}E\left[\sum_{j=1}^{k}\xi_{j}^{n+1}\mathbf{1}_{X_{n}=k}\mid\mathscr{F}_{n}\right]=\sum_{k=1}^{\infty}\mathbf{1}_{X_{n}=k}E\left[\sum_{j=1}^{k}\xi_{j}^{n+1}\mid\mathscr{F}_{n}\right]$$

$$=\sum_{k=1}^{\infty}\mu k\mathbf{1}_{X_{n}=k}=\sum_{k=1}^{\infty}\mu X_{n}\mathbf{1}_{X_{n}=k}=\mu X_{n}$$

于是，对于 $\mu<1$，可得到：

$$P(X_{n}>0)\leqslant E[X_{n}\mathbf{1}_{X_{n}\geqslant 0}]=E[X_{n}]=\mu^{n}$$

由于 $\mu<1$，因此 $\sum\limits_{n=1}^{\infty}P(X_{n}>0)<\infty$。于是，应用 Borel-Cantelli 引理得到 $P(X_{n}=0,\mathrm{e.v.})=1$。也就是说，如果 $\mu<1$，那么该分支过程 $X=\{X_{n};n\in\mathbb{N}\}$ 最终会灭绝。

7.7.2 连续时间 Doob 可选时定理

为了证明连续时间 Doob 可选时定理，下面的引理提供了证明连续时间 Doob 可选时定理时所利用的主要工具。

引理 7.4(连续停时的逼近)

设 $\tau:\Omega\mapsto[0,\infty]$ 是过滤 $\mathbb{F}=\{\mathscr{F}_{t};t\geqslant 0\}$-可选时(或 $\mathbb{F}$-停时)，则存在一列递减 $\mathbb{F}$-停时 $\{\tau_{n}\}_{n=1}^{\infty}$ 使得 $\lim\limits_{n\to\infty}\tau_{n}(\omega)=\tau(\omega)$，$\forall\omega\in\Omega$。

证明 设 $n\in\mathbb{N}$，对任意 $\omega\in\Omega$，可引入：

$$\tau_n(\omega) := \begin{cases} \tau(\omega), & \text{on}\{\tau(\omega) = +\infty\} \\ \dfrac{k}{2^n}, & \text{on}\left\{\dfrac{k-1}{2^n} \leqslant \tau(\omega) < \dfrac{k}{2^n}\right\}, k \in \mathbb{N} \end{cases}$$

则上式定义的 $\omega \mapsto \tau_n(\omega)$ 如图 7.3 所示,即 $\tau_n(\omega) \downarrow \tau(\omega)$, $\forall \omega \in \Omega$。进一步,对任意 $\dfrac{k-1}{2^n} \leqslant t < \dfrac{k}{2^n}$,有

$$\{\tau_n \leqslant t\} = \left\{\tau_n \leqslant \dfrac{k-1}{2^n}\right\} = \left\{\tau < \dfrac{k-1}{2^n}\right\} \in \mathscr{F}_{\frac{k-1}{2^n}} \subset \mathscr{F}_t$$

这意味着:对任意 $n \in \mathbb{N}$, τ_n 是一个 $\mathbb{F}$-停时。至此,该引理得证。 $\square$

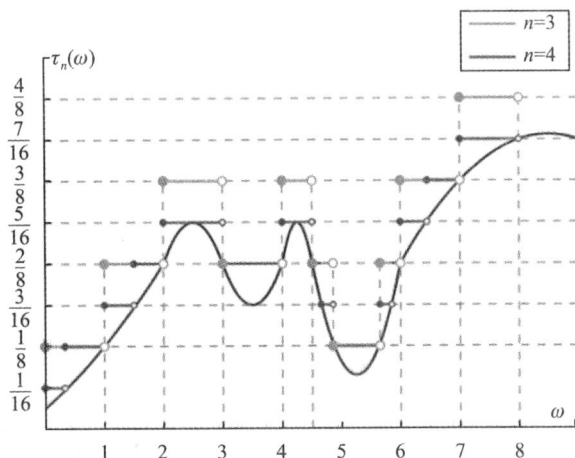

图 7.3 样本空间 $\Omega = \mathbb{R}$ 和取不同 n 时,$\omega \mapsto \tau_n(\omega)$ 的示意,
其中蓝色部分为 $\omega \mapsto \tau(\omega)$ 的图像

应用引理 7.4,根据离散时间 Doob 可选时定理来证明连续时间下鞅的 Doob 可选时定理。连续时间下鞅的 Doob 可选时定理的内容表述如下:

定理 7.10(连续时间 Doob 可选时定理)

> 设 $X = \{X_t; t \geqslant 0\}$ 是轨道右连续关于过滤 $\mathbb{F} = \{\mathscr{F}_t; t \geqslant 0\}$-下鞅,对于有界 $\mathbb{F}$-停时 τ_1, τ_2 且满足 $\tau_1 \leqslant \tau_2$,则有 $E[X_{\tau_2} \mid \mathscr{F}_{\tau_1}] \geqslant X_{\tau_1}$。 ♣

证明 由于 X 是 $\mathbb{F}$-适应且轨道是右连续的,故 X 是循序可测的。那么,根据定理 7.8 中条件(2)得到:$X_{\tau_i} \in \mathscr{F}_{\tau_i}$, $\forall i = 1, 2$。进一步,由 Doob 分解可得 X_{τ_i} 是可积的。应用引理 7.4,则分别存在一列有界 $\mathbb{F}$-停时 τ_{1n} 和 τ_{2n}, $\forall n \in \mathbb{N}$ 满足 $\tau_{in} \downarrow \tau_i$, $i = 1, 2$ 和 $\tau_{1n} \leqslant \tau_{2n}$。于是,离散时间 Doob 可选时定理 7.9 意味着:对任意 $A \in \mathscr{F}_{\tau_{1n}}$, $n \in \mathbb{N}$,有 $E[X_{\tau_{1n}} \mathbf{1}_A] \leqslant E[X_{\tau_{2n}} \mathbf{1}_A]$。这样,对任意 $A \in \mathscr{F}_{\tau_1+} := \bigcap_{n=1}^{\infty} \mathscr{F}_{\tau_{1n}}$,则有 $E[X_{\tau_{1n}} \mathbf{1}_A] \leqslant E[X_{\tau_{2n}} \mathbf{1}_A]$。根据引理 7.3 中性质(2)知:$\mathscr{F}_{\tau_1} \subset \mathscr{F}_{\tau_{1n}}$, $\forall n \in \mathbb{N}$。于是,对任意 $A \in \mathscr{F}_{\tau_1}$,有

$$E[X_{\tau_{1n}} \mathbf{1}_A] \leqslant E[X_{\tau_{2n}} \mathbf{1}_A] \tag{7.44}$$

利用离散时间 Doob 可选时定理 7.9 可获得:$\{X_{\tau_{1n}}, \mathscr{F}_{\tau_{1n}}\}_{n=1}^{\infty}$ 是一个倒向下鞅且 $l := \inf_{n \in \mathbb{N}} E[X_{\tau_{1n}}] \geqslant E[X_0] > -\infty$,于是 $\{X_{\tau_{1n}}; n \in \mathbb{N}\}$ 是一致可积的。类似地,$\{X_{\tau_{2n}}; n \in \mathbb{N}\}$

也是一致可积的。由于下鞅 X 是右连续的，故对于 $i=1,2$，有 $X_{\tau_{in}} \xrightarrow{L^1} X_{\tau_i}$，$n \mapsto \infty$。对不等式(7.44)两边取极限 $n \mapsto \infty$，那么，对任意 $A \in \mathscr{F}_{\tau_1}$，$E[X_{\tau_1} \mathbf{1}_A] \leqslant E[X_{\tau_2} \mathbf{1}_A]$。至此，该定理得证。 $\square$

连续时间 Doob 可选时定理 7.10 的经典应用是计算布朗运动首穿时的分布(见 4.4 节)和布朗运动退出时的分布(见 4.5 节)。

练　习

1. 证明 7.1 节中离散时间鞅的性质(1)和(3)。

2. 设 $C = \{C_n; n \in \mathbb{N}\}$ 是任意一个非负的 $\mathbb{F}$-可料过程，而 $X = \{X_n; n = 0, 1, \cdots\}$ 是一个 $\mathbb{F} = \{\mathscr{F}_n; n = 0, 1, \cdots\}$-上鞅。证明：鞅变换 $C \cdot X = \{(C \cdot X)_n; n = 0, 1, \cdots\}$ 是一个 $\mathbb{F}$-上鞅。

3. 证明例 7.3 中的过程 $X = \{X_t; t \geqslant 0\}$ 是关于各自自然过滤的鞅过程。

4. 设 $W = \{W_t; t \geqslant 0\}$ 是概率空间 $(\Omega, \mathscr{F}, \mathbb{F} = \{\mathscr{F}_t; t \geqslant 0\}, P)$ 上的标准布朗运动，对于 $\mu \in \mathbb{R}$ 和 $\sigma > 0$，定义：$W_t^{\mu, \sigma} := \mu t + \sigma W_t$，$\forall t \geqslant 0$。证明：

$$W^{\mu, \sigma} \text{ 是一个} \begin{cases} \mathbb{F}^W\text{-下鞅,} & \mu > 0 \\ \mathbb{F}^W\text{-鞅,} & \mu = 0 \\ \mathbb{F}^W\text{-上鞅,} & \mu < 0 \end{cases}$$

5. 设 $X = \{X_t; t \geqslant 0\}$ 是 $\mathbb{F}$-下鞅和 $\varphi: \mathbb{R} \mapsto \mathbb{R}$ 是一个单增凸函数，如果 $E[|\varphi(X_t)|] < \infty$，$\forall t \geqslant 0$，则 $\varphi(X) = \{\varphi(X_t); t \geqslant 0\}$ 是一个 $\mathbb{F}$-下鞅。

6. 设 $N = \{N_t; t \geqslant 0\}$ 是概率空间 $(\Omega, \mathscr{F}, P)$ 上的参数为 $\lambda > 0$ 的泊松过程，则可定义如下的随机过程：对任意 $p \in \mathbb{N}$，有

$$X_t = N_t^p - \lambda \int_0^t \{(N_s + 1)^p - N_s^p\} \mathrm{d}s, \quad \forall t \geqslant 0$$

证明：过程 $X = \{X_t; t \geqslant 0\}$ 是一个 $\mathbb{F}^N$-鞅。

7. 设 $W = \{W_t; t \geqslant 0\}$ 和 $N = \{N_t; t \geqslant 0\}$ 分别是概率空间 $(\Omega, \mathscr{F}, P)$ 上的标准布朗运动和参数为 $\lambda > 0$ 的泊松过程且 W 与 N 相互独立，且定义下的随机过程：对任意 σ，$\gamma > 0$，有

$$X_t = (\sigma W_t + \gamma N_t)^2 - \frac{\sigma^2}{2} t - \lambda \int_0^t \{2\sigma\gamma W_s + \gamma^2 (2N_s + 1)\} \mathrm{d}s, \quad \forall t \geqslant 0$$

则判别过程 $X = \{X_t; t \geqslant 0\}$ 是否为鞅，是上鞅还是下鞅。

8. 设 $W = \{W_t; t \geqslant 0\}$ 和 $N = \{N(B); B \in \mathscr{B}(I)\}$ $(I = [0, \infty) \times \mathbb{R}^d)$ 分别是概率空间 $(\Omega, \mathscr{F}, P)$ 上的标准布朗运动和强度测度为 $\mu: \mathscr{B}(I) \mapsto [0, \infty)$ 的泊松随机测度且 W 与 N 相互独立。设 $\int_{\mathbb{R}^d} |z| \mu(z) < +\infty$，定义 $X_t = \sigma W_t + \int_0^t \int_{\mathbb{R}^d} z N(\mathrm{d}s, \mathrm{d}z)$，$\forall t \geqslant 0$，其中 $\sigma > 0$。利用过程 $X = \{X_t; t \geqslant 0\}$ 构造一个鞅过程并给出验证。

9. 设 $X = \{X_n; n = 0, 1, 2, \cdots\}$ 是过滤概率空间 $(\Omega, \mathscr{F}, \mathbb{F} = \{\mathscr{F}_n; n = 0, 1, \cdots\}, P)$ 上的一个非负下鞅，应用离散时间 Doob 可选时定理 7.9 证明如下的概率不等式：对任意 $\lambda > 0$ 和 $n = 0, 1, \cdots$，有

$$\lambda P\left(\max_{k\in\{0,1,\cdots,n\}}X_k\geqslant\lambda\right)\leqslant E\left[X_n 1_{\max_{k\in\{0,1,\cdots,n\}}X_k\geqslant\lambda}\right]$$

10. 设正整数 $p>1$ 和 $X=\{X_t;t\geqslant 0\}$ 是过滤概率空间 $(\Omega,\mathscr{F},\mathbb{F}=\{\mathscr{F}_t;t\geqslant 0\},P)$ 上的一个 L^p-可积连续鞅，应用连续时间 Doob 可选时定理 7.10 证明如下的概率不等式：对任意 $t>0$，有

$$E\left[\left(\sup_{s\in[0,t]}|X_s|\right)^p\right]\leqslant\left(\frac{p}{p-1}\right)^p E[|X_t|^p]$$

11. （连续时间指数 Wald 等式）设 $W=\{W_t;t\geqslant 0\}$ 是概率空间 $(\Omega,\mathscr{F},P)$ 上的标准布朗运动和 τ 是一个 $\mathbb{F}^W$-停时且满足 $E[e^{\frac{\tau}{2}}]<\infty$，应用连续时间 Doob 可选时定理 7.10 证明如下的概率等式：

$$E\left[\exp\left(W_\tau-\frac{\tau}{2}\right)\right]=1$$

12. 设 $\{\xi_k\}_{k=1}^\infty$ 是概率空间 $(\Omega,\mathscr{F},P)$ 上的一列独立同分布于如下分布律的随机变量列：

$$P(\xi_k=1)=P(\xi_k=-1)=\frac{1}{2}$$

定义随机游动 $S_n=\sum_{k=1}^n\xi_k$，$\forall n\in\mathbb{N}$ 和 $S_0=x\in(a,b)$，其中 $x,a,b\in\mathbb{Z}$ 且 $a<b$。引入 $\tau_{ab}:=\min\{n=0,1,\cdots;S_n\notin(a,b)\}$ 和 $\min\varnothing=+\infty$。回答如下问题：

(1) 证明如下概率等式：

$$P(S_{\tau_{ab}}=a)=\frac{b-x}{b-a},\ P(S_{\tau_{ab}}=b)=\frac{x-a}{b-a}$$

(2) 证明概率等式 $E[\tau_{ab}]=(x-a)(b-x)$。

13. 设 $\{\xi_k\}_{k=1}^\infty$ 是概率空间 $(\Omega,\mathscr{F},P)$ 上的一列独立同分布于如下分布律的随机变量列：对于 $p\in(0,1)$ 且 $p\neq\frac{1}{2}$，有

$$P(\xi_k=1)=p=1-P(\xi_k=-1)$$

且定义随机游动 $S_n=\sum_{k=1}^n\xi_k$，$\forall n\in\mathbb{N}$ 和 $S_0=x\in\mathbb{Z}$。对任意 $z\in\mathbb{Z}$，引入 $\tau_z:=\min\{n=0,1,\cdots;S_n=z\}$ 和 $\min\varnothing=+\infty$。回答如下的问题：

(1) 设 $g(n):=\left(\frac{1-p}{p}\right)^n$，$\forall n\in\mathbb{Z}$。证明 $g(S)=\{g(S_n);n=0,1,\cdots\}$ 是关于随机游动 S 生成的自然过滤的鞅。

(2) 对任意 $a,b\in\mathbb{Z}(a<b)$ 和 $x\in(a,b)$，证明如下概率等式：

$$P(\tau_a<\tau_b)=\frac{g(b)-g(x)}{g(b)-g(a)},\ P(\tau_b<\tau_a)=\frac{g(x)-g(a)}{g(b)-g(a)}$$

14. 设 $X=\{X_n;n=0,1,2,\cdots\}$ 是过滤概率空间 $(\Omega,\mathscr{F},\mathbb{F}=\{\mathscr{F}_n;n=0,1,\cdots\},P)$ 上的一个鞅，定义如下鞅差序列：

$$Y_n:=X_n-X_{n-1},\ \forall n=1,2,\cdots$$

回答如下问题：

(1) 如果鞅差序列 $Y=\{Y_n;n\in\mathbb{N}\}$ 是二阶矩过程，证明如下等式：对任意互不相同

的 $m, n \in \mathbb{N}$，有

$$E[Y_m Y_n] = 0$$

（2）如果 $\sup\limits_{n \geqslant 0} E[X_n^2] < \infty$，证明存在一个随机变量 ξ 满足：

$$\lim_{n \to \infty} E[|X_n - \xi|^2] = 0$$

15. 设 $X = \{X_n; n = 0, 1, \cdots\}$ 是过滤概率空间 $(\Omega, \mathscr{F}, \mathbb{F} = \{\mathscr{F}_n; n = 0, 1, \cdots\}, P)$ 上的一个一致可积（见定义 1.13）连续鞅，应用离散时间 Doob-上鞅收敛定理 7.2 和 Vitali 收敛定理 1.6，证明存在 $(\Omega, \mathscr{F}, P)$ 上的一个可积随机变量 X_∞ 满足：当 $n \mapsto \infty$，有

$$X_n \overset{\text{a. s.}}{\mapsto} X_\infty, \quad X_n \overset{L^1}{\mapsto} X_\infty$$

进一步，还有 $X_n = E[X_\infty \mid \mathscr{F}_n]$，$\forall n = 0, 1, \cdots$。

16. 验证：当 $\mu < 1$，由例 7.8 引入的分支过程 X 为上鞅；当 $\mu = 1$，则 X 为鞅；当 $\mu > 1$，则 X 为下鞅。根据此结论，讨论当 $n \mapsto \infty$ 时，X_n 的相关收敛结果。

17. 设 $X = \{X_n; n = 0, 1, \cdots\}$ 是过滤概率空间 $(\Omega, \mathscr{F}, \mathbb{F} = \{\mathscr{F}_n; n = 0, 1, \cdots\}, P)$ 上的一个鞅且满足 $\sup\limits_{n \geqslant 0} E[|X_n|^2] < \infty$，于是称 X 为 L^2-鞅，证明：存在一个平方可积随机变量 X_∞ 使得 $X_n \overset{L^2}{\mapsto} X_\infty$，$n \mapsto \infty$。

第8章

离散时间马尔可夫链

>>•>> 内容提要

在前面章节的学习中，我们已经知道：独立增量过程就是马尔可夫过程（或简称马氏过程），布朗运动、泊松过程和复合泊松过程等都是马氏过程。所谓马氏过程，是指一类具有马氏性的随机过程。也就是说，该过程未来事件发生的概率仅与现在有关，而与过去无关，即具有马氏性。本章将介绍一类特殊的马氏过程——具有离散时间指标集和离散状态的马氏过程，即离散时间马氏链。本章 8.1 节将引入离散时间马氏链的定义；8.2 节将推导离散时间马氏链的转移概率所满足的 Chapman-Kolmogorov 方程；8.3 节将对马氏链的状态进行定义和分类；8.4 节将对马氏链的状态空间进行分解。基于此，8.5 节将讨论马氏链的极限分布与平稳分布；8.6 节将引入离散时间马氏链的遍历性；最后，作为马氏链的应用，8.7 节将介绍基于时间可逆马氏链的蒙特卡洛仿真算法。

8.1 离散时间马氏链的定义

离散时间马氏链是指离散时间-离散状态的具有马氏性的一类随机过程，其定义可表述如下：

定义 8.1（离散时间马氏链）

设 $X = \{X_n; n = 0, 1, \cdots\}$ 是概率空间 $(\Omega, \mathscr{F}, P)$ 上取值于离散状态集 S 的随机过程，如果过程 X 具有马氏性，也就是满足：对任意 $n \in \mathbb{N}$ 和 $i_0, i_1, \cdots,$ $i_{n-1} \in S$，有

$$P(X_{n+1} = j \mid X_n = i, X_{n-1} = i_{n-1}, \cdots, X_1 = i_1, X_0 = i_0)$$
$$= P(X_{n+1} = j \mid X_n = i), \forall i, j \in S \tag{8.1}$$

则称过程 $X = \{X_n; n = 0, 1, \cdots\}$ 是概率空间 $(\Omega, \mathscr{F}, P)$ 上的离散时间马氏链。

♣

式(8.1)被称为过程 X 的马氏性或无后效性。也就是说，我们把 n 视为现在，所有 $m < n$ 的时刻视为过去，且将 $m > n$ 的时刻看成将来。在实际中，随机试验并非都是相互独立的，经常会遇到非独立的随机试验。在各种非独立的随机试验中，马尔可夫链是最简

单的一类。当我们进行离散时间的随机取样,并且取样结果也是离散值时,如果第 n 次的取样试验只与第 $n-1$ 次的取样结果有关,而与前 $n-2$ 次的取样结果无关,那么这样的随机取样序列就是离散时间马氏链。

然而,在式(8.1)中,我们仅取 $n+1$ 为将来的时刻,那么一个自然的问题是:如果过程 $X = \{X_n; n = 0, 1, \cdots\}$ 是一个离散时间马氏链,那是否有如下的条件概率等式成立,即对任意 $k \geqslant 2$,有

$$P(X_{n+k} = j \mid X_n = i, X_{n-1} = i_{n-1}, \cdots, X_1 = i_1, X_0 = i_0)$$
$$= P(X_{n+k} = j \mid X_n = i), \ \forall i, j \in S \qquad (8.2)$$

答案是肯定的,事实上,记 $A = \{X_{n-1} = i_{n-1}, \cdots, X_1 = i_1, X_0 = i_0\}$ 和 $P(B \mid X_n = i, A) = P_A(B \mid X_n = i)$,$\forall B \in \mathscr{F}$。下面利用数学归纳法来证明式(8.2),为此先假设 $k = m$ 成立,也就是 $P_A(X_{n+m} = j \mid X_n = i) = P(X_{n+m} = j \mid X_n = i)$。接下来证明式(8.2)对 $k = m+1$ 也是成立的。应用全概率公式可得到:

$$P_A(X_{n+m+1} = j \mid X_n = i) = \sum_{l \in S} P_A(X_{n+m+1} = j, X_{n+m} = l \mid X_n = i)$$
$$= \sum_{l \in S} P_A(X_{n+m+1} = j \mid X_{n+m} = l, X_n = i) P_A(X_{n+m} = l \mid X_n = i)$$
$$\overset{\text{应用式}(8.1)}{=\!=\!=\!=\!=} \sum_{l \in S} P(X_{n+m+1} = j \mid X_{n+m} = l) P(X_{n+m} = l \mid X_n = i)$$
$$= P(X_{n+m+1} = j, X_n = i)$$

这意味着式(8.2)对 $k = m+1$ 也是成立的。

根据离散时间马氏链的定义 8.1,式(8.1)或式(8.2)中等号右边的条件概率是研究马氏链 X 的一个重要指标。我们将式(8.2)右边的条件概率:对任意 $k, n = 0, 1, 2, \cdots$,

$$p_{ij}^{(k)}(n) := P(X_{n+k} = j \mid X_n = i), \ \forall i, j \in S \qquad (8.3)$$

称为马氏链在 n 时刻从状态 i 出发经过 k 步到达状态 j 的转移概率,简称马氏链的 k 步转移概率。特别地,如果 $k = 1$,记 $p_{ij}(n) = p_{ij}^{(1)}(n)$。显然 $p_{ij}^{(0)}(n) = P(X_n = j \mid X_n = i) = \mathbf{1}_{i=j}$,$\forall i, j \in S$。进一步,如果马氏链的任意 k 步转移概率独立于其出发的时刻 n,也就是 $p_{ij}^{(k)}(n) \equiv p_{ij}^{(k)}$,$\forall n = 0, 1, \cdots$,则称马氏链 X 是齐次马氏链,这意味着如下概率等式成立:

$$p_{ij}^{(k)} = P(X_{n+k} = j \mid X_n = i) = P(X_k = j \mid X_0 = i), \ \forall n = 0, 1, \cdots$$

本章聚焦于离散时间齐次马氏链的性质研究。设 $X = \{X_n; n = 0, 1, \cdots\}$ 是概率空间 $(\Omega, \mathscr{F}, P)$ 上取值于离散状态集 S 的齐次马氏链,不失一般性,设状态集 $S = \{1, 2, \cdots\}$,于是齐次马氏链 X 的 k 步转移概率可形成 k 步转移概率矩阵 $\mathbf{P}^{(k)} = (p_{ij}^{(k)})_{i, j \in S}$:

$$\mathbf{P}^{(k)} = \begin{bmatrix} p_{11}^{(k)} & p_{12}^{(k)} & p_{13}^{(k)} & \cdots \\ p_{21}^{(k)} & p_{22}^{(k)} & p_{23}^{(k)} & \cdots \\ \vdots & \vdots & \vdots & \\ p_{i1}^{(k)} & p_{i2}^{(k)} & p_{i3}^{(k)} & \cdots \\ \vdots & \vdots & \vdots & \end{bmatrix} \qquad (8.4)$$

对于一步转移概率矩阵,可写为 $\mathbf{P} = (p_{ij})_{i, j \in S}$;对于 k 步转移概率矩阵 $\mathbf{P}^{(k)}$,其行和列都为 1,称这样的矩阵为随机矩阵。后续将会验证齐次马氏链的有限维分布完全是由其一步转移概率矩阵 $\mathbf{P} = (p_{ij})_{i, j \in S}$ 和其初始分布 $q_i^{(0)} := P(X_0 = i)$,$\forall i \in S$ 来确定的。

下面将介绍一些简单的离散时间马氏链的例子。

例 8.1 假设今天是否下雨取决于过去两天的天气状况。具体来说，假设过去两天一直下雨，那么明天下雨的概率为 0.7；如果今天下雨而昨天没下雨，那么明天下雨的概率是 0.5；如果昨天下雨但今天没下雨，那么明天下雨的概率是 0.4；如果过去两天都没有下雨，那么明天下雨的概率是 0.2。如果我们让时刻 n 所处的状态仅取决于在该时刻是否下雨，那么上述模型就不是一个马氏链，这是因为此时该模型不满足马氏性。然而，如果将任意时刻的状态都设置为依赖于当天和前一天是否下雨，则我们就可以把该模型转换成一个马氏链。于是，该马氏链的状态可设为：状态"0"表示过去两天一直下雨，状态"1"表示今天下雨而昨天没下雨，而状态"2"则表示昨天下雨但今天没下雨，状态"3"表示过去两天都没有下雨。综上所述，这就产生了一个状态空间 $S = \{0, 1, 2, 3\}$ 的四状态齐次马氏链，且该马氏链的一步转移概率矩阵为

$$
\boldsymbol{P} = \begin{bmatrix} 0.7 & 0 & 0.3 & 0 \\ 0.5 & 0 & 0.5 & 0 \\ 0 & 0.4 & 0 & 0.6 \\ 0 & 0.2 & 0 & 0.8 \end{bmatrix}
$$

特别地，下面给出具有无穷状态的离散时间马氏链的例子。

例 8.2（随机游动） 考虑一个齐次马氏链 $X = \{X_n; n = 0, 1, \cdots\}$，其状态空间 $S = \{0, \pm 1, \pm 2, \cdots\}$，一步转移概率为：对于 $\alpha \in (0, 1)$，有

$$p_{i, i+1} = \alpha = 1 - p_{i, i-1}, \ \forall i \in S$$

则称该马氏链 X 为随机游动。随机游动可以简单看作一个人在直线上行走，在每个时间点，他要么以概率 α 向右走一步，要么以概率 $1 - \alpha$ 向左走一步。随机游动的一步转移概率矩阵可表示为

$$
\boldsymbol{P} = \begin{bmatrix}
\vdots & \vdots & \vdots & \vdots & \vdots & \vdots & \vdots \\
\cdots & 0 & 0 & 0 & 1-\alpha & 0 & \cdots \\
\cdots & 0 & 0 & 1-\alpha & 0 & \alpha & \cdots \\
\cdots & 0 & 1-\alpha & 0 & \alpha & 0 & \cdots \\
\cdots & 1-\alpha & 0 & \alpha & 0 & 0 & \cdots \\
\cdots & 0 & \alpha & 0 & 0 & 0 & \cdots \\
\vdots & \vdots & \vdots & \vdots & \vdots & \vdots & \vdots
\end{bmatrix}
$$

下面是带反射随机游动的例子，反射使随机游动的状态空间成为有限集。

例 8.3（带反射的随机游动） 举一个赌博问题的例子。在每局游戏中，该赌徒要么以概率 $\alpha \in (0, 1)$ 赢，要么以概率 $1 - \alpha$ 输掉。假设每次输赢的幅度都是 1 个财富值且赌徒在破产或者赢得 N 个财富值的时候就会退出游戏，那么赌徒在每个时刻的财富值是一个状态空间为 $S = \{0, 1, \cdots, N\}$ 的齐次马氏链 $X = \{X_n; n = 0, 1, \cdots\}$。进一步讲，该马氏链的一步转移概率为

$$
\begin{cases} p_{i, i+1} = \alpha = 1 - p_{i, i-1}, \ \forall i = 1, 2, \cdots, N-1 \\ p_{00} = p_{NN} = 1 \end{cases}
$$

值得注意的是，该马氏链的状态 0 和状态 N 都是一旦进入就永远不会再离开的，故被称为吸收态。除去吸收态 0 和 N 之外的所有状态组成了一个有限状态的随机游动。事实

上，状态 0 表示赌徒的破产状态，而状态 N 对应赌徒达到收益上限而退出游戏，则该马氏链对应的一步转移矩阵可写为

$$\boldsymbol{P} = \begin{bmatrix} 1 & 0 & 0 & 0 & \cdots & 0 \\ 1-\alpha & 0 & \alpha & 0 & \cdots & 0 \\ 0 & 1-\alpha & 0 & \alpha & \cdots & 0 \\ 0 & 0 & 1-\alpha & 0 & \cdots & 0 \\ \vdots & \vdots & \vdots & \vdots & & \vdots \\ 0 & 0 & 0 & 0 & \cdots & 1 \end{bmatrix}$$

8.2 Chapman-Kolmogorov 方程

本节将介绍用于计算马氏链更高步数转移概率的主要工具——Chapman-Kolmogorov 方程。Chapman-Kolmogorov 方程告诉我们马氏链更高步数的转移概率可以通过更低步数的转移概率来表示，这意味着马氏链更高步数的转移概率完全可以通过其一步转移概率来表示。

Chapman-Kolmogorov 方程可由下面的定理给出。

> **定理 8.1（Chapman-Kolmogorov 方程）**
>
> 设 $X = \{X_n ; n = 0, 1, \cdots\}$ 是一个状态空间为 S 的齐次马氏链，对任意 $m, n \in \mathbb{N}$，该马氏链的 $m+n$ 步转移概率可以通过其 m 步转移概率和 n 步转移概率联合表示：
>
> $$p_{ij}^{(m+n)} = \sum_{l \in S} p_{il}^{(m)} p_{lj}^{(n)}, \ \forall i, j \in S \tag{8.5}$$
>
> ♣

通常称式(8.5)为 Chapman-Kolmogorov 方程，其可以理解为：马氏链从状态 i 出发经过 $m+n$ 步到达状态 j 的过程可以分解为先从状态 i 出发经过 m 步到达任何一个中间状态 $l \in S$，再从状态 l 出发经过 n 步到达状态 j。于是，马氏链从状态 i 出发经过 $m+n$ 步到达状态 j 的概率为所有状态 l 对应的概率之和。

证明 应用全概率公式以及 X 的齐次马氏性可得到：

$$p_{ij}^{(n+m)} = P(X_{n+m} = j \mid X_0 = i)$$

$$\overset{\text{全概率公式}}{=\!=\!=\!=\!=} \sum_{l \in S} P(X_{n+m} = j, X_m = l \mid X_0 = i)$$

$$\overset{\text{条件概率}}{=\!=\!=\!=} \sum_{l \in S} P(X_{n+m} = j \mid X_m = l, X_0 = i) P(X_m = l \mid X_0 = i)$$

$$\overset{X\text{的齐次马氏性}}{=\!=\!=\!=\!=\!=} \sum_{l \in S} p_{lj}^{(n)} p_{il}^{(m)}$$

至此，该定理得证。 □

式(8.5)也可以通过相应的转移概率矩阵来表示。事实上，对任意 $m, n \in \mathbb{N}$，有

$$\boldsymbol{P}^{(m+n)} = \boldsymbol{P}^{(m)} \boldsymbol{P}^{(n)} \tag{8.6}$$

利用式(8.6)可得到 $\boldsymbol{P}^{(2)}=\boldsymbol{P}^2$。于是，对任意 $n\in\mathbb{N}$，通过迭代有：

$$\boldsymbol{P}^{(n)}=\boldsymbol{P}^{(n-1+1)}=\boldsymbol{P}^{(n-1)}\boldsymbol{P}=\cdots=\boldsymbol{P}^n \tag{8.7}$$

也就是说，齐次马氏链的 n 步转移概率矩阵就是其一步转移概率矩阵 $\boldsymbol{P}$ 的 n 次幂。

例 8.4　考虑例 8.1 中的四状态齐次马尔可夫链，现假设周一和周二都下雨了，那么周四下雨的概率可通过式(8.6)来计算。事实上，根据式(8.6)可得到二步转移概率矩阵为

$$\boldsymbol{P}^{(2)}=\boldsymbol{P}^2=\begin{bmatrix} 0.7 & 0 & 0.3 & 0 \\ 0.5 & 0 & 0.5 & 0 \\ 0 & 0.4 & 0 & 0.6 \\ 0 & 0.2 & 0 & 0.8 \end{bmatrix}\begin{bmatrix} 0.7 & 0 & 0.3 & 0 \\ 0.5 & 0 & 0.5 & 0 \\ 0 & 0.4 & 0 & 0.6 \\ 0 & 0.2 & 0 & 0.8 \end{bmatrix}$$

$$=\begin{bmatrix} 0.49 & 0.12 & 0.21 & 0.18 \\ 0.35 & 0.20 & 0.15 & 0.30 \\ 0.20 & 0.12 & 0.20 & 0.48 \\ 0.10 & 0.16 & 0.10 & 0.64 \end{bmatrix}$$

因为周四下雨相当于该马尔可夫链处于状态 0 或者状态 1，所以周四下雨的概率为 $p_{00}^{(2)}+p_{01}^{(2)}=0.49+0.12=0.61$。

下面根据式(8.5)来描述齐次马氏链的有限维分布。特别地，齐次马氏链 $X=\{X_n; n=0,1,\cdots\}$ 的一维分布为：对任意 $n\in\mathbb{N}$，有

$$p_n^X(j)=P(X_n=j)=\sum_{i\in S}P(X_n=j,X_0=i)=\sum_{i\in S}P(X_n=j\mid X_0=i)P(X_0=i)$$

$$=\sum_{i\in S}q_i^{(0)}p_{ij}^{(n)},\ \forall j\in S \tag{8.8}$$

显然，$\sum_{j\in S}p_n^X(j)=1$，则称 $p_n^X=(p_n^X(j))_{j\in S}$ 是一个概率分布。对于初始概率 $q^{(0)}=(q_i^{(0)})_{i\in S}$，我们知 $q^{(0)}$ 也是一个概率分布，于是式(8.8)可写为

$$p_n^X=q^{(0)}\boldsymbol{P}^{(n)},\ \forall n\in\mathbb{N} \tag{8.9}$$

对于齐次马氏链的多维分布，设 $k\in\mathbb{N}$ 个不同的时刻，$0\leqslant n_1<n_2<\cdots<n_k,i_1,\cdots,i_k\in S$，于是齐次马氏链的 k 维分布为

$$p_{n_1,n_2,\cdots,n_k}^X(i_1,i_2,\cdots,i_k)$$

$$=P(X_{n_1}=i_1,X_{n_2}=i_2,\cdots,X_{n_k}=i_k)$$

$$=\sum_{i_0\in S}P(X_0=\ell_0,X_{n_1}=i_1,X_{n_2}=i_2,\cdots,X_{n_k}=i_k)$$

$$=\sum_{i_0\in S}P(X_{n_k}=i_k\mid X_0=\ell_0,X_{n_2}=i_2,\cdots,X_{n_{k-1}}=i_{k-1})\times$$

$$\qquad P(X_0=\ell_0,X_{n_1}=i_1,\cdots,X_{n_{k-1}}=i_{k-1})$$

$$=\sum_{i_0\in S}P(X_{n_k}=i_k\mid X_{n_{k-1}}=i_{k-1})P(X_0=\ell_0,X_{n_1}=i_1,\cdots,X_{n_{k-1}}=i_{k-1})$$

$$=\sum_{i_0\in S}p_{i_{k-1}i_k}^{(n_k-n_{k-1})}p_{i_{k-2}i_{k-1}}^{(n_{k-1}-n_{k-2})}P(X_0=\ell_0,X_{n_1}=i_1,\cdots,X_{n_{k-2}}=i_{k-2})$$

$$=\sum_{i_0\in S}p_{i_{k-1}i_k}^{(n_k-n_{k-1})}p_{i_{k-2}i_{k-1}}^{(n_{k-1}-n_{k-2})}p_{i_{k-3}i_{k-2}}^{(n_{k-2}-n_{k-3})}\cdots p_{i_1i_2}^{(n_2-n_1)}p_{i_0i_1}^{(n_1)}q_{i_0}^{(0)} \tag{8.10}$$

这样利用式(8.5)可将式(8.10)中的多步转移概率用一步转移概率来表示，于是齐次马氏链的多维分布完全可由其一步转移概率和初始分布来确定。

例 8.5 设 $n \in \mathbb{N}$，假设现在你想要确定一个齐次马氏链在时间 n 之前进入任何一个指定状态集 $C \subset S$ 的概率，实现这一目标的一种方法是将 C 中的状态转移概率重置为如下形式：

$$P(X_1 = j \mid X_0 = i) = \begin{cases} 1, & i \in C, j = i \\ 0, & i \in C, j \neq i \end{cases}$$

也就是说，将 C 中的所有状态转换为一旦进入就永远不能离开的吸收状态。由于原马氏链和变换后的马氏链具有相同的概率，直到进入 C 中的状态，因此，原马氏链在时间 n 时进入 C 中状态的概率等于变换后的马氏链在时间 n 时处于 C 中状态之一的概率。设 $X = \{X_n; n = 0, 1, \cdots\}$ 是一个齐次马氏链且其一步状态转移概率矩阵为 $\boldsymbol{P} = (p_{ij})_{i,j \in S}$，如果设 $q_{i,j}, \forall i, j \in S$ 表示变换 C 中所有状态的转移概率为吸收状态，那么有：

$$q_{ij} = \begin{cases} 1, & i \in C, j = i \\ 0, & i \in C, j \neq i \\ p_{ij}, & \text{其他} \end{cases}$$

对于 $i, j \notin C$，n 步转移概率 $q_{ij}^{(n)}$ 表示从状态 i 开始的原马氏链在时间 n 时刻处于状态 j 而没有进入 C 中任何状态的概率。我们还可以计算 X_n 的条件概率。事实上，马氏链从状态 i 开始，到时刻 n 时还没有进入 C 中任何状态的概率可表述如下：对任意的 $i, j \notin C$，有

$$P(X_n = j \mid X_0 = i, X_k \notin C, k = 1, \cdots, n) = \frac{P(X_n = j, X_k \notin C, k = 1, \cdots, n \mid X_0 = i)}{P(X_k \notin C, k = 1, \cdots, n \mid X_0 = i)}$$

$$= \frac{q_{ij}^{(n)}}{\sum_{l \notin C} q_{il}^{(n)}}$$

8.3 马氏链的状态分类

本节将讨论状态空间为 $S = \{1, 2, \cdots\}$ 的齐次马氏链 $X = \{X_n; n = 0, 1, \cdots\}$ 的所有状态的分类。为此，首先引入马氏时（Markov Time）：对任意 $i \in S$，有

$$\tau_i = \min\{n \in \mathbb{N}; X_n = i\}, \text{记 } \min \varnothing = +\infty \tag{8.11}$$

对马氏时 τ_i 的直观解释为：马氏链 X 首次到达状态 $i \in S$ 的时刻。于是，下面关于事件的等式成立：

$$\{\tau_i = n\} = \{X_n = i, X_k \neq i, \forall k = 1, \cdots, n - 1\}, \forall n \in \mathbb{N} \tag{8.12}$$

$\mathscr{F}_n^X = \sigma(X_0, X_1, \cdots, X_n), \forall n = 0, 1, \cdots$ 为马氏链 X 的自然过滤，于是根据式 (8.12) 有 $\{\tau_i = n\} \in \mathscr{F}_n^X, \forall n \in \mathbb{N}$。这样根据 7.6 节中关于离散停时的性质 (1) 可得到马氏时 τ_i 是一个离散 $\mathbb{F}^X$-停时。另外，对任意 $n \in \mathbb{N}$ 和 $i \in S$，有

$$\{X_n = i\} \subset \{\tau_i \leqslant n\} = \bigcup_{k=1}^{n} \{\tau_i = k\} \tag{8.13}$$

换句话说，如果马氏链在 n 时刻处于状态 i，那么该马氏链首次到达状态 i 的时刻不会超过时刻 n。

根据由式 (8.11) 所定义的马氏时，我们可以引入如下的相关概率：

定义 8.2（首达概率、迟早概率和平均返回步数）

设 $X = \{X_n; n = 0, 1, \cdots\}$ 是概率空间 $(\Omega, \mathscr{F}, P)$ 上的状态空间为 S 的齐次马氏链，对于任意状态 $i, j \in S$，可定义如下概率：

$$f_{ij}^{(k)} = P(\tau_j = k \mid X_0 = i)$$

$$f_{ij} = P(\tau_j < \infty \mid X_0 = i)$$

$$f_{ij}^{(\infty)} = P(\tau_j = \infty \mid X_0 = i)$$

则称 $f_{ij}^{(k)}$，f_{ij} 和 $f_{ij}^{(\infty)}$ 分别为该马氏链的 k 步首达概率、迟早概率和不可达概率。进一步，定义 $\mu_{ij} = E[\tau_j \mid X_0 = i]$，则称 μ_{ij} 为该马氏链从状态 $i \in S$ 出发到达状态 $j \in S$ 的平均返回步数。♣

根据定义 8.2 可知，首达概率、迟早概率和平均返回步数具有如下的等价表述：

$$\begin{cases} f_{ij}^{(k)} = P(\tau_j = k \mid X_0 = i) \x= \overset{\text{式}(8.12)}{=} P(X_k = j, X_l \neq j, \forall l = 1, \cdots, k-1 \mid X_0 = i) \\ f_{ij} = P(\tau_j < \infty \mid X_0 = i) = \sum_{k=1}^{\infty} P(\tau_j = k \mid X_0 = i) = \sum_{k=1}^{\infty} f_{ij}^{(k)} \\ f_{ij}^{(\infty)} = P(\tau_j = \infty \mid X_0 = i) = P(X_n \neq j, \forall n \in \mathbb{N} \mid X_0 = i) = 1 - f_{ij} \\ \mu_{ij} = E[\tau_j \mid X_0 = i] = \sum_{k=1}^{\infty} k P(\tau_j = k \mid X_0 = i) = \sum_{k=1}^{\infty} k f_{ij}^{(k)} \end{cases}$$

$$(8.14)$$

这里需要说明的是，平均返回步数 $\mu_{ij} = E[\tau_j \mid X_0 = i]$ 可能会等于无穷。进一步，有如下关于首达概率和迟早概率的一些重要性质。

（1）对任意 $i, j \in S$ 和 $k \in \mathbb{N}$，有 $f_{ij}^{(k)} \leqslant p_{ij}^{(k)} \leqslant f_{ij}$。

事实上，利用式(8.14)和式(8.13)，有：

$$f_{ij}^{(k)} = P(X_k = j, X_l \neq j, \forall l = 1, \cdots, k-1 \mid X_0 = i)$$

$$\leqslant P(X_k = j \mid X_0 = i) = p_{ij}^{(k)}$$

$$\overset{\text{式}(8.13)}{\leqslant} P(\tau_j \leqslant k \mid X_0 = i) \leqslant P(\tau_j < \infty \mid X_0 = i) = f_{ij}$$

（2）对任意 $i, j \in S$ 和 $k = 2, 3, \cdots$，有 $f_{ij}^{(k)} = \sum_{l_1 \neq j, l_1 \in S} p_{il_1} f_{l_1 j}^{(k-1)}$。

事实上，利用式(8.14)可得到：

$$f_{ij}^{(k)} = P(X_k = j, X_1 \neq j, X_2 \neq j, \cdots, X_{k-1} \neq j \mid X_0 = i)$$

$$= \sum_{l_1 \neq j} P(X_k = j, X_1 = l_1, X_2 \neq j, \cdots, X_{k-1} \neq j \mid X_0 = i)$$

$$\overset{\text{条件概率}}{=} \sum_{l_1 \neq j} P(X_k = j, X_2 \neq j, \cdots, X_{k-1} \neq j \mid X_1 = l_1, X_0 = i) P(X_1 = l_1 \mid X_0 = i)$$

$$\overset{\text{马氏性}}{=} \sum_{l_1 \neq j} P(X_k = j, X_2 \neq j, \cdots, X_{k-1} \neq j \mid X_1 = l_1) p_{il_1}$$

$$\overset{\text{齐次性}}{=} \sum_{l_1 \neq j} P(X_{k-1} = j, X_1 \neq j, \cdots, X_{k-2} \neq j \mid X_0 = l_1) p_{il_1}$$

$$= \sum_{l_1 \neq j} f_{l_1 j}^{(k-1)} p_{il_1}$$

（3）对任意 $i,j \in S$ 和 $k \in \mathbb{N}$，有 $p_{ij}^{(k)} = \sum\limits_{l=1}^{k} f_{ij}^{(l)} p_{jj}^{(k-l)}$。事实上，由式（8.13）可得到：

$$\{X_k = j\} = \{X_k = j\} \cap \left(\bigcup_{l=1}^{k} \{\tau_j = l\} \right) = \bigcup_{l=1}^{k} \{\tau_j = l, X_k = j\} \tag{8.15}$$

于是，有：

$$
\begin{aligned}
p_{ij}^{(k)} &= P(X_k = j \mid X_0 = i) = \sum_{l=1}^{k} P(\tau_j = l, X_k = j \mid X_0 = i) \\
&= \sum_{l=1}^{k} P(X_k = j \mid \tau_j = l, X_0 = i) P(\tau_j = l \mid X_0 = i) \\
&= \sum_{l=1}^{k} P(X_k = j \mid X_l = j, X_1 \neq j, \cdots, X_{l-1} \neq j, X_0 = i) P(\tau_j = l \mid X_0 = i) \\
&\stackrel{\text{马氏性}}{=\!=\!=} \sum_{l=1}^{k} P(X_k = j \mid X_l = j) f_{ij}^{(l)} \\
&\stackrel{\text{齐次性}}{=\!=\!=} \sum_{l=1}^{k} P(X_{k-l} = j \mid X_0 = j) f_{ij}^{(l)} \\
&= \sum_{l=1}^{k} p_{jj}^{(k-l)} f_{ij}^{(l)}
\end{aligned}
$$

8.3.1 马氏链状态的类别

本节将利用由定义 8.2 所引入的迟早概率和平均返回步数来对马氏链的状态进行分类。首先，根据迟早概率可将马氏链的状态分为常返态（recurrent state）和非常返态（transient state），它们的具体定义表述如下：

定义 8.3（常返态与非常返态）

> 设 $X = \{X_n; n = 0, 1, \cdots\}$ 是概率空间 $(\Omega, \mathscr{F}, P)$ 上状态空间为 S 的齐次马氏链，对于状态 $i \in S$，如果 $f_{ii} = P(\tau_i < \infty \mid X_0 = i) = \sum\limits_{k=1}^{\infty} f_{ii}^{(k)} = 1$，则称该状态 $i \in S$ 是常返态，否则，也就是 $f_{ii} < 1$，称该状态 i 为非常返态。 ♣

根据定义 8.3 可知，所谓常返态，就是指马氏链从该状态出发以概率 1 迟早要返回原状态。如果一个状态迟早返回的概率小于 1，那么这个状态就是非常返的。我们后边会进一步证明：马氏链的状态 $i \in S$ 是常返的当且仅当 $P($存在无穷多 n 使 $X_n = i \mid X_0 = i) = 1$。因此，马氏链的状态 $i \in S$ 是非常返的当且仅当 $P($存在有限个 n 使 $X_n = i \mid X_0 = i) = 1$。用通俗的语言来解释，就是把状态 $i \in S$ 看成马氏链的一个"家"，如果这个"家"是常返的，就意味着马氏链一定会无穷次地返回到这个"家"，我们把此称为马氏链对这个常返的"家"会"常回家看看"。然而，如果这个"家" $i \in S$ 是非常返的，那马氏链一定只有有限次返回到这个"家"。由此，可以认为常返的状态应该具有一些好的性质，或者说，常返的状态是一种好的状态，我们将在后边的学习中体会到这一点。下面的结论是上述解释的数学表述形式。

定理 8.2（常返态与非常返态的等价判别）

设 $X = \{X_n; n = 0, 1, \cdots\}$ 是概率空间 $(\Omega, \mathscr{F}, P)$ 上的状态空间为 S 的齐次马氏链，对于状态 $i \in S$，引入 $N_i = \sum\limits_{n=0}^{\infty} \mathbf{1}_{X_n = i}$ 表示马氏链 X 返回状态 i 的次数，那么有：

（1）状态 i 是常返 $\Leftrightarrow E[N_i \mid X_0 = i] = \sum\limits_{k=0}^{\infty} p_{ii}^{(k)} = +\infty \Leftrightarrow P(N_i = +\infty \mid X_0 = i) = 1$；

（2）状态 i 是非常返 $\Leftrightarrow E[N_i \mid X_0 = i] = \sum\limits_{k=0}^{\infty} p_{ii}^{(k)} < +\infty \Leftrightarrow P(N_i < +\infty \mid X_0 = i) = 1$。　♣

证明　采用矩母函数的方法，对任意 $i, j \in S$，定义马氏时 τ_j 的矩母函数 $F_{ij}(z) = E[z^{\tau_i} \mid X_0 = i] = \sum\limits_{k=1}^{\infty} f_{ij}^{(k)} z^k$，$\forall \mid z \mid < 1$，显然 $f_{ij} = \lim\limits_{z \to 1} F_{ij}(z)$。应用首达概率和迟早概率的性质（3）可得到：对任意 $\mid z \mid < 1$，有

$$
\begin{aligned}
G_{ij}(z) &= \sum_{k=1}^{\infty} p_{ij}^{(k)} z^k = \sum_{k=1}^{\infty} \left(\sum_{l=1}^{k} f_{ij}^{(k)} p_{jj}^{(k-l)} \right) z^k \\
&= \left(\sum_{l=1}^{\infty} f_{ij}^{(l)} z^l \right) \left(\sum_{m=0}^{\infty} p_{jj}^{(m)} z^m \right) \\
&= F_{ij}(z)(1 + G_{jj}(z))
\end{aligned}
$$

于是，有：

$$
G_{ii}(z) = \frac{F_{ii}(z)}{1 - F_{ii}(z)}, \quad \forall \mid z \mid < 1 \tag{8.16}
$$

因此当且仅当 $f_{ii} = \lim\limits_{z \to 1} F_{ii}(z) < 1$ 时，$\sum\limits_{k=1}^{\infty} p_{ii}^{(k)} = \lim\limits_{z \to 1} G_{ii}(z)$ 有限。由于 $\sum\limits_{k=0}^{\infty} p_{ii}^{(k)} = 1 + \sum\limits_{k=1}^{\infty} p_{ii}^{(k)}$，

因此 $\sum\limits_{k=0}^{\infty} p_{ii}^{(k)} = +\infty$ 当且仅当 $f_{ii} = 1$。进一步，根据式（8.16）可得到：

$$
\sum_{k=0}^{\infty} P(N_i \geqslant k \mid X_0 = i) = E[N_i \mid X_0 = i] = \sum_{k=0}^{\infty} p_{ii}^{(k)} = 1 + \frac{f_{ii}}{1 - f_{ii}} = \frac{1}{1 - f_{ii}} = \sum_{k=0}^{\infty} f_{ii}^k \tag{8.17}
$$

定义 $C_k^i = \{N_i \geqslant k\}$，$\forall k = 0, 1, \cdots$，于是有 $P(C_k^i \mid X_0 = i) = f_{ii}^k$，$\forall k = 0, 1, \cdots$。由于 $k \mapsto C_k^i$ 是递减的，因此可得到：

$$
P(N_i = +\infty \mid X_0 = i) = \lim_{k \to \infty} P(C_k^i) = \lim_{k \to \infty} f_{ii}^k = \begin{cases} 1, & f_{ii} = 1 \\ 0, & f_{ii} < 1 \end{cases}
$$

至此，该定理证毕。　　□

假设马氏链的起始状态是 $i \in S$ 且是常返的，那么马氏链以概率 1 最终将重新进入状态 i。然而，根据马氏链的马氏性，当它重新进入状态 i 时，马氏链将重新开始，故状态 i

最终将再次被访问。这个过程的不断重复将导致这样的结论:一方面,如果状态 i 是常返的,那么从状态 i 开始,马氏链将一次又一次地重新进入状态 i,故是无限次返回状态 i;另一方面,设状态 i 是非常返的,那么每当马氏链进入状态 i 时,将有一个正概率,即 $1-f_{ii}$,它将永远不会再次进入该状态。于是,马氏链从状态 i 出发,马氏链恰好在 n 时间段内处于状态 i 的概率等于 $f_{ii}^{(n-1)}(1-f_{ii})$。换句话说,如果状态 i 是非常返的,那么马氏链从状态 i 出发,马氏链处于状态 i 的次数服从均值为 $1/(1-f_{ii})$ 的几何分布。

下面根据平均返回步数对好的状态——常返态进行再分类。

定义 8.4(正常返与零常返态)

> 设 $X=\{X_n; n=0, 1, \cdots\}$ 是概率空间 $(\Omega, \mathscr{F}, P)$ 上的状态空间为 S 的齐次马氏链,设 $i \in S$ 是一个常返态,如果 $\mu_{ii}=E[\tau_i \mid X_0=i]=\sum_{k=1}^{\infty} k f_{ii}^{(k)}<+\infty$,则称该常返 i 是正常返态;否则,$\mu_{ii}=+\infty$,则称该常返 i 是零常返态。 ♣

基于定义 8.4,所谓正常返态,就是指马氏链从这个好状态出发返回到该状态的平均步数或时间是有限的。

例 8.6 设齐次马氏链 $X=\{X_n; n=0, 1, \cdots\}$ 的状态空间为 $S=\{1, 2, 3, 4\}$,且一步转移概率矩阵为

$$\boldsymbol{P}=\begin{bmatrix} \frac{1}{2} & \frac{1}{2} & 0 & 0 \\ 1 & 0 & 0 & 0 \\ 0 & \frac{1}{3} & \frac{2}{3} & 0 \\ \frac{1}{2} & 0 & \frac{1}{2} & 0 \end{bmatrix}$$

下面将介绍用状态转移图来计算 X 的首达概率,从而判别四个状态 $S=\{1, 2, 3, 4\}$ 的类别。对于一步转移概率矩阵,如果 $p_{ij}>0$,那么在状态 i 与状态 j 之间画一个指向状态 j 的箭头。根据这个规则画出的图即为该马氏链的状态转移图,如图 8.1 所示。根据该状态转移图可以计算出四个状态 $S=\{1, 2, 3, 4\}$ 的首达概率。

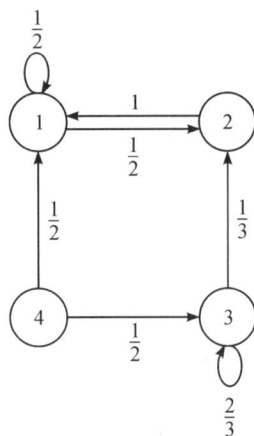

图 8.1 离散时间马氏链 X 的状态转移图

状态 1:$f_{11}^{(1)}=p_{11}=\frac{1}{2}$,$f_{11}^{(2)}=\frac{1}{2}$,$f_{11}^{(k)}=0$,$\forall k \geqslant 3$;

状态 2:$f_{22}^{(1)}=p_{22}=0$,$f_{22}^{(2)}=\frac{1}{2}$,$f_{22}^{(k)}=\frac{1}{2^{k-1}}$,$\forall k \geqslant 3$;

状态 3:$f_{33}^{(1)}=p_{33}=\frac{2}{3}$,$f_{33}^{(k)}=0$,$\forall k \geqslant 2$;

状态 4:$f_{44}^{(k)}=0$,$\forall k \geqslant 2$。

根据定义 8.3 和定义 8.4，可得到：

$$f_{11} = \sum_{k=1}^{\infty} f_{11}^{(k)} = 1,\ \mu_{11} = \sum_{k=1}^{\infty} k f_{11}^{(k)} = \frac{3}{2} < +\infty \Rightarrow 状态 1 是正常返态$$

$$f_{22} = \sum_{k=1}^{\infty} f_{22}^{(k)} = 1,\ \mu_{22} = \sum_{k=1}^{\infty} k f_{22}^{(k)} = 3 < +\infty \Rightarrow 状态 2 是正常返态$$

$$f_{33} = \sum_{k=1}^{\infty} f_{33}^{(k)} = \frac{2}{3} < 1 \Rightarrow 状态 3 是非常返态$$

$$f_{44} = \sum_{k=1}^{\infty} f_{44}^{(k)} = 0 < 1 \Rightarrow 状态 4 是非常返态$$

上面的例子完全可以计算出马氏链每个状态的首达概率。然而，对很多马氏链来说，其状态的首达概率并不像该例这样完全可以靠解析计算出来。因此，研究判别马氏链状态类型的其他方法是非常必要的。

下面进一步对正常返态再进行分类。为此，引入马氏链状态周期的概念。设 $i \in S$ 是齐次马氏链 $X = \{X_n; n = 0, 1, \cdots\}$ 的任意状态且其一步状态转移概率矩阵 $\boldsymbol{P} = (p_{ij})_{i,j \in S}$，那么可定义：

$$d_i = \mathrm{GCD}\{n \in \mathbb{N}; p_{ii}^{(n)} > 0\} \tag{8.18}$$

其中，"GCD"表示最大公约数。根据式(8.18)，周期 d_i 具有如下基本性质：

(1) 如果 $p_{ii} > 0$，则 $d_i = 1$；

(2) 如果存在 $n \in \mathbb{N}$ 使 $p_{ii}^{(n)} > 0$，则存在 $m \in \mathbb{N}$ 满足 $n = m d_i$；

(3) 如果存在 $n \in \mathbb{N}$ 使 $p_{ii}^{(n)} > 0$ 和 $p_{ii}^{(n+1)} > 0$，则 $d_i = 1$。

基于状态周期的定义，我们对正常返态作进一步分类。

定义 8.5（遍历态与正常返周期态）

> 设 $X = \{X_n; n = 0, 1, \cdots\}$ 是概率空间 $(\Omega, \mathscr{F}, P)$ 上的状态空间为 S 的齐次马氏链，对于正常返态 $i \in S$，如果 $d_i = 1$，则称状态 i 为遍历态，如果 $d_i > 1$，则称该状态为正常返周期态。 ♣

至此，对于一个马氏链来讲，其所有的状态可以分为如图 8.2 所示的类别。

图 8.2　马氏链的状态分类

在后续的学习中将会看到，图 8.2 中的最底层状态遍历态是最好的状态类型。

8.3.2　马氏链状态类别的等价判别

本节将基于马氏链转移概率的极限给出 8.3.1 节马氏链状态类别的一种等价判别。该节的内容也是后续研究马氏链极限分布和平稳分布的重要工具之一。为了引入马氏链状态类别的极限等价判别，下面给出如下关于常返态周期倍数转移概率的一个极限结果：设 $X=\{X_n; n=0,1,\cdots\}$ 是一个状态空间为 $S=\{1,2,\cdots\}$ 的齐次马氏链，那么该马氏链中的常返态周期倍数转移概率满足如下的极限等式：

$$\lim_{n\to\infty} p_{ii}^{(nd_i)}=\frac{d_i}{\mu_{ii}}, \quad i\in S \text{ 为常返态} \tag{8.19}$$

因式(8.19)的证明过于烦琐，故省去其证明过程，感兴趣的读者可参见文献[9]。进一步，式(8.19)暗含着如下的极限结论：

(1) 如果状态 $i\in S$ 是零常返的，那么 $\mu_{ii}=+\infty$，故根据式(8.19)可得到 $\lim_{n\to\infty} p_{ii}^{(nd_i)}=0$。然而，根据周期 d_i 的定义，如果 $m\in\mathbb{N}$ 不是 d_i 的倍数，则 $p_{ii}^{(m)}=0$。这样可得到：对于零常返态 $i\in S$，有

$$\lim_{n\to\infty} p_{ii}^{(n)}=0, \quad i\in S \text{ 为零常返态}$$

(2) 如果常返态 $i\in S$ 的周期 $d_i>1$，那么 $\{p_{ii}^{(nd_i)}\}_{n=1}^{\infty}$ 仅是 $\{p_{ii}^{(n)}\}_{n=1}^{\infty}$ 的一个子列，子列 $\{p_{ii}^{(nd_i)}\}_{n=1}^{\infty}$ 存在极限并不能说明 $\{p_{ii}^{(n)}\}_{n=1}^{\infty}$ 的极限存在。

(3) 如果状态 $i\in S$ 是遍历态，也就是说，状态 i 是正常返非周期的，故 $\mu_{ii}<+\infty$ 和 $d_i=1$，于是利用式(8.19)可得到如下极限成立：

$$\lim_{n\to\infty} p_{ii}^{(n)}=\frac{1}{\mu_{ii}}>0, \quad i\in S \text{ 为遍历态}$$

基于以上关于式(8.19)的讨论，有如下关于马氏链状态类别的等价判别条件。

引理 8.1(马氏链状态类别的等价判别条件)

> 设 $X=\{X_n; n=0,1,\cdots\}$ 是状态空间为 $S=\{1,2,\cdots\}$ 的齐次马氏链，$i\in S$ 是一个常返态，则
>
> (1) i 是零常返态 $\Longleftrightarrow \lim_{n\to\infty} p_{ii}^{(n)}=0$；
>
> (2) i 是遍历态 $\Longleftrightarrow \lim_{n\to\infty} p_{ii}^{(n)}=\frac{1}{\mu_{ii}}>0$；
>
> (3) i 是正常返周期态 $\Longleftrightarrow \lim_{n\to\infty} p_{ii}^{(n)}$ 不存在。　♣

证明　首先证明条件(1)。如果 i 是零常返态，则由式(8.19)的结论(1)可得到 $\lim_{n\to\infty} p_{ii}^{(n)}=0$；反之，设 $\lim_{n\to\infty} p_{ii}^{(n)}=0$，$i$ 不是零常返的，那么 i 是正常返的。这样应用式(8.19)得 $\lim_{n\to\infty} p_{ii}^{(nd_i)}=\frac{d_i}{\mu_{ii}}>0$，这与 $\lim_{n\to\infty} p_{ii}^{(n)}=0$ 矛盾。

对于条件(2)，若 i 是遍历态，则由式(8.19)的结论(3)可得到 $\lim_{n\to\infty} p_{ii}^{(n)}=\frac{1}{\mu_{ii}}>0$；反之，如果 $\lim_{n\to\infty} p_{ii}^{(n)}=\frac{1}{\mu_{ii}}>0$，则由条件(1)知 i 不是零常返的，故为正常返态。于是，应用极限的保号性，存在充分大的 $n\in\mathbb{N}$ 使得 $p_{ii}^{(n)}>0$ 和 $p_{ii}^{(n+1)}>0$。因此，根据周期 d_i 的性质(3)

有 $d_i = 1$，也就是说，i 是遍历态。

对于条件(3)，如果 i 是正常返周期态，假设 $\lim\limits_{n \mapsto \infty} p_{ii}^{(n)}$ 存在，于是 $\lim\limits_{n \mapsto \infty} p_{ii}^{(n)} \geqslant 0$，故有：

- 若 $\lim\limits_{n \mapsto \infty} p_{ii}^{(n)} = 0$，则由条件(1)知 i 是零常返态，这与 i 是正常返周期态矛盾；
- 若 $\lim\limits_{n \mapsto \infty} p_{ii}^{(n)} > 0$，则由极限的保号性得到 $d_i = 1$，这与 i 是正常返周期态矛盾。

反之，设 $\lim\limits_{n \mapsto \infty} p_{ii}^{(n)}$ 不存在，由条件(1)得 i 不是零常返的，而由条件(2)知 i 也不是遍历的，故 i 只能是正常返周期态。　　　　　　　　　　　　　　　　□

8.3.3　马氏链状态的可达与互通

本节引入马氏链状态之间可达和互通的概念，这为马氏链状态类别的判别提供了很大的便利。设 $X = \{X_n; n = 0, 1, \cdots\}$ 是状态空间为 $S = \{1, 2, \cdots\}$ 的齐次马氏链，其一步状态转移概率矩阵为 $\boldsymbol{P} = (p_{ij})_{i,j \in S}$，于是利用 CK 方程可得到马氏链 X 的任意 k 步转移概率矩阵 $\boldsymbol{P}^{(k)} = \boldsymbol{P}^k$，$\forall k \in \mathbb{N}$。对任意 $i, j \in S$，如果存在某个 $k \in \mathbb{N}$ 使得 $p_{ij}^{(k)} > 0$，则称马氏链的状态 i 可达到状态 j，记为 $i \mapsto j$；否则称为不可达，记为 $i \nrightarrow j$。如果 $i \mapsto j$ 和 $j \mapsto i$，则称状态 i 与 j 互通，记为 $i \leftrightarrow j$。马氏链状态之间的可达和互通关系满足以下性质：对任意状态 $i, j, k \in S$，有

(1)（可达和互通的传递性）$i \mapsto j + j \mapsto k \Rightarrow i \mapsto k$ 和 $i \leftrightarrow j + j \leftrightarrow k \Rightarrow i \leftrightarrow k$；

(2)（互通的对称性）$i \leftrightarrow j \Rightarrow j \leftrightarrow i$。

我们把上述状态之间的可达和互通关系所满足的性质(1)和(2)的证明留作本章练习5。

例 8.7　设 $X = \{X_n; n = 0, 1, \cdots\}$ 是状态空间为 $S = \{1, 2, 3\}$ 的齐次马氏链，其一步状态转移概率矩阵为

$$\boldsymbol{P} = \begin{bmatrix} \dfrac{1}{2} & \dfrac{1}{2} & 0 \\[2mm] \dfrac{1}{2} & \dfrac{1}{4} & \dfrac{1}{4} \\[2mm] 0 & \dfrac{1}{3} & \dfrac{2}{3} \end{bmatrix}$$

根据例 8.6 中介绍的画马氏链状态转移图的规则可画出如图 8.3 所示的三状态马氏链的状态转移图。在该状态转移图中，如果状态 i 有指向状态 j 的箭头，则意味着 $i \mapsto j$，这是因为按照例 8.6 中介绍的画马氏链状态转移图的规则，若状态 i 有指向状态 j 的箭头，则一定有 $p_{ij} > 0$。然而，在马氏链的状态转移图中，如果状态 i 没有指向状态 j 的箭头，并不意味着 $i \nrightarrow j$，这是因为 $i \mapsto j$ 是说存在某个 $k \in \mathbb{N}$ 使得 $p_{ij}^{(k)} > 0$，并不要求这样的 k 一定是1。例如，在图 8.3 中，状态 1 并没有直接指向状态 3 的箭头，但状态 1 有指向状态 2 的箭头，而状态 2 有指向状态 3 的箭头，于是应用可达的传递性得到 1 也可达到状态 3，即 $1 \mapsto 3$。事实上，从图 8.3 中可以得到：该马氏链的所有三个状态都是互通的。下面证明马氏链所有的互通状态一定具有相同的状态类型，这意味着对于本例中的三状态马氏链，只需判别其中一个状态的类型就足够了。

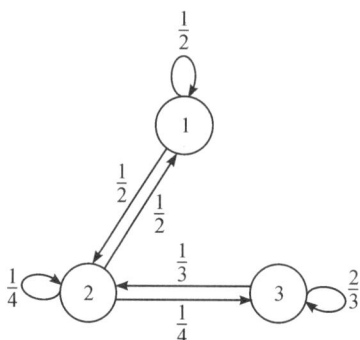

图 8.3 三状态马氏链的状态转移图

下面的结论说明互通状态具有完全一样的状态类型。

引理 8.2(互通状态具有相同的状态类型)

设 $X = \{X_n; n = 0, 1, \cdots\}$ 是状态空间为 $S = \{1, 2, \cdots\}$ 的齐次马氏链,如果状态 $i \in S$ 与状态 $j \in S$ 互通,即 $i \leftrightarrow j$,那么状态 i 与状态 j 具有完全相同的状态类型。♣

证明 由于状态 i 与状态 j 互通,故存在 $k, m \in \mathbb{N}$ 使得 $p_{ij}^{(k)} > 0$ 和 $p_{ji}^{(m)} > 0$。这样,对任意 $n \in \mathbb{N}$,利用 CK 方程可得到 $p_{jj}^{(m+n+k)} \geqslant p_{ji}^{(m)} p_{ii}^{(n)} p_{ij}^{(k)}$。也就是说,该不等式左边为 $m + n + k$ 步从 j 回到 j 的概率;而右边则是通过 m 步从 j 到 i,然后经过 n 步从 i 到 i,最后用 k 步由 i 再回到 j 的概率。于是,对 n 求和可得

$$\sum_{n=1}^{\infty} p_{jj}^{(m+n+k)} \geqslant p_{ji}^{(m)} p_{ij}^{(k)} \sum_{n=1}^{\infty} p_{ii}^{(n)} \tag{8.20}$$

如果 i 是常返态,则由定理 8.2 有 $\sum_{n=1}^{\infty} p_{ii}^{(n)} = +\infty$,于是根据上述不等式可得到 $\sum_{n=1}^{\infty} p_{ii}^{(n)} \geqslant \sum_{n=1}^{\infty} p_{jj}^{(m+n+k)} = +\infty$,再由定理 8.2 获得状态 j 是常返态。同理,在上面的证明中将 i 和 j 的角色互换,则有:如果 j 是常返态,那么 i 是常返态。类似地,可以证明当 i 是非常返的,则 j 也是非常返的。□

除了定义,下面给出判别马氏链状态可达和互通的一些其他判别条件。

引理 8.3(状态可达的等价判别)

设 $X = \{X_n; n = 0, 1, \cdots\}$ 是状态空间为 $S = \{1, 2, \cdots\}$ 的齐次马氏链,对于 $i, j \in S$,有:

$$i \mapsto j \Leftrightarrow f_{ij} = \sum_{k=1}^{\infty} f_{ij}^{(k)} > 0$$

♣

证明 首先假设 $i \mapsto j$,那么存在 $k \in \mathbb{N}$ 使得 $p_{ij}^{(k)} > 0$。应用首达概率和迟早概率的性质(1)可得到 $f_{ij} \geqslant p_{ij}^{(k)} > 0$。反之,如果 $f_{ij} = \sum_{k=1}^{\infty} f_{ij}^{(k)} > 0$,则存在 $m \in \mathbb{N}$ 使得 $f_{ij}^{(m)} > 0$。

那么，再次利用首达概率和迟早概率的性质(1)可得到 $p_{ij}^{(m)} \geqslant f_{ij}^{(m)} > 0$，即可获得 $i \mapsto j$。至此，引理证毕。$\qquad\square$

下面的结论将应用于 8.4 节所要介绍的马氏链状态空间分解中。

引理 8.4（近朱者赤）

> 设 $X = \{X_n;\ n = 0, 1, \cdots\}$ 是状态空间为 $S = \{1, 2, \cdots\}$ 的齐次马氏链，对于 $i, j \in S$ 且 $i \neq j$，如果 j 是常返态且满足 $j \mapsto i$，那么 $i \leftrightarrow j$ 和 $f_{ij} = f_{ji} = 1$。♣

证明　首先证明 $i \mapsto j$。用反证法，假设 $i \nmapsto j$，这意味着：
$$P(X_l \neq j,\ \forall l \in \mathbb{N} \mid X_0 = i) = 1 \tag{8.21}$$
由于 $j \mapsto i$，因此存在 $m \in \mathbb{N}$ 使得 $p_{ji}^{(m)} > 0$。因为 j 是常返态，所以有：

$$
\begin{aligned}
0 &\overset{j\,\text{常返}}{=\!=\!=} P(X_l \neq j,\ \forall l \geqslant 1 \mid X_0 = j) \\
&= P(X_l \neq j,\ \forall l \geqslant m+1 \mid X_0 = j) \\
&\geqslant P(X_l \neq j,\ \forall l \geqslant m+1,\ X_m = i \mid X_0 = j) \\
&= P(X_l \neq j,\ \forall l \geqslant m+1 \mid X_m = i,\ X_0 = j) P(X_m = i \mid X_0 = j) \\
&\overset{\text{马氏性}}{=\!=\!=} P(X_l \neq j,\ \forall l \geqslant m+1 \mid X_m = i) p_{ji}^{(m)} \\
&\overset{\text{齐次性}}{=\!=\!=} P(X_l \neq j,\ \forall l \geqslant 1 \mid X_0 = i) p_{ji}^{(m)} \\
&\overset{\text{式}(8.21)}{=\!=\!=} p_{ji}^{(m)}
\end{aligned}
$$

这显然与 $p_{ji}^{(m)} > 0$ 相矛盾，故 $i \mapsto j$。下面证明 $f_{ij} = 1$。由于 $j \mapsto i$，因此根据引理 8.3，存在 $m \in \mathbb{N}$ 使得 $f_{ji}^{(m)} = P(\tau_i = m \mid X_0 = j) > 0$。因为 j 是常返态，所以有：

$$
\begin{aligned}
0 &= 1 - f_{jj} = P(X_n \neq j,\ \forall n \geqslant 1 \mid X_0 = j) \\
&= P(X_{n+m} \neq j,\ \forall n \geqslant 1 \mid X_0 = j) \\
&\geqslant P(\tau_i = m,\ X_{n+m} \neq j,\ \forall n \geqslant 1 \mid X_0 = j) \\
&= P(X_{n+m} \neq j,\ \forall n \geqslant 1 \mid \tau_i = m,\ X_0 = j) P(\tau_i = m \mid X_0 = j) \\
&\overset{\text{马氏性}}{=\!=\!=} P(X_{n+m} \neq j,\ \forall n \geqslant 1 \mid X_m = i) f_{ji}^{(m)} \\
&\overset{\text{齐次性}}{=\!=\!=} P(X_n \neq j,\ \forall n \geqslant 1 \mid X_0 = i) f_{ji}^{(m)} \\
&= (1 - f_{ij}) f_{ji}^{(m)}
\end{aligned}
$$

由于 $f_{ji}^{(m)} > 0$，故 $f_{ij} = 1$。至此，该引理得证。$\qquad\square$

引理 8.4 告诉我们：如果马氏链的一个状态可达到一个常返态，那么该常返态一定也可达到这个状态，故这两个状态互通。这样根据引理 8.2，这个状态也是常返的，我们把马氏链的这个性质通俗地称为近朱者赤。

例 8.8（随机游动）　考虑一个齐次马氏链 $X = \{X_n;\ n = 0, 1, \cdots\}$，其状态空间为 $S = \{0, \pm 1, \pm 2, \cdots\}$，一步转移概率为：对于 $\alpha \in (0, 1)$，有
$$p_{i, i+1} = \alpha = 1 - p_{i, i-1},\ \forall i \in S$$

根据上面的一步转移概率可画出随机游动的状态转移，见图 8.4。从该状态转移图中可以看出，随机游动的所有状态都是互通的。那么，利用引理 8.2 可得到随机游动的状态具有相同的状态类型。因此，我们只需考虑状态 0，尝试确定 $\sum\limits_{k=1}^{\infty} p_{00}^{(k)}$ 是有限的还是无限的。

对于随机游动的奇数步的转移概率，有：

$$p_{00}^{(2n-1)} = 0, \ \forall n = 1, 2, \cdots$$

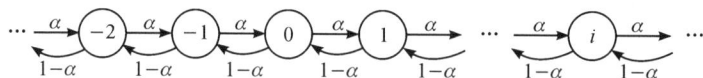

图 8.4　随机游动的状态转移图

对于随机游动的偶数步的转移概率，有：

$$p_{00}^{(2n)} = C_{2n}^n p^n (1-p)^n = \frac{(2n)!}{n!\,n!}(p(1-p))^n, \ \forall n = 1, 2, \cdots$$

运用 Stirling 的近似得到 $n! \sim n^{n+1/2} \mathrm{e}^{-n} \sqrt{2\pi}$，其中 $a_n \sim b_n$ 意味着 $\lim\limits_{n \to \infty} \dfrac{a_n}{b_n} = 1$。因此得到：

$$p_{00}^{(2n)} \sim \frac{(4p(1-p))^n}{\sqrt{\pi n}}$$

注意：对正的 a_n，b_n，如果 $a_n \sim b_n$，那么 $\sum\limits_{n=1}^{\infty} a_n < \infty$ 当且仅当 $\sum\limits_{n=1}^{\infty} b_n < \infty$。因此，$\sum\limits_{n=1}^{\infty} p_{00}^{(n)}$ 收敛当且仅当 $\sum\limits_{n=1}^{\infty} \dfrac{(4p(1-p))^n}{\sqrt{\pi n}} < \infty$。由于 $p = \dfrac{1}{2}$ 时，$4p(1-p) = 1$，因此，$\sum\limits_{k=1}^{\infty} p_{00}^{(k)} = \infty$ 当且仅当 $p = \dfrac{1}{2}$。于是，当 $p = \dfrac{1}{2}$ 时，状态 0 是常返态的；当 $p \neq \dfrac{1}{2}$ 时，状态 0 是非常返态的。

当 $p = \dfrac{1}{2}$ 时，该随机游动也被称为对称随机游动。事实上，我们也可以研究一维以上的对称随机游动。例如，对于二维对称随机游动，在每个状态转移中随机游动将向左、向右、向上或向下移动一步，每一步的转移概率为 $\dfrac{1}{4}$。也就是说，状态是整数对 $(i, j) \in S^2$，对应的一步转移概率为

$$p_{(i,j),(i+1,j)} = p_{(i,j),(i-1,j)} = p_{(i,j),(i,j+1)} = p_{(i,j),(i,j-1)} = \frac{1}{4}$$

同样，我们也可以画出如图 8.5 所示的二维随机游动状态转移图。从该状态转移图中可以看出，随机游动的所有状态都是互通的，即只需判别状态 $(0, 0)$ 的状态类型。首先考虑 $p_{(0,0)}^{(2n)}$，可知现在在 $2n$ 步转移之后随机游动将回到其原始位置。对于某些 $0 \leqslant i \leqslant n$，$2n$ 步可由向左的 i 步、向右的 i 步、向上的 $n-i$ 步和向下的 $n-i$ 步组成。由于每一步都是这四种类型中的一种，因此其概率为 $\dfrac{1}{4}$，由此可得到：

$$\begin{aligned}
p_{(0,0)}^{(2n)} &= \sum_{i=0}^{n} \frac{(2n)!}{i!\,i!\,(n-i)!\,(n-i)!}\left(\frac{1}{4}\right)^{2n} \\
&= \sum_{i=0}^{n} \frac{(2n)!}{n!\,n!} \frac{n!}{(n-i)!\,i!} \frac{n!}{(n-i)!\,i!}\left(\frac{1}{4}\right)^{2n} \\
&= \left(\frac{1}{4}\right)^{2n} C_{2n}^n \sum_{i=0}^{n} C_n^i C_n^{n-i} = \left(\frac{1}{4}\right)^{2n} C_{2n}^n C_{2n}^n
\end{aligned}$$

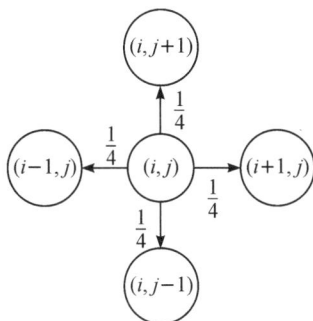

图 8.5　二维随机游动的状态转移图

其中，最后一个等式是由组合恒等式 $C_{2n}^n = \sum_{i=0}^{n} C_n^i C_n^{n-i}$ 得出的。考虑到如下估计式：

$$C_{2n}^n = \frac{(2n)!}{n!\,n!} \sim \frac{(2n)^{2n+1/2}\,\mathrm{e}^{-2n}\,\sqrt{2\pi}}{n^{2n+1}\,\mathrm{e}^{-2n}\,(2\pi)} = \frac{4^n}{\sqrt{\pi n}}$$

于是得到 $p_{00}^{(2n)} \sim \frac{1}{\pi n}$。这表明 $\sum_{n=1}^{\infty} p_{(0,0)}^{(2n)} = \infty$，故状态 $(0,0)$ 是常返态。有意思的是，一维和二维的对称随机游动的所有状态都是常返的，而所有更高维的对称随机游动的状态都是非常返的。例如，三维对称随机游动在每次转换中都有可能以六种方式移动：向左、向右、向上、向下、向内或向外。

8.4　马氏链的状态空间分解

本节将讨论齐次马氏链状态空间 S 的分解。也就是说，我们将尝试把状态空间 S 分解为几个状态子集，其中有的状态子集是互通的（状态互通的这些状态子集都具有相同的状态类型）。根据 8.3.3 节可知，互通的状态可形成一个等价类，那么我们期望有如下的状态空间分解 $S = S_0 \bigcup S_1 \bigcup S_2 \bigcup \cdots$，其中 $S_m \bigcap S_n = \varnothing\,(m \neq n)$ 且 $S_1, S_2, \cdots$ 都是互通的等价类，而 S_0 为不互通的状态所形成的状态子集。然而，这种状态空间的分解会出现一种情况，即存在不同的 $m, n \geqslant 1$，状态 $i \in S_m, j \in S_n$，使得 $i \rightarrow j$。我们并不期望出现这种情况，也就是说，每个互通的等价类中的所有状态都应被封闭在这个等价类里，其中的状态并不会达到其他等价类中的某个状态。为了讨论这一点，我们需要引入闭集的概念。

定义 8.6（闭集与不可约闭集）

设 $X = \{X_n; n = 0, 1, \cdots\}$ 是状态空间为 S 的齐次马氏链，$C \subseteq S$ 是一个非空子集，如果对任意的状态 $i \in C$ 和 $j \in S \backslash C$，有 $p_{ij}^{(n)} = 0$，$\forall n \in \mathbb{N}$，则称 C 为闭集。进一步，闭集 C 中不再包含任何非空的真闭子集，那么称 C 为不可约的闭集。　♣

根据定义 8.6 可知，任何非空闭集中的元素永远都不会跑出该闭集。如果马氏链的整个状态空间 S 是不可约闭集，则称该马氏链 X 是不可约马氏链。特别地，如果闭集 $C = \{i\}$，其中 $i \in S$，则称 i 是一个吸收态。此外，对于马氏链的一个非空闭集 $C \subset S$，还有：

$$\sum_{j \in C} p_{ij} = 1, \ \forall i \in C \tag{8.22}$$

事实上，对任意 $i \in C$，有：

$$1 = \sum_{j \in S} p_{ij} = \sum_{j \in C} p_{ij} + \sum_{j \in S \setminus C} p_{ij} = \sum_{j \in C} p_{ij} + \sum_{j \in S \setminus C} 0 = \sum_{j \in C} p_{ij}$$

式(8.22)意味着 $(p_{ij})_{i,j \in C}$ 是一个随机矩阵，那么可将其 C 视为一个齐次马氏链的状态空间。

下面利用引理 8.4 来建立互通等价类与闭集之间的关系，这是本节介绍的马氏链状态空间分解的关键结论，也是分解马氏链状态空间的主要工具。

引理 8.5(互通等价类与闭集的关系)

设 $X = \{X_n; n = 0, 1, \cdots\}$ 是状态空间为 S 的齐次马氏链，那么含常返态的互通等价类 $S_n \subset S$ 是不可约闭集。　♣

证明　首先证明互通等价类 S_n 是一个闭集。由题设，S_n 中包含常返态，于是根据引理 8.2 知：S_n 中所有的状态都是常返态。这样，对任意 $i \in S_n$ 和 $j \in S$，如果 $i \mapsto j$，则由于 i 是常返态，故利用引理 8.4 得到 $i \leftrightarrow j$，也就是说，状态 i 与 j 互通。因为 S_n 是包含所有与状态 i 互通状态的等价类，故 $j \in S_n$。这说明 S_n 中的任何状态都不会抛出 S_n，故 S_n 是闭集。下面证明 S_n 是不可约的。设 $C \subseteq S_n$ 是任意闭集，任取 $k \in S_n$ 和 $j \in C \subseteq S_n$，由于 S_n 是互通等价类，故 $k \leftrightarrow j$。因为 C 是闭集，所以 $k \in C$，这意味着 $S_n \subseteq C$，这样有 $S_n = C$，也就是 S_n 不含非空真闭子集。

综合上述讨论和引理 8.5，我们可以通过马氏链的状态转移图找到不可约闭集的互通等价类。于是，对于状态空间为 S 的齐次马氏链 $X = \{X_n; n = 0, 1, \cdots\}$，其状态空间 S 可分解为如下的形式：

$$S = D \bigcup C_1 \bigcup C_2 \bigcup \cdots C_n \bigcup \cdots \tag{8.23}$$

其中，$D, C_1, C_2, \cdots$ 是互不相交的状态子集且满足：

(1) 每个 C_n（$n = 1, 2, \cdots,$）是常返态组成的不可约闭集(含常返态的互通等价类)；

(2) 每个 C_n（$n = 1, 2, \cdots$）中的状态类型相同，或全是正常返，或全是零常返，且具有相同的周期。进一步，$f_{ij} = f_{ji} = 1, \ \forall i, j \in C_n$；

(3) 状态子集 D 是由全体非常返态所组成的集合且 C_n 中的状态不能到达 D 中的状态。

我们称式(8.23)中的 C_n 为基本常返闭集，状态分解中的子集 D 不一定是闭集。然而，如果状态空间 S 是有限集，那么 D 一定是非闭集。因此，如果马氏链最初是由某一非常返态出发的，则它可能一直在 D 中运动，也可能在某一时刻离开 D 转移到某一基本常返闭集 C_n 中。一旦马氏链进入基本常返闭集 C_n，它就永远在此 C_n 中运动。这种马氏链状态转移的规律可以帮助我们通过马氏链的状态转移图对该马氏链的状态空间进行分解，从而得到式(8.23)。另外，对于有限状态的马氏链，有：

引理 8.6(有限状态马氏链的状态空间分解)

设 $X = \{X_n; n = 0, 1, \cdots\}$ 是状态空间为有限集 S 的齐次马氏链，那么有：

(1) 非常返态构成的状态子集 D 不可能是闭集；

(2) 该马氏链不含零常返态；

(3) 如果该马氏链是不可约马氏链，则该马氏链的所有状态都是正常返。　♣

证明 用反证法证明结论(1)。假设 D 是闭集,于是利用定义 8.6 可得到:对任意 $n \in \mathbb{N}$,有

$$\sum_{j \in D} p_{ij}^{(n)} = 1, \ \forall i \in D$$

由于 $D \subset S$ 是有限集,因此对上式两边取关于 $n \mapsto \infty$ 的极限得到:

$$1 = \lim_{n \mapsto \infty} \sum_{j \in D} p_{ij}^{(n)} = \sum_{j \in D} \lim_{n \mapsto \infty} p_{ij}^{(n)} \stackrel{\text{本章习题5}}{=\!=\!=\!=} 0, \ \forall i \in D$$

这样产生矛盾,即假设不成立。

对于结论(2),不失一般性,假设 C_1 是由零常返态组成的不可约闭集,于是对任意 $n \in \mathbb{N}$,有

$$\sum_{j \in C_1} p_{ij}^{(n)} = 1, \ \forall i \in C_1$$

由于 $C_1 \subset S$ 是有限集,那么对上式两边取关于 $n \mapsto \infty$ 的极限可得到:

$$1 = \lim_{n \mapsto \infty} \sum_{j \in C_1} p_{ij}^{(n)} = \sum_{j \in C_1} \lim_{n \mapsto \infty} p_{ij}^{(n)} \stackrel{\text{本章习题5}}{=\!=\!=\!=} 0, \ \forall i \in C_1$$

这样产生矛盾。因此,对于有限状态的马氏链,其并不存在零常返的状态。

结论(3)显然可由结论(1)和结论(2)得到。

下面给出一个有限状态马氏链状态空间分解的例子。

例 8.9 设 $X = \{X_n; n = 0, 1, \cdots\}$ 是状态空间为 $S = \{1, 2, 3, 4\}$ 的齐次马氏链且一步状态转移概率矩阵为

$$\boldsymbol{P} = \begin{bmatrix} \dfrac{1}{2} & \dfrac{1}{2} & 0 & 0 \\[2mm] \dfrac{1}{3} & \dfrac{2}{3} & 0 & 0 \\[2mm] \dfrac{1}{4} & \dfrac{1}{4} & \dfrac{1}{4} & \dfrac{1}{4} \\[2mm] 0 & 0 & 0 & 1 \end{bmatrix}$$

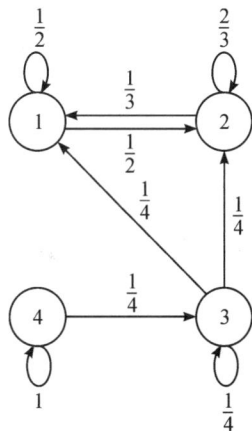

图 8.6 有限状态马氏链的状态转移图

根据上面的一步状态转移概率矩阵可画出如图 8.6 所示的有限状态马氏链的状态转移图。通过该状态转移图找到互通的等价类,从而得到如下的状态空间分解:

$$S = D \bigcup C_1 \bigcup C_2$$

其中,$D = \{3\}$,$C_1 = \{1, 2\}$,$C_2 = \{4\}$。

利用引理 8.6 可得到:状态 1,2,3 都是遍历态,这是因为 $p_{11} = \dfrac{1}{2} > 0$,$p_{44} = 1 > 0$,且状态 4 是一个吸收态。对应于不可约闭集 C_1 和 C_2 的一步状态转移矩阵分别为

$$\boldsymbol{P}_1 = \begin{bmatrix} \dfrac{1}{2} & \dfrac{1}{2} \\[2mm] \dfrac{1}{3} & \dfrac{2}{3} \end{bmatrix}, \ \boldsymbol{P}_2 = [1]$$

于是 $\boldsymbol{P}_1$ 和 $\boldsymbol{P}_2$ 分别对应于一个离散时间齐次遍历链。特别地,$\boldsymbol{P}_2$ 所对应的马氏链只有一个状态且该状态是一个吸收态,这是最简单的平凡马氏链。

8.5 马氏链的极限分布与平稳分布

本节将讨论齐次马氏链的极限分布与平稳分布。为此，我们首先回顾（离散）概率分布的定义，即对于马氏链的状态空间 S，设 $\boldsymbol{\pi} = (\pi_k)_{k \in S}$ 是元素均为非负的向量，如果 $\sum_{k=1}^{\infty} \pi_k = 1$，则称非负向量 $\boldsymbol{\pi} = (\pi_k)_{k \in S}$ 是一个（离散）概率分布。

8.5.1 马氏链的极限分布

本节将研究马氏链转移概率的极限分布问题。首先引入如下关于齐次马氏链转移概率极限的一个重要结论。

定理 8.3(转移概率的极限)

> 设 $X = \{X_n ; n = 0, 1, \cdots\}$ 是状态空间为 S 的齐次马氏链，设 $j \in S$ 是一个正常返态，那么对于任意 $i \in S$，有
>
> $$\lim_{n \to \infty} p_{ij}^{(nd_j + r)} = f_{ij}(r) \frac{d_j}{\mu_{jj}}, \ \forall r = 1, 2, \cdots, d_j$$
>
> 其中，$f_{ij}(r) = \sum_{n=0}^{\infty} f_{ij}^{(nd_j + r)}, \ \forall r = 1, \cdots, d_j$（故其满足 $\sum_{r=1}^{d_j} f_{ij}(r) = f_{ij}$）。 ♣

证明 为了证明该定理，首先需要得到离散更新定理。设 $\{a_n\}_{n=0}^{\infty}$ 和 $\{b_n\}_{n=0}^{\infty}$ 都是非负数列，如果这两个数列满足 $\sum_{n=0}^{\infty} a_n < \infty$（或 $\sum_{n=0}^{\infty} a_n = \infty$ 但 $\{a_n\}_{n=0}^{\infty}$ 有界），$\lim_{n \to \infty} b_n = b \in [0, \infty)$，那么

$$\lim_{n \to \infty} \frac{\sum_{m=0}^{n} a_m b_{n-m}}{\sum_{m=0}^{n} a_m} = b \tag{8.24}$$

应用首达概率和迟早概率的性质(3)可得到 $p_{ij}^{(nd_j + r)} = \sum_{l=1}^{nd_j + r} f_{ij}^{(l)} p_{jj}^{(nd_j + r - l)}$。由于 $nd_j + r - l$ 不是 d_j 的倍数，因此 $p_{jj}^{(nd_j + r - l)} = 0$。于是，我们仅考虑 $nd_j + r - l = md_j$，其中 $m = 0, 1, \cdots, n$，则有 $l = (n-m)d_j + r$，这样可得到：

$$p_{ij}^{(nd_j + r)} = \sum_{l=1}^{nd_j + r} f_{ij}^{(l)} p_{jj}^{(nd_j + r - l)} = \sum_{m=0}^{n} f_{ij}^{((n-m)d_j + r)} p_{jj}^{md_j}$$

$$= \sum_{m=0}^{n} f_{ij}^{(md_j + r)} p_{jj}^{(n-m)d_j}$$

取 $a_n = f_{ij}^{(nd_j + r)}$，$b_n = p_{jj}^{(nd_j)}$，$\forall n = 0, 1, \cdots$，于是 $\{a_n\}_{n=0}^{\infty}$ 有界且 $\sum_{m=0}^{n} a_m \mapsto f_{ij}(r)$，

$n \mapsto \infty$，而由式(8.19)得到 $\lim\limits_{n \mapsto \infty} b_n = b = \dfrac{d_j}{\mu_{jj}}$。　因此利用式(8.24)可得到：

$$\lim_{n \mapsto \infty} p_{ij}^{(nd_j+r)} = \lim_{n \mapsto \infty} \sum_{m=0}^{n} f_{ij}^{(md_j+r)} p_{jj}^{(n-m)d_j} = \lim_{n \mapsto \infty} \sum_{m=0}^{n} a_m b_{n-m}$$

$$= \lim_{n \mapsto \infty} \frac{\sum\limits_{m=0}^{n} a_m b_{n-m}}{\sum\limits_{m=0}^{n} a_m} \left(\sum_{m=0}^{n} a_m \right) = f_{ij}(r) b$$

至此，该定理得证。　　　　　　　　　　　　　　　　　　　　　　　　　　□

定理 8.3 给出了一类特殊马氏链 n 步转移概率的极限结果：如果 $X = \{X_n; n = 0,$ $1, \cdots\}$ 是状态空间为 S 的不可约齐次马氏链且所有状态都是遍历态，则称这类马氏链为遍历链，那么由定理 8.3 和引理 8.4 可得到：

$$\lim_{n \mapsto \infty} p_{ij}^{(n)} = \lim_{n \mapsto \infty} p_{ij}^{(n+r)} = \frac{f_{ij}}{\mu_{jj}} = \frac{1}{\mu_{jj}}, \ \forall\, i, j \in S \tag{8.25}$$

根据式(8.23)和定理 8.3 可以得到如下马氏链转移概率的极限结果：对某个 $n \geqslant 2$，有

$$\lim_{n \mapsto \infty} p_{ij}^{(n)} = \begin{cases} 0, & j \in D \bigcup C_1, i \in S \\[2mm] \dfrac{f_{ij}}{\mu_{jj}}, & j \in C_k(遍历不可约闭集), i \in S \\[2mm] 0, & j \in C_k(正常返周期不可约闭集), i \in C_1 \bigcup C_l, l \neq k \\[2mm] 不存在, & j \in C_k(正常返周期不可约闭集), i \in D \bigcup C_k \end{cases}$$

$$\tag{8.26}$$

其中，不失一般性，假设 C_1 为零常返态所形成的不可约闭集。

下面的结论证明在马氏链为遍历链的情形下，非负向量 $\boldsymbol{\pi} = \left(\dfrac{1}{\mu_{kk}} \right)_{k \in S}$ 还是一个概率分布，因此遍历链的 n 步转移概率具有极限分布 $\boldsymbol{\pi} = \left(\dfrac{1}{\mu_{kk}} \right)_{k \in S}$，其具体的结论表述如下：

定理 8.4（遍历链的极限分布）

　　设 $X = \{X_n; n = 0, 1, \cdots\}$ 是状态空间为 S 的遍历链，那么该遍历链具有极限分布 $\boldsymbol{\pi} = \left(\dfrac{1}{\mu_{kk}} \right)_{k \in S}$，也就是式(8.25)成立且 $\boldsymbol{\pi} = \left(\dfrac{1}{\mu_{kk}} \right)_{k \in S}$ 还是一个概率分布。进一步讲，这个极限分布 $\boldsymbol{\pi} = \left(\dfrac{1}{\mu_{kk}} \right)_{k \in S}$ 是如下线性方程组唯一的解：

$$\pi_j = \sum_{i \in S} \pi_i p_{ij}, \ \forall\, j \in S, \ \sum_{j \in S} \pi_j = 1 \tag{8.27}$$

♣

定理 8.4 说明：对于遍历链来讲，可以先通过解式(8.27)得到唯一解 $\boldsymbol{\pi} = (\pi_j)_{j \in S}$，继而得到状态 j 的平均返回步数 $\mu_{jj} = \dfrac{1}{\pi_j}, \ \forall\, j \in S$。

证明 根据式(8.25)，下面证明 $\pi = \left(\dfrac{1}{\mu_{kk}}\right)_{k \in S}$ 是一个概率分布。首先根据 CK 方程得

到 $p_{ij}^{(n+1)} = \sum_{l \in S} p_{il}^{(n)} p_{lj}$，于是根据 Fatou 引理和式(8.25)知：对任意 $j \in S$，有

$$\pi_j = \lim_{n \to \infty} p_{ij}^{(n+1)} = \lim_{n \to \infty} \sum_{l \in S} p_{il}^{(n)} p_{lj} \overset{\text{Fatou 引理}}{\geqslant} \sum_{l \in S} \left(\lim_{n \to \infty} p_{il}^{(n)}\right) p_{lj} = \sum_{l \in S} \pi_l p_{lj}$$

下面证明上面的不等式实际上是一个等式。利用反证法，假设存在一个 $j_0 \in S$ 使得 $\pi_{j_0} > \sum_{l \in S} \pi_l p_{l j_0}$，于是有

$$\sum_{j \in S} \pi_j > \sum_{j \in S} \sum_{l \in S} \pi_l p_{lj} = \sum_{l \in S} \pi_l \left(\sum_{j \in S} p_{lj}\right) = \sum_{l \in S} \pi_l$$

这样得到相互矛盾的结论，故等式 $\pi_j = \sum_{i \in S} \pi_i p_{ij}$ 成立。因此，应用 CK 方程可得到：

$$\pi_j = \sum_{i \in S} \pi_i p_{ij} = \sum_{i \in S} \left(\sum_{l \in S} \pi_l p_{li}\right) p_{ij} = \sum_{l \in S} \pi_l p_{lj}^{(2)} = \cdots = \sum_{l \in S} \pi_l p_{lj}^{(n)}, \ \forall n \in \mathbb{N} \quad (8.28)$$

由于 $1 = \lim_{n \to \infty} \sum_{j \in S} p_{ij}^{(n)} \geqslant \sum_{j \in S} \lim_{n \to \infty} p_{ij}^{(n)} = \sum_{j \in S} \pi_j$，因此 $\left|\sum_{l \in S} \pi_l p_{lj}^{(n)}\right| \leqslant \sum_{l \in S} \pi_l \leqslant 1$。这样，应用

控制收敛定理(DCT)有：

$$\pi_j = \lim_{n \to \infty} \pi_j = \lim_{n \to \infty} \sum_{l \in S} \pi_l p_{lj}^{(n)} = \sum_{l \in S} \pi_l \left(\lim_{n \to \infty} p_{lj}^{(n)}\right) = \pi_j \sum_{l \in S} \pi_l \quad (8.29)$$

因为 $\pi_j = \dfrac{1}{\mu_{jj}} > 0$，所以得到等式 $\sum_{l \in S} \pi_l = 1$。也就是说，$\pi = \left(\dfrac{1}{\mu_{kk}}\right)_{k \in S}$ 是一个概率分

布。最后只剩下证明式(8.27)解的唯一性。设 $\pi' = (\pi'_j)_{j \in S}$ 是式(8.27)的另一个解，也就

是 $\pi'_j = \sum_{i \in S} \pi'_i p_{ij}$ 和 $\sum_{i \in S} \pi'_i = 1$，于是 $\pi'_j = \sum_{i \in S} \pi'_i p_{ij}^{(n)}, \ \forall n \in \mathbb{N}$。类似地，应用 DCT 有：

$$\pi'_j = \lim_{n \to \infty} \sum_{i \in S} \pi'_i p_{ij}^{(n)} = \sum_{i \in S} \pi'_i \lim_{n \to \infty} p_{ij}^{(n)} = \sum_{i \in S} \pi'_i \pi_j = \pi_j, \ \forall j \in S$$

此为式(8.27)解的唯一性。至此，该定理得证。 $\square$

例 8.10 考虑例 8.1 中的四状态 $1,2,3,4$ 的齐次马氏链，其一步状态转移概率矩阵为

$$\mathbf{P} = \begin{bmatrix} 0.7 & 0 & 0.3 & 0 \\ 0.5 & 0 & 0.5 & 0 \\ 0 & 0.4 & 0 & 0.6 \\ 0 & 0.2 & 0 & 0.8 \end{bmatrix}$$

由图 8.7 所示的该马氏链的状态转移图可知，该
马氏链是一个遍历链，于是应用定理 8.4 可得到该马
氏链的极限分布 $\boldsymbol{\pi} = (\pi_j)_{j \in S} = \left(\dfrac{1}{\mu_{jj}}\right)_{j \in S}$ 满足如下线
性方程组：

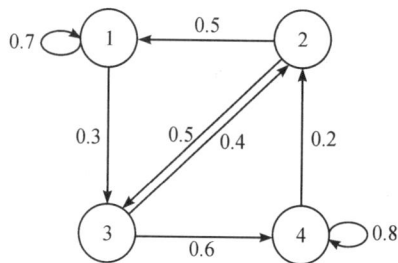

图 8.7 离散时间马氏链的状态转移图

$$\begin{cases} \pi_0 = 0.7\pi_1 + 0.5\pi_2 \\ \pi_1 = 0.4\pi_3 + 0.2\pi_4 \\ \pi_2 = 0.3\pi_1 + 0.5\pi_2 \\ \pi_3 = 0.6\pi_3 + 0.8\pi_4 \\ 1 = \pi_1 + \pi_2 + \pi_3 + \pi_4 \end{cases}$$

求解上面的线性方程组得到其唯一的解：

$$\pi_1 = \frac{1}{\mu_{11}} = \frac{1}{4}, \ \pi_2 = \frac{1}{\mu_{22}} = \frac{3}{20}, \ \pi_3 = \frac{1}{\mu_{33}} = \frac{3}{20}, \ \pi_4 = \frac{1}{\mu_{44}} = \frac{9}{20}$$

于是马氏链四个状态的平均返回步数为

$$\mu_{11} = 4, \ \mu_{22} = \frac{20}{3}, \ \mu_{33} = \frac{20}{3}, \ \mu_{44} = \frac{20}{9}$$

8.5.2　马氏链的平稳分布

本节将讨论齐次马氏链的平稳分布。所谓马氏链的平稳分布，是指如果马氏链的初始分布为该平稳分布，那么马氏链在任意时刻的分布均为该平稳分布。

下面给出马氏链的平稳分布的具体表述。

定义 8.7（马氏链的平稳分布）

> 设 $X = \{X_n; n = 0, 1, \cdots\}$ 是状态空间为 S 的齐次马氏链，$\boldsymbol{\pi} = (\pi_j)_{j \in S}$ 是一个概率分布，如果该概率分布 $\boldsymbol{\pi} = (\pi_j)_{j \in S}$ 满足如下线性方程组：
> $$\pi_j = \sum_{i \in S} \pi_i p_{ij}, \ \forall j \in S \qquad (8.30)$$
> 则称概率分布 $\boldsymbol{\pi} = (\pi_j)_{j \in S}$ 是马氏链 X 的一个平稳分布。　　♣

我们称式(8.30)为平衡方程(balanced equation)。根据定义 8.7 可知，齐次遍历链的极限分布一定是其本身的一个平稳分布。事实上，这个平稳分布还是唯一的，那为什么满足式(8.30)的概率分布被称为平稳分布呢？类似于式(8.28)，由式(8.30)可推出：对任意 $n \in \mathbb{N}$，有

$$\pi_j = \sum_{i \in S} \pi_i p_{ij}^{(n)} \Longleftrightarrow \boldsymbol{\pi} = \boldsymbol{\pi} \boldsymbol{P}^{(n)} = \boldsymbol{\pi} \boldsymbol{P}^n$$

应用全概率公式得到马氏链 X 的一维分布为：对任意 $n \in \mathbb{N}$ 和 $j \in S$，有

$$P(X_n = j) = \sum_{i \in S} P(X_n = j, X_0 = i) = \sum_{i \in S} P(X_n = j \mid X_0 = i) P(X_0 = i)$$
$$= \sum_{i \in S} p_{ij}^{(n)} P(X_0 = i)$$

于是，如果马氏链的初始分布 $P(X_0 = i) = \pi_i, \ \forall i \in S$，则

$$P(X_n = j) = \sum_{i \in S} p_{ij}^{(n)} P(X_0 = i) = \sum_{i \in S} p_{ij}^{(n)} \pi_i = \pi_j$$

也就是说，如果马氏链的初始分布为该平稳分布，那么马氏链在任意时间的分布均为该平稳分布。进一步，该马氏链还是一个严平稳过程，其证明留作本章练习 9。

下面的定理给出了马氏链存在平稳分布的充要条件。

定理 8.5（更新定理）

> 设 $X = \{X_n; n = 0, 1, \cdots\}$ 是状态空间为 S 的齐次不可约马氏链，那么该不可约马氏链 X 存在平稳分布当且仅当不可约马氏链 X 是一个正常返链(也就是其所有的状态都是正常返的)。　　♣

证明 首先假设马氏链 X 是一个正常返链。考虑一个状态 $i \in S$，则 i 是正常返的，于是定义 $N_{i|j} := \sum_{n=1}^{\infty} \mathbf{1}_{X_n = j, \, n \leqslant \tau_i}$，$\eta_{i|j} := E[N_{i|j} \mid X_0 = i] = \sum_{n=1}^{\infty} P(X_n = j, \, n \leqslant \tau_i \mid X_0 = i)$，根据状态 i 是正常返的，则有：

$$
\begin{aligned}
\sum_{j \in S} \eta_{i|j} &= \sum_{j \in S} \sum_{n=1}^{\infty} P(X_n = j, \, n \leqslant \tau_i \mid X_0 = i) \\
&= \sum_{n=1}^{\infty} \left(\sum_{j \in S} P(X_n = j, \, n \leqslant \tau_i \mid X_0 = i) \right) \\
&= \sum_{n=1}^{\infty} P(\tau_i \geqslant n \mid X_0 = i) \xlongequal{\text{式}(1.11)} E[\tau_i \mid X_0 = i] = \mu_{ii} < +\infty
\end{aligned}
$$

因此，引入

$$
\pi_j = \frac{\eta_{i|j}}{\mu_{ii}} = \frac{1}{\mu_{ii}} \sum_{n=1}^{\infty} H_{i|j}(n), \ \forall j \in S \tag{8.31}
$$

故 $\sum_{j \in S} \pi_j = 1$。引入符号 $H_{i|j}(n) = P(X_n = j, \, \tau_i \geqslant n \mid X_0 = i)$，则有

$$
H_{i|j}(1) = P(X_1 = j, \, \tau_i \geqslant 1 \mid X_0 = i) = P(X_1 = j \mid X_0 = i) = p_{ij}
$$

于是，根据事件等式 $\{\tau_i \geqslant n\} = \{X_1 \neq i, \cdots, X_{n-1} \neq i\}$ 和马氏链 X 的马氏性可得到：对任意 $n \in \mathbb{N}$，有

$$
\begin{aligned}
H_{i|j}(n) &= P(X_n = j, \, \tau_i \geqslant n \mid X_0 = i) \\
&= \sum_{l \neq i} P(X_n = j, \, X_{n-1} = l, \, \tau_i \geqslant n \mid X_0 = i) \\
&= \sum_{l \neq i} P(X_n = j \mid X_{n-1} = l, \, \tau_i \geqslant n, \, X_0 = i) P(X_{n-1} = l, \, \tau_i \geqslant n \mid X_0 = i) \\
&= \sum_{l \neq i} P(X_n = j \mid X_{n-1} = l, \, X_{n-1} \neq i, \cdots, X_1 \neq i, \, X_0 = i) \times \\
&\quad\quad P(X_{n-1} = l, \, X_{n-1} \neq i, \cdots, X_1 \neq i \mid X_0 = i) \\
&= \sum_{l \neq i} P(X_n = j \mid X_{n-1} = l) P(X_{n-1} = l, \underbrace{X_{n-2} \neq i, \cdots, X_1 \neq i}_{= \{\tau_i \geqslant n-1\}} \mid X_0 = i) \\
&= \sum_{l \neq i} p_{lj} P(X_{n-1} = l, \, \tau_i \geqslant n-1 \mid X_0 = i) \\
&= \sum_{l \neq i} p_{lj} H_{i|l}(n-1)
\end{aligned}
$$

因此，可得到：

$$
\begin{aligned}
\pi_j &= \frac{1}{\mu_{ii}} \sum_{n=1}^{\infty} H_{i|j}(n) = \frac{H_{i|j}(1)}{\mu_{ii}} + \frac{1}{\mu_{ii}} \sum_{n=2}^{\infty} \sum_{l \neq i} p_{lj} H_{i|l}(n-1) \\
&= \frac{p_{ij}}{\mu_{ii}} + \sum_{l \neq i} \left(\frac{1}{\mu_{ii}} \sum_{n=2}^{\infty} p_{lj} H_{i|l}(n-1) \right) \\
&= \frac{p_{ij}}{\mu_{ii}} + \sum_{l \neq i} \left(\frac{p_{lj}}{\mu_{ii}} \sum_{n=1}^{\infty} H_{i|l}(n) \right) \\
&= \pi_i p_{ij} + \sum_{l \neq i} \pi_l p_{lj} \\
&= \sum_{l \in S} \pi_l p_{lj}
\end{aligned}
$$

其中，由于 $i \in S$ 是正常返的，故有：

$$\pi_i = \frac{1}{\mu_{ii}} \sum_{n=1}^{\infty} H_{i|i}(1) = \frac{1}{\mu_{ii}} \sum_{n=1}^{\infty} P(X_n = i, \tau_i \geqslant n \mid X_0 = i)$$

$$= \frac{1}{\mu_{ii}} \sum_{n=1}^{\infty} P(X_n = i, X_{n-1} \neq i, \cdots, X_1 \neq i \mid X_0 = i)$$

$$= \frac{1}{\mu_{ii}} \sum_{n=1}^{\infty} P(\tau_i = n \mid X_0 = i) = \frac{1}{\mu_{ii}} f_{ii} = \frac{1}{\mu_{ii}}$$

这样，由式(8.31)构造的概率分布 $\boldsymbol{\pi} = (\pi_j)_{j \in S}$ 是马氏链 X 的一个平稳分布。

下面假设不可约马氏链存在一个平稳分布 $\boldsymbol{\pi} = (\pi_i)_{i \in S}$。用反证法，假设该马氏链所有的状态都是非常返或零常返的，那么根据本章练习 5 可得到 $\lim\limits_{n \to \infty} p_{ij}^{(n)} = 0$。对任意 $n \in \mathbb{N}$，有 $\pi_j = \sum\limits_{i \in S} \pi_i p_{ij}^{(n)}$，$\sum\limits_{j \in S} \pi_j = 1$，于是 $\left| \sum\limits_{i \in S} \pi_i p_{ij}^{(n)} \right| \leqslant \sum\limits_{i \in S} |\pi_i p_{ij}^{(n)}| \leqslant \sum\limits_{i \in S} \pi_i = 1$。那么，应用 DCT 可得到：

$$\pi_j = \lim_{n \to \infty} \pi_j = \lim_{n \to \infty} \sum_{i \in S} \pi_i p_{ij}^{(n)} = \sum_{i \in S} \pi_i \left(\lim_{n \to \infty} p_{ij}^{(n)} \right) = 0, \ \forall j \in S$$

这与 $\sum\limits_{j \in S} \pi_j = 1$ 相互矛盾，故该不可约马氏链的所有状态是正常返的。

下面尝试描述定理 8.5 中正常返链 $X = \{X_n; n = 0, 1, \cdots\}$ 的平稳分布。设正常返链的平稳分布 $\boldsymbol{\pi} = (\pi_j)_{j \in S}$，考虑 X 的初始分布为平稳分布，也就是 $P(X_0 = j) = \pi_j$，$\forall j \in S$，那么应用条件概率可得到：对任意 $j \in S$，有

$$\sum_{n=1}^{\infty} P(\tau_j \geqslant n, X_0 = j) = \sum_{n=1}^{\infty} P(\tau_j \geqslant n \mid X_0 = j) P(X_0 = j)$$
$$= \pi_j E[\tau_j \mid X_0 = j] = \pi_j \mu_{jj} \tag{8.32}$$

应用等式 $\{\tau_j \geqslant n\} = \{X_1 \neq j, \cdots, X_{n-1} \neq j\}$，$\forall n \in \mathbb{N}$ 可得

$$\sum_{n=1}^{\infty} P(\tau_j \geqslant n, X_0 = j) = P(\tau_j \geqslant 1, X_0 = j) + \sum_{n=2}^{\infty} P(\tau_j \geqslant n, X_0 = j)$$

$$= P(X_0 = j) + \sum_{n=2}^{\infty} P(X_{n-1} \neq j, X_{n-2} \neq j, \cdots, X_1 \neq j, X_0 = j)$$

$$= \pi_j + \sum_{n=2}^{\infty} P\Big((X_{n-1} \neq j, X_{n-2} \neq j, \cdots, X_1 \neq j) - \underbrace{P(X_{n-1} \neq j, X_{n-2} \neq j, \cdots, X_1 \neq j, X_0 \neq j)}_{F_{n-1}} \Big)$$

根据本章练习 9 有：以平稳分布为初始分布的马氏链是一个严平稳过程，于是

$$P(X_{n-1} \neq j, X_{n-2} \neq j, \cdots, X_1 \neq j) = P(X_{n-2} \neq j, X_{n-3} \neq j, \cdots, X_0 \neq j) = F_{n-2}$$

结合式(8.32)得到：

$$\pi_j \mu_{jj} = \pi_j + \sum_{n=2}^{\infty} (F_{n-2} - F_{n-1}) = \pi_j + F_0 - F_1 + F_1 - F_2 + \cdots = \pi_j + F_0 - \lim_{n \to \infty} F_{n-1}$$

$$= \pi_j + P(X_0 \neq j) + \lim_{n \to \infty} P(X_{n-1} \neq j, \cdots, X_1 \neq j, X_0 \neq j)$$

$$= \pi_j + 1 - \pi_j + \lim_{n \to \infty} P(\tau_j \geqslant n, X_0 \neq j) = 1 - 0 = 1$$

这样得到正常返链 $X = \{X_n; n = 0, 1, \cdots\}$ 的平稳分布为

$$\pi_j = \frac{1}{\mu_{jj}}, \ \forall j \in S \tag{8.33}$$

上述结论总结如下：

定理 8.6（正常返链唯一的平稳分布）

设 $X=\{X_n; n=0, 1, \cdots\}$ 是状态空间为 S 的齐次正常返链，则该正常返链具有唯一的平稳分布（式(8.33)）。　♣

显然，正常返链包含遍历链。也就是说，对于遍历链来讲，其极限分布就是其唯一的平稳分布。

例 8.11（两状态机制转换链） 设 $X=\{X_n; n=0, 1, \cdots\}$ 是状态空间为 $S=\{1, 2\}$ 的齐次马氏链，一步状态转移概率矩阵为：对于 $a, b \in (0, 1)$，有

$$\boldsymbol{P} = \begin{bmatrix} 1-a & a \\ b & 1-b \end{bmatrix}$$

根据上面的一步转移概率矩阵可画出如图 8.8 所示的状态转移图，由此可得该两状态马氏链是一个遍历链。利用 CK 方程和矩阵的对角化方法可得到其 n 步转移概率矩阵为

$$\boldsymbol{P}^{(n)} = \boldsymbol{P}^n = \begin{bmatrix} \dfrac{b}{a+b} + (1-a-b)^n \dfrac{a}{a+b} & \dfrac{b}{a+b} - (1-a-b)^n \dfrac{a}{a+b} \\ \dfrac{b}{a+b} + (1-a-b)^n \dfrac{b}{a+b} & \dfrac{a}{a+b} - (1-a-b)^n \dfrac{b}{a+b} \end{bmatrix}$$

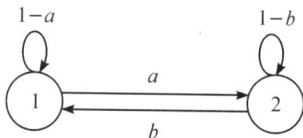

图 8.8 两状态马氏机制转换的状态转移图

由于 $|1-(a+b)| < 1$，因此 $\lim\limits_{n \mapsto \infty}(1-a-b)^n = 0$，于是该两状态马氏链的 n 步转移概率矩阵的极限为

$$\lim_{n \mapsto \infty}\boldsymbol{P}^{(n)} = \begin{bmatrix} \dfrac{b}{a+b} & \dfrac{b}{a+b} \\ \dfrac{b}{a+b} & \dfrac{a}{a+b} \end{bmatrix}$$

这样，该两状态马氏链的极限分布 $\boldsymbol{\pi} = (\pi_1, \pi_2) = \left(\dfrac{b}{a+b}, \dfrac{a}{a+b}\right) = \left(\dfrac{1}{\mu_{11}}, \dfrac{1}{\mu_{22}}\right)$。我们也可根据定理 8.4 通过求解如下线性方程组得到极限分布或平稳分布：

$$\pi_1 = (1-a)\pi_1 + b\pi_2, \quad \pi_2 = a\pi_1 + (1-b)\pi_2, \quad \pi_1 + \pi_2 = 1$$

由前两个线性方程组得到 $\pi_1 = \dfrac{b}{a}\pi_2$，代入上面第三个方程中得到 $\dfrac{a+b}{a}\pi_2 = 1$，故 $\pi_2 = \dfrac{a}{a+b}$，于是 $\pi_1 = 1 - \pi_2 = \dfrac{b}{a+b}$。

应用定理 8.6 可以对一般的齐次马氏链平稳分布进行讨论。首先回顾一般齐次马氏链的状态空间 S 可分解为式(8.23)的形式，也就是 $S = D \bigcup C_1 \bigcup C_2 \bigcup \cdots C_n \bigcup \cdots$。对于常返态的不可约闭集 $C_n, \forall n \in \mathbb{N}$，我们可以将每一个 C_n 对应于一个子马氏链的状态空间。这样，根据定理 8.6，如果 C_n 是一个正常返不可约闭集，那么该子马氏链存在唯一的平稳

分布。更具体地讲，该子马氏链的一步转移概率矩阵为 $\boldsymbol{P}_n = (p_{ij})_{i,j \in C_n}$（因为 C_n 是闭集，所以由式(8.22)得到 $\boldsymbol{P}_n$ 一定是一个随机矩阵），设 $\boldsymbol{\pi}^{(n)} = (\pi_j)_{j \in C_n}$ 是该子马氏链唯一的平稳分布，则其满足如下的线性方程组：

$$\boldsymbol{\pi}^{(n)} = \boldsymbol{\pi}^{(n)} \boldsymbol{P}_n, \quad \sum_{j \in C_n} \pi_j = 1 \tag{8.34}$$

于是，对于一般的齐次马氏链的平稳分布，有如下的结论：

(1) 如果仅存在一个 $n \in \mathbb{N}$ 使 C_n 是一个正常返不可约闭集，那么该马氏链存在唯一的平稳分布且该平稳分布具有如下的形式：

$$\boldsymbol{\pi} = (\underbrace{\pi_j, j \in C_n}_{(8.34)}, \underbrace{0, 0, \cdots}_{j \in S \backslash C_n}) \tag{8.35}$$

(2) 如果存在两个或两个以上的 n 使得 C_n 是正常返不可约闭集，那么该马氏链存在无穷个平稳分布。我们以存在两个 n 为例，设 C_{n_1} 和 C_{n_2} 是两个正常返不可约闭集（$n_1 \neq n_2$），于是对于 $i = 1, 2$，每个 C_{n_i} 对应的子马氏链都存在唯一的平稳分布 $\boldsymbol{\pi}^{(n_i)} = (\pi_j)_{j \in C_{n_i}}$ 满足如下的线性方程组：对于 $i = 1, 2$，有

$$\boldsymbol{\pi}^{(n_i)} = \boldsymbol{\pi}^{(n_i)} \boldsymbol{P}_{n_i}, \quad \sum_{j \in C_{n_i}} \pi_j = 1 \tag{8.36}$$

这里，$P_{n_i} = (p_{ij})_{i,j \in C_{n_i}}$，$\forall i = 1, 2$。这样，马氏链的所有平稳分布可表示为如下形式：

$$\boldsymbol{\pi} = (\underbrace{\lambda_1 \pi_j, j \in C_{n_1}}_{(8.36)-i=2}, \underbrace{(1-\lambda_1)\pi_j, j \in C_{n_2}}_{(8.36)-i=1}, \underbrace{0, 0, 0, \cdots}_{j \in S \backslash (C_{n_1} \bigcup C_{n_2})}) \tag{8.37}$$

其中，$\lambda_1 \in (0, 1)$。由于参数 $\lambda_1 \in (0, 1)$ 为任意的，故由式(8.37)所表示的平稳分布实际上是无穷个。

(3) 如果马氏链的状态空间分解中并不存在正常返的不可约闭集，那么该马氏链并不存在平稳分布。

(4) 根据引理 8.6，具有有限状态的齐次马氏链一定存在正常返不可约闭集，故由结论(1)和结论(2)可得到有限状态的齐次马氏链一定存在平稳分布。

下面将给出一个有限状态马氏链具有无穷多个平稳分布的例子。

例 8.12 设 $X = \{X_n; n = 0, 1, \cdots\}$ 是状态空间为 $S = \{1, 2, 3, 4, 5, 6\}$ 的齐次马氏链且一步状态转移概率矩阵为

$$\boldsymbol{P} = \begin{bmatrix} \dfrac{1}{2} & \dfrac{1}{2} & 0 & 0 & 0 & 0 \\[2mm] \dfrac{1}{4} & \dfrac{3}{4} & 0 & 0 & 0 & 0 \\[2mm] \dfrac{1}{4} & \dfrac{1}{4} & \dfrac{1}{4} & \dfrac{1}{4} & 0 & 0 \\[2mm] \dfrac{1}{4} & 0 & \dfrac{1}{4} & \dfrac{1}{4} & 0 & \dfrac{1}{4} \\[2mm] 0 & 0 & 0 & 0 & \dfrac{1}{2} & \dfrac{1}{2} \\[2mm] 0 & 0 & 0 & 0 & \dfrac{1}{2} & \dfrac{1}{2} \end{bmatrix}$$

根据上面的一步转移概率矩阵可画出状态转移图，见图 8.9，由此可得状态空间分解 $S = D \bigcup C_1 \bigcup C_2$，其中 $D = \{3, 4\}$，$C_1 = \{1, 2\}$ 和 $C_2 = \{5, 6\}$。这里 C_1 和 C_2 都是遍历的不可约闭集。

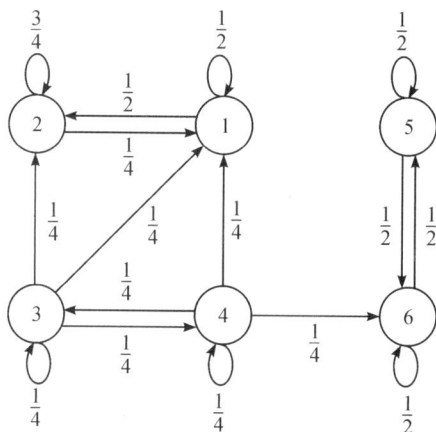

图 8.9 离散时间马氏链的状态转移图

根据上面的结论(2)，求解如下的两个线性方程组：

$$\begin{cases} (\pi_1, \pi_2) = (\pi_1, \pi_2) \begin{bmatrix} \dfrac{1}{2} & \dfrac{1}{2} \\ \dfrac{1}{4} & \dfrac{3}{4} \end{bmatrix}, \pi_1 + \pi_2 = 1 \\[4mm] (\pi_5, \pi_6) = (\pi_5, \pi_6) \begin{bmatrix} \dfrac{1}{2} & \dfrac{1}{2} \\ \dfrac{1}{2} & \dfrac{1}{2} \end{bmatrix}, \pi_5 + \pi_6 = 1 \end{cases} \tag{8.38}$$

求解式(8.38)得到：

$$\pi_1 = \frac{1}{3}, \ \pi_2 = \frac{2}{3}, \ \pi_5 = \frac{1}{2}, \ \pi_6 = \frac{1}{2}$$

综上所述，该六状态马氏链的无穷个平稳分布可表述为

$$\boldsymbol{\pi} = \left(\frac{\lambda_1}{3}, \frac{2\lambda_1}{3}, 0, 0, \frac{1 - \lambda_1}{2}, \frac{1 - \lambda_1}{2} \right), \ \forall \lambda_1 \in (0, 1)$$

下面提供一个计算无穷状态马氏链平稳分布的例子。

例 8.13(单边反射随机游动) 设 $X = \{X_n; n = 0, 1, \cdots\}$ 是状态空间为 $S = \{0, 1, 2, \cdots\}$ 的齐次马氏链且一步状态转移概率为 $p_{00} = q \in (0, 1)$，$p_{i, i+1} = 1 - q$，$\forall i = 0, 1, \cdots$，而 $p_{i, i-1} = q$，$\forall i = 1, 2, \cdots$。于是，该马氏链的一步转移概率矩阵为：

$$\boldsymbol{P} = \begin{bmatrix} q & 1-q & 0 & 0 & 0 & \cdots \\ q & 0 & 1-q & 0 & 0 & \cdots \\ 0 & q & 0 & 1-q & 0 & \cdots \\ 0 & 0 & q & 0 & 1-q & \cdots \\ \vdots & \vdots & \vdots & \vdots & \vdots & \end{bmatrix}$$

根据上面的一步转移概率矩阵可画出状态转移图，见图 8.10，设该平稳分布为 $\pi = (\pi_j)_{j \in S}$，故其满足如下的线性方程组：

$$\begin{cases} \pi_0 = q\pi_0 + q\pi_1 \\ \pi_1 = (1-q)\pi_0 + q\pi_2 \\ \quad\vdots \\ \pi_n = (1-q)\pi_{n-1} + q\pi_n \\ \quad\vdots \\ 1 = \pi_0 + \pi_1 + \cdots \pi_n + \cdots \end{cases} \qquad (8.39)$$

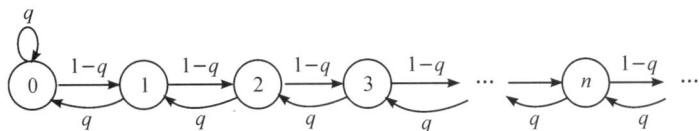

图 8.10　单边反射随机游动的状态转移图

通过求解线性方程组(8.39)可得到：

$$\pi_{n+1} = \left(\frac{1-q}{q}\right)^{n+1} \pi_0, \ n = 0, 1, 2, \cdots$$

于是利用式(8.39)中的最后一个方程得到：

$$\left[1 + \sum_{n=1}^{\infty} \left(\frac{1-q}{q}\right)^n\right] \pi_0 = 1$$

由于无穷级数 $\sum_{n=1}^{\infty} \left(\frac{1-q}{q}\right)^n < +\infty$ 当且仅当 $\frac{1-q}{q} < 1$，也就是 $q > \frac{1}{2}$，故当 $q > \frac{1}{2}$ 时，该马氏链存在唯一的平稳分布且 $\pi_n = \left(\frac{1-q}{q}\right)^n \frac{2q-1}{q}$，$\forall n = 0, 1, 2, \cdots$。然而，当 $q \leqslant \frac{1}{2}$ 时，该马氏链不存在平稳分布。直观上，当 $q < \frac{1}{2}$ 时，也就是 $1-q > q$ 时，马氏链返回到状态 0 的力很小，故马氏链的状态转移容易发生分岔。

　　众所周知，互联网发展到今天，其包含的网站和网页都在 10 亿量级以上。尽管不能逐一分析其上内容的重要性，但互联网并不是一个独立文本的集合，而是具有超大容量的超文本系统，也就是网页之间可以相互引用和超链接。那如何来评判或量化一个网页的重要性呢？20 世纪 90 年代谷歌公司的两位创始人拉里·佩奇和谢尔盖·布林将该问题转化为了计算马氏链的平稳分布问题，也就是人们通常称为 Page Rank 的算法。下面的例子将简要介绍该算法。

　　例 8.14(Page Rank 算法)　自 1998 年谷歌公司创立以来，其一直主导着互联网搜索引擎市场，但主要思想仍是 Page Rank 网页排名算法。谷歌的 Page Rank 算法可以为互联网上每个页面计算一个所谓的分数((0，1)之间的数值)，该分数值越高，则表明该网页就越重要。此外，Page Rank 算法是独立于网页查询和内容编辑之外的算法，因此该算法对网页的排名是离线进行的。实际上，每一个月谷歌就会对所有网页的超链接进行统计从而利用这些数据通过 Page Rank 算法来对网页的重要性进行排名。Page Rank 算法将访客访问网页的过程表述为一个离散时间的随机过程-离散时间马氏链 $X = \{X_n; n = 0, 1, \cdots\}$，并巧妙地将每个网页的分数与该马氏链的平稳分布联系起来。然而，根据上面关于马氏链平稳分布的讨论，不是所有的马氏链都具有唯一的平稳分布。为了克服这个困难，拉里·佩奇和谢尔盖·布林构建了一个遍历马氏链(即遍历链)。这样，根据定理 8.6，遍历链具有唯一的平稳分布且还是极限分布，人们称该分布为 Page Rank 向量。下面，我们将通过一个具体的例子来说明 Page Rank 算法。设 X_n 表示在第 n 步访客访问的网页，X_0 表示初始时刻访客所在的网页。由于 $X = \{X_n; n = 0, 1, \cdots\}$ 是一个状态空间为 $S = \{1, 2, 3, 4\}$ 的马氏链，故访客下一步要访问哪个网页只依赖于当前页面。为了方便，考虑一个只包含四个网页的简单互联网，其各网页之间的链接情况如图 8.11 所示。于是，该四个网页的链接矩阵可写为

$$L = (l_{ij})_{i, j \in S} = \begin{bmatrix} 0 & 1 & 1 & 0 \\ 0 & 0 & 0 & 1 \\ 0 & 1 & 0 & 1 \\ 0 & 0 & 1 & 0 \end{bmatrix}$$

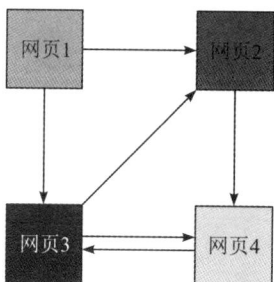

图 8.11　四个网页的链接示意图

对于链接矩阵 L，其所有元素不是 0 就是 1。例如，$l_{12} = l_{13} = 1$ 和 $l_{11} = l_{14} = 0$，这表明网页"1"可以链接到网页"2"和"3"。拉里·佩奇和谢尔盖·布林假设访客从一个网页转移访问其他网页的概率是相同的，那么针对访客开始在网页"1"，其转移访问网页"2"和"3"的概率都为 $\dfrac{1}{2}$。基于此，可以得到如下关于网页的转移概率矩阵，马氏链 X 的一步状态转移概率矩阵：

$$P = (p_{ij})_{i, j \in S} = \begin{bmatrix} 0 & \dfrac{1}{2} & \dfrac{1}{2} & 0 \\ 0 & 0 & 0 & 1 \\ 0 & \dfrac{1}{2} & 0 & \dfrac{1}{2} \\ 0 & 0 & 1 & 0 \end{bmatrix}$$

利用 P 的结构可以画出马氏链 X 的状态转移图，如图 8.12 所示。

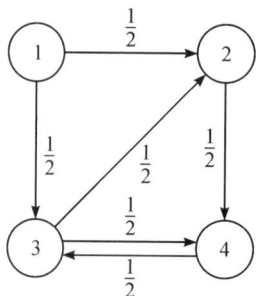

图 8.12　网页链接转换为离散时间马氏链的状态转移图

根据上面的状态转移图得到 X 的状态空间分解 $S = D \bigcup C_1 = \{1\} \bigcup \{2, 3, 4\}$。由于状态"1"是非常返态，故 X 并不是不可约的。为了使其成为一个不可约马氏链，拉里·佩奇和谢尔盖·布林假设访客在一个网页上以概率 $p \in (0, 1)$ 选择该网页上的一个链接，而以概率 $1 - p$ 会转到地址栏并键入一个随机网站的地址。基于此设定，马氏链新的一步转移概率矩阵为

$$G = pP + (1 - p) \frac{1}{|S|} \mathbf{1}_{|S| \times |S|} \tag{8.40}$$

其中，$|S|$ 表示互联网所有网页的数目，而 $\mathbf{1}_{|S| \times |S|}$ 表示所有元素为 1 的矩阵。而人们通常称 G 为 Google 矩阵，其也是一个随机矩阵。在实际中，经常取 $p = 0.85$，于是针对上面的一步状态转移概率矩阵 P，对应的 Google 矩阵为

$$G = (g_{ij})_{i, j \in S} = \begin{bmatrix} 0.0375 & 0.4625 & 0.4625 & 0.0375 \\ 0.0375 & 0.0375 & 0.0375 & 0.8875 \\ 0.0375 & 0.4625 & 0.0375 & 0.4625 \\ 0.0375 & 0.0375 & 0.8875 & 0.0375 \end{bmatrix}$$

因为上面的 Google 矩阵中所有元素都是非零的，所以其对应的马氏链是遍历链。于是，应用定理 8.4，该遍历链存在唯一的平稳分布 $\boldsymbol{\pi} = (\pi_j)_{j \in S}$，其也是该马氏链的极限分布且满足如下方程组：

$$\boldsymbol{\pi} = \boldsymbol{\pi} G, \quad \sum_{j \in S} \pi_j = 1$$

求解上述方程组得到：

$$\pi_j = \lim_{n \mapsto \infty} g_{ij}(n) = \lim_{n \mapsto \infty} P(X_n = j \mid X_0 = i),$$

$$j \in S = (0.0375, 0.2122, 0.3736, 0.3767)$$

这样，四个网页的重要性排序为 4，3，2，1。因此，如果搜索到的单词出现在第 1、第 3 和第 4 网页中，那么这三个网页的重要性排序为 4，3，1。

8.6 马氏链的遍历性定理

离散时间马氏链的遍历性定理主要是指马氏链在 n 步之前访问其某个状态的次数或称为时间占整个时间(步数)长度 n 的比例在 n 趋于无穷大时会收敛到该状态平均返回步数的倒数。离散时间马氏链的遍历性定理也是下一节引入的马氏链蒙特卡洛模拟算法的主要数学基础。

在给出离散时间马氏链遍历性定理主要内容之前，我们首先回顾由式(8.11)所定义的马氏链的马氏时。更具体地，设 $X = \{X_n; n = 0, 1, \cdots\}$ 是概率空间 $(\Omega, \mathscr{F}, P)$ 上状态空间为 S 的齐次马氏链，其一步状态转移概率矩阵 $P = (p_{ij})_{i, j \in S}$。对任意状态 $i \in S$，关于状态 i 的马氏时定义为 $\tau_i = \min\{n \in \mathbb{N}; X_n = i\}$，于是可以迭代地定义关于状态 i 的第 k 次马氏时：

$$\tau_i^{(0)} = 0, \ \tau_i^{(1)} = \tau_i$$

$$\tau_i^{(k+1)} = \min\{n \geqslant \tau_i^{(k)} + 1; X_n = i\}, \ \forall k = 1, 2, \cdots \tag{8.41}$$

于是引入如下时间长度：对任意 $k = 1, 2, \cdots$，有

$$L_i^{(k)} = \begin{cases} \tau_i^{(k)} - \tau_i^{(k-1)}, & \text{若 } \tau_i^{(k-1)} < \infty \\ 0, & \text{否则} \end{cases} \tag{8.42}$$

为了研究随机时间长度 $L_i^{(k)}$ 的进一步性质，提出下面的结论，也就是马氏链还具有强马氏性。

设 $X = \{X_n; n = 0, 1, \cdots\}$ 是概率空间 $(\Omega, \mathscr{F}, P)$ 上状态空间为 S 和一步转移概率矩阵 $\boldsymbol{P} = (p_{ij})_{i,j \in S}$ 的齐次马氏链，对任意关于马氏链自然过滤 $\mathbb{F}^X = \{\mathscr{F}_n^X; n = 0, 1, \cdots\}$ 的离散停时 τ，在已知 $\tau < \infty$ 和 $X_\tau = i \in S$ 下，$X^\tau = \{X_n; n \geq \tau\}$ 是一个初始从状态 i 出发和一步状态转移概率矩阵也是 $\boldsymbol{P}$ 的马氏链且独立于 $\{X_k; k = 0, 1, \cdots, \tau\}$。

♣

证明　为了证明该定理，首先应验证该结论在 $\tau = m$ 时是成立的，其中 m 是某个非负正整数。事实上，对任意 $n \geq m$，定义事件 $A = \{X_m = i_m, X_{m+1} = i_{m+1}, \cdots, X_n = i_n\}$，其中 $i_m, \cdots, i_n \in S$。那么，利用本章练习 10，只需证明：对任意 $B \in \mathscr{F}_m^X = \sigma(X_0, X_1, \cdots, X_m)$，

$$P(A \bigcap B \mid X_m = i) = \mathbf{1}_{i=i_m} p_{i_m i_{m+1}} p_{i_{m+1} i_{m+2}} \cdots p_{i_{n-1} i_n} P(B \mid X_m = i) \tag{8.43}$$

再有考虑特别的事件 $B = \{X_0 = i_0, X_1 = i_1, \cdots, X_m = i_m\} \in \mathscr{F}_m^X$，其中 $i_0, i_1, \cdots, i_{m-1} \in S$。于是，利用本章练习 10 和条件概率可得到：

$$\begin{aligned}
P(A \bigcap B \mid X_m = i) &= P(X_0 = i_0, X_1 = i_1, \cdots, X_m = i_m, \\
&\qquad X_{m+1} = i_{m+1}, \cdots, X_n = i_n \mid X_m = i) \\
&= \mathbf{1}_{i=i_m} P(X_0 = i_0, X_1 = i_1, \cdots, X_m = i, \\
&\qquad X_{m+1} = i_{m+1}, \cdots, X_n = i_n \mid X_m = i) \\
&= \frac{\mathbf{1}_{i=i_m} P(X_0 = i_0) p_{i_0 i_1} p_{i_1 i_2} \cdots p_{i_{m-1} i}}{P(X_m = i)} p_{i_m i_{m+1}} p_{i_{m+1} i_{m+2}} \cdots p_{i_{n-1} i_n}
\end{aligned}$$

另一方面，应用本章练习 10 和条件概率有：

$$\begin{aligned}
P(B \mid X_m = i) &= \mathbf{1}_{i=i_m} \frac{P(X_0 = i_0, X_1 = i_1, \cdots, X_m = i_m)}{P(X_m = i)} \\
&= \mathbf{1}_{i=i_m} \frac{P(X_0 = i_0) p_{i_0 i_1} p_{i_1 i_2} \cdots p_{i_{m-1} i}}{P(X_m = i)}
\end{aligned}$$

结合上面两个等式可得到：对于特别的事件 $B = \{X_0 = i_0, X_1 = i_1, \cdots, X_m = i_m\} \in \mathscr{F}_m^X$，概率等式 (8.43) 成立。对于一般的 $B \in \mathscr{F}_m^X$，可采用单调类定理的方法（见文献 [3]）来证，这里证明从略。考虑上面的 m 被有限停时 τ 来取代所对应的结果，我们只需将上面的事件 $B \in \mathscr{F}_m^X$ 取代为 $B \in \mathscr{F}_\tau^X$（见 7.6 节），同时将上面证明中的 B 取代为 $B \bigcap \{\tau = m\}$，其中 $m = 0, 2, \cdots$。最后再将 m 从 0 到无穷求和，具体的证明从略。

利用定理 8.7，可得到如下的结论。

设 $X = \{X_n; n = 0, 1, \cdots\}$ 是概率空间 $(\Omega, \mathscr{F}, P)$ 上状态空间为 S 和一步状态转移概率矩阵为 $\boldsymbol{P}$ 的齐次马氏链,那么对于 $k \geqslant 2$ 和状态 $i \in S$,在已知 $\tau_i^{(k-1)} < +\infty$ 的条件下,由式(8.42)定义的随机时间长度 $L_i^{(k)}$ 独立于 $\{X_k; k = 0, 1, \cdots, \tau_i^{(k-1)}\}$。进一步,可得如下概率等式成立:对任意 $k = 1, 2, \cdots$,有

$$P(L_i^{(k)} = n \mid \tau_i^{(k-1)} < +\infty, X_0 = i) = P(\tau_i = n \mid X_0 = i), \ \forall n \in \mathbb{N}$$

♣

证明 在定理 8.7 中取 $\tau = \tau_i^{(k-1)}$,于是,当 $\tau < \infty$,则有 $X_\tau = i$。因此,在 $\tau_i^{(k-1)} < \infty$ 的条件下,由定理 8.7 得到 X^τ 是一个初始从状态 i 出发的马氏链且与 $\{X_k; k = 0, 1, \cdots, \tau\}$ 独立。进一步,X^τ 的一步状态转移概率矩阵也为 $\boldsymbol{P}$。由于 $L_i^{(k)} = \min\{k - \tau \geqslant \tau + 1; X_k = i\}$,故 $L_i^{(k)}$ 是马氏链 X^τ 到达状态 i 的马氏时。因为 X^τ 与 X 具有相同的一步状态转移概率矩阵,故在 $\tau_i^{(k-1)} < \infty$ 的条件下,$L_i^{(k)} \overset{d}{=} \tau$。

至此,该引理得证。 □

利用引理 8.7 可以重新验证定理 8.2 中的一个相关结论:回顾 $N_i = \sum\limits_{n=0}^{\infty} \mathbf{1}_{X_n = i}$,也就是 N_i 表示马氏链 X 访问状态 i 的次数或时间,那么应用引理 8.7 可得到:对任意状态 $i \in S$,有

$$P(N_i \geqslant k \mid X_0 = i) = f_{ii}^k, \ \forall k - 0, 1, \cdots \tag{8.44}$$

事实上,对于 $k = 0$,则 $P(N_i \geqslant 0 \mid X_0 = i) = 1 = f_{ii}^0$,故式(8.44)对 $k = 0$ 显然是成立的。假设式(8.44)对 $k \geqslant 1$ 成立,那么证明式(8.44)对 $k + 1$ 也是成立的。由于 $\{N_i \geqslant k\} = \{\tau_i^{(k)} < \infty\}$,则有:

$$\begin{aligned}
P(N_i \geqslant k+1 \mid X_0 = i) &= P(\tau_i^{(k+1)} < \infty \mid X_0 = i) \\
&= P(\tau_i^{(k)} < \infty, \tau_i^{(k+1)} < \infty \mid X_0 = i) \\
&= P(\tau_i^{(k)} < \infty, \tau_i^{(k+1)} - \tau_i^{(k)} < \infty \mid X_0 = i) \\
&= P(\tau_i^{(k)} < \infty, L_i^{(k+1)} < \infty \mid X_0 = i) \\
&= P(L_i^{(k+1)} < \infty \mid \tau_i^{(k)} < \infty, X_0 = i) P(\tau_i^{(k)} < \infty \mid X_0 = i) \\
&\overset{\text{引理8.7}}{=\!=\!=} P(\tau_i < \infty \mid X_0 = i) P(N_i \geqslant k \mid X_0 = i) \\
&= f_{ii} f_{ii}^k \\
&= f_{ii}^{k+1}
\end{aligned}$$

下面给出了本节的主要结论——马氏链的遍历性定理。为此,引入齐次马氏链 $X = \{X_n; n = 0, 1, \cdots\}$ 截止到 n 时刻访问状态 $i \in S$ 的次数:

$$N_i(n) = \sum_{k=0}^{n-1} \mathbf{1}_{X_n = i}, \ \forall n \in \mathbb{N} \tag{8.45}$$

于是有:

定理 8.8（离散时间马氏链的遍历性定理）

设 $X = \{X_n; n = 0, 1, \cdots\}$ 是概率空间 $(\Omega, \mathscr{F}, P)$ 上状态空间为 S 和一步状态转移概率矩阵 $\boldsymbol{P} = (p_{ij})_{i,j \in S}$ 的齐次不可约马氏链，那么对任意状态 $i \in S$，

$$\frac{N_i(n)}{n} \overset{\text{a.s.}}{\longmapsto} \frac{1}{\mu_{ii}}, \ n \longmapsto \infty$$

♣

证明 首先考虑 X 是非常返链，故由定理 8.2 得到 $P(N_i < \infty \mid X_0 = i) = 1, \forall i \in S$。由于 $i \in S$ 是非常返，则 $\mu_{ii} = +\infty$。因此，对任意 $i \in S$，$0 \leqslant \dfrac{N_i(n)}{n} \leqslant \dfrac{N_i}{n} \longmapsto 0 = \dfrac{1}{\mu_{ii}}$，$n \longmapsto \infty$，a.s.。下面考虑 X 是常返链，固定任意 $i \in S$，令 $\tau = \tau_i$。由于 i 是常返的，故 $P(\tau < \infty) = 1$，于是应用定理 8.7 可获得：X^τ 是初始从状态 i 出发和一步状态转移概率矩阵为 $\boldsymbol{P}$ 的齐次马氏链且与 $\{X_k; k = 0, 1, \cdots, \tau\}$ 独立。这样，初始马氏链 X 的遍历性结论可以等价地研究马氏链 X^τ 的遍历性结论。在 $X_0 = i$ 的条件下，利用引理 8.7 有：$L_i^{(1)}$，$L_i^{(2)}$，$\cdots$ 是独立同分布与 τ 的非负随机变量列且满足：

$$\tau_i^{(N_i(n)-1)} = \sum_{k=1}^{N_i(n)-1} S_i^{(k)} \leqslant n-1, \quad \tau_i^{(N_i(n))} = \sum_{k=1}^{N_i(n)} S_i^{(k)} \geqslant n$$

于是，可得到：

$$\frac{\sum\limits_{k=1}^{N_i(n)-1} S_i^{(k)}}{N_i(n)} \leqslant \frac{n-1}{N_i(n)} < \frac{n}{N_i(n)} \leqslant \frac{\sum\limits_{k=1}^{N_i(n)} S_i^{(k)}}{N_i(n)} \tag{8.46}$$

根据强大数定律可得到：

$$P\left(\lim_{n \to \infty} \frac{L_i^{(1)} + \cdots + L_i^{(n)}}{n} = E\left[L_i^{(1)} \mid X_0 = i\right] = E\left[\tau_i \mid X_0 = i\right] = \mu_{ii}\right) = 1$$

另一方面，由于 i 常返，故 $P\left(\lim_{n \to \infty} N_i(n) = \infty\right) = 1$。此时，在式（8.46）两边同时令 $n \longmapsto \infty$，则得到 $P\left(\lim_{n \to \infty} \dfrac{n}{N_i(n)} = \mu_{ii}\right) = 1$。至此，该定理证毕。 $\qquad\square$

如果 $X = \{X_n; n = 0, 1, \cdots\}$ 是一个正常返链，那么由定理 8.6 可知：该马氏链存在唯一的平稳分布 $\pi_j = \dfrac{1}{\mu_{jj}}$，$\forall j \in S$。于是，利用遍历性定理 8.8 得到：对任意状态 $i \in S$，

$$\frac{N_i(n)}{n} = \frac{\sum\limits_{k=0}^{n-1} 1_{X_n = i}}{n} \overset{\text{a.s.}}{\longmapsto} \pi_i = \frac{1}{\mu_{ii}}, \ n \longmapsto \infty \tag{8.47}$$

设 $\phi: S \longmapsto \mathbb{R}$ 是一个有界函数，则根据定义 1.15 可得到：

$$\frac{\sum\limits_{k=0}^{n-1} \phi(X_n)}{n} \overset{\text{a.s.}}{\longmapsto} \sum_{i \in S} \phi(i) \pi_i = \sum_{i \in S} \frac{\phi(i)}{\mu_{ii}}, \ n \longmapsto \infty \tag{8.48}$$

8.7　马氏链蒙特卡洛方法

马尔可夫蒙特卡洛方法诞生于 20 世纪初期，该方法将马尔可夫链引入到蒙特卡洛模拟中，从而实现了统计中抽样分布能随着仿真的进行而改变的动态模拟，弥补了传统蒙特卡洛方法只能静态仿真的缺点。自该仿真方法提出以来就被广泛应用于统计模拟和机器学习等领域中。

在引入马尔可夫蒙特卡洛方法的想法之前，首先设 X 是概率空间 $(\Omega, \mathscr{F}, P)$ 上一个取值空间为离散集 S 的离散型随机变量，设随机变量 X 的分布律为 $\pi_i = P(X = i)$，$\forall i \in S$。考虑一个有界连续可测函数 $\phi: S \mapsto \mathbb{R}$，并计算数学期望：

$$\theta = E[\phi(X)] = \sum_{i \in S} \phi(x_i) P(X = x_i) = \sum_{i \in S} \phi(x_i) \pi_i$$

然而，在实际中，随机变量 X 的分布律 $\boldsymbol{\pi} = (\pi_i)_{i \in S}$ 是未知的。不过往往已知 $\kappa_i = C\pi_i$ 且 $\kappa_i \leqslant c\nu_i$，其中 $C = \sum_{i \in S} \kappa_i < \infty$ 是未知的，但已知 κ_i，一个备选的分布律 $\nu = (\nu_i)_{i \in S}$ 和常数 $c > 0$。

马氏链蒙特卡洛（Markov Chain Monte-Carlo，MCMC）方法是构造一个初始分布 $\mu = (\mu_i)_{i \in S}$ 和一步转移概率矩阵 $\boldsymbol{P} = (p_{ij})_{i,j \in S}$ 的齐次正常返链（记为 $X \sim \text{Markov}(\mu, \boldsymbol{P})$），且其使 X 的平稳分布 $\boldsymbol{\pi} = (\pi_i)_{i \in S}$。于是，对任意初始分布 μ，引入如下的 MCMC 估计量：

$$\hat{\theta}_n = \frac{1}{n} \sum_{k=0}^{n-1} \phi(X_k), \ \forall n \in \mathbb{N} \tag{8.49}$$

这样，应用式 (8.48) 可得到上面的 MCMC 估计量满足一致性 $\hat{\theta}_n \overset{\text{a.s.}}{\mapsto} \theta$，$n \mapsto \infty$。特别地，如果马氏链 X 是遍历链，则利用定理 8.4 可获得 $X_n \overset{d}{\mapsto} \pi$，$n \mapsto \infty$。这意味着，当 n 充分大时，X_n 的分布近似等于初始随机变量 X 的分布（也就是 π）。

那么现在的问题就是，在已知 $\kappa_i = C\pi_i$（但 C 未知），$i \in S$ 的前提下，如何找到合适的一步转移概率 $p_{ij}(i, j \in S)$ 使得马氏链 X 的平稳分布为 $\pi = (\pi_i)_{i \in S}$。为此，首先引入时间可逆马氏链（Time-Reversible Markov Chain）的概念。

定义 8.8（时间可逆马氏链）

考虑状态空间为 S 的离散时间随机过程 $X = \{X_n; n = 0, 1, 2, \cdots\} \sim \text{Markov}(\boldsymbol{\pi}, \boldsymbol{P})$，如果对任意 $i_0, i_1, \cdots, i_n \in S(n = 0, 1, \cdots)$，有如下概率等式成立：

$$P(X_0 = i_0, X_1 = i_1, \cdots, X_n = i_n) = P(X_n = i_0, X_{n-1} = i_1, \cdots, X_0 = i_n)$$

则称齐次马氏链 X 是一个时间可逆马氏链。

如果 $X \sim \text{Markov}(\boldsymbol{\pi}, \boldsymbol{P})$ 是时间可逆马氏链，应用本章练习 10，对任意 $n = 1, 2, \cdots$，有

$$P(X_0 = i_0, X_1 = i_1, \cdots, X_n = i_n) = \pi_{i_0} p_{i_0 i_1} p_{i_1 i_2} \cdots p_{i_{n-1} i_n} = P(X_n = i_0,$$
$$X_{n-1} = i_1, \cdots, X_0 = i_n)$$
$$= \pi_{i_n} p_{i_n, i_{n-1}} p_{i_{n-1}, i_{n-2}} \cdots p_{i_1 i_0}$$

取 $n = 1$，则 $\pi_{i_0} p_{i_0 i_1} = \pi_{i_1} p_{i_1, i_0}$。由于 $i_0, i_1 \in S$ 是任意的，故得到如下细致平衡条件 (detailed balanced condition)：

$$\pi_i p_{ij} = \pi_j p_{ji}, \ \forall i, j \in S \qquad (8.50)$$

反之，有如下的结论。

引理 8.8（时间可逆马氏链的判别）

设 $X = \{X_n; n = 0, 1, \cdots\}$ 是状态空间为 S 的一个不可约马氏链，其一步状态转移概率矩阵 $\boldsymbol{P} = (p_{ij})_{i, j \in S}$，如果存在一个概率分布 $\boldsymbol{\pi} = (\pi_j)_{j \in S}$ 满足细致平衡方程式(8.50)，则 X 是一个时间可逆正常返链且 $\boldsymbol{\pi}$ 是 X 唯一的平稳分布。 ♣

证明 根据更新定理 8.5，只需证明 $\boldsymbol{\pi} = (\pi_i)_{i \in S}$ 满足平衡方程式(8.30)。事实上，利用细致平衡条件式(8.50)可得到：对固定的状态 $j \in S$，有

$$\sum_{i \in S} \pi_i p_{ij} = \sum_{i \in S} \pi_j p_{ji} = \pi_j \left(\sum_{i \in S} p_{ji} \right) = \pi_j$$

此即为平衡方程式(8.30)。 □

下面的例子利用细致平衡条件式(8.50)来判别时间可逆马氏链并计算其平稳分布。

例 8.15 考虑一个随机游动 $X = \{X_n; n = 0, 1, 2, \cdots\}$，其游动的状态空间为 $S = \{0, 1, \cdots, N\}$。进一步，随机游动 X 的一步转移概率为：对于 $\alpha_i \in (0, 1)$，$\forall i = 1, \cdots, N$，有

$$\begin{cases} p_{i, i+1} = \alpha_i = 1 - p_{i, i-1}, \ i = 1, 2, \cdots, N-1 \\ p_{01} = \alpha_0 = 1 - p_{00} \\ p_{NN} = \alpha_N = 1 - p_{N, N-1} \end{cases}$$

通过上面的一步转移概率矩阵可画出状态转移图，见图 8.13，由此可得到该随机游动是一个遍历链。应用引理 8.8，验证细致平衡条件式(8.50)，从而得到 X 是时间可逆的。设 $\boldsymbol{\pi} = (\pi_i)_{i \in S}$ 是一个概率分布，于是求解如下的细致平衡条件：对任意 $i = 1, \cdots, N$，有

$$\pi_i p_{i, i-1} = \pi_i (1 - \alpha_i) = \pi_{i-1} p_{i-1, i} = \pi_{i-1} \alpha_{i-1}$$

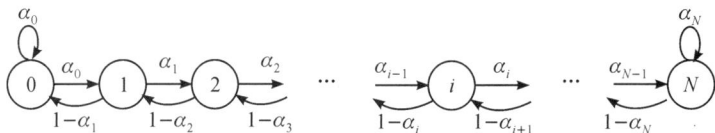

图 8.13 随机游动的状态转移图

因此迭代获得：对任意 $i = 1, \cdots, N$，有

$$\pi_i = \frac{\alpha_{i-1}}{1 - \alpha_i} \pi_{i-1} = \cdots = \frac{\alpha_{i-1} \alpha_{i-2} \cdots \alpha_1 \alpha_0}{(1 - \alpha_i)(1 - \alpha_{i-1}) \cdots (1 - \alpha_1)} \pi_0 \qquad (8.51)$$

由于 $\sum_{i=0}^{N} \pi_i = 1$，则有：

$$\pi_0 + \sum_{i=1}^{N} \frac{\alpha_{i-1}\alpha_{i-2}\cdots\alpha_1\alpha_0}{(1-\alpha_i)(1-\alpha_{i-1})\cdots(1-\alpha_1)}\pi_0 = 1 \Rightarrow \pi_0$$

$$= \frac{1}{1 + \sum_{i=1}^{N} \dfrac{\alpha_{i-1}\alpha_{i-2}\cdots\alpha_1\alpha_0}{(1-\alpha_i)(1-\alpha_{i-1})\cdots(1-\alpha_1)}}$$

于是对任意 $i = 1, \cdots, N$，π_i 可由式(8.51)计算得到。

下面给出了时间可逆马氏链的另一个例子。

例 8.16(图上的随机游动)　设有一个顶点集为 $S = \{1, 2, \cdots, N\}$ 的有向图，其中如果从顶点 i 到顶点 j 的边权重记为 $w_{ij} \geqslant 0$(如果 $w_{ij} = 0$，则表明顶点 i 没有到顶点 j 的有向边)，这里假设 $w_{ij} = w_{ji}$，$\forall i, j \in S$，设有一个粒子从顶点 i 一步转移到顶点 j 的概率为

$$p_{ij} = \frac{w_{ij}}{\sum_{k \in S} w_{ik}}, \ \forall i, j \in S \tag{8.52}$$

根据式(8.52)，求解如下的细致平衡方程：

$$\pi_i p_{ij} = \pi_i \frac{w_{ij}}{\sum_{k \in S} w_{ik}} = \pi_j \frac{w_{ji}}{\sum_{k \in S} w_{jk}} = \pi_j p_{ji}, \ \forall i, j \in S$$

由于 $w_{ij} = w_{ji}$，$\forall i, j \in S$，则上面的细致平衡方程可简化为

$$\frac{\pi_i}{\sum_{k \in S} w_{ik}} = \frac{\pi_j}{\sum_{k \in S} w_{jk}}, \ \forall i, j \in S$$

这意味着当 $i \in S$ 变化时，$\dfrac{\pi_i}{\sum_{k \in S} w_{ik}}$ 是保持不变的，即 $\dfrac{\pi_i}{\sum_{k \in S} w_{ik}} = C$，其中 $C > 0$ 是一个常数，于是 $\pi_i = C \sum_{k \in S} w_{ik}$，$\forall i \in S$。由于需要 $\sum_{i \in S} \pi_i = 1$，那么可得到：

$$1 = \sum_{i \in S} \pi_i = \sum_{i \in S} \left(C \sum_{k \in S} w_{ik} \right) \Rightarrow C = \frac{1}{\sum_{i,k \in S} w_{ik}}$$

因此细致平衡方程的解为

$$\pi_i = \frac{\sum_{k \in S} w_{ik}}{\sum_{i,k \in S} w_{ik}}, \ \forall i \in S$$

则得到上面图 8.12 中的随机游动是一个时间可逆马氏链。

下面将介绍 Metropolis-Hastings(MH)算法，该算法给出了可以仿真以某个给定概率分布 $\boldsymbol{\pi} = (\pi_i)_{i \in S}$ 的马氏链。我们称 $\pi_i = \kappa_i / C$，$\forall i \in S$ 是目标分布，但在实际问题中，人们往往已知 $\boldsymbol{\kappa} = (\kappa_i)_{i \in S}$。换句话说，我们知道目标分布 $\boldsymbol{\pi}$ 的某个常数倍。对任意 $i, j \in S$，首先给出一个备选的转移概率矩阵 $\boldsymbol{Q} = (q_{ij})_{i,j \in S}$，由于 $\boldsymbol{Q}$ 是随机矩阵，故 $\sum_{j \in S} q_{ij} = 1$，$\forall i \in S$，也就是说，已知 $i \in S$，$(q_{ij})_{j \in S}$ 是一个概率分布，那该概率分布对应一个随机变量 $\eta : \Omega \mapsto S$，

记为 $\eta \sim (q_{ij})_{j \in S}$。基于以上准备，下面可以表述 MH 算法如下：

(1) 设置 $X_0 = i_0 \in S$ 或根据某个初始分布 $\mu = (\mu_i)_{i \in S}$ 生成 X_0；

(2) 对于 $k = 1, 2, \cdots, n-1$，

① 假设 $X_{k-1} = i_{k-1}$；

② 仿真 $\eta_k \sim (q_{i_{k-1}j})_{j \in S}$ 和区间 $[0, 1]$ 上的均匀分布 $\xi_k \sim U[0, 1]$；

③ 如果 $\xi_k \leqslant \alpha(i_{k-1}, \eta_k)$，设置 $X_k = \eta_k$，否则设置 $X_k = i_{k-1}$，其中 $\alpha(i, j) = 1 \wedge \dfrac{\kappa_j q_{ji}}{\kappa_i q_{ij}}$，

$\forall i, j \in S$ 被称为接收概率。

根据上面 MH 算法的表述，该算法定义了一个马氏链且其状态转移矩阵为：对任意 $i, j \in S$，有

$$
\begin{aligned}
p_{ij} &= P(X_k = j \mid X_{k-1} = i) \\
&= P(\{\eta_k = j\} \cap \{\xi_k \leqslant \alpha(i, \eta_k)\} \mid X_{k-1} = i) + \\
&\quad P(\{X_k = i\} \cap \{\xi_k > \alpha(i, \eta_k)\} \mid X_{k-1} = i) \\
&= P(\{\eta_k = j\} \cap \{\xi_k \leqslant \alpha(i, j)\} \mid X_{k-1} = i) + \\
&\quad P(\{X_k = i\} \cap \{\xi_k > \alpha(i, j)\} \mid X_{k-1} = i) \\
&= P(\eta_k = j \mid X_{k-1} = i) P(\xi_k \leqslant \alpha(i, j)) + \\
&\quad P(X_k = j, X_k = i \mid X_{k-1} = i) P(\xi_k > \alpha(i, j)) \\
&= q_{ij}\alpha(i, j) + \mathbf{1}_{i=j} p_{ij}(1 - \alpha(i, j))
\end{aligned}
\tag{8.53}
$$

对式 (8.53) 两边关于 $j \in S$ 求和得到：对任意 $i \in S$，有

$$
\begin{aligned}
1 = \sum_{j \in S} p_{ij} &= \sum_{j \in S} q_{ij}\alpha(i, j) + \sum_{j \in S} \mathbf{1}_{i=j} p_{ij}(1 - \alpha(i, j)) \\
&= \sum_{j \in S} q_{ij}\alpha(i, j) + p_{ii}(1 - \alpha(i, i))
\end{aligned}
$$

于是，对任意 $i \in S$，有

$$
p_{ii}(1 - \alpha(i, i)) = \rho(i), \quad \text{其中 } \rho(i) := 1 - \sum_{j \in S} q_{ij}\alpha(i, j)
$$

其中，称 $\rho(i), \forall i \in S$ 是拒绝概率。那么，结合式 (8.53)，这意味着：

$$
\begin{aligned}
p_{ij} &= q_{ij}\alpha(i, j) + \mathbf{1}_{i=j} p_{ij}(1 - \alpha(i, j)) \\
&= q_{ij}\alpha(i, j) + \mathbf{1}_{i=j} p_{ii}(1 - \alpha(i, i)) \\
&= q_{ij}\alpha(i, j) + \mathbf{1}_{i=j}\rho(i)
\end{aligned}
\tag{8.54}
$$

进一步，由上面 MH 算法生成的马氏链是一个时间可逆马氏链且其平稳分布就是提前给定的目标概率分布 $\boldsymbol{\pi} = (\pi_i)_{i \in S}$。

引理 8.9(MH 算法生成的马氏链)

> 设不可约齐次马氏链 $X = \{X_n; n = 0, 1, \cdots\}$ 的一步状态转移矩阵是由式 (8.54) 所给定的矩阵 $\boldsymbol{P} = (p_{ij})_{ij \in S}$，那么由 MH 算法生成的不可约马氏链 X 是时间可逆的且目标概率分布 $\boldsymbol{\pi} = (\pi_i)_{i \in S}$ 是该马氏链的平稳分布。 ♣

证明 根据引理 8.8，只需验证 $(\boldsymbol{\pi}, \boldsymbol{P})$ 满足细致平衡方程式 (8.50)。事实上，由于 $\kappa_i = C\pi_i, \forall i \in S$，于是对任意 $i, j \in S$，有

$$\alpha(i,j)=1 \wedge \frac{\kappa_j q_{ji}}{\kappa_i q_{ij}}=1 \wedge \frac{\pi_j q_{ji}}{\pi_i q_{ij}}$$

因此,利用式(8.54),对任意 $i \neq j$,有

$$\pi_i p_{ij} = \pi_i q_{ij} \alpha(i,j) = \pi_i q_{ij}\left(1 \wedge \frac{\pi_j q_{ji}}{\pi_i q_{ij}}\right)=\pi_i q_{ij} \wedge \pi_j q_{ji}$$

$$= \pi_j q_{ji}\left(1 \wedge \frac{\pi_i q_{ij}}{\pi_j q_{ji}}\right)$$

$$= \pi_j q_{ji}\alpha(ji) = \pi_j p_{ji}$$

这证明了 $(\boldsymbol{\pi}, \boldsymbol{P})$ 满足细致平衡方程式(8.50)。　　　　　　　　　　　□

下面举一个相关的马氏链蒙特卡洛仿真算法的例子。

例 8.17　考虑一个取值于离散集 $S=\{1,2,\cdots,m\}$ 的离散型随机变量 $\xi \sim \boldsymbol{\pi}$,其中 $\boldsymbol{\pi}=(\pi_i)_{i \in S}$,设 $\kappa_i = i$,$\forall i \in S$,于是 $C=\sum_{i \in S}\kappa_i = \sum_{i \in S}i = \frac{m(m+1)}{2}$,也就是说我们并不知道目标分布 $\boldsymbol{\pi}$,而是已知 $\kappa=(\kappa_i)_{i \in S}$。已知状态 $i \in S$,引入一个备选的随机变量 $\eta \sim q=(q_{ij})_{j \in S}$,其中 $q_{ij}=\frac{1}{m}$,$\forall i,j \in S$。因此,接收概率为

$$\alpha(i,j)=1 \wedge \frac{\kappa_j q_{ji}}{\kappa_i q_{ij}}=1 \wedge \frac{j}{i}, \quad \forall i,j \in S$$

于是,利用式(8.54)得到一步状态转移概率为:对任意 $i,j \in S$,有

$$p_{ij}=q_{ij}\alpha(i,j)+\mathbf{1}_{i=j}p_{ij}(1-\alpha(i,j)) \geqslant q_{ij}\alpha(i,j)=\frac{1}{m}\left(1 \wedge \frac{j}{i}\right)>0$$

这意味着由 MH 算法生成的齐次马氏链是一个时间可逆的遍历链,其唯一的平稳分布为 $\pi_i = \kappa_i/C$,$\forall i \in S$。这样,应用定理 8.4 可得到 $X_n \xrightarrow{d} \xi$,$n \mapsto \infty$。进一步,由定理 8.8 可以验证得到 MCMC 估计量式(8.49)是强一致的。对应的 MH 算法可具体表述如下:

(1) 设置 $X_0 = 1$;

(2) 对于 $k=1,2,\cdots,n-1$,有:

① 仿真 $\eta_k \sim U(S)$ 和 $\xi_k \sim U[0,1]$;

② 如果 $\xi_k \leqslant \frac{\eta_k}{X_{k-1}}$,设置 $X_k = \eta_k$,否则设置 $X_k = X_{k-1}$。

练　习

1. 考虑一个状态空间为 $S=\{1,2,3\}$ 的离散时间齐次马氏链 $X=\{X_n; n=0,1,2,\cdots\}$,其一步转移概率矩阵为

$$\boldsymbol{P}=\begin{bmatrix} ? & 0.3 & 0.3 \\ 0.2 & 0.4 & ? \\ 0 & 0 & 1 \end{bmatrix}$$

对该离散时间马氏链进行状态空间分解,讨论该马氏链是否有极限分布和平稳分布。

2. 利用 8.3 节中关于首达概率和迟早概率的性质 (2) 证明：对任意 $k \in \mathbb{N}$，有

$$f_{ij}^{(k)} = \sum_{l_1 \neq j} \sum_{l_2 \neq j} \cdots \sum_{l_{k-1} \neq j} p_{i i_1} p_{i_1 i_2} \cdots p_{i_{k-1} j}$$

3. 设 $\boldsymbol{P}^{(k)}$ 是齐次马氏链的 k 步转移概率矩阵，如果存在 $k \in \mathbb{N}$ 使得 $\boldsymbol{P}^{(k)}$ 的第 $j \in S$ 列元素全不为零，则状态 j 的周期 $d_j = 1$。

4. 证明齐次马氏链状态之间的可达和互通关系满足如下的性质：对任意状态 $i, j, k \in S$，有：

(1)（可达和互通的传递性）$i \mapsto j + j \mapsto k \Rightarrow i \mapsto k$ 和 $i \leftrightarrow j + j \leftrightarrow k \Rightarrow i \leftrightarrow k$；

(2)（互通的对称性）$i \leftrightarrow j \Rightarrow j \leftrightarrow i$。

5. 设 $X = \{X_n; n = 0, 1, \cdots\}$ 是状态空间为 $S = \{1, 2, \cdots\}$ 的齐次马氏链，如果状态 $j \in S$ 是零常返态或非常返态，则证明 $\lim\limits_{n \to \infty} p_{ij}^{(n)} = 0$，$\forall i \in S$。

6. 设 $X = \{X_n; n = 0, 1, \cdots\}$ 是状态空间为 $S = \{1, 2, \cdots\}$ 的齐次马氏链，其一步状态转移概率矩阵为 $\boldsymbol{P} = (p_{ij})_{i, j \in S}$。计算该马氏链的基本数字特征。

7. 补充完整引理 8.2 的证明。

8. 设 $X = \{X_n; n = 0, 1, \cdots\}$ 是状态空间为 S 的齐次马氏链和 $C \subseteq S$ 是一个非空子集。证明：C 是一个闭集当且仅当对任意的状态 $i \in C$ 和 $j \in S \backslash C$，$p_{ij} = 0$。

9. 设 $X = \{X_n; n = 0, 1, \cdots\}$ 是状态空间为 S 的齐次马氏链，假设该马氏链具有一个平稳分布 $\boldsymbol{\pi} = (\pi_j)_{j \in S}$。如果该马氏链的初始分布 $P(X_0 = i) = \pi_i$，$\forall i \in S$，证明该马氏链是一个严平稳过程。

10. 设 $X = \{X_n; n = 0, 1, \cdots\}$ 是概率空间 $(\Omega, \mathscr{F}, P)$ 上状态空间为 S 的随机过程，那么，当且仅当对任意 $n \in \mathbb{N}$ 和 $i_0, i_1, \cdots, i_n \in S$，过程 X 是一个初始分布 $\boldsymbol{\mu} = (\mu_j)_{j \in S}$ 和一步状态转移概率矩阵 $\boldsymbol{P} = (p_{ij})_{i, j \in S}$ 的齐次马氏链：

$$P(X_0 = i_0, X_1 = i_1, \cdots, X_n = i_n) = \mu_{i_0} p_{i_0 i_1} p_{i_1 i_2} \cdots p_{i_{n-1} i_n}$$

11. 设 $X = \{X_n; n = 0, 1, 2, \cdots\}$ 是状态空间为 $S = \{0, 1, 2\}$ 的齐次马氏链，其一步转移概率矩阵为

$$\boldsymbol{P} = \begin{bmatrix} \dfrac{1}{2} & \dfrac{1}{3} & \dfrac{1}{6} \\ 0 & \dfrac{1}{3} & \dfrac{2}{3} \\ \dfrac{1}{2} & 0 & \dfrac{1}{2} \end{bmatrix}$$

已知 $P(X_0 = 0) = P(X_0 = 1) = \dfrac{1}{4}$，计算数学期望 $E[X_3]$。

12. 设 $X = \{X_t; t \geqslant 0\}$ 是概率空间 $(\Omega, \mathscr{F}, P)$ 上状态空间为 S 的离散时间齐次马氏链，其一步状态转移概率矩阵为 $\boldsymbol{P} = (p_{ij})_{i, j \in S}$。计算如下概率：对任意状态 $i, j, i_0 \in S$ 满足 $i, j \neq i_0$，有

$$P(X_n = j \mid X_0 = i, X_k \neq i_0, k = 1, \cdots, n), \quad \forall n \in \mathbb{N}$$

13. 设 $X=\{X_n;n=0,1,2,\cdots\}$ 是状态空间为 $S=\{0,1,2\}$ 的齐次马氏链,其一步转移概率矩阵为 $\boldsymbol{P}=(p_{ij})_{i,j\in S}$。证明:如果对某个正整数 k,$\boldsymbol{P}^k$ 的每个元素都是严格正的,那么对所有整数 $n\geqslant k$,矩阵 $\boldsymbol{P}^n$ 的每个元素也是严格正的。

14. 请对具有如下一步状态转移概率矩阵的离散时间齐次马氏链进行状态空间分解,并判别状态的类型:

$$\boldsymbol{P}=\begin{bmatrix} 0 & \dfrac{1}{2} & \dfrac{1}{2} \\ \dfrac{1}{2} & 0 & \dfrac{1}{2} \\ \dfrac{1}{2} & \dfrac{1}{2} & 0 \end{bmatrix}, \boldsymbol{P}=\begin{bmatrix} 0 & 0 & 0 & 1 \\ 0 & 0 & 0 & 1 \\ \dfrac{1}{2} & \dfrac{1}{2} & 0 & 0 \\ 0 & 0 & 1 & 0 \end{bmatrix}$$

$$\boldsymbol{P}=\begin{bmatrix} \dfrac{1}{2} & 0 & \dfrac{1}{2} & 0 & 0 \\ \dfrac{1}{4} & \dfrac{1}{2} & \dfrac{1}{4} & 0 & 0 \\ \dfrac{1}{2} & 0 & \dfrac{1}{2} & 0 & 0 \\ 0 & 0 & 0 & \dfrac{1}{2} & \dfrac{1}{2} \\ 0 & 0 & 0 & \dfrac{1}{2} & \dfrac{1}{2} \end{bmatrix}, \boldsymbol{P}=\begin{bmatrix} \dfrac{1}{4} & \dfrac{3}{4} & 0 & 0 & 0 \\ \dfrac{1}{2} & \dfrac{1}{2} & 0 & 0 & 0 \\ 0 & 0 & 1 & 0 & 0 \\ 0 & 0 & \dfrac{1}{3} & \dfrac{2}{3} & 0 \\ 1 & 0 & 0 & 0 & 0 \end{bmatrix}$$

15. 设 $X=\{X_n;n=0,1,2,\cdots\}$ 是状态空间 $S=\{0,1\}$ 的齐次马氏链,其中时间 n 表示第 n 天,并且该马氏链的状态每天都可能会发生变化。如果马氏链在某一天处于状态 i,而第二天处于状态 j 的概率为 $p_{i,j}$,其中 $p_{00}=0.4$,$p_{01}=0.6$,$p_{10}=0.2$ 和 $p_{11}=0.8$。假设当天马氏链的状态为 i,则记为好,概率为 $p_i\in(0,1)$;反之记为坏,概率则为 $q_i=1-p_i$,$\forall i\in S$。回答如下问题:

(1) 如果马氏链 X 在星期一处于状态 0,那么星期二记为好的概率是多少?

(2) 如果马氏链 X 在星期一处于状态 0,那么在星期五记为好的概率是多少?

(3) 从长远的角度来看,记为好的消息占比为多少?

16. 设 $X=\{X_n;n=0,1,\cdots\}$ 和 $Y=\{Y_n;n=0,1,\cdots\}$ 是两个状态空间同时为 S 的两个离散时间齐次马氏链,其一步状态转移概率矩阵分别为 $\boldsymbol{P}=(p_{ij})_{i,j\in S}$ 和 $\boldsymbol{Q}=(q_{ij})_{i,j\in S}$。如果 X 的平稳分布也是 $\boldsymbol{Q}$ 的平稳分布,给出一步转移概率矩阵 $\boldsymbol{P}$ 和 $\boldsymbol{Q}$ 的关系。

17. 回顾一下,对于状态空间为 S 的齐次马氏链 $X=\{X_n;n=0,1,2,\cdots\}$,如果 $\mu_{ii}<\infty$,则状态 $i\in S$ 是正常返的。设 π_i 表示马氏链从状态 i 出发,在状态 i 所停留的时间比例满足 $\pi_i=\dfrac{1}{\mu_{ii}}$。由此可见,当 $\pi_i>0$ 时,状态 i 是正常返的。假设状态 i 是正常返的且状态 i 与状态 j 互通。证明:状态 j 也是正常返的且存在一个正整数 n 使得 $\pi_j\geqslant\pi_i p_{i,j}^n>0$。

18. 设 π_i 表示一个不可约齐次马氏链 $X = \{X_n; n = 0, 1, \cdots\}$ 长时间处于状态 i 的概率。请解释 $\pi_i P_{ij}$ 的含义和等式 $\pi_j = \sum_{i \in S} \pi_i p_{ij}$ 的含义。

19. 设 $X = \{X_n; n = 0, 1, 2, \cdots\}$ 是状态空间 $S = \{1, 2, 3, 4\}$ 的齐次马氏链，其一步状态转移概率矩阵为

$$\boldsymbol{P} = \begin{bmatrix} 0.4 & 0.2 & 0.1 & 0.3 \\ 0.1 & 0.5 & 0.2 & 0.2 \\ 0.3 & 0.4 & 0.2 & 0.1 \\ 0 & 0 & 0 & 1 \end{bmatrix}$$

对任意 $i = 1, 2, 3$，计算迟早概率 f_{i3}。

20. 设有一个通信系统，其按照多个阶段传输数字信号"0"和"1"。已知在每一个阶段通信系统传输出错的概率都为 $p \in (0, 1)$，假设通信系统开始的信号是"0"，用离散时间马氏链来描述这个通信系统的传输过程。基于此马氏链模型计算如下的概率值：

(1) 信号连续传输三个阶段均不出错的概率。

(2) 信号连续传输三个阶段后收到正确信号的概率。

(3) 设 $n \in \mathbb{N}$，信号传输 n 阶段后信号无误的概率。

21. 设 $X = \{X_n; n = 0, 1, 2, \cdots\}$ 是状态空间 $S = \{1, 2, \cdots, 8\}$ 的齐次马氏链，其一步状态转移概率矩阵为

$$\boldsymbol{P} = \begin{bmatrix} 0 & \frac{1}{4} & \frac{1}{2} & \frac{1}{4} & 0 & 0 & 0 & 0 \\ 0 & 0 & 0 & 0 & \frac{1}{2} & \frac{1}{2} & 0 & 0 \\ 0 & 0 & 0 & 0 & \frac{1}{3} & \frac{2}{3} & 0 & 0 \\ 0 & 0 & 0 & 0 & 0 & 1 & 0 & 0 \\ 0 & 0 & 0 & 0 & 0 & 0 & 1 & 0 \\ 0 & 0 & 0 & 0 & 0 & 0 & \frac{1}{2} & \frac{1}{2} \\ 1 & 0 & 0 & 0 & 0 & 0 & 0 & 0 \\ 1 & 0 & 0 & 0 & 0 & 0 & 0 & 0 \end{bmatrix}$$

对马氏链 X 进行状态空间的分解并计算各状态的周期。

22. 设 $X = \{X_n; n = 0, 1, 2, \cdots\}$ 是周期为 d 和状态空间为 S 的不可约齐次马氏链，其一步状态转移概率矩阵为 $\boldsymbol{P} = (p_{ij})_{i, j \in S}$。证明：状态空间 S 可以被唯一地分解为 d 个互不相交子集 $J_1, \cdots, J_d$ 的并。下面定义随机过程：

$$Y_n = X_{nd}, \ \forall n = 0, 1, 2, \cdots$$

证明如下的问题：

(1) $Y = \{Y_n; n = 0, 1, 2, \cdots\}$ 是一步状态转移概率矩阵 $\boldsymbol{P}^{(d)} = \boldsymbol{P}^d$ 的齐次马氏链。

(2) 对于马氏链 Y 而言，每个状态子集 $J_k, \forall k = 1, \cdots, d$ 都是不可约闭集且每个 J_k

中的状态都是非周期的。

（3）如果马氏链 X 是常返链，那么马氏链 Y 的所有状态也都是常返态。

23. 设 $\phi(i, u): S \times U \mapsto S$ 是一个（可测）函数和 $\{\xi_k\}_{k=0}^{\infty}$ 是一列独立同分布的随机变量列，则可迭代定义如下随机过程：对任意独立于 $\{\xi_k\}_{k=0}^{\infty}$ 的 S-值随机变量 X_0，有

$$X_{n+1} = \phi(X_n, \xi_n), \quad \forall n = 0, 1, 2, \cdots$$

证明过程 $X = \{X_n; n = 0, 1, 2, \cdots\}$ 是状态空间为 S 的齐次马氏链。

24. 设 $X = \{X_n; n = 0, 1, 2, \cdots\}$ 是状态空间为 $S \subset \mathbb{R}$ 的齐次马氏链，那么该马氏链可表示为如下的迭代形式：

$$X_{n+1} = \phi(X_n, \xi_n), \quad \forall n = 0, 1, 2, \cdots$$

其中，$\{\xi_k\}_{k=0}^{\infty}$ 是一列独立同分布于 $U(0, 1)$ 的随机变量列且独立于 X_0，而 $\phi(i, u): S \times (0, 1) \mapsto S$ 是某个（可测）函数。

第 9 章

连续时间马尔可夫链

>>>•>> 内容提要

第 8 章介绍了离散时间马氏链的定义、有限维分布的描述、状态的分类、状态空间的分解、极限分布与平稳分布、遍历性定理和基于马氏链的蒙特卡洛仿真方法。连续时间马氏链顾名思义就是指连续时间离散状态的具有马氏性的随机过程。本章将介绍第 8 章研究离散时间马氏链的方法如何被拓展应用到连续时间的情形,并引入对应于离散时间马氏链的几个用于描述连续时间马氏链的重要结果。本章 9.1 节将给出连续时间马氏链的定义; 9.2 节将介绍连续时间马氏链的无穷小生成元或称为 Q 矩阵; 9.3 节将推导有限状态空间的连续时间马氏链; 9.4 节将讨论嵌入离散时间马氏链和状态分类; 9.5 节将引入连续时间马氏链的极限分布和平稳分布。

9.1 连续时间马氏链的定义

对于离散时间马氏链,其状态转移的时间间隔已经固定为时间步数 1。然而,对于连续时间马氏链,其状态转移的时间间隔是随机的,并且这个状态转移的时间间隔是一个服从指数分布的随机变量。一个经典的连续时间马氏链的例子就是第 6 章 6.3 节中引入的泊松过程。事实上,由于泊松过程是独立的增量过程,故其是一个马氏过程。另一方面,泊松过程是连续时间且状态空间为 $S = \{0, 1, 2, \cdots\}$ 的随机过程,因此它就是一个连续时间马氏链,人们也称其为纯生过程。于是,应用引理 6.3 可以知道泊松过程状态转移的时间间隔是独立同分布于参数为 $\lambda > 0$ 的指数分布。

连续时间马氏链的定义具体可表述如下:

定义 9.1(连续时间马氏链的定义)

设 $X = \{X_t; t \geqslant 0\}$ 是概率空间 $(\Omega, \mathscr{F}, P)$ 上取值于离散集 S 的随机过程,如果过程 X 满足如下的马氏性:对任意 $0 \leqslant t_1 < \cdots < t_n < s < t$ 和状态 $i_1, \cdots, i_n$, $i, j \in S$,有

$$P(X_t = j \mid X_{t_1} = i_1, \cdots, X_{t_n} = i_n, X_s = i) = P(X_t = j \mid X_s = i) \quad (9.1)$$

则称 X 是一个状态空间为 S 的连续时间马氏链。 ♣

定义 9.1 中关于马氏性的表述还可以写成如下更一般的形式：对任意有界函数 $f: S \mapsto \mathbb{R}$，有

$$E[f(X_t) \mid \mathscr{F}_s^X] = E[f(X_t) \mid X_s], \ \forall t > s \geqslant 0 \tag{9.2}$$

其中，$\mathbb{F} = \{\mathscr{F}_t^X; t \geqslant 0\}$ 表示由过程 X 生成的自然过滤。

为了构造离散时间马氏链，根据第 8 章中的式 (8.10) 和第 8 章的练习 10，只需给定一个一步转移概率矩阵和一个初始分布就可以完全确定该离散时间马氏链。然而，在连续时间情形下，情况就会变得更为复杂。一个在某个固定时刻 t_0 处的单一状态转移概率矩阵和一个初始分布并不能完全确定连续时间马氏链。事实上，对于一个给定初始分布的连续时间马氏链，需要任意时刻的状态转移概率矩阵才能确定该连续时间马氏链的分布特性。为此，对于连续时间马氏链，引入依赖于时间的状态转移概率：对任意 $t \geqslant s \geqslant 0$，有

$$p_{ij}(s, t) = P(X_t = j \mid X_s = i), \ \forall i, j \in S \tag{9.3}$$

类似于离散时间齐次马氏链，如果连续时间马氏链 $X = \{X_t; t \geqslant 0\}$ 的状态转移概率 $p_{ij}(s, t)$ 只依赖于时间间隔 $t - s$，也就是：

$$p_{ij}(s, t) = P(X_t = j \mid X_s = i) = P(X_{t-s} = j \mid X_0 = i) = p_{ij}(t - s)$$

那么称 X 是一个连续时间齐次马氏链，且本章将聚焦于连续时间齐次马氏链。于是，我们考虑如下的状态转移概率和相应的状态转移概率矩阵：对任意 $t \geqslant 0$，有

$$p_{ij}(t) = P(X_t = j \mid X_0 = i), \ \forall i, j \in S, \ \boldsymbol{P}(t) = (p_{ij}(t))_{i, j \in S}$$

显然 $\boldsymbol{P}(0) = \boldsymbol{I}$（单位阵）和对任意 $t \geqslant 0$，$\boldsymbol{P}(t)$ 是一个随机矩阵。我们分别称 $t \mapsto p_{ij}(t)$ 和 $t \mapsto \boldsymbol{P}(t)$ 为齐次马氏链 X 的状态转移概率函数和状态转移概率矩阵函数。反之，如果给定一个矩阵函数 $\boldsymbol{P}(t) = (p_{ij}(t))_{i, j \in S}$ 使得其是一个随机矩阵且满足：

$$\lim_{t \downarrow 0} p_{ij}(t) = \mathbf{1}_{i=j}, \ \forall i, j \in S \tag{9.4}$$

则称该矩阵函数 $\boldsymbol{P}(t)$ 是一个标准的转移概率矩阵函数。

例 9.1（纯生马氏链"泊松过程"） 设 $N = \{N_t; t \geqslant 0\}$ 是参数为 $\lambda > 0$ 的泊松过程，那么 N 是一个连续时间齐次马氏链。事实上，对任意 $t > s \geqslant 0$，根据泊松过程的平稳独立增量性可得到：对任意 $j \geqslant i$，有

$$p_{ij}(s, t) = P(N_t = j \mid N_s = i) = P(N_t - N_s = j - i \mid N_s = i)$$

$$= P(N_{t-s} = j - i) = \frac{\lambda^{j-i}(t-s)^{j-i}}{(j-i)!} e^{-\lambda(t-s)}$$

于是，$p_{ij}(s, t)$ 只依赖于 $p_{ij}(t - s)$，即泊松过程的转移概率函数为：对任意 $j \geqslant i$，有

$$t \mapsto p_{ij}(t) = \frac{(\lambda t)^{j-i}}{(j-i)!} e^{-\lambda t}$$

下面关于连续时间马氏链的例子来源于排队论的数学建模。

例 9.2（先进先出 M/M/1 排队模型） 现有一个单一的服务器为顾客按照先进先出（FIFO）的原则进行服务。顾客按照参数为 $\lambda > 0$ 的泊松过程到达只有一条队列的服务器中依次排队等候服务。每个顾客接收服务器服务的时间为独立同分布随机序列 $S_n \sim \text{Exp}(\mu)$（$\mu > 0$）且独立顾客到达的泊松过程。我们把顾客排队的队列和服务器称为一个系统，设 X_t 表示 t 时刻系统里顾客的数量，则可以把 $X = \{X_t; t \geqslant 0\}$ 视为一个连续时间状态空间为 $S = \{0, 1, 2, \cdots\}$ 的随机过程。例如，$X_t = 2$ 表示一个顾客正在接受服务器服务和一个顾客在队列里排队等候服务器的服务。随机过程 X 的状态转移时刻为新的顾客到达系

统的时刻或顾客接受完服务离开系统的时刻。于是，在顾客到达系统的时刻 X 增加 1，而在顾客离开的时刻 X 减少 1。设 τ_k，$k=1$，$\cdots$ 为顾客次序到达系统的时刻，由于顾客到达过程为参数是 $\lambda > 0$ 的泊松过程，故 $\tau_k \sim \mathrm{Exp}(\lambda)$。我们把 X 状态发生转移的时间间隔称为持续时（Holding Time），记为 $\{H_k\}_{k=1}^{\infty}$。更具体地，如果 $X_t = 0$，那么 $H_1 = \tau \sim \mathrm{Exp}(\lambda)$；如果 $X_t = k-1$，则 $H_k = \tau_k \wedge S_{k-1}$（记 $S_0 = 0$）。对于 $k \geq 2$，由于 $\tau_k \sim \mathrm{Exp}(\lambda)$ 和 $S_{k-1} \sim \mathrm{Exp}(\mu)$ 且二者相互独立，故 $H_k \sim \mathrm{Exp}(\lambda+\mu)$。综上所述，过程 X 具有马氏性。另一方面，我们还可以从连续时间马氏链 X 中构造一个离散时间马氏链，称之为嵌入马氏链。事实上，设 $Y_n = X_{H_n}$，$\forall n = 1, 2, \cdots$，其中 $Y_0 = X_0$，也就是说，Y_n，$n \geq 1$ 表示连续时间马氏链 X 经过第 n 次状态转移后系统中顾客的数量。于是 $P(Y_{n+1} = 1 \mid Y_n = 0) = 1$，即系统中无顾客，则在下一个持续时，系统一定会增加一个顾客。然而，如果 $Y_n = k \geq 1$，则在下一个持续时，系统可能会增加一名顾客，也可能会减少一名顾客，具体增加一个顾客或减少一名顾客的概率为

$$\begin{cases} P(Y_{n+1} = k+1 \mid Y_n = k) = P(\tau_{k+1} < S_k) = \dfrac{\lambda}{\lambda+\mu} \\ P(Y_{n+1} = k+1 \mid Y_n = k) = P(\tau_{k+1} > S_k) = \dfrac{\mu}{\lambda+\mu} \end{cases}$$

因此嵌入的离散时间马氏链 $Y = \{Y_n; n = 0, 1, \cdots\}$ 的一步状态转移概率 $p_{ij} = P(Y_{n+1} = j \mid Y_n = i)$，$\forall i, j \in S$ 为 $p_{01} = 1$，$p_{i, i+1} = \dfrac{\lambda}{\lambda+\mu}$ 和 $p_{i-1, i} = \dfrac{\mu}{\lambda+\mu}$。该嵌入的离散时间马氏链类似于一个向左和向右转移的随机游动。

9.2　连续时间马氏链的 Q-矩阵

类似于离散时间马氏链的 CK 方程（见定理 8.1），CK 方程同样适用于连续时间马氏链。事实上，有：

引理 9.1（CK 方程）

设 $X = \{X_t; t \geq 0\}$ 是状态空间为 S 的连续时间齐次马氏链且其状态转移概率矩阵函数为 $\boldsymbol{P}(t)$，$\forall t \geq 0$，那么对任意的 $s, t \geq 0$，有

$$p_{ij}(s+t) = \sum_{l \in S} p_{il}(s) p_{lj}(t), \quad \forall i, j \in S \tag{9.5}$$

♣

证明　应用全概率公式、条件概率和马氏性可得到：对任意 $i, j \in S$，有

$$\begin{aligned} p_{ij}(s+t) &= P(X_{s+t} = j \mid X_0 = i) = \sum_{l \in S} P(X_{s+t} = j, X_s = l \mid X_0 = i) \\ &= \sum_{l \in S} P(X_{s+t} = j \mid X_s = l, X_0 = i) P(X_s = l \mid X_0 = i) \\ &= \sum_{l \in S} P(X_{s+t} = j \mid X_s = l) p_{il}(s) = \sum_{l \in S} P(X_t = j \mid X_0 = l) p_{il}(s) \\ &= \sum_{l \in S} p_{il}(s) p_{lj}(t), \quad \forall s, t \geq 0 \end{aligned}$$

即可证明连续时间马氏链的 CK 方程。

连续时间马氏链的 CK 方程式(9.5)也可写成如下的矩阵形式:

$$\boldsymbol{P}(s+t)=\boldsymbol{P}(s)\boldsymbol{P}(t), \ \forall s,t \geqslant 0 \tag{9.6}$$

对任意有界函数 $f:S \mapsto \mathbb{R}$,可定义

$$\mathscr{P}_t f(i)=E\left[f(X_t) \mid X_0=i\right]=\sum_{j \in S} f(j) p_{ij}(t), \ \forall t \geqslant 0, i \in S \tag{9.7}$$

设 $E_i[\cdot]=E[\cdot \mid X_0=i]$,于是根据 X 的马氏性,对任意 $s,t \geqslant 0$,有

$$
\begin{aligned}
\mathscr{P}_{s+t} f(i) &=E\left[f(X_{s+t}) \mid X_0=i\right]=E_i\left[E\left[f(X_{s+t}) \mid X_s\right]\right] \\
&=E_i\left[E_{X_t}\left[f(X_s)\right]\right]=E_i\left[\mathscr{P}_s f(X_t)\right]=\mathscr{P}_t(\mathscr{P}_s f)(i)=\mathscr{P}_t \circ \mathscr{P}_s f(i)
\end{aligned}
$$

其中,我们称算子族 $(\mathscr{P}_t)_{t \geqslant 0}$ 是一个半群。半群族 $(\mathscr{P}_t)_{t \geqslant 0}$ 可作为 $\mathscr{B}=\{f:S \mapsto \mathbb{R}\}$ 上的算子族,那么 $\mathscr{B} \ni f \mapsto \mathscr{P}_t f$ 是一个有界线性算子且 $\|\mathscr{P}_t\|=1, \forall f \in \mathscr{B}$。设 $\|f\|=\max\limits_{i \in S}|f(i)|$,对任意 $f \in \mathscr{B}$,有

$$\|\mathscr{P}_t f\|=\max_{i \in S}|\mathscr{P}_t f(i)|=\max_{i \in S}\left(\left|\sum_{j \in S} f(j) p_{ij}(t)\right|\right) \leqslant \max_{i \in S}\|f\|\left(\sum_{j \in S} p_{ij}(t)\right)=\|f\|$$

对于离散时间马氏链,一步状态转移概率矩阵和初始分布描述了离散时间马氏链的任意有限维分布。然而,对于连续时间马氏链,则需要关于时间的状态转移概率矩阵函数 $t \mapsto \boldsymbol{P}(t)$,也就是任意时刻的状态转移概率,这显然比离散时间马氏链复杂了很多。那么,能否提出一个独立于时间的指标来描述连续时间马氏链呢? 事实上,这个指标就是状态转移概率矩阵函数 $t \mapsto \boldsymbol{P}(t)$ 在 0 时刻的(右)导数,其也被称为连续时间马氏链的 $\boldsymbol{Q}$-矩阵或无穷小生成元。关于该指标的具体表述由引理 9.2 给出。

引理 9.2 ($\boldsymbol{Q}$-矩阵或无穷小生成元)

设 $X=\{X_t; t \geqslant 0\}$ 是状态空间为 S 的连续时间齐次马氏链且其状态转移概率矩阵函数为 $t \mapsto \boldsymbol{P}(t)$,那么如下矩阵关于时间趋于零的极限存在:

$$\boldsymbol{Q}=(q_{ij})_{i,j \in S}:=\lim_{t \downarrow 0} \frac{\boldsymbol{P}(t)-\boldsymbol{I}}{t} \tag{9.8}$$

进一步,对任意 $i \in S$, $q_{ii}=\lim\limits_{t \downarrow 0} \dfrac{p_{ii}(t)-1}{t}$ 可能为 $-\infty$;对任意 $i \neq j$, $q_{ij}=\lim\limits_{t \downarrow 0} \dfrac{p_{ij}(t)}{t}$ 是有限的,则称上面的矩阵 $\boldsymbol{Q}$ 为连续时间马氏链 X 的 $\boldsymbol{Q}$-矩阵或无穷小生成元。

♣

证明　这里仅证明式(9.8)中矩阵函数 $\boldsymbol{P}(t)$ 对角线元素的极限存在,也就是,证明 $q_{ii}=\lim\limits_{t \to 0} \dfrac{p_{ii}(t)-1}{t}$ 存在。事实上,利用 CK 方程(9.5)迭代得到:对任意 $n \in \mathbb{N}$,有

$$\boldsymbol{P}(t)=\boldsymbol{P}\left(\frac{n-1}{n}t+\frac{t}{n}\right)=\boldsymbol{P}\left(\frac{n-1}{n}t\right)\boldsymbol{P}\left(\frac{t}{n}\right)=\boldsymbol{P}\left(\frac{n-2}{n}t\right)\boldsymbol{P}\left(\frac{t}{n}\right)^2=\cdots=\boldsymbol{P}\left(\frac{t}{n}\right)^n$$

于是 $p_{ii}(t) \geqslant \left(p_{ii}\left(\dfrac{t}{n}\right)\right)^n, \forall i \in S$。因为 $\lim\limits_{p \to 0} p_{ii}(t)=1$,故存在 $\varepsilon > 0$ 使对任意 $h \in (0,\varepsilon)$ 有

$p_{ii}(h) > 0$。这样，对任意固定 $t > 0$ 和充分大的 n 使得 $\dfrac{t}{n} < \varepsilon$，因此 $p_{ii}(t) \geqslant \left(p_{ii}\left(\dfrac{t}{n}\right)\right)^n > 0$。

进一步，可定义函数：

$$g_i(t) = -\ln p_{ii}(t) > 0, \ \forall t > 0$$

显然 $\lim\limits_{t \downarrow 0} g_i(t) = 0$，于是，对任意 $s, t > 0$，有

$$g_i(s+t) = -\ln p_{ii}(s+t) \leqslant -\ln(p_{ii}(s)p_{ii}(t)) = g_i(s) + g_i(t)$$

也就是说，$t \mapsto g_i(t)$ 满足次可加性。接着定义如下的量：

$$q_i := \sup_{t > 0} \frac{g_i(t)}{t} \leqslant +\infty$$

下面分两种情况来证明结论：

· 设 $q_i < \infty$。根据上述定义，对任意 $\varepsilon > 0$，存在 $t_0 > 0$ 使得 $\dfrac{g_i(t_0)}{t_0} > q_i - \varepsilon$。对任意 $t > 0$，存在 $n \in \mathbb{N}$ 和 $r \in [0, t)$ 使得 $t_0 = nc + r$。于是可得到：

$$q_i - \varepsilon \leqslant \frac{g_i(t_0)}{t_0} = \frac{g_i(nt_0 + r)}{t_0} \leqslant \frac{ng_i(t) + g_i(r)}{t_0} = \frac{nt}{t_0}\frac{g_i(t)}{t} + \frac{g_i(r)}{t_0}$$

当 $t \mapsto 0$ 时，$\dfrac{nt}{t_0} \mapsto 1$ 和 $g_i(r) \mapsto 0$。因此可获得

$$q_i - \varepsilon \leqslant \varliminf_{t \to 0} \frac{g_i(t)}{t} \leqslant \varlimsup_{t \to 0} \frac{g_i(t)}{t} \leqslant q_i$$

那么由 ε 的任意性可获得

$$\lim_{t \downarrow 0} \frac{g_i(t)}{t} = q_i \tag{9.9}$$

综上所述，有：

$$q_{ii} = \lim_{t \downarrow 0} \frac{p_{ii}(t) - 1}{t} = \lim_{t \downarrow 0} \frac{e^{-g_i(t)} - 1}{t} = \lim_{t \downarrow 0} \frac{e^{-g_i(t)} - 1}{g_i(t)}\frac{g_i(t)}{t} = -q_i$$

· 设 $q_i = +\infty$。在此情况下，只需将 $q_i < \infty$ 情况证明中的 $q_i - \varepsilon$ 替换为一个充分大的常数 M 即可。对于 $i \neq j$，极限 q_{ij} 为有限的证明过程可参见文献[2]。

至此，该引理证毕。 □

根据引理 9.2，状态空间 $S = \{1, 2, \cdots\}$ 和转移概率矩阵函数 $\boldsymbol{P}(t) = (p_{ij}(t))_{i, j \in S}$ 的连续时间马氏链 $X = \{X_t; t \geqslant 0\}$ 的 $\boldsymbol{Q}$ 矩阵或无穷小生成元可写为

$$\boldsymbol{Q} = \begin{bmatrix} -q_1 & q_{12} & q_{13} & \cdots \\ q_{21} & -q_2 & q_{23} & \cdots \\ q_{31} & q_{32} & -q_3 & \cdots \\ \vdots & \vdots & \vdots & \vdots \end{bmatrix} = \begin{bmatrix} p'_{11}(0) & p'_{12}(0) & p'_{13}(0) & \cdots \\ p'_{21}(0) & p'_{22}(0) & p'_{31}(0) & \cdots \\ p'_{31}(0) & p'_{32}(0) & p'_{33}(0) & \cdots \\ \vdots & \vdots & \vdots & \vdots \end{bmatrix} \tag{9.10}$$

另一方面，根据引理 9.2 的证明，由于 $q_i = \sup\limits_{t > 0} \dfrac{-\ln p_{ii}(t)}{t}$，故 $\dfrac{-\ln p_{ii}(t)}{t} \leqslant q_i$，$\forall t > 0$。这样应用不等式 $1 - e^{-x} \leqslant x$，$\forall x \geqslant 0$ 可得到：

$$p_{ii}(t) \geqslant e^{-q_{ii}t} \geqslant 1 - q_i t, \ \forall t \geqslant 0 \tag{9.11}$$

于是当且仅当 $p_{ii}(t) = 1$，$\forall t > 0$ 时，$q_i = 0$。

9.3　Kolmogorov 向后与向前方程

本节将根据 9.2 节中引入的关于连续时间马氏链的 CK 方程和 Q-矩阵将马氏链的转移概率函数表示为一类常微分方程组的解。为此，设连续时间马氏链 $X = \{X_t; t \geqslant 0\}$ 的状态空间 S 是一个有限集，对于 X 的状态转移概率矩阵函数 $t \mapsto P(t) = (p_{ij}(t))_{i,j \in S}$。由于 $P(t)$ 是随机矩阵，故对任意 $i \in S$ 和 $h > 0$，有

$$1 = \sum_{j \in S} p_{ij}(h) = \sum_{j \neq i} p_{ij}(h) + p_{ii}(h) \Rightarrow \sum_{j \neq i} \frac{p_{ij}(h)}{h} + \frac{p_{ii}(h) - 1}{h} = 0$$

这样对上式右边两边同时取极限 $\lim\limits_{h \downarrow 0}$ 且利用引理 9.2 可获得

$$q_i = \sum_{j \neq i} q_{ij}, \ \forall i \in S \tag{9.12}$$

也就是说，由式（9.10）给出的 Q-矩阵行和为 1。

另一方面，应用 CK 方程式（9.6），对任意 $t, h > 0$，有

$$p_{ij}(h + t) - p_{ij}(t) = \sum_{l \in S} p_{il}(h) p_{lj}(t) - p_{ij}(t) = \sum_{l \neq i} p_{il}(h) p_{lj}(t) + (p_{ii}(h) - 1) p_{ij}(t),$$
$$\forall i, j \in S$$

于是应用极限的线性特性，对任意 $t \geqslant 0$，有

$$\lim_{h \to 0} \frac{p_{ij}(h + t) - p_{ij}(t)}{h} = \lim_{h \to 0} \left\{ \sum_{l \neq i} \frac{p_{il}(h)}{h} p_{lj}(t) + \frac{p_{ii}(h) - 1}{h} p_{ij}(t) \right\}$$

因此，利用引理 9.2 可获得：对任意 $i, j \in S$，有

$$p'_{ij}(t) = \sum_{l \neq i} q_{il} p_{lj}(t) - q_i p_{ij}(t), \ p_{ij}(0) = \mathbf{1}_{i = j} \tag{9.13}$$

其中，我们称 $p_{ij}(t), i, j \in S$ 所满足的常微分方程组为 Kolmogorov 向后方程。根据式（9.10），则有 $q_{ii} = -q_i, \forall i \in S$，于是 Kolmogorov 向后方程式（9.13）可写成如下的矩阵形式：

$$P'(t) = QP(t), \ P(0) = I \tag{9.14}$$

根据 Kolmogorov 向后方程式（9.14）中等式右边 Q 和 P 的顺序可以解释该方程为什么被称为向后方程。这是因为在式（9.14）中右边等式为 $QP(t)$，而按字母序来讲 P 应排在 Q 的前面，于是称这样的形式为向后方程。另一方面，形式上，Kolmogorov 向后方程式（9.14）的解可表示成如下的矩阵指数形式：

$$P(t) = e^{tQ} = \sum_{k=0}^{\infty} \frac{t^k Q^k}{k!}, \ \forall t \geqslant 0 \tag{9.15}$$

下面的例子是通过求解 Kolmogorov 向后方程式（9.14）来得到连续时间马氏链的转移概率函数。

例 9.3（生灭链）　例 9.1 解释了参数为 $\lambda > 0$ 的泊松过程是一个纯生过程，则设 $X = \{X_t; t \geqslant 0\}$ 是一个状态空间为 $S = \{0, 1, 2, \cdots\}$ 的连续时间马氏链，如果 X 是参数为 $\lambda > 0$ 的泊松过程，那么由引理 6.2 可得到：对充分小的 $h > 0$，有

$$p_{i, i+1} = P(X_{t+h} - X_t = 1 \mid X_t = i) = \lambda h + o(h), \ \forall i \in S$$

其中，λ 被称为生率（birth rate）。类似地，如果 X 的灭率（death rate）是 $\mu > 0$，也就是说，

对充分小的 $h>0$，有

$$p_{i,i-1}=P(X_{t+h}-X_t=-1\mid X_t=i)=\mu h+o(h),\ \forall\,i\in S\backslash\{0\}$$

则我们称离散时间马氏链 X 为一个生灭过程，如果其转移概率满足如下形式：

$$\begin{cases} p_{i,i+1}=P(X_{t+h}-X_t=1\mid X_t=i)=\lambda_i h+o(h),\ \forall\,i=0,1,2,\cdots\\ p_{i,i-1}=P(X_{t+h}-X_t=-1\mid X_t=i)=\mu_i h+o(h),\ \forall\,i=1,2,\cdots\\ P(\mid X_{t+h}-X_t\mid>1\mid X_t=i)=o(h),\ \forall\,i=0,1,2,\cdots\\ \mu_0=0,\lambda_0>0,\mu_i,\lambda_i>0,\ \forall\,i=1,2,\cdots \end{cases} \quad (9.16)$$

则基于式(9.16)，生灭过程 X 的 $\boldsymbol{Q}$-矩阵可写为如下形式：

$$\boldsymbol{Q}=\begin{bmatrix} -\lambda_0 & \lambda_0 & 0 & 0 & 0 & \cdots\\ \mu_1 & -(\mu_1+\lambda_1) & \lambda_1 & 0 & 0 & \cdots\\ 0 & \mu_2 & -(\mu_2+\lambda_2) & \lambda_2 & 0 & \cdots\\ 0 & 0 & \mu_3 & -(\mu_3+\lambda_3) & \lambda_3 & \cdots\\ \vdots & \vdots & \vdots & \vdots & \vdots & \end{bmatrix} \quad (9.17)$$

另考虑如下一个特殊的实例。

设一台机器在发生故障之前的工作时间是均值为 $\dfrac{1}{\lambda}>0$ 的指数分布，如果机器发生故障，则它的修理时间服从均值为 $\dfrac{1}{\mu}>0$ 的指数分布。假设该机器在 0 时刻处于工作状态，那么它在 $t>0$ 时刻处于工作状态的概率是多少呢？根据指数分布的无记忆性，设建模机器工作的过程是一个状态空间为 $S=\{0,1\}$ 的连续时间马氏链 $X=\{X_t;t\geqslant0\}$，这里 0 表示机器正在工作，而状态 1 表示该机器正在维修。于是，该马氏链 X 的 $\boldsymbol{Q}$-矩阵为

$$\boldsymbol{Q}=\begin{bmatrix} -\lambda & \lambda\\ \mu & -\mu \end{bmatrix} \quad (9.18)$$

根据式(9.14)，对应于上面两状态生灭链的 Kolmogorov 向后方程可得到：

$$\begin{bmatrix} p'_{00}(t) & p'_{01}(t)\\ p'_{10}(t) & p'_{11}(t) \end{bmatrix}=\begin{bmatrix} -\lambda p_{00}(t)+\lambda p_{10}(t) & -\lambda p_{01}(t)+\lambda p_{11}(t)\\ \mu p_{00}(t)-\mu p_{10}(t) & \mu p_{01}(t)-\mu p_{11}(t) \end{bmatrix}$$

为了求 $p_{00}(t)$，我们首先考虑如下的方程：

$$p'_{00}(t)=\lambda p_{10}(t)-\lambda p_{00}(t) \quad (9.19)$$

$$p'_{10}(t)=\mu p_{00}(t)-\mu p_{10}(t) \quad (9.20)$$

对式(9.19)的两边同乘 μ，而对式(9.20)的两边同乘 λ，然后将两式相加可得 $\mu p'_{00}(t)+\lambda p'_{10}(t)=0$。根据初始条件 $p_{00}(0)=1$ 和 $p_{10}(0)=0$，对上式两边积分可得到 $\mu p_{00}(t)+\lambda p_{10}(t)=\mu$，即 $p'_{00}(t)=\mu-(\mu+\lambda)p_{00}(t)$。由于 $p_{00}(0)=1$，则

$$p_{00}(t)=\frac{\lambda}{\mu+\lambda}\mathrm{e}^{-(\mu+\lambda)t}+\frac{\mu}{\mu+\lambda},\ \forall\,t\geqslant0$$

这样可以推出：

$$p_{10}(t)=\frac{\mu}{\mu+\lambda}-\frac{\mu}{\mu+\lambda}\mathrm{e}^{-(\mu+\lambda)t},\ \forall\,t\geqslant0$$

对应于 Kolmogorov 向后方程式(9.14)，还有所谓的 Kolmogorov 向前方程。利用 CK 方程式(9.6)，对任意 $t,h>0$，有

$$p_{ij}(t+h) - p_{ij}(t) = \sum_{l \in S} p_{il}(t) p_{lj}(h) - p_{ij}(t) = \sum_{l \neq j} p_{il}(t) p_{lj}(h) + (p_{jj}(h) - 1) p_{ij}(t)$$

因为状态空间 S 是有限的，由此可得：对任意 $t > 0$，有

$$\lim_{h \mapsto 0} \frac{p_{ij}(t+h) - p_{ij}(t)}{h} = \lim_{h \mapsto 0} \left\{ \sum_{l \neq j} p_{il}(t) \frac{p_{lj}(h)}{h} + \frac{p_{jj}(h) - 1}{h} p_{ij}(t) \right\}$$

$$= \sum_{l \neq j} p_{il}(t) \lim_{h \mapsto 0} \frac{p_{lj}(h)}{h} + \lim_{h \mapsto 0} \frac{p_{jj}(h) - 1}{h} p_{ij}(t)$$

运用引理 9.2 可获得：对任意 $i, j \in S$，有

$$p'_{ij}(t) = \sum_{l \neq j} p_{il}(t) q_{lj} - p_{ij}(t) q_j, \quad p_{ij}(0) = \mathbf{1}_{i=j} \tag{9.21}$$

其中，我们称 $p_{ij}(t), i, j \in S$ 所满足的常微分方程组(9.21)为 Kolmogorov 向前方程。根据式(9.10)有 $q_{jj} = -q_j, \forall j \in S$，则 Kolmogorov 向前方程(9.21)可写成如下的矩阵形式：

$$\boldsymbol{P}'(t) = \boldsymbol{P}(t) \boldsymbol{Q}, \quad \boldsymbol{P}(0) = \boldsymbol{I} \tag{9.22}$$

由于方程式(9.22)中右边项 $\boldsymbol{P}(t)\boldsymbol{Q}$ 与 Kolmogorov 向后方程式(9.14)右边项 $\boldsymbol{Q}\boldsymbol{P}(t)$ 正好相反，故称式(9.22)为 Kolmogorov 向前方程。

上述推导 Kolmogorov 向后方程式(9.14)和 Kolmogorov 向前方程式(9.22)的前提是假设连续时间马氏链的状态空间 S 为有限集。事实上，Kolmogorov 向后方程式(9.14)在当马氏链的状态空间 S 是无穷集时也是成立的，而 Kolmogorov 向前方程式(9.22)在当马氏链的状态空间 S 是无穷集时需要在某些正则条件下才是成立的。

例 9.4(纯生过程)　　纯生过程是状态空间为 $S = \{0, 1, 2, \cdots\}$ 的连续时间马氏链 $X = \{X_t; t \geqslant 0\}$ 且其无穷小马氏链或 $\boldsymbol{Q}$-矩阵为

$$\boldsymbol{Q} = \begin{bmatrix} -\lambda_0 & \lambda_0 & 0 & 0 & 0 & \cdots \\ 0 & -\lambda_1 & \lambda_1 & 0 & 0 & \cdots \\ 0 & 0 & -\lambda_2 & \lambda_2 & 0 & \cdots \\ 0 & 0 & 0 & -\lambda_3 & \lambda_3 & \cdots \\ \vdots & \vdots & \vdots & \vdots & \vdots & \vdots \end{bmatrix} \tag{9.23}$$

也就是指例 9.3 中所介绍的灭率为零的生灭链。于是根据式(9.22)得到纯生链对应的 Kolmogorov 向前方程为：对于 $j \geqslant i$，有

$$p'_{ij}(t) = \lambda_{j-1} p_{i, j-1}(t) - \lambda_j p_{ij}(t), \quad p_{ij}(0) = \mathbf{1}_{i=j}$$

其中，$p_{ij}(t) = 0, \forall j < i$。那么，上述方程可被写为

$$p'_{ii}(t) = -\lambda_i p_{ii}(t), \quad p'_{ij}(t) = \lambda_{j-1} p_{i, j-1}(t) - \lambda_j p_{ij}(t), \quad \forall j \geqslant i+1$$

求解上述方程可得到：

$$\begin{cases} p_{ii}(t) = e^{-\lambda_i t}, \quad i \geqslant 0 \\ p_{ij}(t) = \lambda_{j-1} e^{-\lambda_j t} \int_0^t e^{\lambda_j s} p_{i, j-1}(s) \mathrm{d}s, \quad j \geqslant i+1 \end{cases}$$

9.4　嵌入马氏链与状态的分类

类似于离散时间马氏链的状态分类，本节将讨论连续时间马氏链的状态分类问题。对

于离散时间马氏链，其状态发生转移（或称马氏链发生跳）的时间只可能为离散的时刻 1，2，$\cdots$，而连续时间马氏链的状态发生转移（马氏链发生跳）时间可能为任意 $t > 0$。因此，连续时间马氏链的样本轨道不可能是连续的，如经典的泊松过程。假设所考虑的连续时间马氏链 $X = \{X_t; t \geqslant 0\}$ 的样本轨道是右连续的，于是设 $0 = J_0 < J_1 < J_2 < \cdots$ 为该连续时间马氏链 X 状态发生转移的时刻或称为跳时（Jump Times），且对任意 $n = 0, 1, \cdots$，有

$$X_t = Y_n, \quad \text{当 } J_n \leqslant t < J_{n+1}, Y_0 = X_0 \tag{9.24}$$

于是 $Y_n = X_{J_n}$，$\forall n = 0, 1, 2, \cdots$。在数学上，我们可以按照如下方式迭代地定义 X 的跳时：对任意 $n = 0, 1, \cdots$，有

$$J_{n+1} = \inf\{t \geqslant J_n; X_t \neq X_{J_n}\}, \inf\varnothing = +\infty \tag{9.25}$$

对任意 $n \in \mathbb{N}$，由于 $\{J_n \leqslant t\}$ 完全由 $\{X_s; s \leqslant t\}$ 来决定，于是 J_n 是 X 自然过滤 $\mathbb{F}^X$-停时。进一步，可以定义如下的逗留时序列：对任意 $n = 1, 2, \cdots$，有

$$S_n = \begin{cases} J_n - J_{n-1}, & J_{n-1} < \infty \\ \infty, & \text{否则} \end{cases} \tag{9.26}$$

此 S_n 就是马氏链逗留在状态 $Y_{n-1} = X_{J_{n-1}}$ 的时间。由于马氏链 X 的样本轨道是右连续的，故对任意 $n = 0, 1, \cdots$，逗留时 $S_n > 0$，也就是说，马氏链 X 不可能在同一时刻发生两次不同的状态转移。

下面首先讨论连续时间马氏链 X 的第一个跳时 J_1 的分布问题。根据定义（9.25），$J_1 = \inf\{t \geqslant 0; X_t \neq X_0\}$，于是有如下关于 J_1 分布的结果。

引理 9.3（马氏链第一个跳时的分布）

对任意 $i \in S$，如果由引理 9.2 给出的 $q_i = -q_{ii} < \infty$，则

$$P(J_1 > t \mid X_0 = i) = e^{-q_i t}, \quad \forall t \geqslant 0$$

$$P(X_{J_1} = j \mid X_0 = i) = \frac{q_{ij}}{q_i}, \quad \forall j \neq i$$

对任意 $i \in S$，如果 $q_i = 0$，根据式（9.11）则有 $p_{ii}(t) = 1$，$\forall t > 0$，因此 $P(J_1 = +\infty \mid X_0 = i) = 1$，则我们称状态 $i \in S$ 是吸收态。进一步，在 $X_0 = i_0 \in S$，$X_{J_1} = i_1 \in S$，$X_{J_2} = i_2 \in S$，$\cdots$，逗留时 $S_1, S_2, S_3, \cdots$ 是独立且服从指数分布（$S_k \sim \text{Exp}(q_{i_k})$）的随机变量。然而，如果 $q_i = +\infty$，那么 $P(J_1 = 0 \mid X_0 = i) = 1$，则称状态 $i \in S$ 为瞬时态。对于 $q_i \in (0, \infty)$，此时 $P(J_1 \in (0, \infty) \mid X_0 = i) = 1$，故称 $i \in S$ 为稳态。

证明 对任意 $i \in S$，定义 $P_i(\cdot) = P(\cdot \mid X_0 = i)$。应用马氏链的齐次性和马氏性可得到：对任意 $s, t \geqslant 0$，有

$$P_i(J_1 > t + s) = P_i(X_u = i, u \in [0, t+s])$$
$$= P_i(X_u = i, u \in [t, t+s] \mid X_u = i, u \in [0, t]) \times P_i(X_u = i, u \in [0, t])$$
$$= P(X_u = i, u \in [t, t+s] \mid X_t = i)) P_i(J_1 > t)$$
$$= P(X_u = i, u \in [0, s] \mid X_0 = i) P_i(J_1 > t)$$
$$= P_i(J_1 > s) P_i(J_1 > t)$$

于是，存在某个常数 $\alpha \geqslant 0$ 使得 $P_i(J_1 > t) = \mathrm{e}^{-at}$，$\forall t > 0$。

下面继续确定常数 $\alpha \geqslant 0$。由于连续时间马氏链的样本路径是阶梯函数，故对任意 $t > 0$，有

$$
\begin{aligned}
P_i(J_1 > t) &= P(X_u = i,\, u \in [0,\, t] \mid X_0 = i) \\
&= \lim_{n \to \infty} P(X_u = i,\, u = 0,\, t/n,\, 2t/n,\, \cdots,\, (n-1)t/n,\, t \mid X_0 = i) \\
&= \lim_{n \to \infty} \left(p_{ii}\left(\frac{t}{n}\right) \right)^n
\end{aligned}
$$

于是得到：

$$
\alpha = -\left(\frac{1}{t}\right) \ln P_i(J_1 > t) = -\left(\frac{1}{t}\right) \ln\left[\lim_{n \to \infty} \left(p_{ii}\left(\frac{t}{n}\right) \right)^n \right]
$$

$$
= -\lim_{n \to \infty} \frac{\ln p_{ii}\left(\dfrac{t}{n}\right)}{\dfrac{t}{n}} = -\lim_{x \to 0} \frac{\ln p_{ii}(x)}{x} = q_i
$$

另一方面，对任意状态 $j \neq i$ 和时间 $t,\, h \geqslant 0$，定义概率 $R_{ij}(h) := P(X_{t+h} = j \mid X_t = i,\ X_{t+h} \neq i)$。显然，根据 X 的齐次性有 $R_{ij}(h)$ 独立于时间 t，于是有 $P_i(X_{J_1} = j) = \lim_{h \to 0} R_{ij}(h)$。然而，进一步有：

$$
\begin{aligned}
R_{ij}(h) &= P(X_h = j \mid X_0 = i,\ X_h \neq i) = \frac{P_i(X_h = j,\ X_h \neq i)}{P_i(X_h \neq i)} \\
&= \frac{P_i(X_h = j)}{P_i(X_h \neq i)} = \frac{p_{ij}(h)}{h} \Big/ \left(\frac{1 - p_{ii}(h)}{h} \right)
\end{aligned}
$$

由于 $j \neq i$，故 $\lim_{h \to 0} R_{ij}(h) = \dfrac{q_{ij}}{q_i}$。　　　　　　　　　□

设马氏链 $X = \{X_n;\ n = 0,\, 1,\, 2,\, \cdots\}$ 初始从状态 $i \in S$ 出发。如果 $q_i = 0$(也就是 i 是吸收态)，则该过程将永远停留在状态 i；然而，如果 $q_i > 0$，那么利用引理 9.3 有：马氏链 X 将在状态 i 停留严格正但有限的时间 $J_1 = \tau_i = \inf\{t \geqslant 0;\ X_t \neq i\}$。在停留时间 J_1 后，该马氏链会转移到另一个状态 $j \neq i$。根据引理 9.3 得到：该马氏链转移到状态 j 的概率为 $\dfrac{q_{ij}}{q_i}$，此时 $X_{\tau_i} = j$。于是，根据马氏链的齐次性和马氏性，该过程在时刻 τ_i 之后的行为是：① 独立于时间 τ_i 之前的过程行为；② 如果时间轴被重新标记使得 τ_i 成为新的时间起点，那么马氏链从状态 j 开始。如果状态 j 不是吸收态，则马氏链在状态 j 上逗留的时间为 $\tau_j = \inf\{t > \tau_i;\ X_t \neq j\} - \tau_i$，其中 τ_j 与 τ_i 相互独立。然后，马氏链在 $\tau_i + \tau_j$ 时间后转移到马氏链的另一状态 $k = X_{\tau_i + \tau_j}$，该状态 k 的选择与之前发生的一切无关且发生的概率为 $\dfrac{q_{ji}}{q_j}$。接着，马氏链以同样的方式循环完成整个状态转移的过程。因此，前面引入的马氏链的跳时也可表示为如下的形式：对任意 $n \in \mathbb{N}$，有

$$
J_n = \inf\{t > J_{n-1};\ X_t \neq X_{t-}\}
$$

进一步，根据式(9.24)可得到：

$$
Y_n = X_{J_n},\ \forall n = 0,\, 1,\, 2,\, \cdots \tag{9.27}
$$

如果 $\lim\limits_{n\to\infty} J_n = \sum\limits_{k=1}^{n} S_n = +\infty$，那么我们已经完整地描述了马氏链的整个过程 $X = \{X_t; t \geq 0\}$ 的运动轨迹。然而，这个条件不一定成立。事实上，有可能随机变量 $J_\infty := \lim\limits_{n\to\infty} J_n < \infty$。当 $J_\infty < \infty$ 时，我们称其为爆炸时。于是，对任意 $i, j \in S$，引入：

$$p_{ij} = \begin{cases} \mathbf{1}_{i=j} & \text{若 } q_i = 0 \\ 0 & \text{若 } q_i > 0 \text{ 且 } j = i \\ \dfrac{q_{ij}}{q_i} & \text{若 } q_i > 0 \text{ 且 } j \neq i \end{cases} \tag{9.28}$$

当 $q_i = 0$ 时，则 $\sum\limits_{j \in S} p_{ij} = \sum\limits_{j \neq i} p_{ij} + p_{ii} = 0 + p_{ii} = 1$；当 $q_i > 0$ 时，利用式(9.12)则有：对任意 $i \in S$，有

$$\sum_{j \in S} p_{ij} = \sum_{j \neq i} p_{ij} + p_{ii} = \sum_{j \neq i} \frac{q_{ij}}{q_i} = \frac{q_i}{q_i} = 1$$

可知离散时间过程 $Y = \{Y_n; n = 0, 1, \cdots\}$ 是一个状态空间为 S 的离散时间马氏链且其一步状态转移概率矩阵为 $\boldsymbol{P} = (p_{ij})_{i,j \in S}$，其中 p_{ij} 由式(9.28)给出。人们通常称由式(9.27)定义的离散时间马氏链 $Y = \{Y_n; n = 0, 1, \cdots\}$ 为连续时间马氏链 X 的嵌入马氏链。显然，连续时间马氏链 $X = \{X_t; t \geq 0\}$ 从开始直到时间 J_∞ 的状态转移完全由以下两点来确定：

- 嵌入马氏链 Y 是由连续时间马氏链 X 所经过的状态序列组成的；
- 嵌入马氏链 Y 与初始连续时间马氏链 X 所访问相同状态的逗留时间序列 $\{S_n\}_{n=1}^\infty$ 是相同的且完全由矩阵 $\boldsymbol{Q}$ 确定。

下面的例子展示了连续时间马氏链状态转移的全过程。

例 9.5 考虑状态空间为 $S = \{1, 2, 3\}$ 的连续时间马氏链 $X = \{X_t; t \geq 0\}$ 具有如下的 $\boldsymbol{Q}$-矩阵：

$$\boldsymbol{Q} = \begin{bmatrix} -q_1 & q_{12} & q_{13} \\ q_{21} & -q_2 & q_{23} \\ 0 & 0 & 0 \end{bmatrix}$$

其中，$q_{12}, q_{13}, q_{21}, q_{23}$ 都是大于零的常数。观察上述 $\boldsymbol{Q}$-矩阵可得到 $q_3 = 0$，于是状态 3 是吸收态。另一方面，假设马氏链从状态 2 出发，那么该马氏链将在此状态逗留一个 $\text{Exp}(q_2)$ 分布的时间后以概率 $\dfrac{q_{21}}{q_2}$ 转移到状态 1，而以概率 $\dfrac{q_{23}}{q_2}$ 转移到状态 3；假设马氏链状态转移到了状态 1，那么马氏链将在该状态逗留一个 $\text{Exp}(q_1)$ 分布的时间后以概率 $\dfrac{q_{12}}{q_1}$ 转移到状态 2，而以概率 $\dfrac{q_{13}}{q_1}$ 转移到状态 3。如果马氏链进入状态 3，则马氏链将始终停留在状态 3，因为状态 3 是吸收态。应用式(9.28)得到嵌入马氏链的一步状态转移矩阵为

$$\boldsymbol{Q} = \begin{bmatrix} 0 & \dfrac{q_{12}}{q_{12} + q_{13}} & \dfrac{q_{13}}{q_{12} + q_{13}} \\ \dfrac{q_{21}}{q_{21} + q_{23}} & 0 & \dfrac{q_{23}}{q_{21} + q_{23}} \\ 0 & 0 & 1 \end{bmatrix}$$

对应嵌入马氏链的状态转移图如图 9.1 所示。

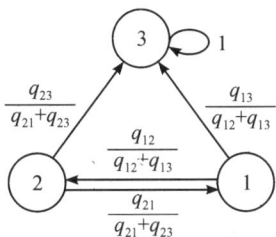

图 9.1 嵌入马氏链的状态转移图

由此得到：状态 $\{3\}$ 是遍历不可约闭集，而状态 $\{1,2\}$ 为非常返态集。

上面阐述了连续时间马氏链在其 J_∞ 爆炸时之前的状态转移情况。下面的例子给出了爆炸时 J_∞ 为无穷或有限的情况。

例 9.6 考虑一个状态空间为 $S=\{0,1,2,\cdots\}$ 的连续时间马氏过程 $X=\{X_t; t\geqslant 0\}$，其 $\boldsymbol{Q}$-矩阵的所有元素为

$$q_{ij}=\begin{cases} \lambda_i & \text{若 } j=i+1 \\ -\lambda_i & \text{若 } j=i \\ 0 & \text{其他} \end{cases}$$

其中，$\lambda_k>0,\ \forall k=0,1,\cdots$。这也就是例 9.4 中引入的纯生过程的 $\boldsymbol{Q}$-矩阵式(9.23)。现在假设纯生过程从某个状态 $i\geqslant 1$ 出发，沿着路径向上移动 $i\mapsto i+1\mapsto i+2\mapsto\cdots$，其所花费的时间分别记为 $\tau_i, \tau_{i+1}, \tau_{i+2}, \cdots$。那么，前 n 步转移所花费的时间总和为 $J_n=\tau_i+\tau_{i+1}+\cdots+\tau_{i+n-1},\ \forall n\geqslant 1$。由于这些随机时间 $\tau_i\sim\text{Exp}(\lambda_i),\ i\geqslant 1$ 相互独立，则应用本章习题 3 可得到：

$$P(J_\infty=+\infty\mid X_0=i)=1\Leftrightarrow\sum_{n=i}^{\infty}\frac{1}{\lambda_k}=+\infty\Leftrightarrow\sum_{k=1}^{\infty}\frac{1}{\lambda_n}=+\infty \tag{9.29}$$

特别地，概率 $P(J_\infty=+\infty\mid X_0=i)$ 不是为 1 就是为 0。如果对任意的 $k=0,1,2,\cdots,\lambda_n=\lambda>0$，则该过程就是泊松过程。在这种情况下，对任意的 $i\geqslant 1$，$P(J_\infty=+\infty\mid X_0=i)=1$，故应用式(9.29)可得到该过程不可能发生爆炸。如果 $\lambda_k=\lambda k$，$\forall k=0,1,\cdots$，则该纯生过程被称为 Yule-Furry 过程或线性纯生过程。同样地，应用式 (9.29)得到该过程不可能发生爆炸。然而，如果 $\lambda_k=\lambda k^2,\ \forall k=0,1,\cdots$，那么根据式 (9.29)有：对任意 $i\geqslant 1, P(J_\infty<+\infty\mid X_0=i)=1$，因此该过程会发生爆炸。下面讨论此爆炸时 J_∞ 的分布。为了简化符号，不失一般性，设 $X_0=1$，则 J_n 分布的拉普拉斯变换式为：对任意 $s>0$，有

$$\mathscr{J}_n(s)=E\left[e^{-sJ_n}\right]=\prod_{i=1}^{n}E\left[e^{-s\tau_i}\right]=\prod_{i=1}^{n}\frac{\lambda_i}{s+\lambda_i}$$

利用反拉普拉斯变换得到：对任意 $i\geqslant 1$，有

$$P(J_\infty\leqslant t\mid X_0=i)=1-2\sum_{k=i}^{\infty}(-1)^{k+1}e^{-\lambda k^2 t},\ \forall t\geqslant 0$$

类似于离散时间马氏链状态可达和互通的概念，下面引入连续时间马氏链 $X=\{X_n; n=0,1,\cdots\}$ 状态可达和互通的定义。设 $i,j\in S$ 是连续时间马氏链的两个状态，如果存在某个时间 $t>0$ 使得 $p_{ij}>0$，则称状态 i 可达状态 j，同时记为 $i\mapsto j$。如果 $i\mapsto j$

和 $j \mapsto i$，则称状态 i 与 j 互通。根据式(9.27)，连续时间马氏链 X 的状态 i 与 j 互通当且仅当其对应的嵌入(离散时间)马氏链 $Y = \{Y_n = 0, 1, \cdots\}$ 的状态 i 与 j 互通。如果 S 中的所有状态都是互通的，则称该连续时间马氏链 X 是不可约马氏链，当且仅当连续时间马氏链 X 对应的嵌入马氏链不可约时，即其不可约。下面引入连续时间马氏链 X 的首次返回时间：

$$\tau_i = \inf\{t > J_1; X_t = i\}, \quad \forall i \in S \tag{9.30}$$

如果 $P(\tau_i < \infty \mid X_0 = i) = 1$，则称连续时间马氏链的状态 i 是常返的(Recurrent)；否则，也就是 $P(\tau_i < \infty \mid X_0 = i) < 1$，则称其为非常返的(Transient)。那么，连续时间马氏链 X 的状态 $i \in S$ 是常返的(或非常返的)当且仅当其对应的嵌入马氏链的状态 $i \in S$ 是常返的(或非常返的)。类似于定理8.2，连续时间马氏链的状态 i 是常返的(或非常返的)等价于

$$E[T_i \mid X_0 = i] = \int_0^\infty p_{ii}(t)\mathrm{d}t = +\infty \text{ 或 } \int_0^\infty p_{ii}(t)\mathrm{d}t < +\infty \tag{9.31}$$

其中，对任意 $i \in S$，有

$$T_i = \int_0^\infty \mathbf{1}_{X_t = i}\mathrm{d}t \tag{9.32}$$

进一步，对于常返态 $i \in S$，如果 $\mu_{ii} = E[\tau_i \mid X_0 = i] < \infty$，则称 i 是正常返态；否则，也就是 $\mu_{ii} = E[\tau_i \mid X_0 = i] = +\infty$，则称 i 是零常返态。注意到，对于连续时间马氏链的状态并没有所谓周期的概念。嵌入的离散马氏链 $Y = \{Y_n; n = 0, 1, \cdots\}$ 的一步状态转移概率矩阵为 $\mathbf{P} = (p_{ij})_{i,j \in S}$，其中 p_{ij} 由式(9.28)给出。因此，我们可以利用第8章中判别离散时间马氏链状态的方法来研究嵌入马氏链 $Y = \{Y_n; n = 0, 1, \cdots\}$ 的状态类型，从而获得连续时间马氏链 X 的状态类型。

下面的例子给出了泊松过程状态的类型判别。

例9.7 设 $N = \{N_t; t \geqslant 0\}$ 是参数为 $\lambda > 0$ 的泊松过程。那么根据例9.4可知，泊松过程是一个纯生过程且其 $\mathbf{Q}$-矩阵为

$$\mathbf{Q} = \begin{bmatrix} -\lambda & \lambda & 0 & 0 & 0 & \cdots \\ 0 & -\lambda & \lambda & 0 & 0 & \cdots \\ 0 & 0 & -\lambda & \lambda & 0 & \cdots \\ 0 & 0 & 0 & -\lambda & \lambda & \cdots \\ \vdots & \vdots & \vdots & \vdots & \vdots & \end{bmatrix} \tag{9.33}$$

因为对任意 $i = 0, 1, \cdots$，$q_i = \lambda > 0$，故应用式(9.28)得到相应嵌入马氏链 $Y = \{Y_n; n = 0, 1, \cdots\}$ 的一步转移概率矩阵为

$$\mathbf{P} = \begin{bmatrix} 0 & 1 & 0 & 0 & 0 & \cdots \\ 0 & 0 & 1 & 0 & 0 & \cdots \\ 0 & 0 & 0 & 1 & 0 & \cdots \\ 0 & 0 & 0 & 0 & 1 & \cdots \\ \vdots & \vdots & \vdots & \vdots & \vdots & \vdots \end{bmatrix}$$

于是 $\lim\limits_{n \to \infty} \mathbf{P}^n = 0$。因此，对任意 $i = 0, 1, \cdots$，存在充分大的 n 使得 $p_{ii}^{(n)} = 0$，这意味着 $\sum\limits_{n=0}^\infty p_{ii}^{(n)} < +\infty$。这样，应用定理8.2得到的状态 i 是非常返的，也就是说，泊松过程的每一个状态都是非常返的。事实上，泊松过程是纯生过程，每一个状态 i 只能转移到状态

$i+1$，而返回到状态 i 是不可能的。

下面的例子通过验证条件式(9.31)来判别连续时间马氏链的状态类型。

例 9.8 考虑例 9.3 中两状态 $S=\{0,1\}$ 的生灭链，其对应的嵌入马氏链的状态 0 和 1 是互通的。进一步，状态 0 的转移概率函数为：

$$p_{00}(t)=\frac{\lambda}{\mu+\lambda}\mathrm{e}^{-(\mu+\lambda)t}+\frac{\mu}{\mu+\lambda}, \quad \forall\, t\geqslant 0$$

因此，对于状态 0 得到 $\int_0^\infty p_{00}(t)\mathrm{d}t=+\infty$，故状态 0 是常返的，于是状态 1 也是常返的。

9.5 马氏链的极限分布与平稳分布

本节将讨论状态空间为 S 的连续时间马氏链 $X=\{X_t;\,t\geqslant 0\}$ 的转移概率函数的大时间行为。设 $Y=\{Y_n;\,n=0,1,\cdots\}$ 是连续时间马氏链 X 对应的嵌入马氏链，则根据离散时间马氏链马氏时的定义式(8.11)，引入关于嵌入马氏链 Y 的马氏时：对任意 $j\in S$，有

$$\tau_j^Y=\min\{n\in\mathbb{N};\,Y_n=i\}, \quad \text{记 } \min\varnothing=+\infty \tag{9.34}$$

设 $X_0=i\in S$，那么定义关于连续时间马氏链 X 首次到达状态 $j\in S$ 的时刻：

$$\tau_j^X=\begin{cases}\inf\{t>0;\,X_t=j\}, & j\neq i\\ \inf\{t>J_1;\,X_t=j\}, & j=i\end{cases} \tag{9.35}$$

回顾 9.4 节中引入的关于连续时间马氏链的期望返回时间 $\mu_{ii}=E[\tau_i\mid X_0=i]=E[\tau_i^X\mid X_0=i]$，$\forall i\in S$。特别地，如果 $i\in S$ 是吸收态，那么令 $\mu_{ii}=0$，则有如下的概率结果。

引理 9.4

> 设 T_i 定义为式(9.32)，那么如下概率等式成立：对任意 $t>0$，有
> $$\begin{cases}P(T_j>t\mid X_0=j)=\exp(-q_j(1-H_{jj})t), & \forall j\in S\\ P(T_j>t\mid X_0=i)=H_{ij}\exp(-q_j(1-H_{jj})t), & \forall j\neq i\end{cases}$$
> 其中，对任意 $i,j\in S$，$H_{ij}=P(\tau_j^Y<\infty\mid Y_0=i)$。 ♣

根据离散时间马氏链常返态和非常返态的定义 8.3，在引理 9.4 中引入的 H_{ii} 就是嵌入马氏链的返回状态 i 的迟早概率。于是，当 $H_{ii}=1$ 时，则状态 i 是常返的；而当 $H_{ii}<1$，则状态 i 是非常返的。

证明 引入 $N_j=\sum_{k=0}^\infty \mathbf{1}_{Y_k=j}$，$\forall j\in S$。首先设 $H_{jj}=1$，则 $j\in S$ 是常返的。于是，状态 j 是吸收常返态(故 $P(J_1=\infty\mid X_0=j)=1$)或是稳常返态，即 $P(N_j=\infty\mid X_0=j)=1$。如果状态 j 是稳常返态(即 $q_j\in(0,\infty)$)，那么马氏链从状态 j 出发，T_j 就是无穷多个服从 $\mathrm{Exp}(q_j)$ 分布的独立随机变量的和。因此 $P(T_j=\infty\mid X_0=j)=1$，这样对任意 $t>0$，$P(T_j>t\mid X_0=j)\geqslant P(T_j=\infty\mid X_0=j)=1$。如果 $H_{jj}<1$，则状态 $j\in S$ 是非常返的，于是可得到：

$$P(T_j > t \mid X_0 = j) = \sum_{k=1}^{\infty} P(T_j > t, N_j = k \mid X_0 = j)$$

$$= \sum_{k=1}^{\infty} P(T_j > t \mid N_j = k, X_0 = j) P(N_j = k \mid X_0 = j) \quad (9.36)$$

在事件 $\{N_j = k\}$ 上，T_j 是 k 个服从 $\mathrm{Exp}(q_j)$ 分布的独立随机变量的和，因此得到 $T_j \mid_{N_j = k, X_0 = j} \sim \Gamma(k, q_j)$（见式(6.21)）。另一方面，利用引理 8.7，有

$$P(N_j = k \mid X_0 = j) = P(N_j = k \mid Y_0 = j) = H_{jj}^{k-1}(1 - H_{jj}), \quad \forall k \in \mathbb{N}$$

结合上面的结论计算式(9.36)。对于该引理的第二个等式，证明是类似的，其将留作本章练习 4。

下面引入关于嵌入马氏链 $Y = \{Y_n; n = 0, 1, \cdots\}$ 的一步转移概率矩阵 $\boldsymbol{P} = (p_{ij})_{i,j \in S}$ 和初始连续时间马氏链 $X = \{X_t; t \geqslant 0\}$ 的转移概率函数不变非负向量的概念。设 $\boldsymbol{\pi} = (\pi_j)_{j \in S}$ 是一个非负向量，如果 $\boldsymbol{\pi P} = \boldsymbol{\pi}$，则称 $\boldsymbol{\pi}: S \mapsto [0, \infty)$ 是关于 $\boldsymbol{P}$ 不变的。根据定理 8.4，如果 Y 是一个遍历链，那么其极限分布或平稳分布就是 $\boldsymbol{P}$ 不变的。类似地，如果非负向量 $\boldsymbol{\pi}: S \mapsto [0, \infty)$ 满足 $\boldsymbol{\pi} = \boldsymbol{\pi P}(t), \forall t \geqslant 0$，则称 $\boldsymbol{\pi}$ 是关于 $t \mapsto \boldsymbol{P}(t)$ 不变的。

下面的例子在非负不变向量与连续时间马氏链 $\boldsymbol{Q}$-矩阵之间建立了联系。

例 9.9 对于 $\boldsymbol{\pi}: S \mapsto [0, \infty)$，那么应用式(9.28)得到：对任意 $j \in S$，有

$$(\boldsymbol{\pi Q})_j = \sum_{i \in S} \pi_i q_{ij} = \pi_j q_{jj} + \sum_{i \neq j} \pi_i q_i p_{ij} = -\pi_j q_j + \sum_{i \in S} \pi_i q_i p_{ij}$$

定义 $\boldsymbol{q} = (q_j)_{j \in S}$ 和 $\boldsymbol{q\pi} = (q_j \pi_j)_{j \in S}$。将上式写成矩阵的形式为

$$\boldsymbol{\pi Q} = (\boldsymbol{q\pi}) \boldsymbol{P} - \boldsymbol{q\pi}$$

上式意味着：当且仅当 $\boldsymbol{q\pi}$ 是关于嵌入马氏链的一步转移概率矩阵 $\boldsymbol{P}$ 不变时，$\boldsymbol{\pi Q} = \boldsymbol{0}$，也就是 $(\boldsymbol{q\pi}) \boldsymbol{P} = \boldsymbol{q\pi}$。

应用例 9.9，如果连续时间马氏链 X 是常返链，那么嵌入的马氏链 Y 也是常返链。于是，应用第 8 章关于离散时间马氏链的结论可得到：存在向量 $\boldsymbol{\pi}: S \mapsto (0, \infty)$ 满足 $\boldsymbol{\pi} = \boldsymbol{\pi P}(t), \forall t \geqslant 0$。进一步，若 $\boldsymbol{\eta}: S \mapsto [0, \infty)$ 满足 $\boldsymbol{\eta} = \boldsymbol{\eta P}(t), \forall t \geqslant 0$，则 $\boldsymbol{\eta} = c\boldsymbol{\pi}$，其中 $c \geqslant 0$ 是一个常数。

利用式(9.14)，有关于连续时间马氏链 X 的转移概率矩阵函数 $t \mapsto \boldsymbol{P}(t)$ 的不变向量的等价形式。

引理 9.5(关于转移概率矩阵函数的不变向量的等价形式)

> 设 $\boldsymbol{Q}$ 和 $t \mapsto \boldsymbol{P}(t) = (p_{ij}(t))_{i,j \in S}$ 分别是连续时间马氏链 $X = \{X_t; t \geqslant 0\}$ 的 $\boldsymbol{Q}$ 矩阵和状态转移概率矩阵函数，对于非负向量 $\boldsymbol{\pi}: S \mapsto [0, \infty)$，有
> $$\boldsymbol{\pi} = \boldsymbol{\pi P}(t), \forall t \geqslant 0 \Leftrightarrow \boldsymbol{\pi Q} = \boldsymbol{0}$$
> ♣

证明 首先假设 $\boldsymbol{\pi} = \boldsymbol{\pi P}(t), \forall t \geqslant 0$ 成立，则 $(\boldsymbol{\pi P}(t))' = \boldsymbol{0}, \forall t \geqslant 0$。这样应用 Kolmogorov 向后方程式(9.14)得到：

$$\boldsymbol{0} = \boldsymbol{\pi P}'(t) = \boldsymbol{\pi Q P}(t) \overset{\text{令} t=0}{\Rightarrow} \boldsymbol{\pi Q} = \boldsymbol{0}$$

下面假设 $\boldsymbol{\pi Q} = \boldsymbol{0}$，应用式(9.14)可得到：

$$\boldsymbol{\pi P}'(t) = \boldsymbol{\pi Q P}(t) = \boldsymbol{0} \boldsymbol{P}(t) = \boldsymbol{0}, \forall t \geqslant 0$$

也就是 $\boldsymbol{\pi}\boldsymbol{P}(t)$ 独立于时间 t，故 $\boldsymbol{\pi}\boldsymbol{P}(t)=\boldsymbol{\pi}\boldsymbol{P}(0)=\boldsymbol{\pi}$，$\forall\,t\geqslant 0$。

下面引入如下关于连续时间马氏链 X 的一个时间期望指标：

$$\Pi_i(j)=E\left[\int_0^{\tau_i^X}\mathbf{1}_{X_t=j}\mathrm{d}t\ \Big|\ X_0=i\right] \tag{9.37}$$

其中，τ_i^X 定义为式 (9.35)。上面定义的 $\Pi_i(j)$ 表示马氏链从状态 i 出发，在首次返回到状态 i 之前停留在状态 j 的时间期望。下面讨论 $\Pi_i(j)$ 所满足的一些性质。为此，对任意 $i,j\in S$，定义关于嵌入马氏链的相关时间期望：

$$K_i(j)=E\left[\sum_{k=0}^{\tau_i^Y-1}\mathbf{1}_{Y_k=j},\ \Big|\ Y_0=i\right]$$

也就是嵌入马氏链从状态 i 出发，在首次返回到状态 i 之前停留在状态 j 的时间期望。现在假设 X 是一个常返链，则嵌入马氏链 Y 也是一个常返链，因此根据第 8 章关于离散时间马氏链的结论可得到：对任意 $i\in S$，有

(1) $K_i(i)=1$ 和 $K_i(j)\in(0,\infty)$，$\forall\,j\in S$；

(2) 应用更新定理 8.5，$K_i=(K_i(j))_{j\in S}$ 是关于嵌入马氏链的一步转移概率矩阵 $\boldsymbol{P}$ 是不变的。

由于，当 $X_0=i_0\in S$，$X_{J_1}=i_1\in S$，$X_{J_2}=i_2\in S$，$\cdots$，逗留时 $S_1,S_2,S_3,\cdots$ 是独立的服从指数分布（$S_k\sim\mathrm{Exp}(q_{i_k})$）的随机变量，故得到：对任意 $i,j\in S$，有

$$\Pi_i(j)=\frac{K_i(j)}{q_j} \tag{9.38}$$

进一步 $\mu_{ii}=E\left[\tau_i^X\mid X_0=i\right]=\sum_{j\in S}\Pi_i(j)$。由结论 (2) 得 $\Pi_i=(\Pi_i(j))_{j\in S}$ 是关于连续时间马氏链 X 的转移概率矩阵函数 $t\mapsto\boldsymbol{P}(t)$ 是不变的且由结论 (1) 获得 $\Pi_i(i)=\dfrac{1}{q_i}$。

由例 9.9 下面的讨论得到如下关于常返链的结论，其证明留作本章练习 5。

引理 9.6(常返链的不变概率分布)

设连续时间马氏链 $X=\{X_t;\ t\geqslant 0\}$ 是一个常返链，则有：

(1) 如果 X 是零常返链，则并不存在关于其转移概率矩阵 $t\mapsto\boldsymbol{P}(t)$ 的不变概率分布；

(2) 如果 X 是正常返链，则存在唯一的关于其转移概率矩阵 $t\mapsto\boldsymbol{P}(t)$ 的不变概率分布。　♣

由引理 9.6 得到：对于正常返链 X，存在唯一的非负向量 $\boldsymbol{\pi}=(\pi_j)_{j\in S}$ 使得如下等式成立：

$$\boldsymbol{\pi}=\boldsymbol{\pi}\boldsymbol{P}(t),\ \forall\,t\geqslant 0,\ \sum_{j\in S}\pi_j=1 \tag{9.39}$$

则称满足式 (9.39) 的非负向量 $\boldsymbol{\pi}$ 是正常返链 X 的平稳分布。由此可得，引理 9.6 说明：零常返链不存在平稳分布，而正常返链存在唯一的平稳分布。另一方面，利用引理 9.5，平稳分布满足的等式 (9.39) 等价于：

$$\boldsymbol{\pi}=\boldsymbol{\pi}\boldsymbol{Q},\ \sum_{j\in S}\pi_j=1 \tag{9.40}$$

下面给出连续时间马氏链转移概率函数的大时间极限行为以及相关的平稳分布。

定理 9.1(连续时间马氏链转移概率函数大时间行为)

设 $X=\{X_t;t\geqslant 0\}$ 是状态空间为 $S=\{1,2,\cdots\}$ 和转移概率函数为 $t\mapsto\boldsymbol{P}(t)$ 的连续时间齐次马氏链,如果状态 $j\in S$ 是零常返的,则 $\lim\limits_{t\to\infty}p_{ij}(t)=0$,$\forall i\in S$;如果 X 是常返链,则

$$\lim_{t\to\infty}p_{ij}(t)=\frac{\Pi_i(j)}{\mu_{ii}},\ \forall i,j\in S \tag{9.41}$$

进一步 $\pi_j:=\dfrac{\Pi_i(j)}{\mu_{ii}}$ 独立于状态 $i\in S$。如果 X 是零常返链,则 $\pi_j=0$,$\forall j\in S$;若 X 是正常返链,则 $\pi_j>0$,$\forall j\in S$ 且 $\sum\limits_{j\in S}\pi_j=1$,也就是 $\boldsymbol{\pi}=(\pi_j)_{j\in S}$ 是一个概率分布。 ♣

证明 如果 $j\in S$ 是零常返,则 $\int_0^\infty p_{ij}(t)\mathrm{d}t<\infty$,$\forall i\in S$,这意味着 $\lim\limits_{t\to\infty}p_{ij}(t)=0$,$\forall i\in S$。如果 X 是常返链,利用式(9.37)得到等式 $\lim\limits_{t\to\infty}p_{ij}(t)=\lim\limits_{t\to\infty}\dfrac{1}{t}\int_0^t p_{ij}(s)\mathrm{d}s=\pi_j$。如果 X 是零常返链,那么 $\mu_{ii}=+\infty$,故 $\pi_j=0$;若 X 是正常返链,则 $\mu_{ii}<\infty$,于是应用 $K_i(i)=1$ 和式(9.38)得到 $\boldsymbol{\pi}=(\pi_j)_{j\in S}$ 是一个概率分布。 □

由上面的讨论,根据式(9.37)可知道:$\Pi_i=(\Pi_i(j))_{j\in S}$ 关于连续时间马氏链 X 的转移概率矩阵函数 $t\mapsto\boldsymbol{P}(t)$ 是不变的。于是,结合定理 9.1,独立于状态 $i\in S$ 的 $\pi_j:=\dfrac{\Pi_i(j)}{\mu_{ii}}$,$\forall j\in S$ 是正常返链 X 的唯一平稳分布。作为一个总结,如果 X 是正常返链,我们想要找到 X 的平稳分布,一种方式是求解方程组(9.40);另一种方式是根据定理 9.1 来计算 $\lim\limits_{t\to\infty}p_{ij}(t)$,$\forall j\in S$。两种方式相比较,第一种求解方程组(9.40)的方式更容易操作。下面通过例子来说明如何用这两种方式来建立马氏链的极限分布与平稳分布。

例 9.10 考虑一个两状态 $S=\{1,2\}$ 的连续时间马氏链 $X=\{X_t;t\geqslant 0\}$,其无穷小生成元或 $\boldsymbol{Q}$ 矩阵为:对于 $\lambda,\mu>0$,有

$$\boldsymbol{Q}=\begin{bmatrix}-\lambda & \lambda\\ \mu & -\mu\end{bmatrix}$$

于是类似于例 9.3,通过求解 Kolmogorov 向后方程得到:马氏链 X 的转移概率矩阵函数为

$$\boldsymbol{P}(t)=\frac{1}{\lambda+\mu}\begin{bmatrix}\mu & \lambda\\ \mu & \lambda\end{bmatrix}-\frac{1}{\lambda+\mu}\begin{bmatrix}-\lambda & \lambda\\ \mu & -\mu\end{bmatrix}\mathrm{e}^{-(\lambda+\mu)t},\ \forall t\geqslant 0$$

另一方面,利用式(9.28),该马氏链的嵌入马氏链 $Y=\{Y_n;n=0,1,\cdots\}$ 的一步转移概率矩阵为

$$\boldsymbol{P}=\begin{bmatrix}0 & 1\\ 1 & 0\end{bmatrix} \tag{9.42}$$

那么 Y 的状态转移如图 9.2 所示，由此得到 Y 是一个正常返链，故 X 也是正常返链。通过式(9.42)可得到：

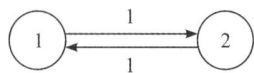

图 9.2　两状态连续时间马氏链嵌入链的状态转移

$$\lim_{t \mapsto \infty} \boldsymbol{P}(t) = \frac{1}{\lambda + \mu} \left\| \begin{matrix} \mu & \lambda \\ \mu & \lambda \end{matrix} \right\| \overset{\text{定理9.1}}{\Rightarrow} \pi_1 = \frac{\mu}{\lambda + \mu}, \ \pi_2 = \frac{\lambda}{\lambda + \mu}$$

也就是 $\boldsymbol{\pi} = \left(\dfrac{\mu}{\lambda + \mu}, \dfrac{\lambda}{\lambda + \mu} \right)$ 是该马氏链 X 唯一的平稳分布。下面通过求解方程组(9.40)来计算得到相同的平稳分布。事实上，求解 $\boldsymbol{\pi} = \boldsymbol{\pi} \boldsymbol{Q}$ 得到 $\pi_1 = \dfrac{\mu}{\lambda} \pi_2$，将其代入 $\pi_1 + \pi_2 = 1$，则

$$\left(1 + \frac{\mu}{\lambda}\right)\pi_2 = 1 \Rightarrow \pi_2 = \frac{\lambda}{\lambda + \mu} \Rightarrow \pi_1 = \frac{\mu}{\lambda}\pi_2 = \frac{\mu}{\lambda + \mu}$$

则通过前述的两种方式建立了相同的关于 X 的平稳分布。然而，在很多实际问题中，正常返连续时间马氏链的转移概率极限并不是容易获得的。基于此，用求解方程组(9.40)的方法来计算连续时间马氏链的平稳分布更加方便和实用。

类似于离散时间马氏链的遍历性定理 8.8，对于连续时间马氏链有如下的遍历性结论：设 $X = \{X_t; t \geqslant 0\}$ 是正常返链和 $\eta: S \mapsto \mathbb{R}$ 满足 $\sum\limits_{i \in S} |\eta(i)\pi_i| < \infty$，其中 $\boldsymbol{\pi} = (\pi_j)_{j \in S}$ 为连续时间马氏链 X 的唯一平稳分布。首先考虑对给定 $j \in S$，$\eta_i = \boldsymbol{1}_j(i)$，$\forall i \in S$，那么 $\dfrac{1}{t}\int_0^t \eta(X_s)\,\mathrm{d}s = \dfrac{1}{t}\int_0^t \boldsymbol{1}_{X_s = j}\,\mathrm{d}s$。这样，$\dfrac{1}{t}\int_0^t \eta(X_s)\,\mathrm{d}s$ 在条件期望算子 $E[\,\cdot\,|\,X_0 = i]$ 下为 $\dfrac{1}{t}\int_0^t p_{ij}(s)\,\mathrm{d}s$。因此，应用式(9.41)得到该条件期望当 $t \mapsto \infty$ 时收敛到 $\sum\limits_{i \in S} \eta(i)\pi_i = \pi_j$。对于一般的 $\eta: S \mapsto \mathbb{R}$ 满足 $\sum\limits_{i \in S} |\eta(i)\pi_i| < \infty$，其可以用形如 $i \mapsto \boldsymbol{1}_j(i)$ 这样的示性函数的线性组合来建立，最终可得到如下的遍历性结果：

$$\frac{1}{t}\int_0^t \eta(X_s)\,\mathrm{d}s \mapsto \sum_{i \in S} \eta(i)\pi_i, \ t \mapsto \infty, \ \text{a.s.} \tag{9.43}$$

练　习

1. 设 $X = \{X_t; t \geqslant 0\}$ 是状态空间为离散集 S 的连续时间齐次马氏链且其状态转移概率矩阵函数为 $\boldsymbol{P}(t)$，$\forall t \geqslant 0$。如果 $\mu_i = P(X_0 = i)$，$\forall i \in S$，计算该连续时间齐次马氏链的有限维分布。

2. 设 $N = \{N_t; t \geqslant 0\}$ 是参数为 $\lambda > 0$ 的泊松过程，写出其无穷小生成元或 $\boldsymbol{Q}$-矩阵和对应的 Kolmogorov 向后与向前方程并求解之。

3. 设 $\{S_n\}_{n=1}^{\infty}$ 是均值分别为 $\lambda_n > 0$，$\forall n \in \mathbb{N}$ 且相互独立的指数分布随机变量，定义 $S = \sum\limits_{n=1}^{\infty} S_n$。证明

$$P(S = +\infty) = 1 \Leftrightarrow \sum_{n=1}^{\infty} \frac{1}{\lambda_n} = +\infty$$

特别地，$P(S < +\infty) = 0$ 或 $P(S < +\infty) = 1$。

4. 证明引理 9.4 中的第二个概率等式。

5. 证明引理 9.6。

6. 设 $X = \{X_t; t \geqslant 0\}$ 是一个连续时间齐次马氏链且存在平稳分布 $\boldsymbol{\pi} = (\pi_j)_{j \in S}$。证明：如果 $P(X_0 = i) = \pi_i$，$\forall i \in S$，那么其任意的一维分布都是 $\boldsymbol{\pi}$。进一步，证明 X 是一个严平稳过程。

7. 设 $X = \{X_t; t \geqslant 0\}$ 是一个连续时间状态空间为 $S = \{1, 2, 3, 4\}$ 的齐次马氏链且其 $\boldsymbol{Q}$-矩阵为

$$
\boldsymbol{Q} = \begin{bmatrix} -2 & 2 & 0 & 0 \\ 1 & -1 & 0 & 0 \\ 1 & 2 & -4 & 1 \\ 0 & 0 & 0 & 0 \end{bmatrix}
$$

写出嵌入马氏链的一步转移概率矩阵，画出其状态转移图，从而判别马氏链 X 所有四个状态的类型，并讨论其平稳分布。

8. 设 $X = \{X_t; t \geqslant 0\}$ 是一个连续时间状态空间为 $S = \{1, 2, 3, 4\}$ 的齐次马氏链，其具有一个平稳分布为 $\eta = (\eta_j)_{j \in S}$，定义 $\pi_i := \dfrac{q_i \eta_i}{\sum\limits_{j \in S} q_j \eta_j}$，$\forall i \in S$。证明 $\boldsymbol{\pi} = (\pi_j)_{j \in S}$ 是连续时间马氏链 X 对应嵌入马氏链的平稳分布。

9. 设 $X = \{X_t; t \geqslant 0\}$ 是一个连续时间状态空间为 $S = \{1, 2, 3\}$ 的齐次马氏链且 $q = (q_1, q_2, q_3) = (4, 1, 3)$ 和相应的嵌入马氏链的一步转移矩阵为

$$
\boldsymbol{P} = \begin{bmatrix} 0 & \dfrac{1}{2} & \dfrac{1}{2} \\ 1 & 0 & 0 \\ \dfrac{1}{3} & \dfrac{2}{3} & 0 \end{bmatrix}
$$

对嵌入马氏链进行状态空间分解，计算 $\lim\limits_{t \to \infty} \boldsymbol{P}(t)$，其中 $t \mapsto \boldsymbol{P}(t)$ 是连续时间马氏链的转移概率矩阵函数。

10. 设 $X = \{X_t; t \geqslant 0\}$ 是一个连续时间状态空间为 $S = \{1, 2, 3, 4\}$ 的齐次马氏链且其 $\boldsymbol{Q}$-矩阵为

$$
\boldsymbol{P} = \begin{bmatrix} -1 & 1 & 0 & 0 \\ 0 & -1 & 1 & 0 \\ 0 & 1 & -3 & 2 \\ 1 & 1 & 1 & -3 \end{bmatrix}
$$

写出嵌入马氏链的一步转移概率矩阵，并对状态空间进行分解，计算连续时间马氏链 X 的转移概率矩阵函数 $t \mapsto \boldsymbol{P}(t)$。

11. 考虑例 9.10 中所引入的两状态 $S = \{1, 2\}$ 的连续时间马氏链 $X = \{X_t; t \geqslant 0\}$，其无穷小生成元或 $\boldsymbol{Q}$-矩阵为：对于 $\lambda, \mu > 0$，有

$$
\boldsymbol{Q} = \begin{bmatrix} -\lambda & \lambda \\ \mu & -\mu \end{bmatrix}
$$

回答如下的结论：

(1) $\boldsymbol{Q}^2 = -(\lambda + \mu)\boldsymbol{Q}$；

(2) 对任意 $n \in \mathbb{N}$，计算 $\boldsymbol{Q}^n$；

(3) 对任意 $t \geqslant 0$，证明如下等式：

$$\boldsymbol{P}(t) = \mathrm{e}^{\boldsymbol{Q}t} = \sum_{k=0}^{\infty} \frac{\boldsymbol{Q}^k t^k}{k!} = I + \frac{\boldsymbol{Q}}{\lambda + \mu}(1 - \mathrm{e}^{-(\lambda+\mu)t})$$

12. 根据例 8.14 介绍的 Page Rank 算法，假设有八个网页 $S = \{1, 2, \cdots, 8\}$，而这八个网页的链接矩阵为

$$\boldsymbol{P} = \begin{bmatrix} 0 & 1 & 1 & 1 & 0 & 1 & 0 & 0 \\ 0 & 0 & 1 & 1 & 0 & 0 & 1 & 0 & 1 \\ 1 & 1 & 0 & 1 & 0 & 0 & 0 & 0 \\ 1 & 0 & 1 & 0 & 0 & 1 & 0 & 0 \\ 0 & 1 & 1 & 1 & 0 & 0 & 0 & 0 \\ 0 & 0 & 0 & 1 & 0 & 0 & 0 & 0 \\ 1 & 0 & 1 & 1 & 0 & 1 & 0 & 1 \\ 0 & 1 & 0 & 0 & 0 & 0 & 0 & 0 \end{bmatrix}$$

计算这八个网页的重要性分数。

13. 设 $\boldsymbol{A}$ 和 $\boldsymbol{B}$ 是两个 $n \times n$ 方阵且满足 $\boldsymbol{AB} = \boldsymbol{BA}$。证明如下两个问题：

(1) $\mathrm{e}^{\boldsymbol{A}+\boldsymbol{B}} = \mathrm{e}^{\boldsymbol{A}} \cdot \mathrm{e}^{\boldsymbol{B}}$；

(2) $\mathrm{e}^{(s+t)\boldsymbol{A}} = \mathrm{e}^{s\boldsymbol{A}}\mathrm{e}^{t\boldsymbol{A}}$，$\forall s, t \in \mathbb{R}$。

14. 设 $X = \{X_t; t \geqslant 0\}$ 是一个连续时间状态空间为有限集 S 的齐次马氏链且无穷小生成元为 $\boldsymbol{Q}$。证明 Kolmogorov 向后方程式(9.14)的唯一解可表示为如下的矩阵指数形式(也就是式(9.15))：

$$\boldsymbol{P}(t) = \mathrm{e}^{t\boldsymbol{Q}} = \sum_{k=0}^{\infty} \frac{t^k \boldsymbol{Q}^k}{k!}, \quad \forall t \geqslant 0$$

15. 设 $X = \{X_t; t \geqslant 0\}$ 是一个连续时间状态空间为 $S = \{0, 1, 2, 3, 4, 5\}$ 的齐次马氏链且其 $\boldsymbol{Q}$ 矩阵为

$$\boldsymbol{P} = \begin{bmatrix} -6 & 6 & 0 & 0 & 0 & 0 \\ 4 & -10 & 6 & 0 & 0 & 0 \\ 0 & 8 & -14 & 6 & 0 & 0 \\ 0 & 0 & 8 & -14 & 6 & 0 \\ 0 & 0 & 0 & 8 & -14 & 6 \\ 0 & 0 & 0 & 0 & 8 & -8 \end{bmatrix}$$

写出该连续时间马氏链 X 所对应的嵌入马氏链的一步转移概率矩阵。进一步，讨论该连续时间马氏链 X 的极限分布与平稳分布。

参 考 文 献

［1］ CHUNG K L. A Course in Probability Theory. Academic Press，2000.

［2］ CHUNG K L. Markov Chains With Stationary Transition Probabilities. Springer-Verlag，1967.

［3］ HALMOS P L. Measure Theory. 2nd ed. Springer-Verlag，1978.

［4］ KARATZAS I，SHREVE S E. Brownian Motion and Stochastic Calculus. 2nd ed. Springer-Verlag，1991.

［5］ MEYER P A. Probability and Potentials. Blaisdell Pub. Co. ，1966.

［6］ PIPIRAS V，TAQQU M S. Long-Range Dependence and Self-Similarity. Cambridge University Press，2017.

［7］ WILLIAMS D. Probability with Martingales. Cambridge University Press，1991.

［8］ 薄立军. 高等概率论. 北京：科学出版社，2023.

［9］ 冯海林，薄立军. 随机过程：计算与应用. 西安：西安电子科技大学出版社，2012.

［10］ 魏宗舒，等. 概率论与数理统计教程. 3 版. 北京：高等教育出版社，2020.